U0711122

机 械 制 图

主　编　丁业升
副主编　李　静　刘　明　刘　薇　刘桂红

北京理工大学出版社
BEIJING INSTITUTE OF TECHNOLOGY PRESS

内容简介

本书是根据教育部工程图学教学指导分委员会制定的《普通高等院校工程图学课程教学基本要求》，在“新工科”背景下，结合工科专业培养目标及现代企业对机械工程专业毕业生的创新设计能力要求，融合编者多年的教学研究与实践经验编写而成的。

全书共分11章，内容包括：制图基本知识和技能，投影基础，基本立体，组合体，轴测图，机件常用表达方法，标准件与常用件，零件图，装配图，AutoCAD 2018 绘图简介，SolidWorks 2018 建模简介。本书将三维实体模型贯穿于图学理论基础知识教学内容中，使基本立体、组合体、机件常用表达方法、装配图等重难点教学内容直观、富有立体感地演示在学生面前，使学生易学、易懂，激发其学习的兴趣。

本书适合本科院校机械类、近机类专业教学使用，也可供工程技术人员自学参考，部分章节可根据不同专业的不同需要选用。

本书配有《机械制图习题集》和配套的PPT课件，提供习题集答案及习题集重难点题的三维实体模型。

图书在版编目（CIP）数据

机械制图／丁业升主编. —北京：北京理工大学出版社，2020.10
ISBN 978-7-5682-9172-9

Ⅰ.①机… Ⅱ.①丁… Ⅲ.①机械制图-高等学校-教材 Ⅳ.①TH126

中国版本图书馆CIP数据核字（2020）第205071号

出版发行／北京理工大学出版社有限责任公司
社　　址／北京市海淀区中关村南大街5号
邮　　编／100081
电　　话／(010) 68914775（总编室）
　　　　　(010) 82562903（教材售后服务热线）
　　　　　(010) 68948351（其他图书服务热线）
网　　址／http://www.bitpress.com.cn
经　　销／全国各地新华书店
印　　刷／河北盛世彩捷印刷有限公司
开　　本／787毫米×1092毫米　1/16
印　　张／17
字　　数／393千字
版　　次／2020年10月第1版　2020年10月第1次印刷
定　　价／52.00元

责任编辑／张旭莉
文案编辑／赵　轩
责任校对／周瑞红
责任印制／李志强

前　言

本书是根据教育部工程图学教学指导分委员会制定的《普通高等院校工程图学课程教学基本要求》，在“新工科”背景下，结合工科专业培养目标及现代企业对机械工程专业毕业生的创新设计能力要求，融合编者多年的教学研究成果与实践经验编写而成的。

为满足应用型本科工科专业人才培养的需求，培养具有识别、表达、分析和解决一定机械工程问题能力的创新设计人才，突出机械制图和计算机绘图课程教学内容和教育方法的深度融合，按照机械制图三维实体化教材的建设思路，编写组编写了适合应用型本科院校使用的《机械制图》和《机械制图习题集》。

本书具有以下特点：

（1）理论知识以够用为度，强化基础知识的应用性和适用性，加强动手能力及思维能力的培养及训练，突出读图、绘图能力的训练；

（2）本书全部采用我国最新颁布的《技术制图》《机械制图》等国家标准，以及《CAD/CAM 数据质量》《机械产品三维建模通用规则》规范；

（3）本书配置有机械制图相关的二维和三维教学资源，教师通过打开二维图或三维图演示讲解，使学生易懂、易学；

（4）针对重难点知识点，通过扫描相关的二维码，可获得相关的知识讲解。

本书的第 1 章、第 6 章、第 8 章、第 9 章、第 10 章、第 11 章、附录 A、附录 B、附录 C、附录 D 由丁业升老师编写，第 2 章、第 3 章由刘桂红老师编写，第 4 章由刘薇老师编写，第 5 章由李静老师编写，第 7 章由刘明老师编写，全书由丁业升老师统稿。

本教材配有由丁业升、唐虎老师主编的《机械制图习题集》。

由于编者水平有限，编写时间仓促，书中缺点、错误在所难免，恳请使用本书的师生和广大读者批评指正。

编　者

2020 年 7 月

目　　录

第 1 章　制图基本知识和技能

图样是工程技术交流的“语言”载体，必须具有统一的国家标准规范。国家标准《技术制图》《机械制图》是工程界绘制和阅读机械图样的准则和依据，是重要的技术基础标准。为了绘制和阅读机械图样，学生必须熟悉相关国家标准和规定，初步掌握绘图的基本技能。

1.1　国家标准的基本规定

国家标准《技术制图》是制图的技术基础标准，它规定了各行各业在制图中均应遵守的统一规范。国家标准《机械制图》统一规定了在机械专业绘制图样过程中应遵守的绘图规则。国家标准简称“国标”，代号“GB”。“GB/T”表示推荐性国家标准，是 GUOJIA BIAOZHUN（国家标准）和 TUIJIAN（推荐）的缩写，如果“GB”后没有“/T”则表示强制性国家标准。字母后的两组数字分别表示标准顺序号和批准年份，例如，“GB/T 14689—2008”是发布序号为 14689 的国家推荐标准，其发布年份为 2008 年。本节介绍制图相关的最新国家标准中的图纸幅面及格式、比例、字体、图线、尺寸标注等基本规定。

1.1.1　图纸幅面及格式（GB/T 14689—2008）

1. 图纸幅面

图纸幅面（简称幅面）是指由图纸宽度和长度组成的图面。图纸幅面代号由“A”和相应的幅面号组成，即 A0 ~ A4，绘制机械图样时，应优先采用表 1 - 1 规定的基本幅面。

表 1 -1　基本幅面代号及图框尺寸（第一选择）　mm

尺寸	A0	A1	A2	A3	A4
$B \times L$	841 × 1 189	594 × 841	420 × 594	297 × 420	210 × 297
e	20		10		
c	10			5	
a	25				

必要时，也允许选用表 1 - 2 和表 1 - 3 所规定的加长幅面。这些幅面的尺寸是由基本幅面的短边成整数倍增加后得到的。

表 1 -2　加长幅面（第二选择）　mm

幅面代号	A3 × 3	A3 × 4	A4 × 3	A4 × 4	A4 × 5
尺寸 $B \times L$	420 × 891	420 × 1 189	297 × 630	297 × 841	297 × 1 051

表 1－3 加长幅面（第三选择） mm

幅面代号	A0×2	A0×3	A1×3	A1×4	A2×3	A2×4	A2×5
尺寸 $B\times L$	1 189×1 682	1 189×2 523	841×1 783	841×2 378	594×1 261	594×1 682	594×2 102
幅面代号	A3×5	A3×6	A3×7	A4×6	A4×7	A4×8	A4×9
尺寸 $B\times L$	420×1 486	420×1 783	420×2 080	297×1 261	297×1 471	297×1 682	297×1 892

图 1－1 中粗实线所示为基本幅面（第一选择）；细实线所示为表 1－2 中规定的加长幅面（第二选择）；细虚线所示为表 1－3 中规定的加长幅面（第三选择）。

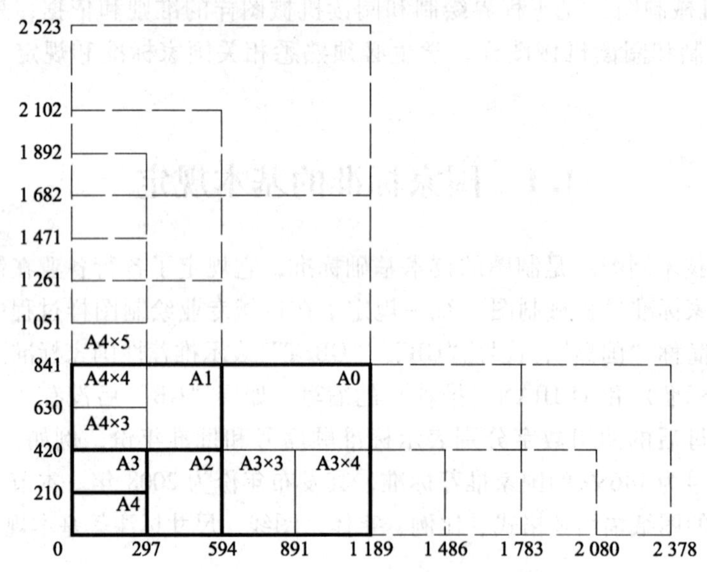

图 1－1 基本幅面及加长幅面的尺寸

2. 图纸格式

在图纸上必须用粗实线画出图框，用来限定绘图区域，其格式分为不留装订边（见图 1－2）和留有装订边（见图 1－3）两种，但同一产品的图样只能采用一种格式。加长幅面的图框尺寸，按所选用的基本幅面大一号的图框尺寸确定。

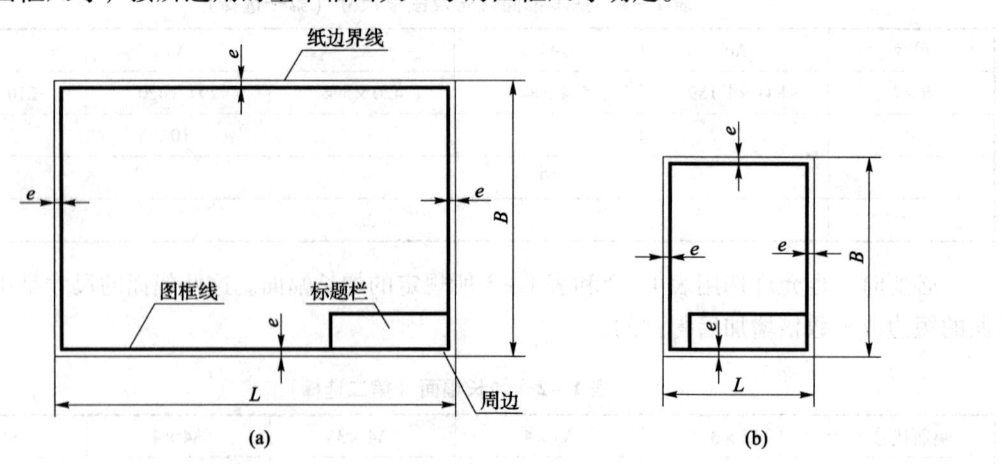

图 1－2 不留装订边的图框格式

（a）图纸横放；（b）图纸竖放

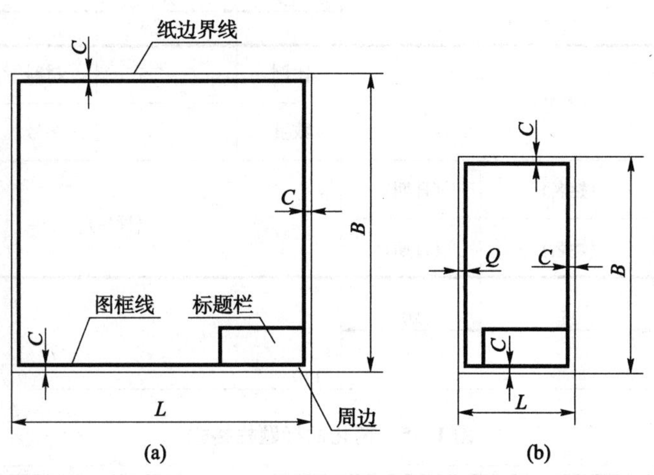

图 1 –3　留有装订边的图框格式

（a）图纸横放；（b）图纸竖放

3. 标题栏

每张图样必须绘制标题栏，标题栏应位于图框线的右下角，如图 1 –2 和图 1 –3 所示。此时，标题栏中文字的方向应与画图及读图方向一致。

标题栏的格式由国家标准 GB/T 10609. 1—2008 明确规定，如图 1 –4 所示（图中尺寸单位为 mm）。在学校制图教学以及学生作业中，一般采用图 1 –5 所示的简化格式。

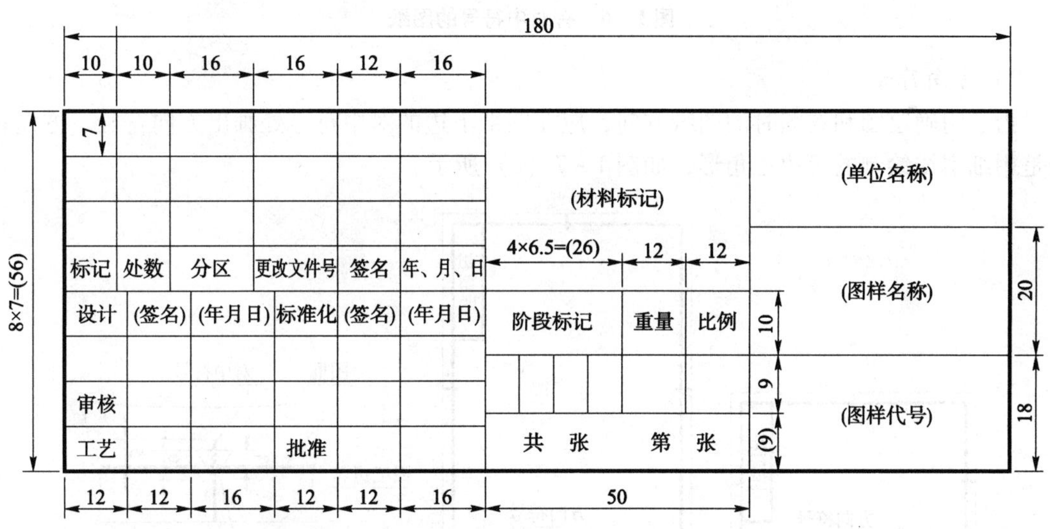

图 1 –4　国家标准中规定的标题栏格式

4. 附加符号

1）对中符号

为了复制或缩微摄影时便于找到整张图纸的中心位置，应画出对中符号。如图 1 –6 所示，对中符号用粗实线绘制，线宽不小于 0. 5 mm，伸入图框内约 5 mm，位置误差不大于 0. 5 mm，在标题栏范围内时，伸入标题栏的部分省略。

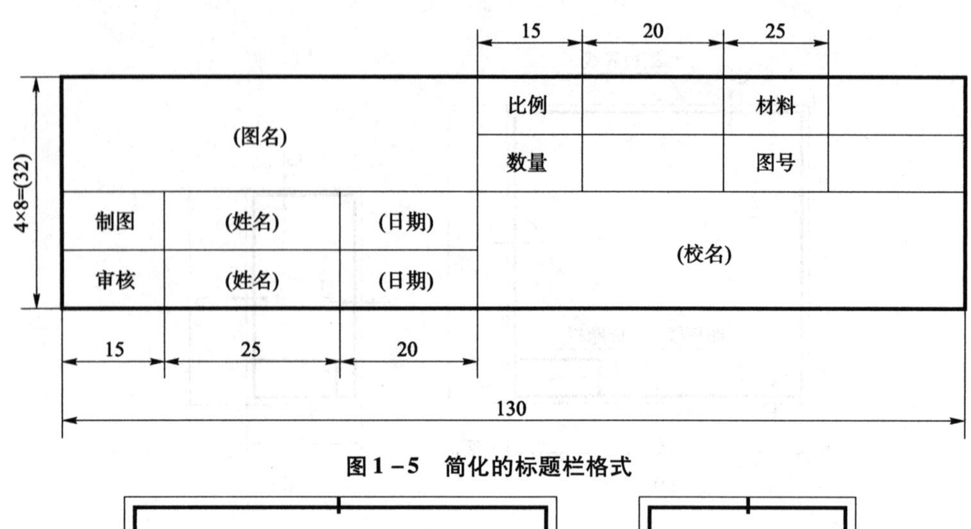

图 1-5　简化的标题栏格式

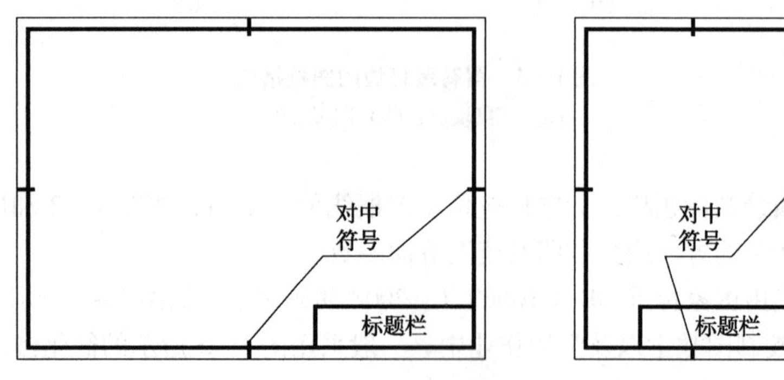

图 1-6　有对中符号的图纸

2）方向符号

为了明确绘图和看图时的图纸方向，应在图纸下边的对中符号处画出方向符号。方向符号是用细实线绘制的等边三角形，如图 1-7（c）所示。

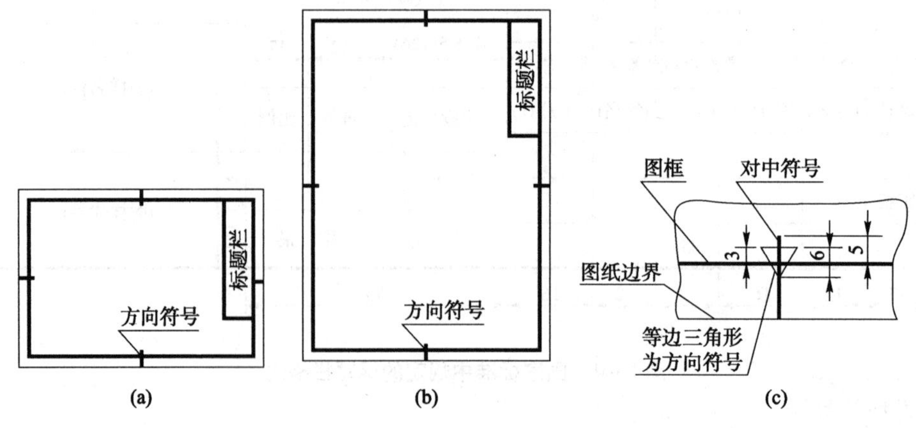

图 1-7　有方向符号的图纸和方向符号画法

（a）A4 图纸横放；（b）A3 图纸竖放；（c）方向符号画法

1.1.2　比例（GB/T 14690—1993）

图中图形与其实物相应要素的线性尺寸之比称为比例。绘图时采用的比例从表 1-4 中选取。绘制机械图样时，尽量采用 1∶1 的比例，这样图样可以反映实物的真实大小。同一机件的各个视图一般采用相同的比例，并需在标题栏中的比例栏写明所采用的比例。无论采用放大还是缩小比例，图样中所标注的尺寸都必须是机件的真实大小，与绘图比例大小无关，如图 1-8 所示。

表 1-4　标准比例系列

种类	优先选用比例	允许选用比例
原值比例	1∶1	
放大比例	2∶1　5∶1 1×10^n∶1　2×10^n∶1　5×10^n∶1	2.5∶1　4∶1 2.5×10^n∶1　4×10^n∶1
缩小比例	1∶2　1∶5 1∶1×10^n　1∶2×10^n　1∶5×10^n	1∶1.5　1∶2.5　1∶3　1∶4　1∶6 1∶1.5×10^n　1∶2.5×10^n　1∶3×10^n 1∶4×10^n　1∶6×10^n
注：n 为整数		

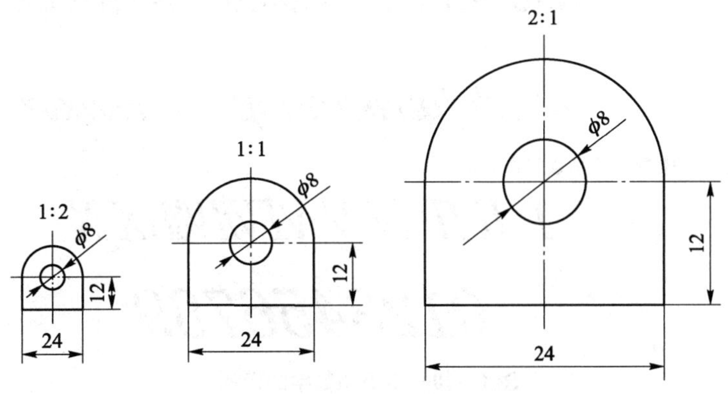

图 1-8　图形比例与尺寸数字

1.1.3　字体（GB/T 14691—1993）

1. 基本要求

图样中书写的字体必须做到：字体工整、笔画清楚、间隔均匀、排列整齐。

字体的号数，即字体的高度（简称字高）h（单位为 mm），其公称尺寸系列分别为 1.8、2.5、3.5、5、7、10、14、20。

字母和数字分 A 型和 B 型，A 型字体的宽度（简称字宽）为字高的 1/14；B 型字体的字宽为字高的 1/10，在同一图样上，只允许选用一种形式的字体。

汉字应写成长仿宋体，汉字的高度不应小于 3.5 mm，其字宽约为字高的 $1/\sqrt{2}$，并采用国家正式公布推行的简化字。

字母和数字可写成斜体和直体。斜体字向右倾斜，与水平基准线成 75°角。

2. 字体示例

1）汉字示例

长仿宋体汉字示例如图 1-9 所示。

10号字

字体工整笔画清楚间隔均匀排列整齐

7号字

字母和数字可写成斜体和直体

图1－9　长仿宋体汉字示例

2）数字和字母示例

数字和字母有直体和斜体之分。字母和数字的示例如图1－10所示。

3）综合应用规定

用作指数、分数、极限偏差、注脚等的数字和字母，一般应采用小一号的字体。图样中的数字、物理量符号、计量单位符号以及其他符号、代号，均要符合国家的有关规定。

大写斜体字母：

ABCDEFGHIJKLMNOPQRSTUVWXYZ

小写斜体字母：

abcdefghijklmnopqrstuvwxyz

斜体阿拉伯数字和罗马数字的写法：

I II III IV V VI VII VIII IX X

0123456789

图1－10　字母和数字的示例

1.1.4　图线（GB/T 17450—1998和GB/T 4457.4—2002）

1. 图线的型式及其应用

国家标准GB/T 17450—1998《技术制图　图线》中规定了15种基本线型，GB/T 4457.4—2002《机械制图　图样画法　图线》中规定了在机械制图中使用的9种图线，其线型、名称、宽度等如表1－5所示。

表1－5　机械制图中的图线（摘自GB/T 4457.4—2002）

线型名称	线型	宽度	一般应用
粗实线	（粗实线，宽度 d）	d	可见棱边线、可见轮廓线、相贯线、螺纹牙顶线、螺纹长度终止线、齿顶圆（线）、表格图和流程图中的主要表示线、系统结构线（金属结构工程）、模样分型线、剖切符号用线
细实线	（细实线）	$0.5d$	引出线、剖面线、重合断面的轮廓线、过渡线、尺寸线、尺寸界线、基准线、剖面线、重合断面的轮廓线、短中心线、螺纹牙底线、尺寸线的起止线、平面的对角线、零件成形前的弯折线、范围线及分界线

续表

线型名称	线型	宽度	一般应用
细虚线	12d　3d	0.5d	不可见轮廓线
细点画线	6d　24d	0.5d	轴线、对称线、分度圆、分度线、圆中心线孔系分布的中心线、剖切线
细双点画线	9d　24d	0.5d	极限位置的轮廓线、相邻辅助零件的轮廓线、可动零件极限位置的轮廓线、轨迹线、中断线
波浪线		0.5d	断裂处的边界线、视图与剖视图的分界线
双折线	4d　24d　6d　30°	0.5d	
粗虚线		d	允许表面处理的表示线
粗点画线		d	有特殊要求的表面（限定范围）表示线

图线宽度应从下列尺寸中选择：0.13 mm、0.18 mm、0.25 mm、0.35 mm、0.5 mm、0.7 mm、1 mm、1.4 mm、2 mm。粗线、中粗线、细线的宽度比例为4∶2∶1，在机械图样中采用粗、细两种宽度，其比例为2∶1，在同一图样中，同类图线的宽度应一致。常用图线的应用示例如图1－11所示。粗实线的宽度通常采用0.7 mm，与之对应的细实线的宽度为0.35 mm 。

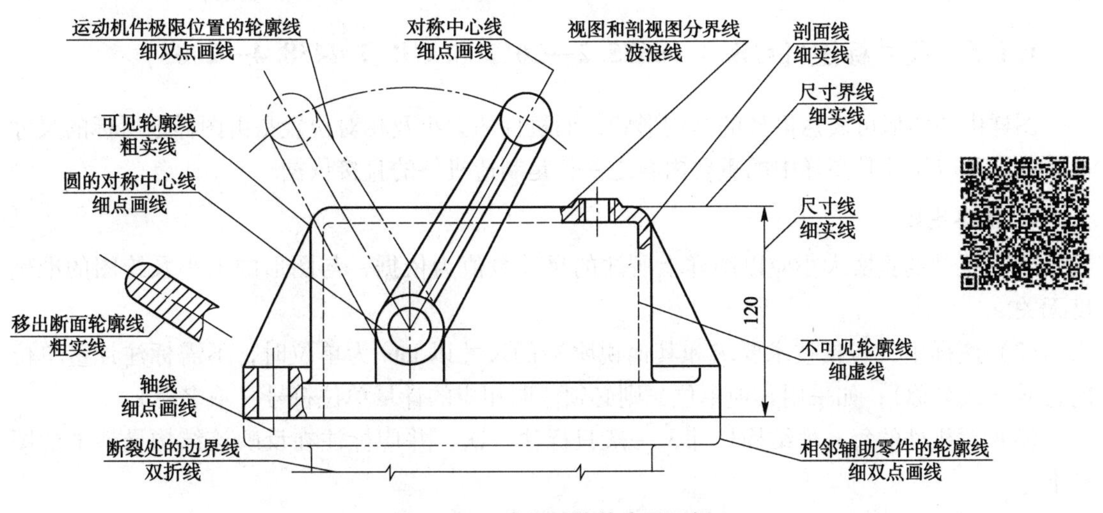

图1－11　常用图线的应用示例

2. 图线的画法

（1）在同一图样中，同类图线的宽度应基本一致。虚线、点画线及双点画线的线段长度和间隔应大致相等，并要特别注意图线在接头（相接、相交、相切）处的正确画法。

（2）两平行线（包括剖面线）之间的距离不小于粗实线的两倍宽度，其最小距离不得小于0.7 mm。

（3）画圆的中心线时，细点画线的两端应超出轮廓线2～3 mm；首、末两端应是长线段而不是短画；圆心应是长线段的交点，较小圆的中心线可用细实线代替。

（4）虚线或点画线与其他图线相交时，应在线段处相交，而不是在间隙处相交。

（5）虚线为实线的延长线时，虚线与实线之间应留出间隙。

（6）当有两种或更多的图线重合时，通常按图线所表达对象的重要程度优先选择。绘制顺序依次为可见轮廓线、不可见轮廓线、尺寸线、各种用途的细实线、轴线和对称中心线、假想线。绘制图线的注意事项如图1－12所示。

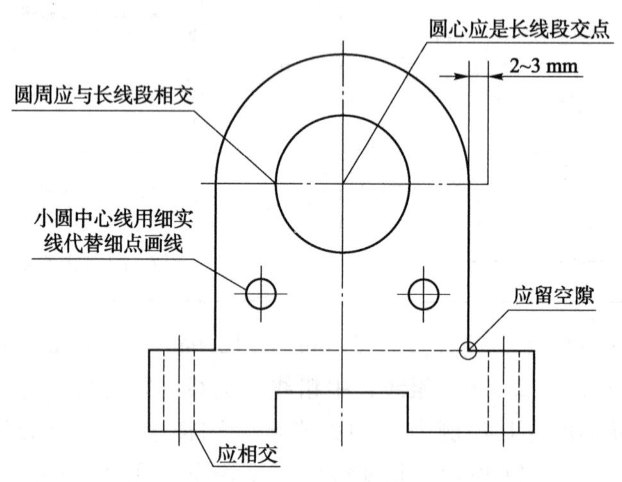

图1－12　绘制图线的注意事项

1.1.5　尺寸标注（GB/T 16675.2—2012和GB/T 4458.4—2003）

图样中的图形可表达机件的结构形状，而机件的大小及相对位置是由图样上所标的尺寸确定的，所以尺寸是图样中的重要内容之一，是制造机件的直接依据。

1. 基本规则

（1）机件的真实大小应以图样上所注的尺寸数值为依据，与图形的大小及绘图的准确度无关。

（2）图样中（包括技术要求和其他说明）的尺寸以mm为单位时，不需标注计量单位的符号（或名称）；如采用其他单位，则必须注明相应的计量单位符号（或名称）。

（3）对机件的每一种结构尺寸，一般只标注一次，并应标注在反映该结构最清晰的图形上。

（4）图样中所标注的尺寸为该机件的最后完工尺寸。

2. 尺寸组成

图 1 – 13 为尺寸组成标注示例，在图样上标注的尺寸，一般由尺寸界线、尺寸线、尺寸线终端、尺寸数字组成。

1）尺寸界线

尺寸界线表示所注尺寸的范围，一般用细实线绘出，也可用轴线、中心线、轮廓线及其延长线作为尺寸界线。尺寸界线一般应与尺寸线垂直，必要时才允许倾斜，如图 1 – 14 所示。

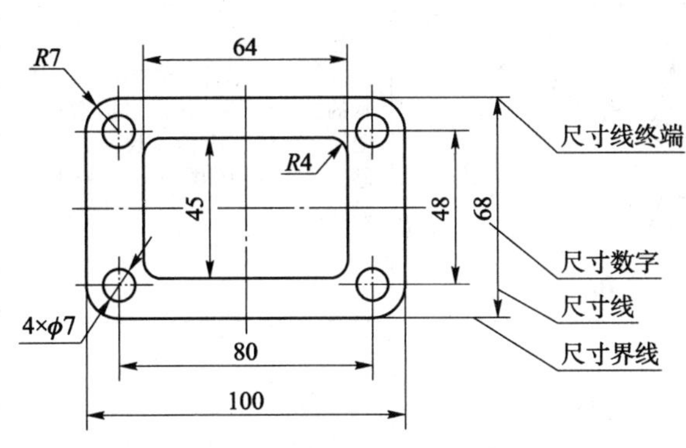

图 1 – 13 尺寸组成标注示例

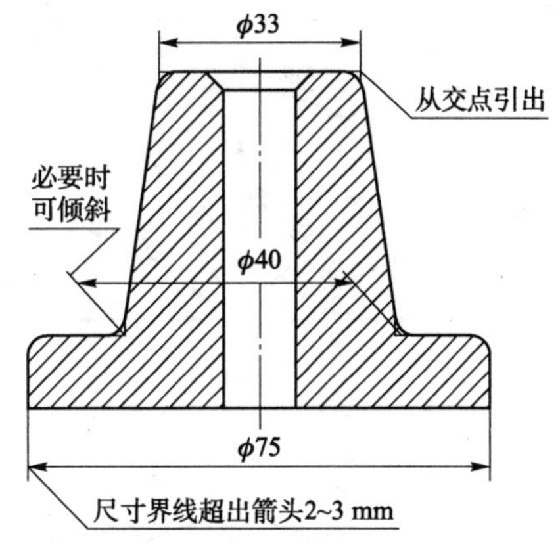

图 1 – 14 倾斜尺寸界线

2）尺寸线

尺寸线表示度量尺寸的方向，必须用细实线单独绘出，不得由其他任何图线代替，也不得画在其他图线的延长线上。

线性尺寸的尺寸线应与所标注的线段平行。相互平行的尺寸线，大尺寸在外，小尺寸在内，以避免尺寸界线与尺寸线相交，且平行尺寸线间的间距尽量保持一致，一般为 5 ~ 10 mm。尺寸界线应超出尺寸线 2 ~ 3 mm，如图 1 – 14 所示。

3）尺寸线终端

尺寸线终端有两种形式：箭头和斜线，如图 1 – 15 所示。d 为粗实线宽度，h 为尺寸数字字高。机械图样中一般采用箭头作为尺寸线的终端，箭头的尖端与尺寸界线接触，箭头大小要一致。

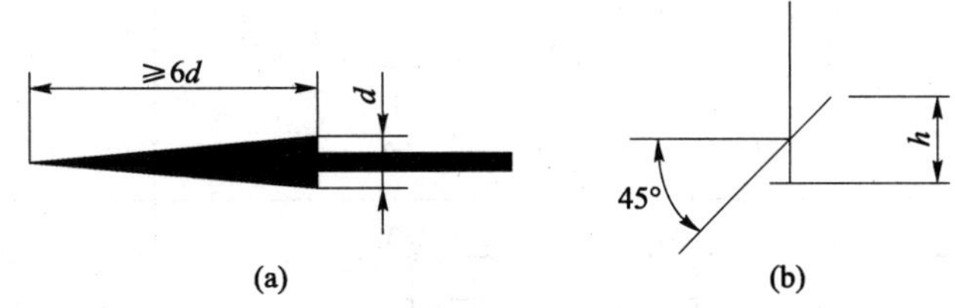

图 1 – 15 箭头和斜线

（a）箭头；（b）斜线

当尺寸线终端采用斜线形式时，尺寸线与尺寸界线必须相互垂直。因此，标注圆的直径、圆弧半径和角度的尺寸线时，其终端应该用箭头。同一张图样中，除圆、圆弧、角度外，应采用一种尺寸线终端形式。

4）尺寸数字

尺寸数字表示尺寸的大小。线性尺寸数字一般注写在尺寸线的上方，也允许注写在尺寸线的中断处，字头朝上；垂直方向的尺寸数字应注写在尺寸线的左侧，字头朝左；倾斜方向的尺寸数字，应保持字头向上的趋势。尺寸数字不能被任何图线通过，否则应将该处图线断开。常见各类尺寸的标注示例如表 1－6 所示。

表 1－6　常见尺寸的标注示例

标注内容	标注示例	标注说明
线性尺寸	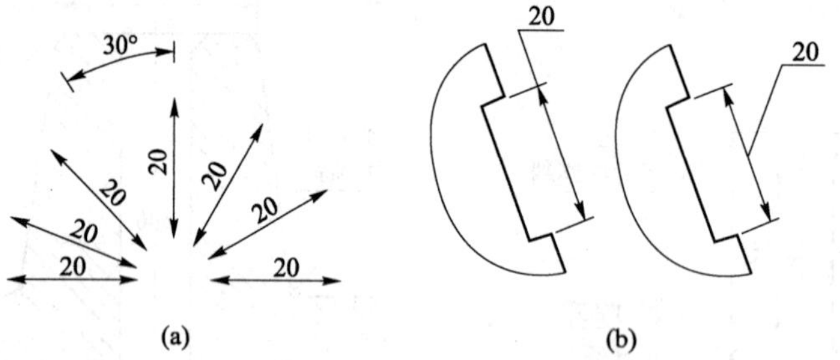	线性尺寸数字应按图（a）所示的方向注写，并尽可能避免在图示 30°范围内标注尺寸，无法避免时，可按图（b）的形式标注
角度	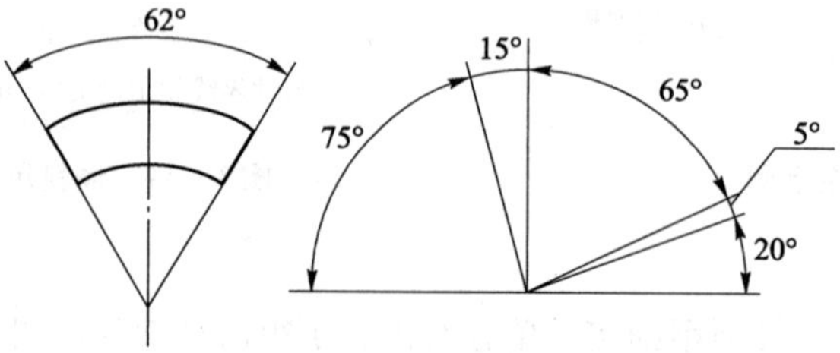	尺寸数字一律水平书写。一般注写在尺寸线的中断处，必要时允许写在外面，或引出标注
圆和圆弧	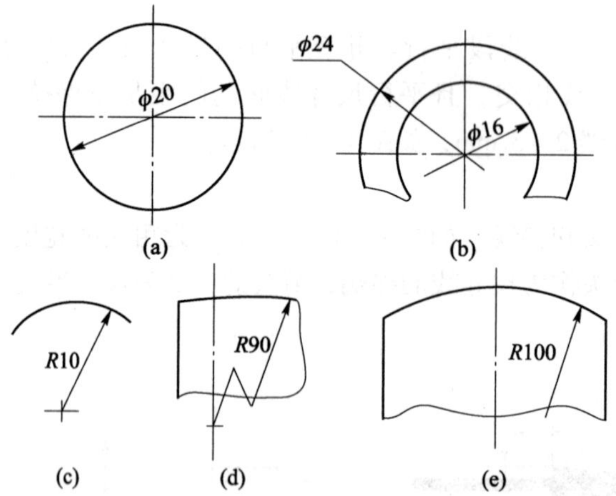	圆或大于半圆的圆弧，应标注直径，在数字前加注符号“ϕ”，等于或小于半圆的圆弧，应标注半径，在数字前加注符号“R”，当半径过大或在图纸范围内无法标出其圆心位置时，可按折线图标注，若不需标出圆心位置时，则按图（e）标注
小尺寸	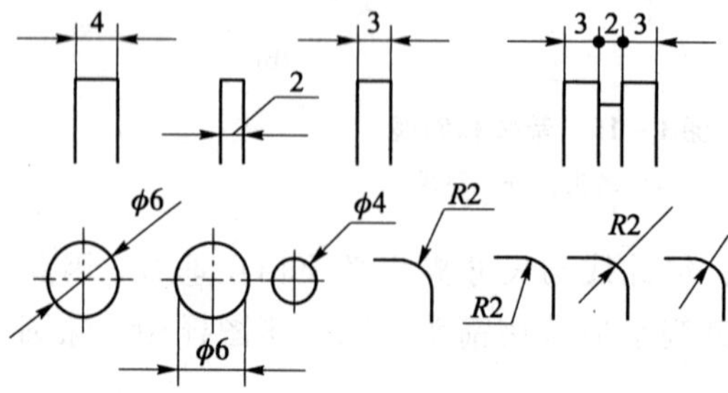	当没有足够位置画箭头或写数字时，可有一个布置在外面；位置更小时，箭头和数字可以都布置在外面；标注狭小部位尺寸时，可用圆点或斜线代替箭头

续表

标注内容	标注示例	标注说明
球面标注	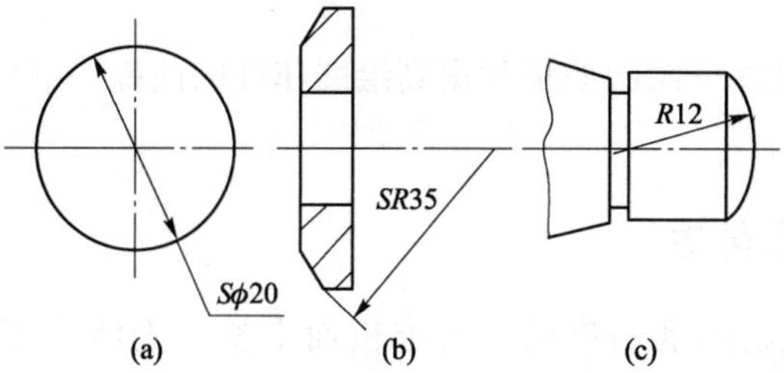 Sϕ20 SR35 R12 (a) (b) (c)	标注球面的半径或直径时，应在“ϕ”或“R”前加注“S”，如图（a）、（b）所示；在不致引起误解时，则可省略“S”，如图（c）中的球面
正方形结构标注	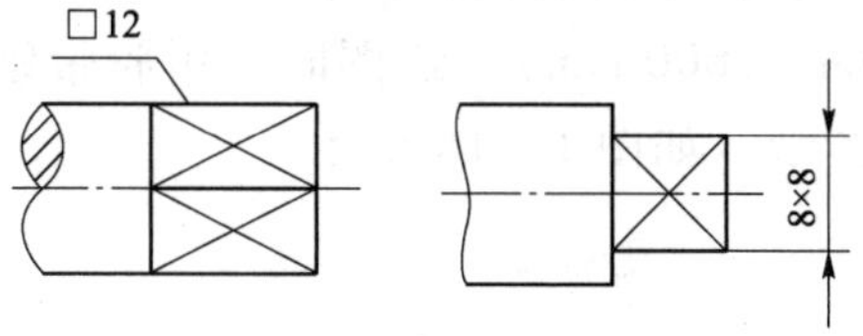 □12 8×8	标注断面为正方形结构的尺寸时，可在正方形边长数字前加注符号“□”，或用 B×B（B 为边长）注出；当图形不能充分表达平面时，可用对角交叉的两条细实线表示
简化标注	b X个 t2 L	在同一图形中，对于相同尺寸的孔、槽等几何要素，可在一个要素上注出其尺寸和数量。标注板状零件的厚度时，可在尺寸数字前加“t”
	15° 8×ϕ3 EQS ϕ14 8×ϕ3 ϕ14 (a) (b)	均匀分布的几何要素（如孔等）的尺寸按图（a）所示的方法标注；当几何要素的定位和分布情况在图形中已明确时，可不标注其角度，并省略“EQS”（Equipartitions）字样，如图（b）所示

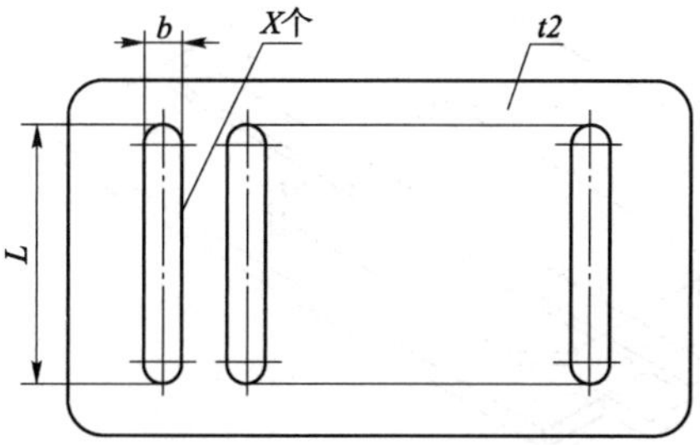

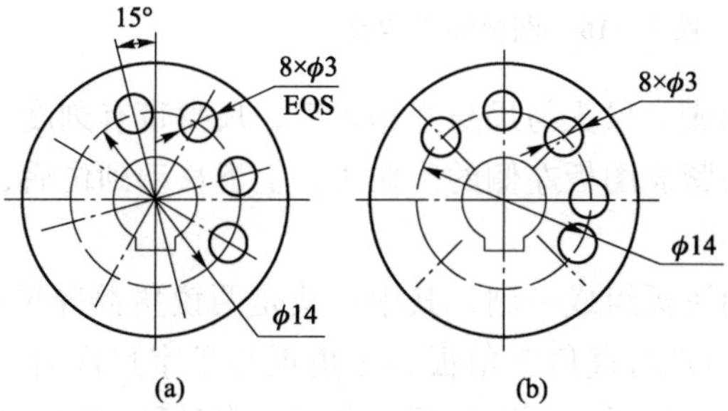

3. 常见尺寸的标注符号及缩写词

常见尺寸的标注符号及缩写词应符合 GB/T 4458.4—2003 的规定，如表 1-7 所示。

表 1-7 常见尺寸的标注符号及缩写

名称	符号缩写词	名称	符号缩写词	名称	符号缩写词
直径	ϕ	厚度	t	沉孔锪平	⌴
半径	R	正方形	□	埋头孔	∨
球直径	Sϕ	45°倒角	C	均布	EQS
球半径	SR	深度	↧	弧长	⌒

1.2 绘图工具的使用方法

正确使用绘图工具和仪器，是保证绘图质量和提高绘图速度的前提。下面简要介绍常用绘图工具及其使用方法。

1.2.1 图板、丁字尺和三角板

图板是绘图时用来铺放和固定图纸的垫板，要求板面平整、光洁、工作边平直，否则会影响绘图的准确性。图板一般有 3 种不同规格：0 号（900 mm × 1 200 mm）、1 号（600 mm × 900 mm）和 2 号（400 mm × 600 mm）。绘图时，用胶带纸将图纸固定在图板的适当位置，不要使用图钉固定图纸，如图 1 – 16 所示。

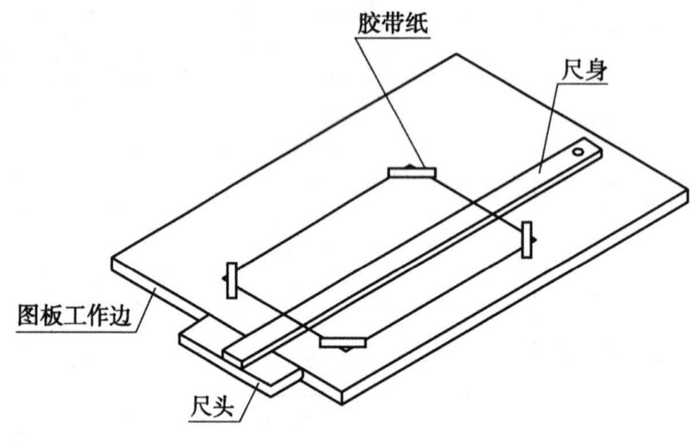

图 1 – 16　图板和丁字尺

丁字尺由尺头和尺身两部分构成。尺头与尺身互相垂直，尺身带有刻度。丁字尺必须与图板配合使用，画图时，应使尺头紧靠图板左侧的工作边，上下移动到位后，然后自左向右画出不同位置的水平线。

如图 1 – 17 所示，三角板由两块板组成一副，其中一块是两锐角都等于 45°的直角三角板，另一块是两锐角分别为 30°、60°的直角三角板。三角板与丁字尺配合，可左右移动到位后，自下向上画出一系列垂线。三角板与丁字尺配合还可画出各种 15°倍数角的斜线。

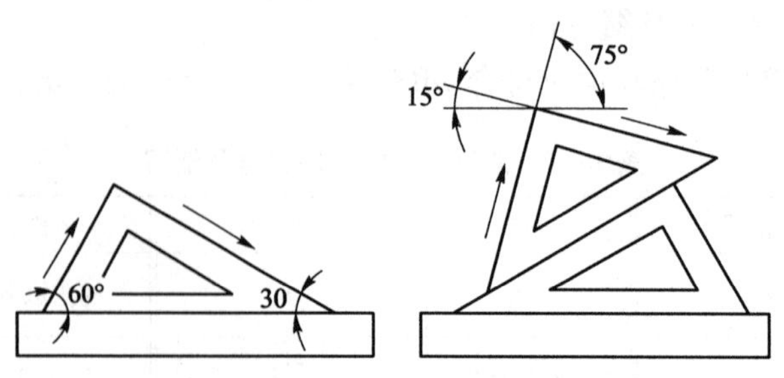

图 1 – 17　三角板配合丁字尺画斜线

1.2.2 铅笔

绘图铅笔的铅芯有软、硬之分，这可根据铅笔上的字母来辨认。字母 B 表示软铅，它

有 B、2 B ~6 B 共 6 种规格，B 前的数字越大，表示铅芯越软；字母 H 表示硬铅，它有 H、2 H ~6 H 共 6 种规格，H 前的数字越大，表示铅芯越硬；字母 HB 则表示铅芯软硬适中。

在绘图时一般用 H 型铅笔画底稿及加深细虚线和细实线，用 B 型铅笔来加深粗实线，写字和画箭头用 HB 型铅笔。画圆时，圆规的铅芯应比画直线的铅芯软一级。

不同型号的铅笔用于画粗细不同的线条，所用铅笔的磨削要采用正确的方法，如图 1 – 18 所示。

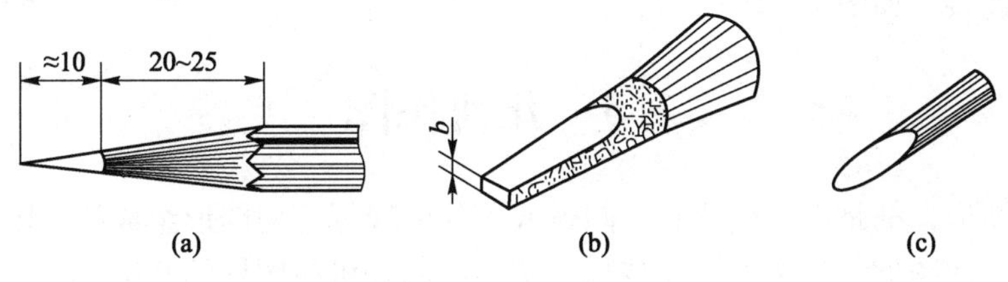

图 1 – 18　铅笔削法

（a）锥形；（b）铲形；（c）楔形

1.2.3　圆规和分规

圆规是画圆和圆弧的工具。画圆或圆弧时，按顺时针方向转动圆规，并稍向前倾斜，要保证针尖和笔尖均垂直于纸面。圆规的铅芯也可磨削成约 75°的斜面，在使用前应先调整圆规针腿，使针尖略长于铅芯，然后按顺时针方向并稍有倾斜地转动圆规，如图 1 – 19 所示。

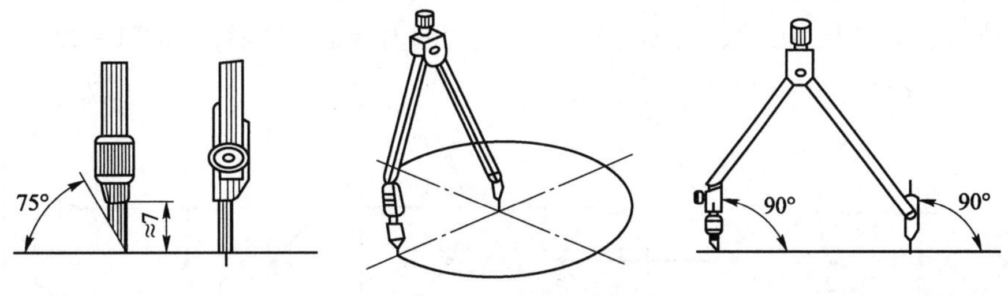

图 1 – 19　圆规用法

分规是用来等分线段或量取尺寸的工具。分规的两腿端部均为钢针，当两腿合拢时，两针尖应对齐。图 1 – 20 所示为分规用法。

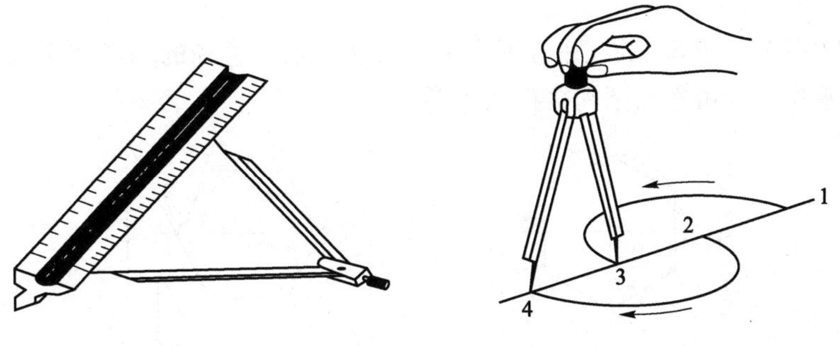

图 1 – 20　分规用法

1.2.4 曲线板

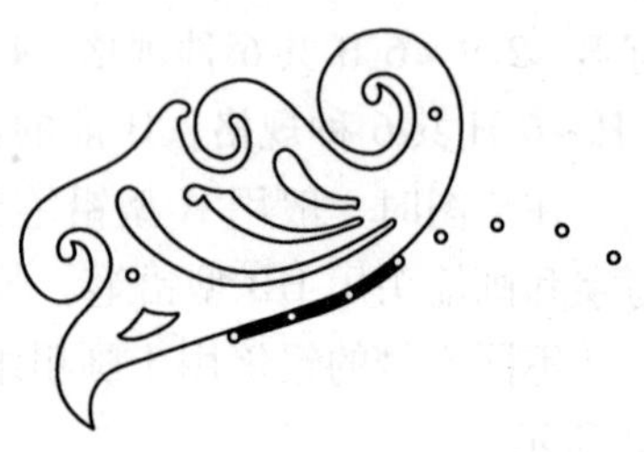

图 1-21 曲线板用法

曲线板是绘制非圆曲线的常用工具。画线时，先徒手将各点轻轻地连成曲线，然后在曲线板上选取曲率相当的部分，分几段逐次将各点连成曲线，但每段都不要全部描完，至少留出后两点间的一小段，使之与下段吻合，以保证曲线的光滑连接，如图 1-21 所示。

1.3 几何作图

图样中的图形，都是由直线、圆、圆弧或其他曲线等几何图形组成的。因此，绘图时必须熟练地掌握几何图形的作图方法和技巧，这是绘制好机械图样的基础。

1.3.1 等分圆周及作正多边形

1. 圆内接正三边形、正六边形的画法

（1）以圆的直径端点 D 为圆心，已知圆的半径 R 为半径画弧，与圆相交于点 1、2，如图 1-22（a）所示；

（2）依次连接点 1、2、C，即得到圆的内接正三边形，如图 1-22（b）所示；

（3）再以圆的直径端点 C 为圆心，已知圆的半径 R 为半径画弧，与圆相交于点 3、4，如图 1-22（c）所示；

（4）依次连接点 1、D、2、4、C、3，即得到圆的内接正六边形，如图 1-22（d）所示。

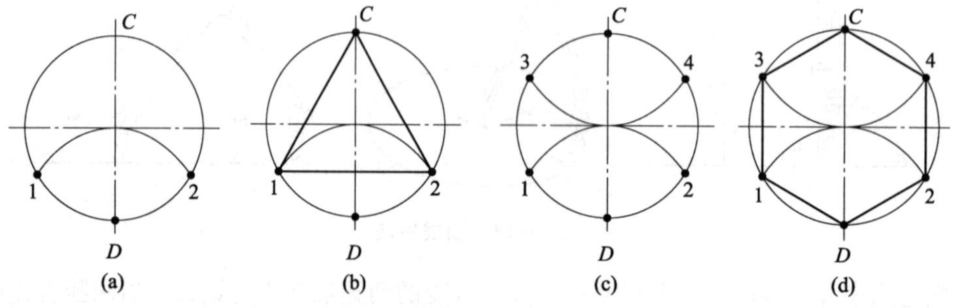

图 1-22 圆内接正三边形、正六边形的画法

（a）三等分圆周；（b）作出内接正三边形；（c）六等分圆周；（d）作出内接正六边形

如图 1-23 所示，用 60°的三角板配合丁字尺通过水平直径的端点作 4 条边，再用丁字尺作上、下水平边，即可作出圆内接正六边形。

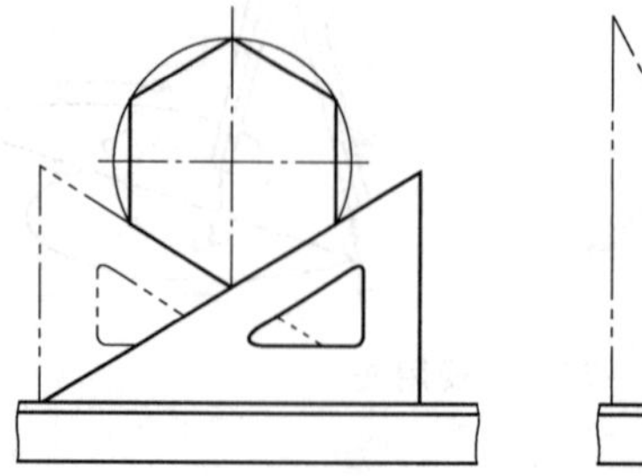

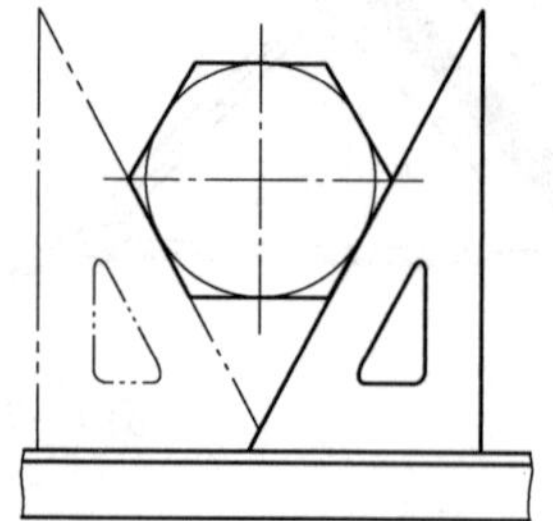

图 1-23 正六边形的画法

2. 圆内接正五边形的画法

（1）在已知圆中取半径 *OB* 的中点 *P*，如图 1－24（a）所示；

（2）以 *P* 为圆心、*PD* 长为半径画弧，与 *OA* 交于点 *K*，如图 1－24（b）所示；

（3）*DK* 即为五边形的边长（近似），如图 1－24（c）所示；

（4）以 *DK* 为半径，依次在圆周上截得 5 等份，即为所求，如图 1－24（d）所示。

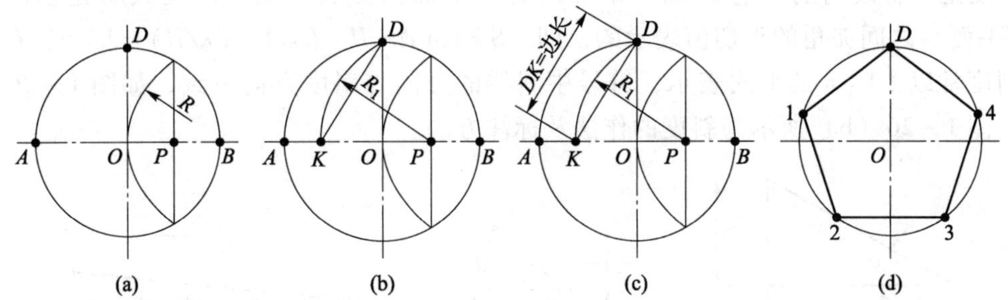

图 1－24　圆内接正五边形的画法

（a）求半径中点 *P*；（b）求交点 *K*；（c）求边长 *DK*；（d）作出内接正五边形

3. 圆内接正 *N* 边形的画法（以七边形为例）

（1）将垂直直径 *AB* 分成 7 等份（若作 *N* 边形，可分为 *N* 等份），如图 1－25（a）所示；

（2）以 *B* 为圆心、*AB* 长为半径画弧，与直径的延长线交于点 *K*，如图 1－25（b）所示；

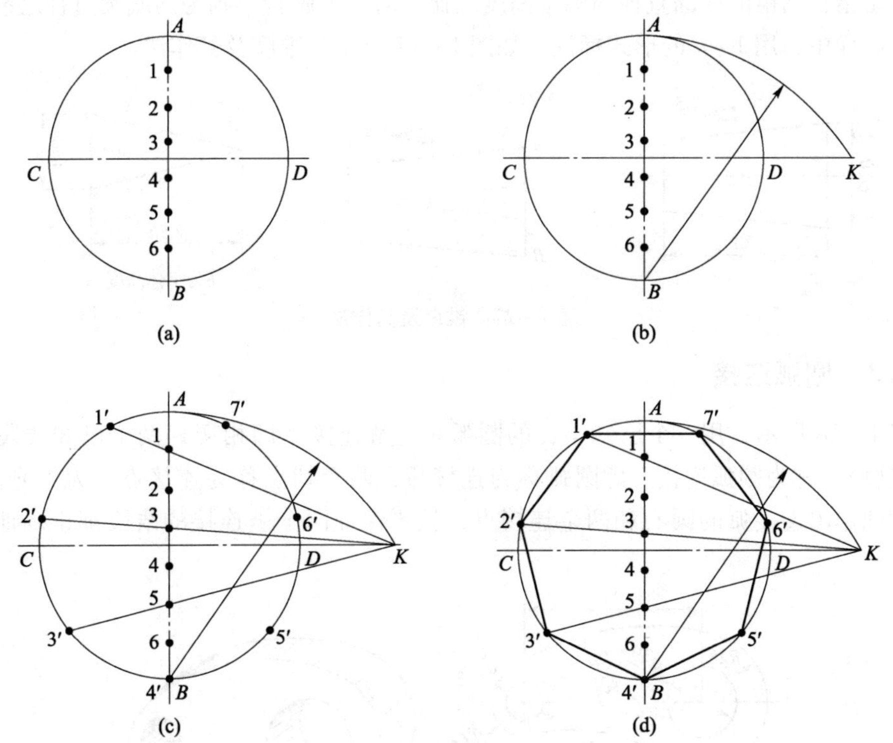

图 1－25　圆内接正七边形的画法

（a）等分直径 *AB*；（b）求交点 *K*；（c）求七边形等分点；（d）求对称点，作七边形

（3）由点 K 与直径上的奇数点连线，得点 1′、2′、3′，如图 1－25（c）所示；

（4）作出各点关于 AB 的对称点 5′、6′、7′，连接各点即为所求，如图 1－25（d）所示。

1.3.2 斜度和锥度

1. 斜度 S

斜度是一直线对另一直线或一平面对另一平面的倾斜程度。斜度大小是以两直线（或两平面）之间夹角的正切值表示的，即：$S=\tan\alpha=H:L=1:(L/H)=1:n$，在图样中，斜度常以∠1∶$n$ 的形式表示，符号中斜线的方向与斜度方向一致，如图 1－26（a）所示，图 1－26（b）所示为斜度的作法及标注方法。

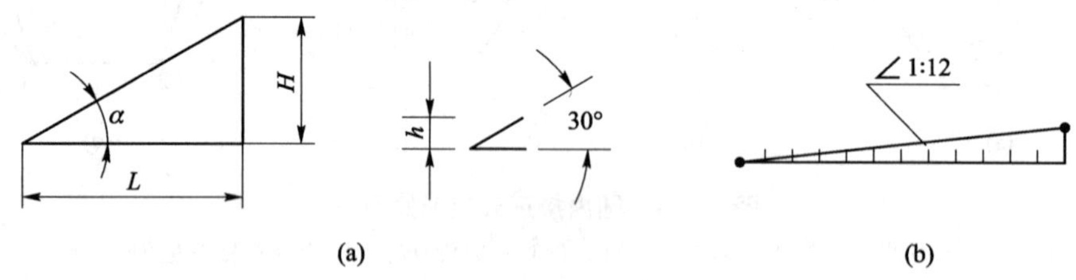

图 1－26　斜度及其作法

（a）斜度及斜度符号；（b）斜度的作法及标注方法

2. 锥度

锥度是指正圆锥的底圆直径与圆锥高度之比，对于正圆台，则为两底圆直径之差与高度之比，在图样中，用 1∶n 的形式标注。如图 1－27 所示为锥度及其作法。

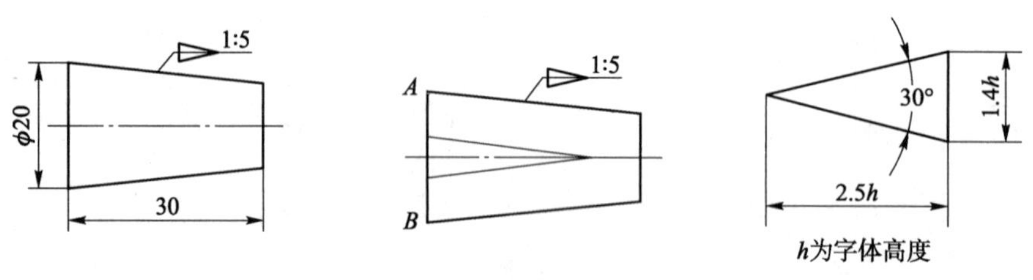

图 1－27　锥度及其作法

1.3.3 圆弧连接

如图 1－28 所示，用一个已知半径的圆弧来光滑连接（即相切）两个已知线段（直线段或曲线段），称为圆弧连接。此圆弧称为连接弧，两个切点称为连接点。为了光滑连接，必须正确地作出连接弧的圆心和两个连接点，且要保证两个被连接的线段都正确地画到连接点。

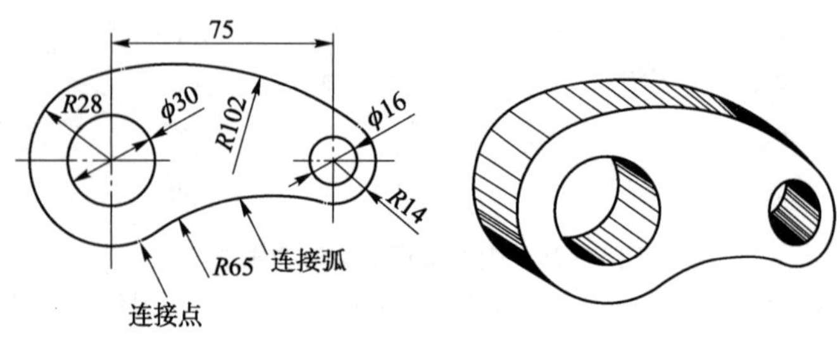

图 1－28　圆弧连接

1. 圆弧连接的作图原理

（1）圆与直线相切的作图原理，如图 1－29（a）所示。

①连接弧的圆心轨迹是已知直线的平行线，两平行线之间的距离等于连接弧的半径 R；

②由圆心向已知直线作垂线，垂足即为切点。

（2）圆与圆外切的作图原理，如图 1－29（b）所示。

①连接弧的圆心轨迹是已知圆弧的同心圆，同心圆的半径等于两圆弧半径之和（R_1+R）；

②两圆心的连线与已知圆弧的交点即为切点。

（3）圆与圆内切的作图原理，如图 1－29（c）所示。

①连接弧的圆心轨迹是已知圆弧的同心圆，同心圆的半径等于两圆弧半径之差 $|R_1-R|$；

②两圆心连线的延长线与已知圆弧的交点即为切点。

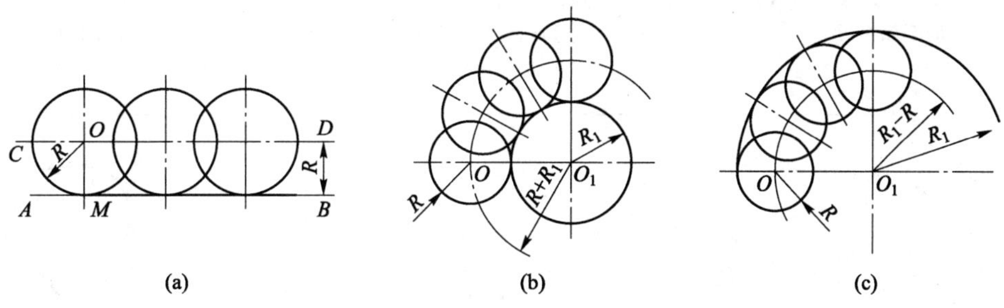

图 1－29　圆弧连接的作图原理

（a）圆与直线相切；（b）圆与圆外切；（c）圆与圆内切

2. 圆弧连接的作图步骤

（1）根据圆弧连接的作图原理，求出连接弧的圆心；（2）求出切点（即连接点）；（3）用连接弧半径画弧；（4）描粗加深，一般应先描圆弧，后描直线，保证连接光滑。

3. 圆弧连接的应用

圆弧连接的应用如表 1－8 所示。

表 1－8　圆弧连接的应用

连接形式	几何条件	作图步骤
用圆弧连接两已知直线	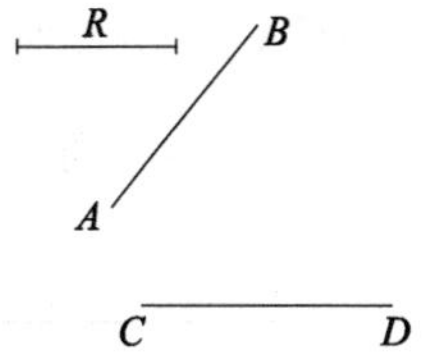 R　B　A　C　D 已知：直线 AB、CD。求作：半径为 R 的圆弧与 AB、CD 相切	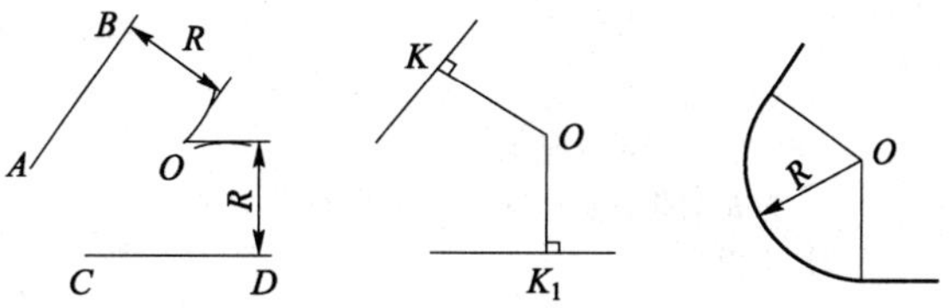 (a) 求圆心　(b) 求切点　(c) 画圆弧 ①求圆心：以半径 R 为距离分别作 AB、CD 的平行线，两线交点即为圆心 ②求切点：过点 O 分别向 AB、CD 作垂线，垂足 K、K_1 即为切点 ③画圆弧：以 O 为圆心、R 为半径，在两切点之间画圆弧 ④描粗加深

续表

连接形式	几何条件	作图步骤
用圆弧连接已知直线和已知圆弧	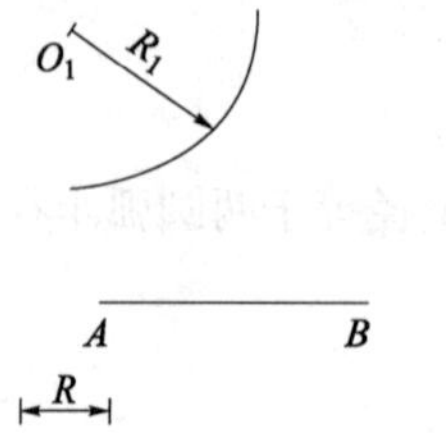 已知：直线 AB 和半径为 R_1，圆心为 O_1 的圆弧。求作：半径为 R 的圆弧与直线 AB 和圆心为 O_1 的圆弧相切	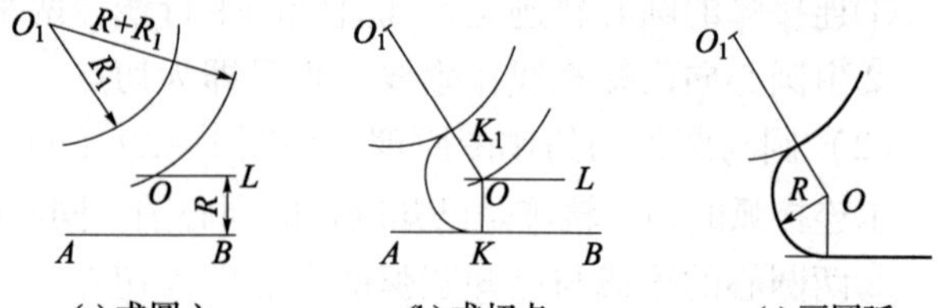 (a) 求圆心　(b) 求切点　(c) 画圆弧 ①求圆心：以半径 R 为距离作 AB 的平行线 L，以 O_1 为圆心、$(R+R_1)$ 为半径作弧交直线 L 于 O，点 O 即为所求圆心 ②求切点：过点 O 向 AB 作垂线，垂足 K 为切点；O_1O 连线与已知圆弧交点 K_1 为另一切点 ③画圆弧：以 O 为圆心、R 为半径，在两切点之间画圆弧 ④描粗加深
用圆弧内切连接两已知圆弧	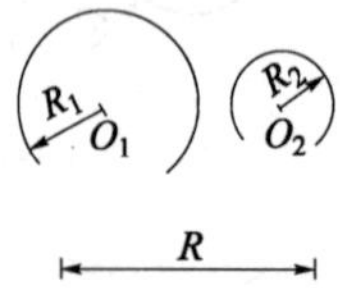 已知：半径为 R_1、R_2，圆心为 O_1、O_2 的两个圆弧。求作：半径为 R 的圆弧使其与 O_1、O_2 的两圆弧相内切	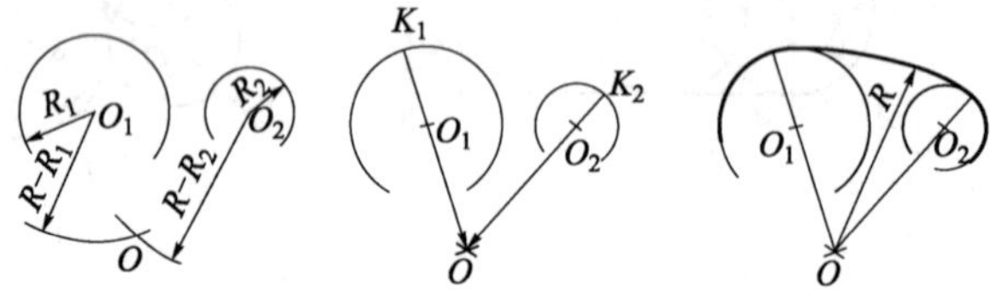 (a) 求圆心　(b) 求切点　(c) 画圆弧 ①求圆心：以 O_1 为圆心、$(R-R_1)$ 为半径，以 O_2 为圆心、$(R-R_2)$ 为半径分别画圆弧，两圆弧交点 O 即为所求圆心 ②求切点：将 OO_1、OO_2 连线延长线与已知圆弧相交，交点 K_1、K_2 即为所求切点 ③画圆弧：以 O 为圆心、R 为半径，在两切点之间画圆弧 ④描粗加深
用圆弧外切连接两已知圆弧	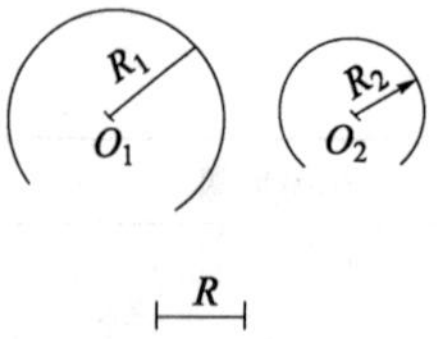 已知：半径为 R_1、R_2，圆心为 O_1、O_2 的两个圆弧。求作：半径为 R 的圆弧使其与 O_1、O_2 的两圆弧相外切	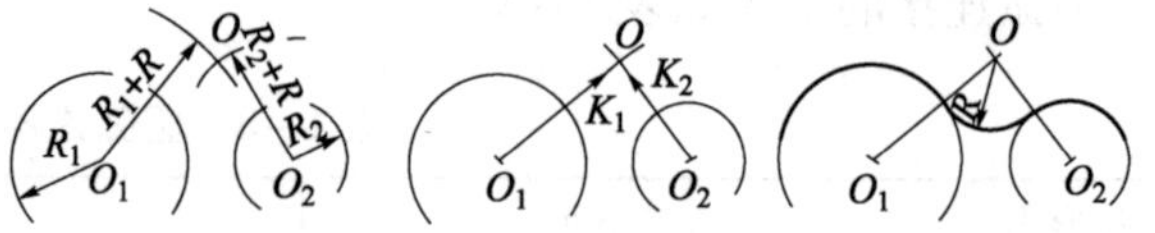 (a) 求圆心　(b) 求切点　(c) 画圆弧 ①求圆心：以 O_1 为圆心、$(R+R_1)$ 为半径，以 O_2 为圆心、$(R+R_2)$ 为半径分别画圆弧，两圆弧交点 O 即为所求圆心 ②求切点：分别连线 OO_1、OO_2，它们与已知圆弧相交点 K_1、K_2 即为所求切点 ③画圆弧：以 O 为圆心、R 为半径，在两切点之间画圆弧 ④描粗加深

1.3.4 常用的平面曲线

非圆的平面曲线很多，这里仅介绍椭圆的画法，图 1－30 和图 1－31 所示为椭圆的两种画法。

1. 四心圆法画椭圆

已知椭圆长轴 AB 和短轴 CD，用四心圆法画椭圆，如图 1－30 所示，作图步骤如下：

（1）连接 AC，以 O 为圆心、OA 为半径画弧得点 E，再以 C 为圆心、CE 为半径画弧得点 F；

（2）作 AF 的垂直平分线，与 AB 交于点 1，与 CD 交于点 2，取点 1、2 关于点 O 的对称点 3 和点 4；

（3）连接点 2、3，点 3、4，点 4、1 并延长，得到一菱形；

（4）分别以 2、4 点为圆心，以 $R=2C=4D$ 为半径画弧；分别以点 1、3 为圆心，以 $r=1A=3B$ 为半径画弧，即得到椭圆。

2. 同心圆法画椭圆

已知椭圆长轴和短轴，用同心圆法画椭圆，如图 1－31 所示，作图步骤如下：

（1）以椭圆中心为圆心，分别以长轴、短轴长度为直径，作两个同心圆；

（2）将圆十二等分，过圆心作放射线，分别求出与两圆的交点；

（3）过大圆上的等分点作长轴的垂线（竖直线），过小圆上的等分点作短轴的垂线（水平线），竖直线与水平线的交点即为椭圆上的点；

（4）用曲线板光滑连接各点即得椭圆。

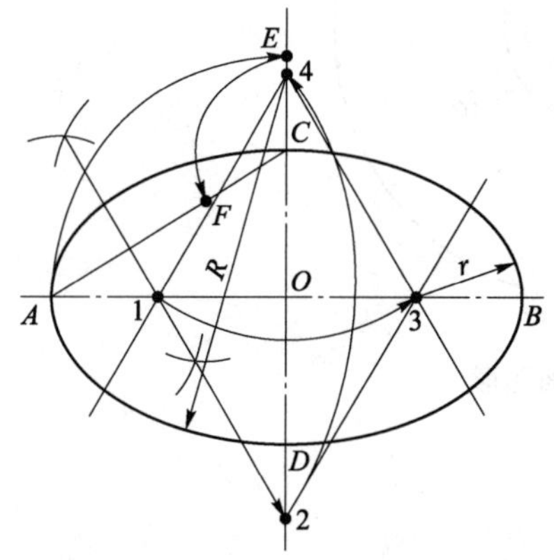

图 1－30　四心圆法画椭圆

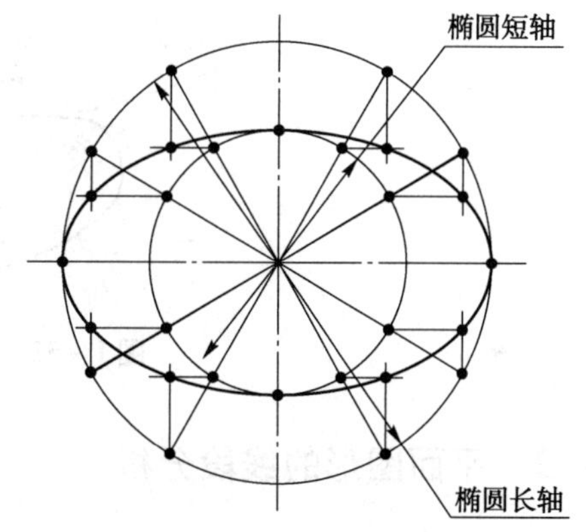

图 1－31　同心圆法画椭圆

1.4　平面图形分析及画法

平面图形是由一些几何图形和一些线段组成的。分析平面图形就是根据图形及其尺寸标注，分析各几何图形和线段的形状、大小以及它们之间的相对位置。

1.4.1　平面图形的尺寸分析

1. 尺寸基准

尺寸基准就是标注尺寸的起点。平面图形有水平和垂直两个方向的尺寸。通常选择对称图形的对称线、较大圆的中心线、主要轮廓线作为尺寸基准。

2. 定形尺寸

定形尺寸就是确定平面图形各组成部分形状大小的尺寸，如直线段的长度、圆及圆弧的直径或半径、角度的大小等。

3. 定位尺寸

定位尺寸就是确定平面图形中各组成部分之间的相对位置的尺寸，如图 1－32 中的 4、7。对平面图形来说，一般需要两个方向的定位尺寸。应该注意，有些尺寸既是定形尺寸又是定位尺寸。

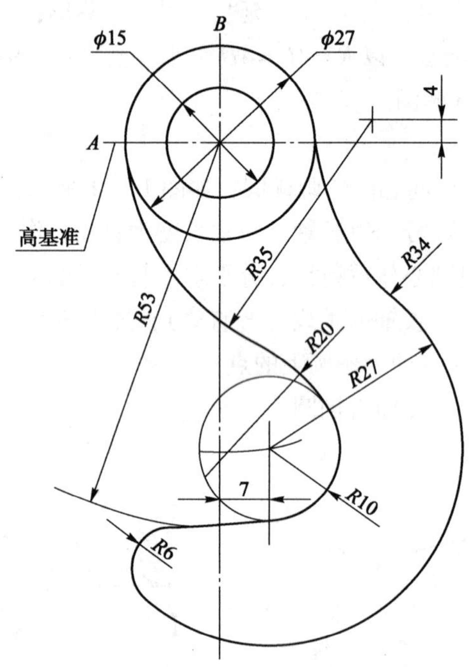

图 1－32　吊钩平面图形

1.4.2　平面图形的线段分析

通常将平面图形的线段分为以下 3 种类型。

1. 已知线段

已知线段就是尺寸完整，有定形尺寸和两个定位尺寸的线段。如图 1－32 中的 ϕ15、ϕ27。

2. 中间线段

中间线段就是有定形尺寸和一个定位尺寸的线段。如图 1－32 中的 *R*35，其圆心只有 1 个定位尺寸 4，它必须利用与 ϕ27 相切的连接关系才能画出。

3. 连接线段

连接线段就是只有定形尺寸、没有定位尺寸的线段。如图 1－32 中的 *R*34，它必须要根据与相邻线段的连接关系才能画出。

1.4.3　平面图形的画图步骤

1. 平面图形的画图步骤

图 1－33 所示为平面图形的画图步骤。

（1）根据所画图形的大小及复杂程度选取比例，确定图纸幅面；

（2）分析平面图形的尺寸和线段，确定线段的性质，从而确定画图的步骤；

（3）选定尺寸基准，画基准线，合理布置平面图形及各部分图形的相对位置，如图 1－33（a）所示；

（4）先画出所有的已知线段，如图 1－33（b）所示；

（5）再画出所有的中间线段，如图 1－33（c）所示；

（6）最后画出各连接线段，如图 1－33（d）所示；

（7）整理并描深图线，完成平面图形的绘制。

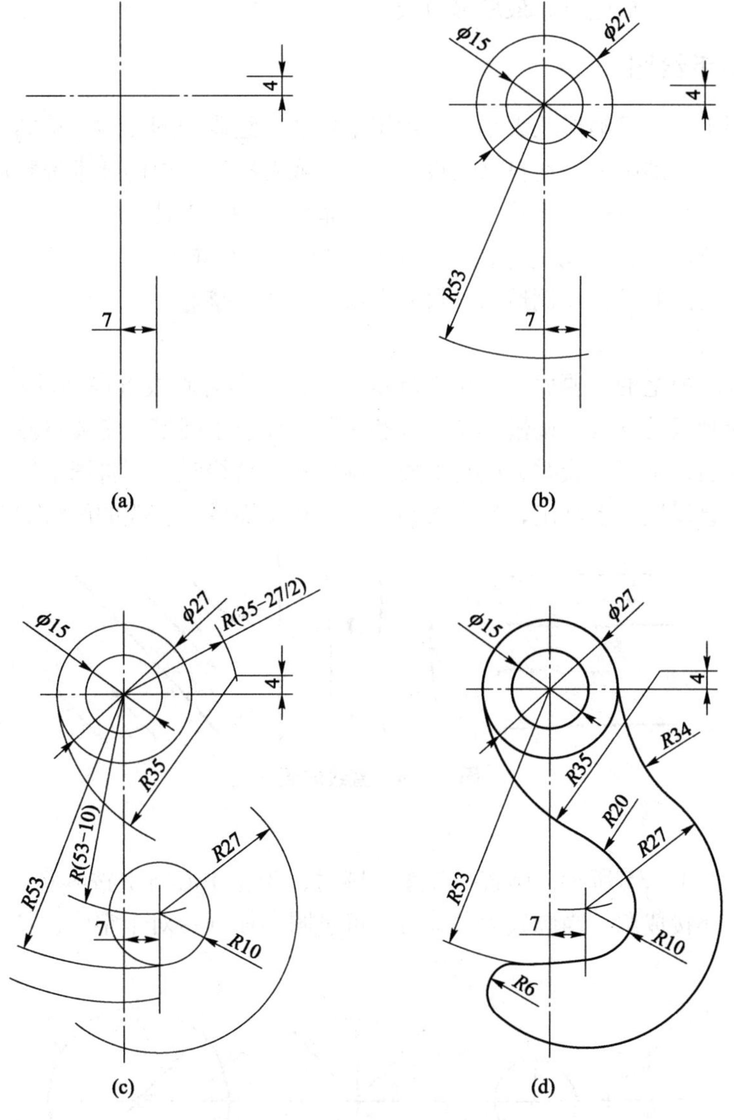

图 1－33　平面图形的画图步骤

（a）画中心线、基准线；（b）画已知线段；（c）画中间线段；（d）画连接线段

2. 平面图形的画图方法

1）准备工作

分析图形，选定图幅、比例，并固定图纸。备齐绘图工具和仪器，削好铅笔。

2）画底稿

画底稿时，一般用削尖的 H 或 2H 铅笔准确、轻轻地绘制，要做到轻、细、准。画底稿的步骤是：先画图框、标题栏，后画图形。画图时，首先要合理布置好图形的位置，画出基准线、轴线、对称中心线，然后再画图形，并遵循先主体后细部的原则。

3）描深底稿

描深底稿一般可按下列原则进行：先细后粗、先实后虚、先小后大、先圆后直、先上后下、先左后右、先水平后竖直，最后描斜线。

1.4.4 徒手绘图

不借助绘图工具，目测形状大小，仅用铅笔以徒手绘制的图样称为草图。工程技术人员时常需要用草图迅速准确地表达自己的设计意图，或者把所需要的技术资料用草图迅速地记录下来，徒手绘制草图也是工程技术人员必须具备的一种基本技能。

草图不是潦草的图，除比例外，其余必须遵守国家标准规定。画草图的要求：画线要稳，图线清晰；目测要准，比例适当；尺寸无误；字体工整等。

1. 直线的画法

徒手画直线时握笔的手要放松，用手腕抵着纸面，沿着画线方向移动；在画的过程中，眼睛随时看着所画线的终点，慢慢移动手腕和手臂，注意手握笔一定要自然放松。画水平线时，从左至右画出；画竖直线时，应自上而下画出；画斜线时，可将图纸转平当成水平线或竖直线去画。短直线应一笔画出，长直线则可分段相接而成。直线的画法如图 1－34 所示。

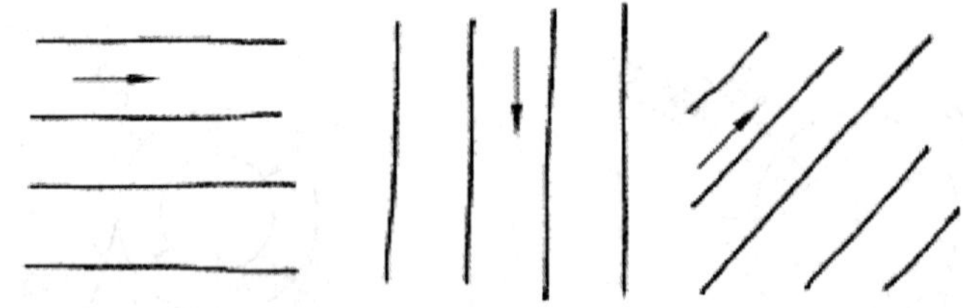

图 1－34　直线的画法

2. 圆的画法

圆的画法如图 1－35 所示，画直径较小的圆时，先在中心线上按半径目测定出 4 个点，然后徒手将各点连接成圆。当画较大的圆时，可过圆心加画一对十字线，按半径目测定出 8 个点，连接成圆。

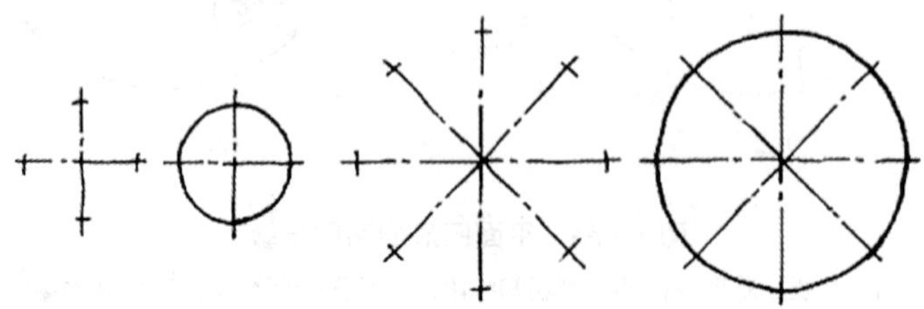

图 1－35　圆的画法

3. 圆角、圆弧的画法

画圆角、圆弧连接时，在两已知边内根据圆弧半径的大小找出圆心，连接顶点和圆心，并在连线上定出圆弧上的一点，再过圆心向两边引垂线定出圆弧的起点和终点，然后将三点连接起来，如图 1－36 所示。

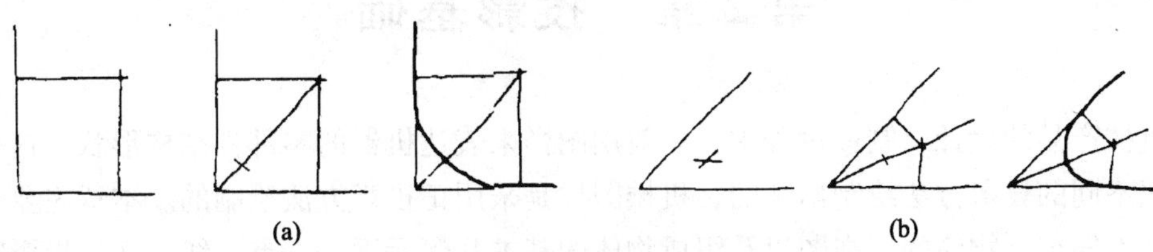

图 1－36　圆角、圆弧的画法

（a）圆角；（b）圆弧

4. 椭圆的画法

椭圆的画法如图 1－37 所示，画椭圆时，先目测定出其长短轴上的 4 个顶点，然后过 4 个顶点用细线画出矩形，最后分段画出 4 段圆弧（注意图形的对称性）。

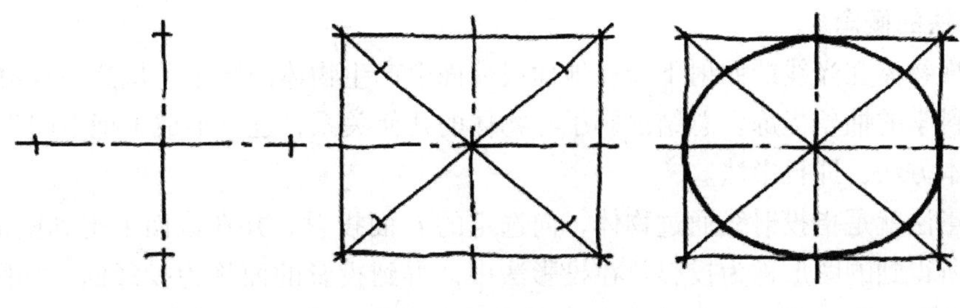

图 1－37　椭圆的画法

第 2 章　投影基础

在机械产品的设计、制造过程中，一般用图样来表达机器的零部件结构形状。这些图样都是按照不同的投影方法绘制出来的，机械图样是采用正投影方法绘制的。本章主要介绍投影法的基本知识、物体的三视图以及组成物体的基本几何元素——点、线、面的投影特性和投影规律。

2.1　投影法和三视图的形成

2.1.1　投影法

1. 投影法的概念

人们发现物体在光线的照射下会在地面或墙面上产生物体的影子，从这一现象中得到启示，并通过科学的抽象提炼，总结出影子与物体的几何关系，逐步形成了把空间物体表示在平面上的基本方法，即投影法。

所谓投影法就是指投射线通过物体，向选定的 P 面投射，并在该面上得到图形的方法，根据投影法所得到的图形称为投影。在投影法中，得到投影的面称为投影面。如图 2－1 所示，光源点 S 称为投射中心，预设的平面 P 称为投影面，发自投射中心且通过被表示物体上各点的直线称为投射线，投影面 P 上的图形称为投影或投影图。

2. 投影法的分类

投影法分为两类：中心投影法和平行投影法。

1）中心投影法

投射线汇交于一点的投影法称为中心投影法，如图 2－1 所示。中心投影法所得到的投影图立体感较强，但不能反映物体的真实形状和大小，图形的度量性较差，作图复杂，因此机械图样较少采用，而是常用来绘制各种建筑物效果图以及美术画等的辅助图样。

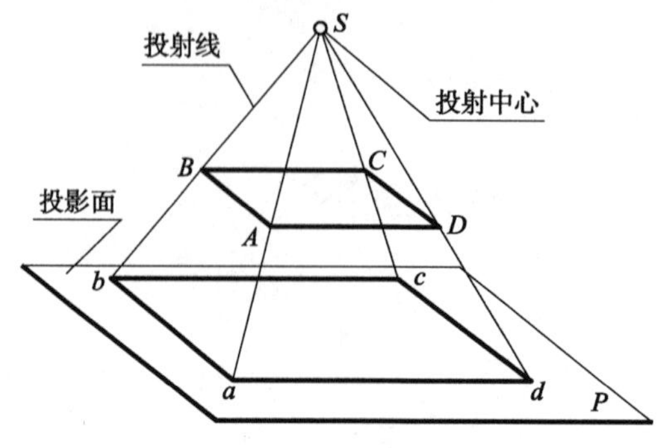

图 2－1　中心投影法

2）平行投影法

假设将投射中心移至无限远处，则投射线互相平行，这种投射线相互平行的投影法叫作平行投影法。如图2－2、图2－3所示，在平行投影法中，根据投射线与投影面是否垂直，又分为斜投影法和正投影法两种。

（1）斜投影法。投射线相互平行，但倾斜于投影面，这种投影方法称为斜投影法，采用斜投影法得到的图形，称为斜投影或斜投影图，如图2－2所示。

（2）正投影法。投射线相互平行且与投影面垂直，这种投影方法称为正投影法，采用正投影法得到的图形，称为正投影或正投影图，如图2－3所示。由于正投影法度量性好，作图方便，能准确地反映物体的形状和大小，所以工程图样多数用正投影法绘制。

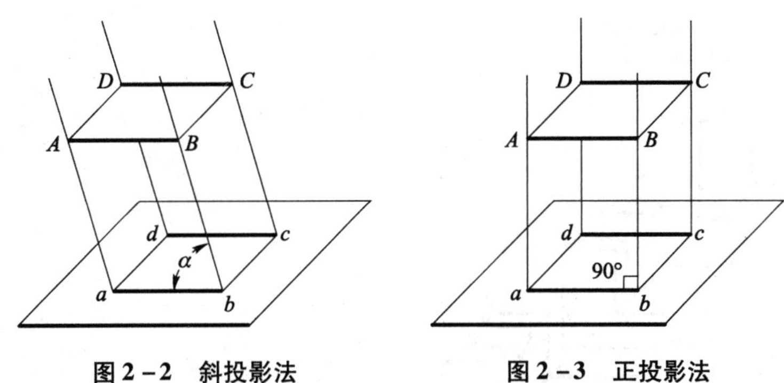

图2－2　斜投影法　　　图2－3　正投影法

2.1.2　正投影的基本性质

1. 真实性

当直线或平面与投影面平行时，投影反映实形（实长），如图2－4所示。

2. 积聚性

当直线或平面与投影面垂直时，投影聚成一条直线，如图2－5所示。

3. 类似性

当直线或平面与投影面倾斜时，直线的投影仍为直线，但小于实长，平面的投影为小于空间平面实形的类似图形，且投影面积变小，如图2－6所示。

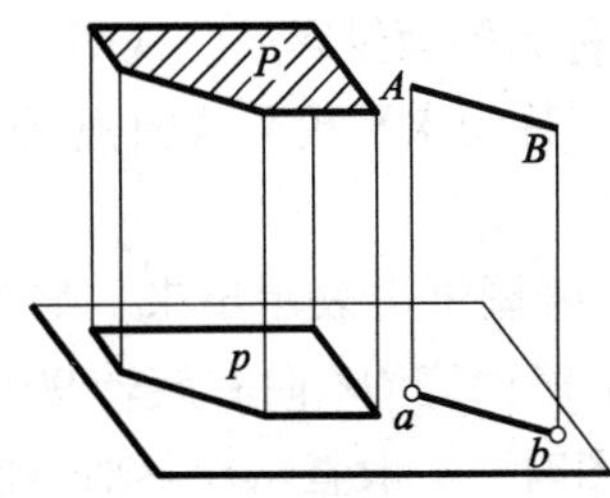

图2－4　正投影的真实性

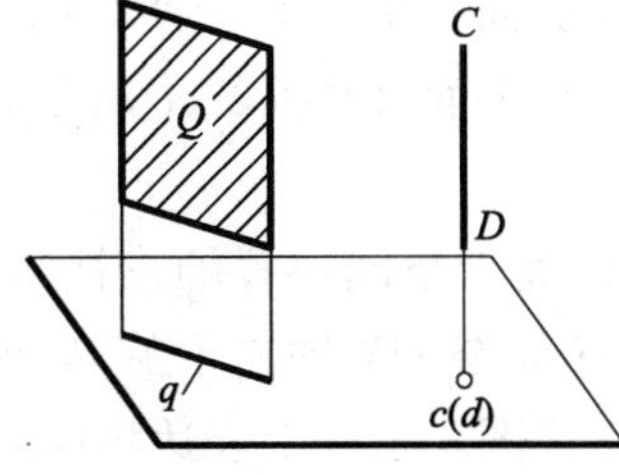

图2－5　正投影的积聚性

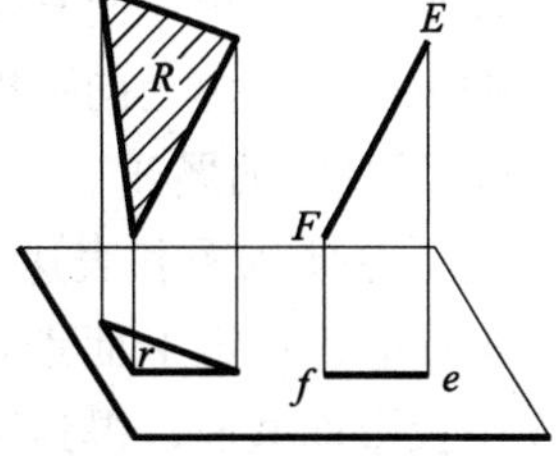

图2－6　正投影的类似性

2.1.3　三视图的形成及其投影规律

1. 视图的形成

用正投影法绘制物体的投影时，可将人的视线假想成相互平行且垂直于投影面的一组投射线，则物体在投影面上的投影称为视图。在一般情况下，1 个视图不能完全确定物体的形状和大小，通常需要将物体向几个方向投射，才能完整清晰地表达出物体的形状和大小，如图 2－7 所示。

2. 三投影面体系的建立

如图 2－8 所示，三投影面体系由 3 个相互垂直的投影面组成。3 个投影面分别为正立投影面（简称正面，用 *V* 表示）、水平投影面（简称水平面，用 *H* 表示）、侧立投影面（简称侧面，用 *W* 表示），投影面之间的交线称为投影轴，*V* 面与 *H* 面的交线是 *OX*，*H* 面与 *W* 面的交线是 *OY*，*V* 面与 *W* 面的交线是 *OZ*，分别称为 *X* 轴、*Y* 轴、*Z* 轴。三投影轴相互垂直，其交点称为原点。

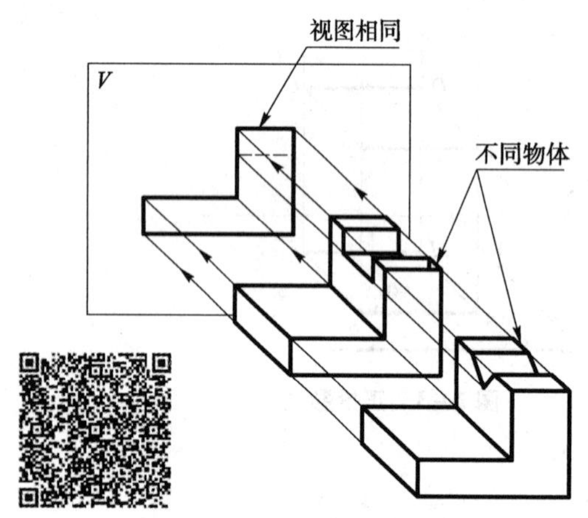

图 2－7　视图的形成

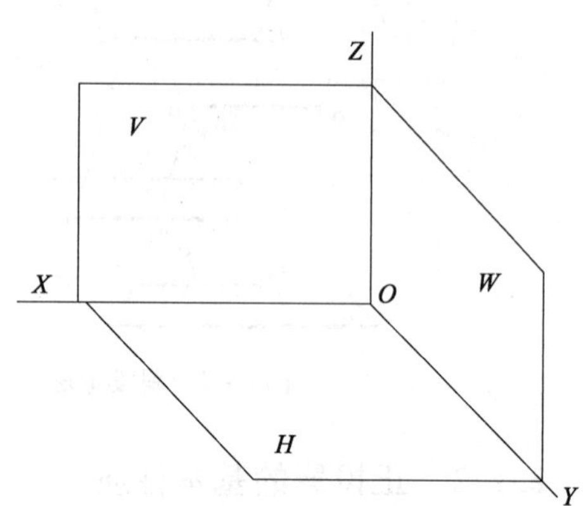

图 2－8　三投影面体系

3. 三视图的形成

物体在三投影面体系中用正投影法得到的图形，称为物体的三视图。如图 2－9 所示，将物体平稳地放在三投影面体系中，分别向 3 个投影面进行正投射，所得的 3 个基本视图就是物体的三视图。在视图中，物体可见轮廓的投影画粗实线，不可见轮廓的投影画细虚线。三视图的形成以及名称规定如下：

主视图——由前向后投射，在正面（*V* 面）上所得的投影，称为正面投影或主视图；

左视图——由左向右投射，在侧面（*W* 面）上所得的投影，称为侧面投影或左视图；

俯视图——由上向下投射，在水平面（*H* 面）上所得的投影，称为水平投影或俯视图。

4. 三视图的展开

为了方便画图和表达，必须使处于空间位置的三视图画在一张图纸上表示出来。如图 2－10 所示，规定 *V* 面不动，将 *H* 面绕 *OX* 轴向下旋转 90°，将 *W* 面绕 *OZ* 向右旋转 90°，使 3 个投影面共面，得到物体的三视图。工程上表达物体的三视图时，一般省略投影轴和投影面的边框，各个视图的距离可根据需要自行确定，如图 2－11 所示。

5. 三视图的投影规律

1）位置关系

如图 2－12 所示，三视图的位置关系为：主视图在上，俯视图在主视图的正下方，左视图在主视图的正右方。

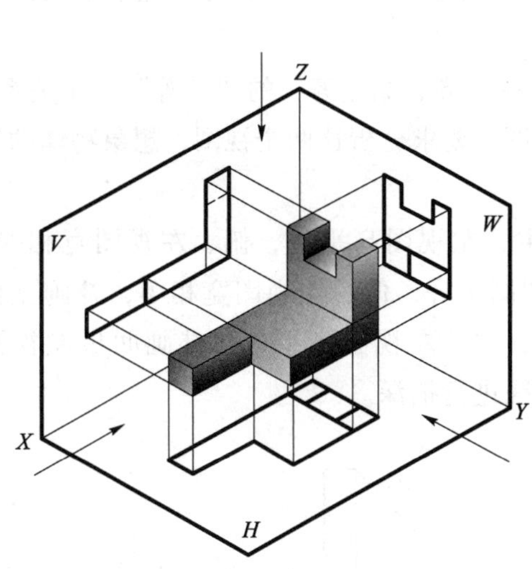

图 2－9　空间位置的三视图

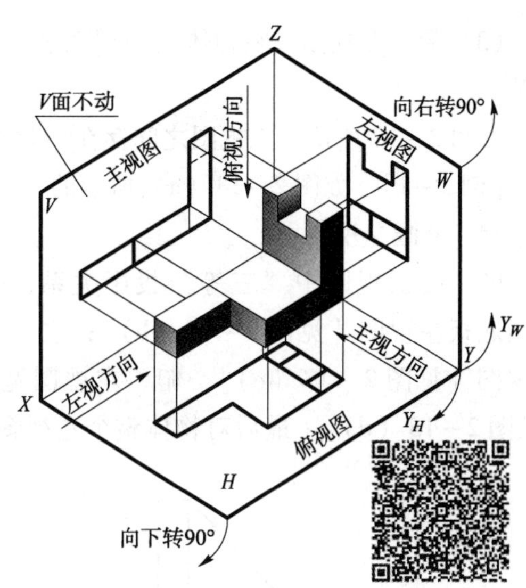

图 2－10　三视图的展开方法

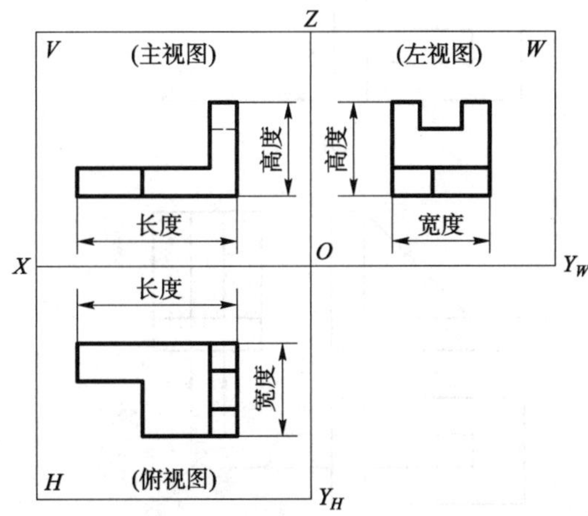

图 2－11　二维平面的三视图

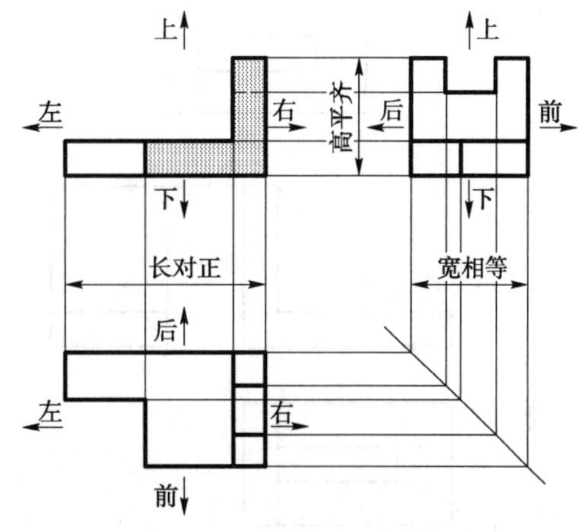

图 2－12　三视图的方位关系

2）尺寸关系

如图 2－12 所示，X 轴方向为左、右方位，简称长；Z 轴方向为上、下方位，简称高；Y 轴方向为前、后方位，简称宽。从图 2－11 中可以看出，一个视图只能反映物体长、宽、高中的其中两个的尺寸。主视图反映物体的长（x）和高（z）；俯视图反映物体的长（x）和宽（y）；左视图反映物体的宽（y）和高（z）。

3）投影关系

投射过程中物体的大小不变、位置不变，故三视图间有以下的投影关系：

（1）主、俯视图反映物体的同样长度，应在长度方向上保持对正，即“主、俯视图长对正”；

（2）主、左视图反映物体的同样高度，应在高度方向上保持平齐，即“主、左视图高平齐”；

（3）俯、左视图反映物体的同样宽度，应在宽度方向上保持相等，即“俯、左视图宽相等。

如图 2－12 所示，三视图之间存在“长对正、高平齐、宽相等”的“三等”投影关系。

［例 2－1］ 如图 2－13（a）所示的主、俯视图，要求分析这两个视图，想象物体的立体形状，补画左视图。

解 按三视图中“三等”投影关系，根据主、左视图高平齐，俯、左视图宽相等，补画底板左视图［见图 2－13（b）］；主、左视图高平齐，俯、左视图宽相等，补画立板左视图［见图 2－13（c）］；俯、左视图宽相等，主、左视图高平齐，补画肋板左视图［见图 2－13（d）］。最后对物体整个左视图的图线进行描深。

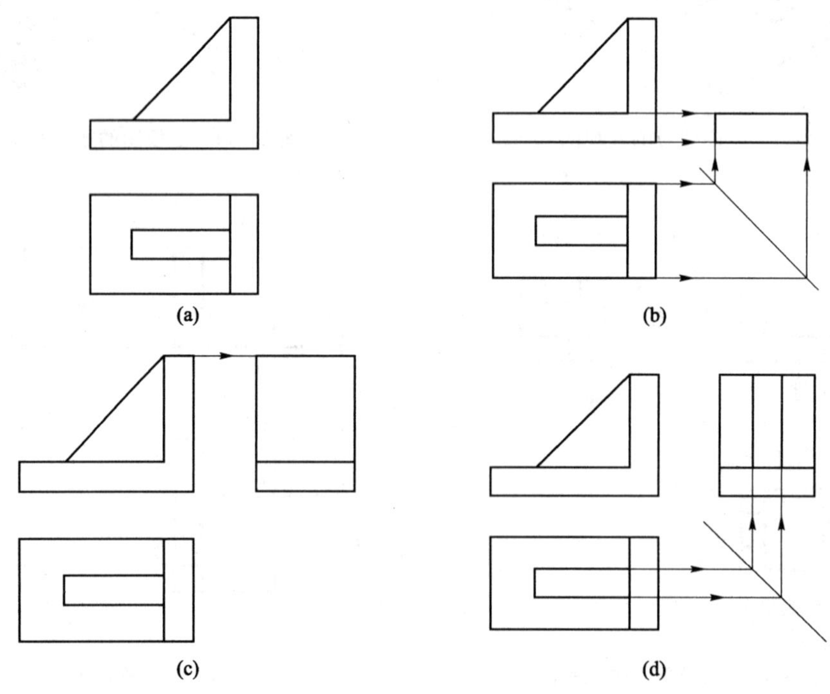

图 2－13 补画三视图的左视图

2.2 点的投影

任何物体的表面都是由点、线（直线或曲线）、面（平面或曲面）等几何元素组成的。因此，需掌握好点、线、面的投影规律及作图方法，为正确阅读和绘制物体的三视图打下基础。

空间点和三面投影的标记规定：空间点用大写字母标记，如 A；水平投影用相应的小写字母标记，如 a；正面投影用相应的小写字母加一撇标记，如 a'；侧面投影用相应的小写字母加两撇标记，如 a''。

2.2.1　点在三投影面体系中的投影规律

1. 点的三面投影形成

如图 2 – 14（a）所示，过空间点 A 分别向 3 个投影面（H、V、W）作垂线，其垂足 a、a'、a''即为点 A 在 3 个投影面（H、V、W）上的投影。按照三视图展开方法将点的空间投影面体系展开，得到点的二维平面展开图，如图 2 – 14（b）所示，去掉投影面的边框，保留投影轴，便得到空间点 A 的三面投影图，如图 2 – 14（c）所示。图中投影连线与投影轴 OX、OY、OZ 的交点分别为 a_x、a_y、a_z。

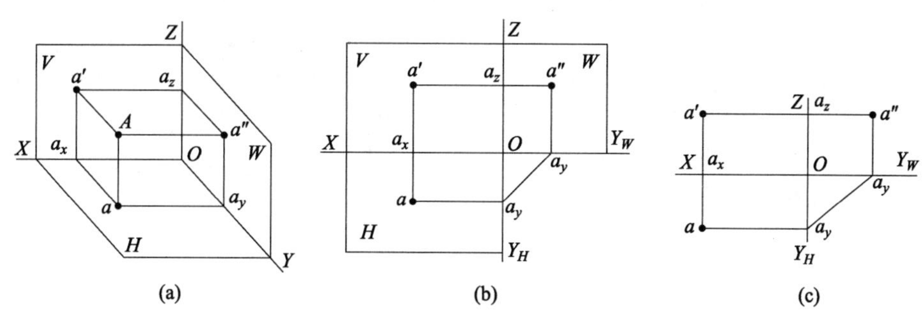

图 2 – 14　点的三面投影形成

2. 点的三面投影规律

点的投影仍然是点，点的两面投影连线，必定垂直于相应的投影轴，其投影间的规律如下：

（1）点的正面投影 a'和水平投影 a 的连线垂直于 OX 轴，即 $a'a \perp OX$ 轴；

（2）点的正面投影 a'和侧面投影 a''的连线垂直于 OZ 轴，即 $a'a'' \perp OZ$ 轴；

（3）点的水平投影 a 到 OX 轴的距离等于点的侧面投影 a''到 OZ 轴的距离，即 $aa_x = a''a_z$；

（4）点的投影到投影轴的距离，等于空间点到相应的投影面的距离，即 $aa_x = a''a_z = A$ 到 V 面的距离，$a'a_x = a''a_y = A$ 到 H 面的距离，$a'a_z = aa_y = A$ 到 W 面的距离。

2.2.2　点的投影与直角坐标的关系

在三投影面体系中，3 条互相垂直的投影轴组成了一个空间直角坐标系，空间点在三投影面体系中可以用坐标表示，即（x，y，z），则可得出点 A（x，y，z）的投影与其坐标的关系：

（1）点 A 的 x 坐标 = 点 A 到 W 面的距离（Aa''）；

（2）点 A 的 y 坐标 = 点 A 到 V 面的距离（Aa'）；

（3）点 A 的 z 坐标 = 点 A 到 H 面的距离（Aa）。

空间点的每一个坐标值，反映了点到对应投影面的距离。空间点的任一投影，均反映了该点的 2 个坐标值，即 a'（x，0，z），a（x，y，0），a''（0，y，z）。

［**例 2－2**］ 已知空间点 A 的坐标为（25，20，15），求作它的三面投影。

分析 由点的投影特性可知，点到 3 个投影面的距离分别等于点的 x、y、z 坐标值。

解 （1）作投影轴 OX、O_{YH}、O_{YW}、OZ，如图 2－15（a）所示；（2）用直尺分别在 OX、O_{YH} 轴上量取 $x=25$、$y=20$，确定点 A 的水平投影 a，如图 2－15（b）所示；（3）用直尺分别在 OX、OZ 轴上量取 $x=25$、$z=15$，确定点 A 的正面投影 a'，如图 2－15（c）所示；（4）用直尺分别在 O_{YW}、OZ 轴上量取 $y=20$、$z=15$，确定点 A 的侧面投影 a''，如图 2－15（d）所示。

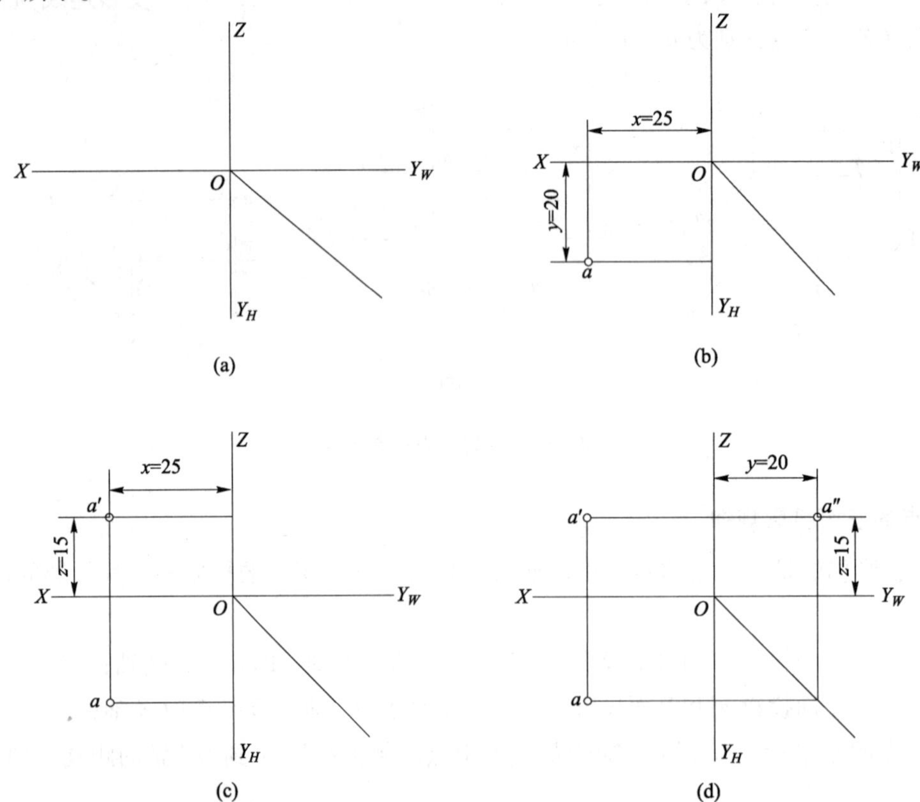

图 2－15 求点的三面投影

2.2.3 两点的相对位置

1. 两点的相对位置的判断

两点的相对位置是指空间两点的上下、前后、左右位置关系。这种位置关系可以通过两点的同面投影的相对位置或坐标的大小来判断，即 x 坐标大的在左、y 坐标大的在前、z 坐标大的在上；反之 x 坐标小的在右、y 坐标小的在后、z 坐标小的在下。

如图 2－16 所示，要判断点 A、B 的空间位置关系，可以选定点 A（或 B）为基准，然后将点 A 的坐标与点 B 的坐标比较：

$x_A < x_B$，表示点 A 在点 B 的右方；

$y_A < y_B$，表示点 A 在点 B 的后方；

$z_A > z_B$，表示点 A 在点 B 的上方。

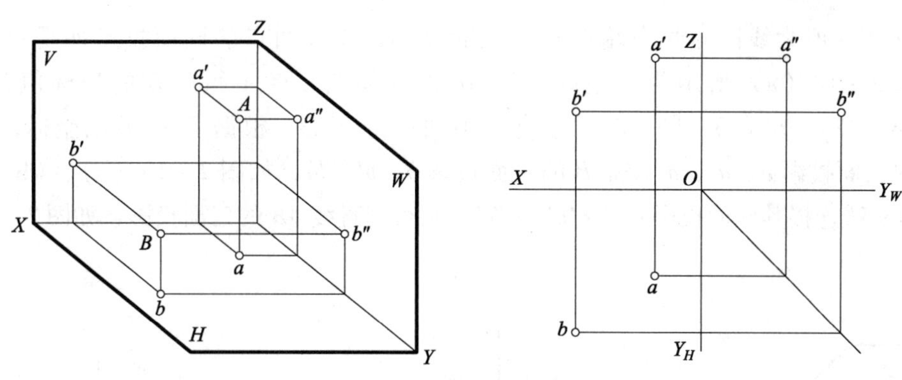

图 2－16　两点的相对位置

2. 重影点的可见性判别

空间两点在某一投影面上的投影重合为一点时，则称此两点为该投影面的重影。在投影图中，当两点出现重影时，要判别这两点投影的可见性。

重影点的可见性判断可根据这两点的不重影投影的坐标值大小来判断，即：

当两点的 V 面投影重合时，则 y 坐标值大者为前面的可见点；

当两点的 H 面投影重合时，则 z 坐标值大者为上面的可见点；

当两点的 W 面投影重合时，则 x 坐标值大者为左边的可见点。

对于正面投影、水平投影、侧面投影的重影点的重合投影的可见性，应按照“前遮后、上遮下、左遮右”来判断，被遮挡住的为不可见，为了表示点的可见性，被遮挡住的点的投影应加圆括号。如图 2－17（a）所示，B、C 两点位于垂直于 H 面的投射线上，B、C 为对 H 面的重影点，点 b、c 重合，因 $z_B > z_C$，表示点 B 位于点 C 的上方，故 b 可见而 c 不可见，不可见的投影另加圆括号表示，如图 2－17（b）所示。

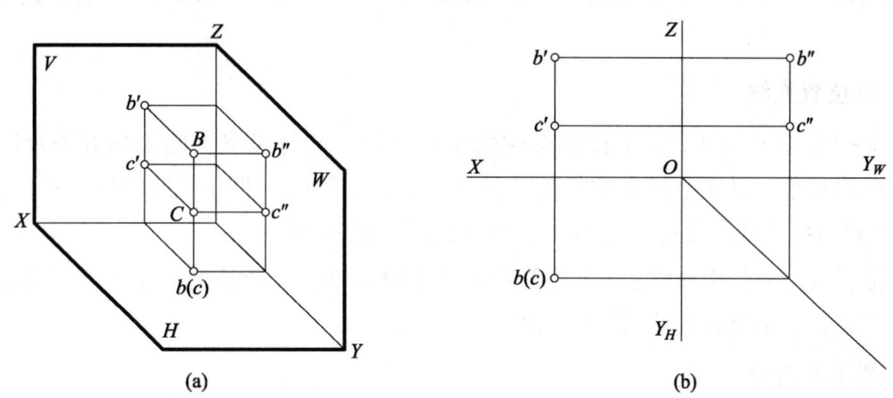

图 2－17　重影点的投影

2.3　直线的投影

2.3.1　直线的三面投影

根据“两点确定一条直线”的原理，如果想求一条直线的投影，只要作出直线上任意两点（一般为线段的两个端点）的三面投影，连接两点的同面投影即得直线的投影。如图2－18（a）所示为一空间直线 AB 的立体图，点 A 和点 B 的坐标值分别为：A（10，8，22）、B（25，16，8），求直线 AB 的三面投影。根据点 A、B 的坐标，分别作出点 A 的三面投影 a、a'、a''，点 B 的三面投影 b、b'、b''，如图2－18（a）、（b）所示，然后用粗实线连接其同面投影 ab、$a'b'$、$a''b''$，则得到直线 AB 的三面投影，如图2－18（c）所示。

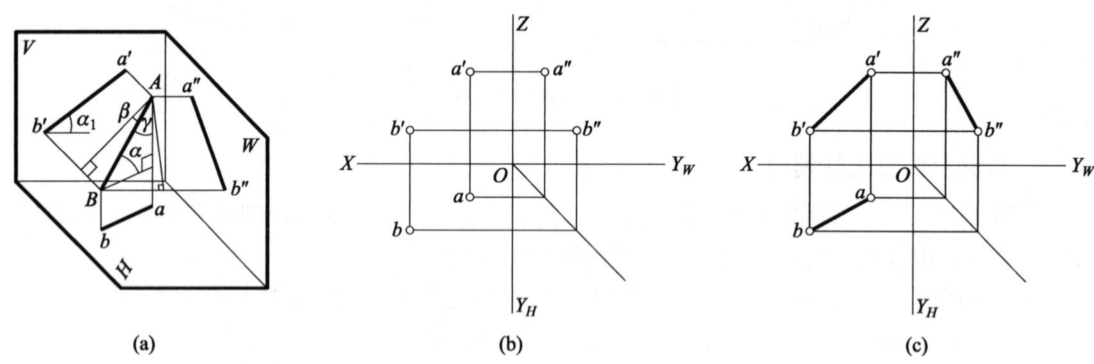

图2－18　直线的三面投影

2.3.2　直线的投影特性

在三投影面体系中，根据直线相对于投影面的位置不同，分为一般位置直线、投影面平行线、投影面垂直线三类，其中投影面垂直线和投影面平行线又称为特殊位置直线。本书将直线段统称为直线，并规定：直线对 H 面、V 面、W 面的倾角分别用 α、β、γ 来表示。

1. 一般位置直线

如图2－18（a）所示，3个投影都倾斜于投影轴，其与投影轴的夹角并不反映空间线段对投影面的夹角，且3个投影的长度均比空间线段 AB 短，即都不反映空间线段的实长，且 AB 的投影与投影轴的夹角，也不等于 AB 对投影面的倾角。

一般位置直线的投影特性：3个投影都倾斜于投影轴；投影长度小于直线的实长；投影与投影轴的夹角，不反映直线对投影面的倾角。

2. 投影面平行线

平行于某一投影面而与另两投影面倾斜的直线称为投影面平行线。其中，平行于 V 面的直线称为正平线，平行于 H 面的直线称为水平线，平行于 W 面的直线称为侧平线。

表2－1列出了3种投影面平行线的立体图、投影图和投影特性。从表2－1可概括出投影面平行线的投影特性：直线在所平行的投影面上的投影，均反映实长；其他两面投影平行于相应的投影轴，且长度缩短；反映实长的投影与投影轴所夹的角度，等于空间直线对相应投影面的倾角。

表 2－1　投影面平行线的投影特性

名称	立体图	投影图	投影特性
水平线	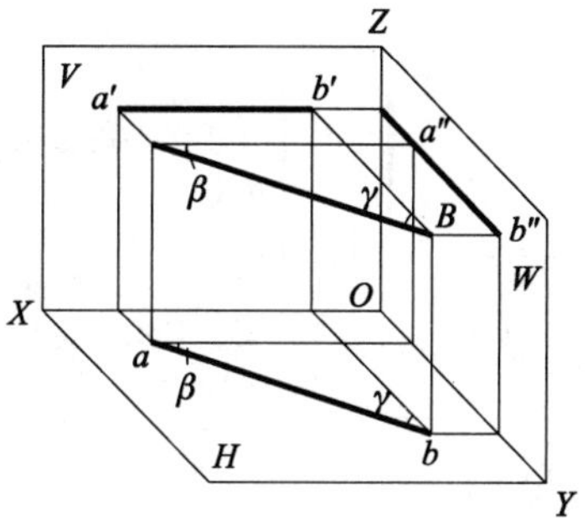	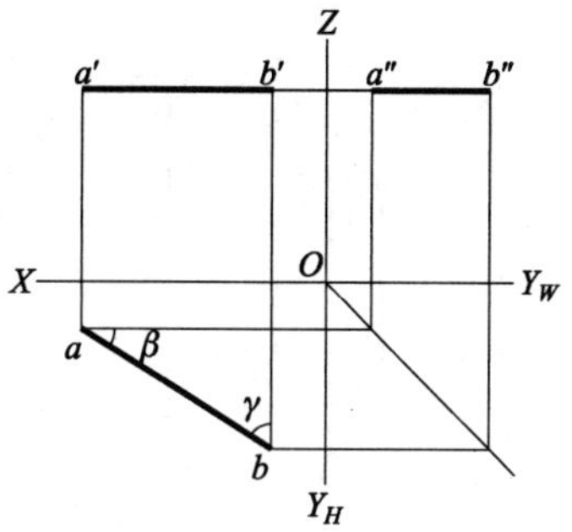	①水平投影 ab 反映实长，并反映倾角 β 和 γ ②正面投影 $a'b'//OX$ 轴，侧面投影 $a''b''//OY_W$ 轴
正平线	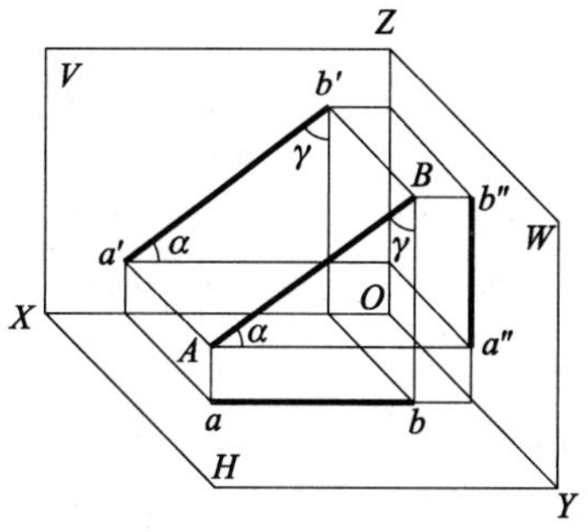	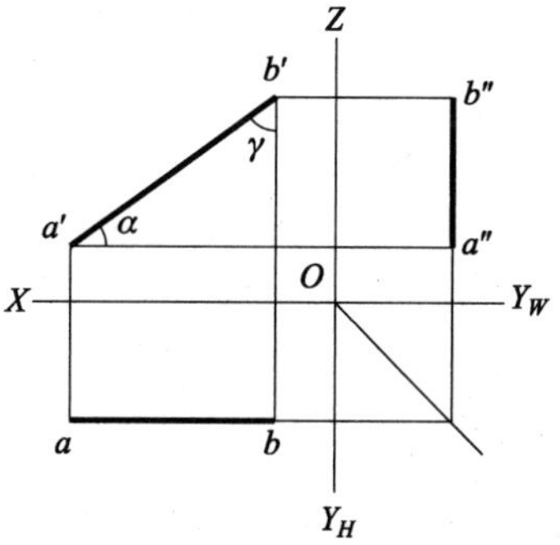	①正面投影 $a'b'$ 反映实长，并反映倾角 α 和 γ ②水平投影 $ab//OX$ 轴，侧面投影 $a''b''//OZ$ 轴
侧平线	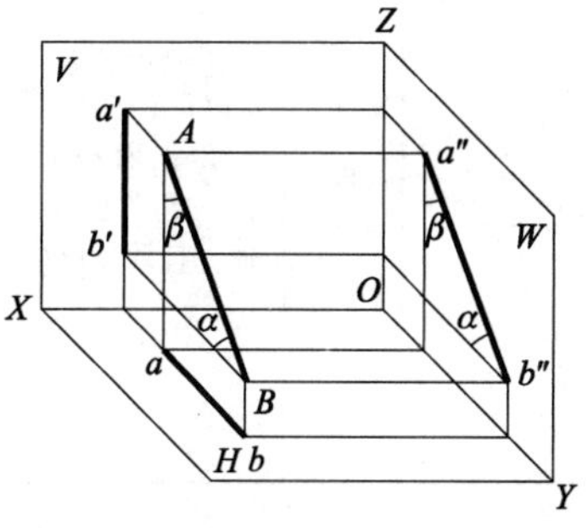	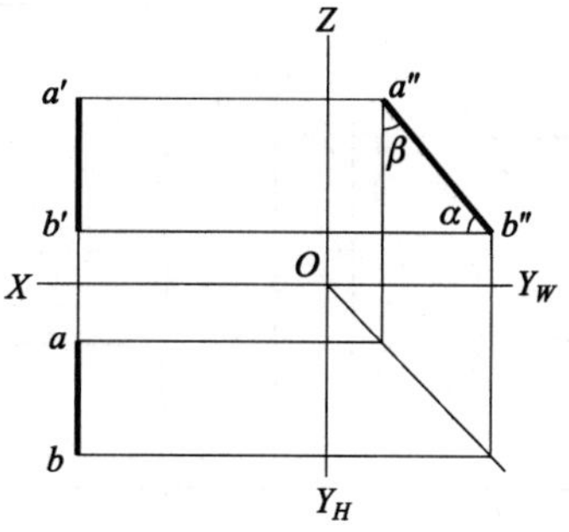	①侧面投影 $a''b''$ 反映实长，并反映倾角 α 和 β ②正面投影 $a'b'//OZ$ 轴，水平投影 $ab//OY_H$ 轴

3. 投影面垂直线

垂直于某一投影面而与另两投影面平行的直线称为投影面垂直线。其中垂直于 V 面的直线称为正垂线，垂直于 H 面的直线称为铅垂线，垂直于 W 面的直线称为侧垂线。表 2－2 列出了 3 种投影面垂直线的立体图、投影图和投影特性。

从表 2－2 可概括出投影面垂直线的投影特性：投影面垂直线在所垂直的投影面上的投影积聚成一点；投影面垂直线在另两投影面上的投影平行于相应的投影轴，且反映实长。

表 2-2　投影面垂直线的投影特性

名称	立体图	投影图	投影特性
铅垂线	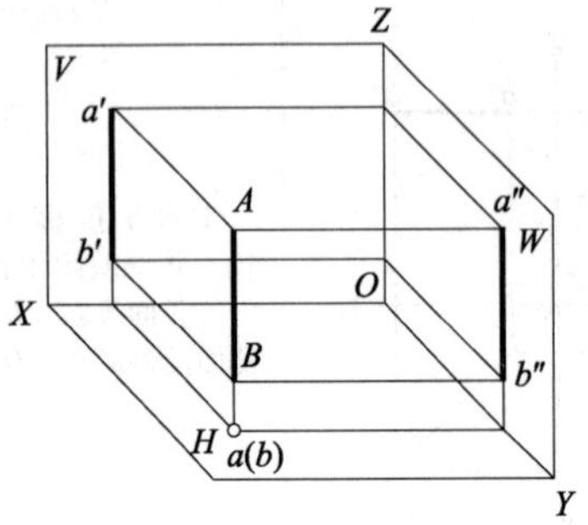	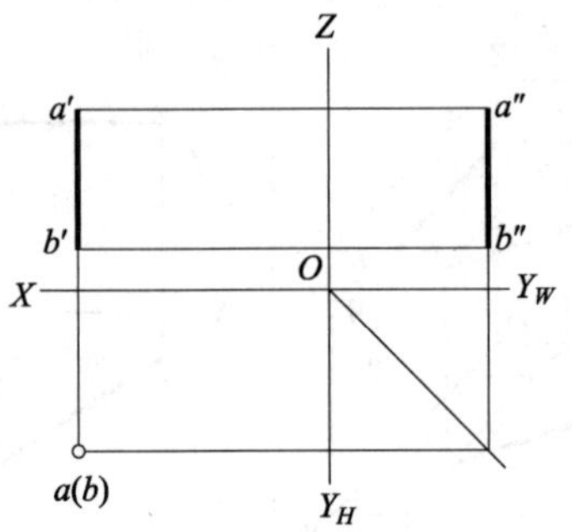	①水平投影积聚成一点 a (b) ②正面投影 $a'b' \perp OX$ 轴，侧面投影 $a''b'' \perp OY_W$ 轴，且均反映实长
正垂线	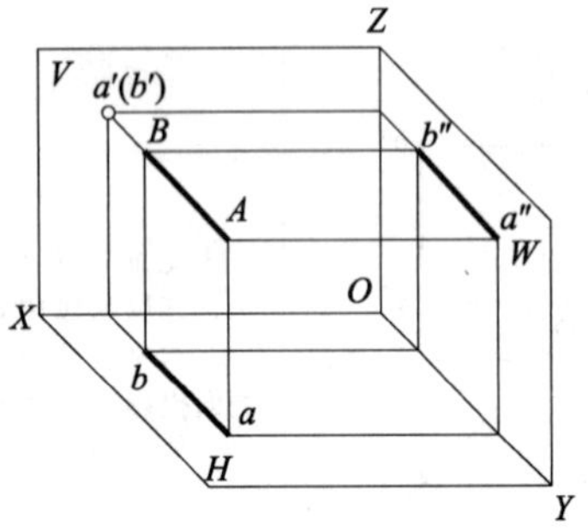	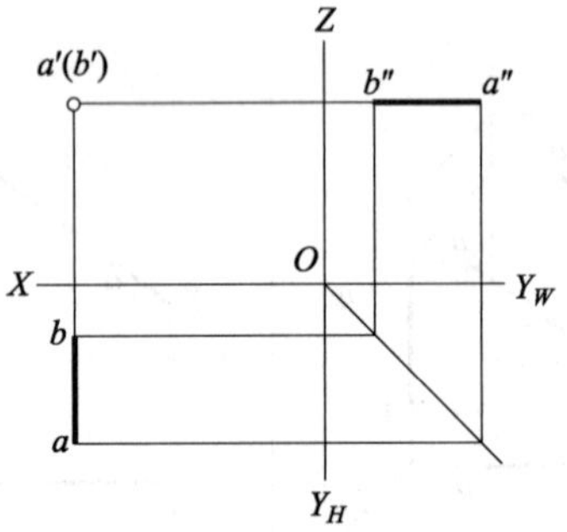	①正面投影积聚成一点 a' (b') ②水平投影 $ab \perp OX$ 轴，侧面投影 $a''b'' \perp OZ$ 轴，且均反映实长
侧垂线	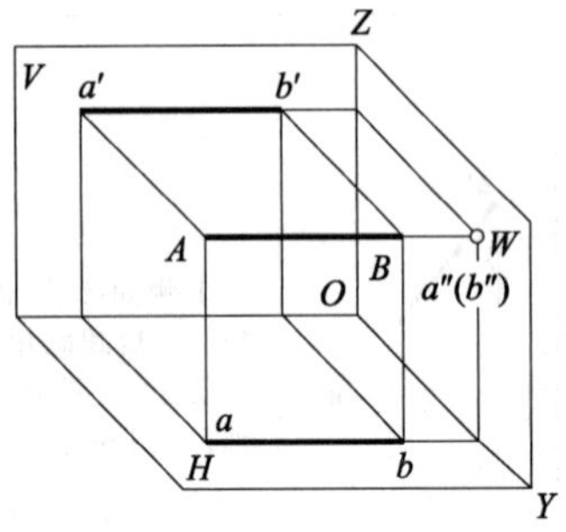	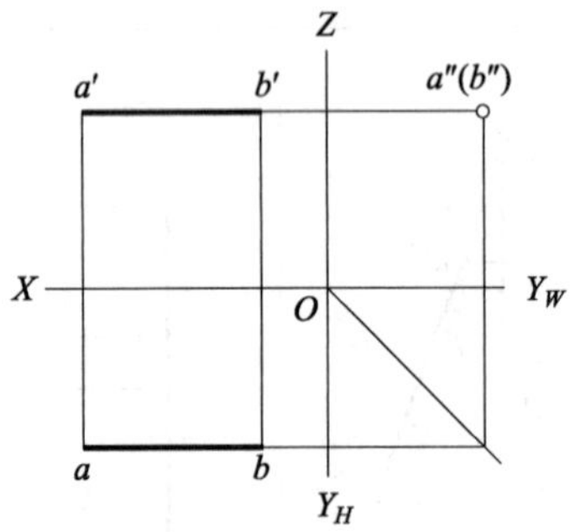	①侧面投影积聚成一点 a'' (b'') ②正面投影 $a'b' \perp OZ$ 轴，水平投影 $ab \perp / OY_H$ 轴，且均反映实长

2.3.3　直线上的点

直线上的点有如下特性：

(1) 若点在直线上，则点的各面投影一定在直线的同面投影上，反之，如果点的各面投影均在直线的同面投影上，则该点必在直线上；

(2) 若点在直线上，则点的各面投影将直线的同面投影分割成与空间线段相同的比例(定比定理)，反之亦然。即：$AM : MB = am : mb = a'm' : m'b' = a''m'' : m''b''$ (M 为直线 AB 上任意一点)。

[例 2-3]　如图 2-19 (a) 所示，点 M 在直线 AB 上。已知直线 AB 的三面投影和点 M 的 H 面投影，如图 2-19 (b) 所示，求作点 M 的另两面投影。

分析　根据投影的基本特性可知：如果点在直线上，则点的各面投影必在该直线的同面投影上，并且符合点的投影规律。

解　如图 2－19（c）所示：（1）过 m 向上作竖直线，直到与 $a'b'$ 相交为止，交点即为点 M 的 V 面投影 m'；（2）过 m' 向右作水平线，直到与 $a''b''$ 相交为止，交点即为点 M 的 W 面投影 m''。

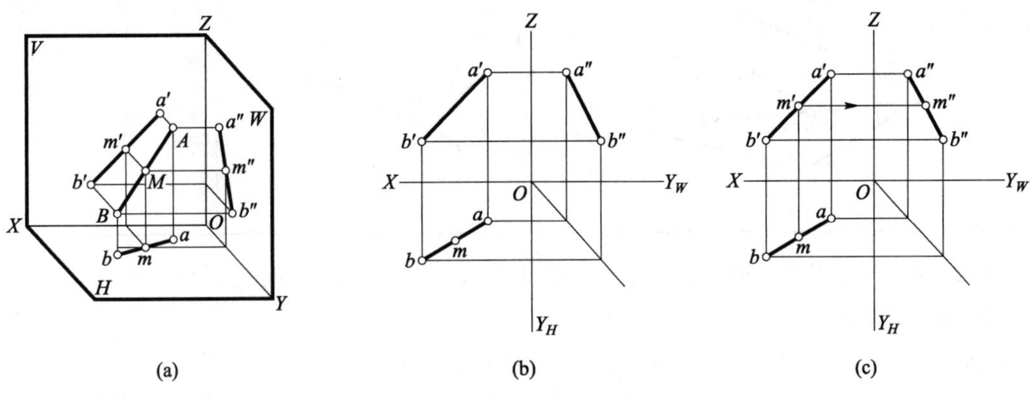

(a)　(b)　(c)

图 2－19　直线上的点

2.3.4　两直线的相对位置

空间两直线的相对位置有 3 种：平行、相交和交叉。由于相交两直线或平行两直线在同一平面上，所以它们也称为共面直线；而交叉两直线不在同一平面上，故称为异面直线。表 2－3 所示为两直线的相对位置关系及其投影特性。

表 2－3　两直线的相对位置关系及其投影特性

名称	立体图	投影图	投影特性
两直线平行			若空间两直线相互平行，则其各组同面投影必相互平行；反之，若两直线的各组同面投影分别相互平行，则空间两直线必相互平行
两直线相交			若空间两直线相交，则其各组同面投影必定相交，交点为两直线的共有点，且符合点的投影规律；反之，则可判断两直线在空间必定相交

续表

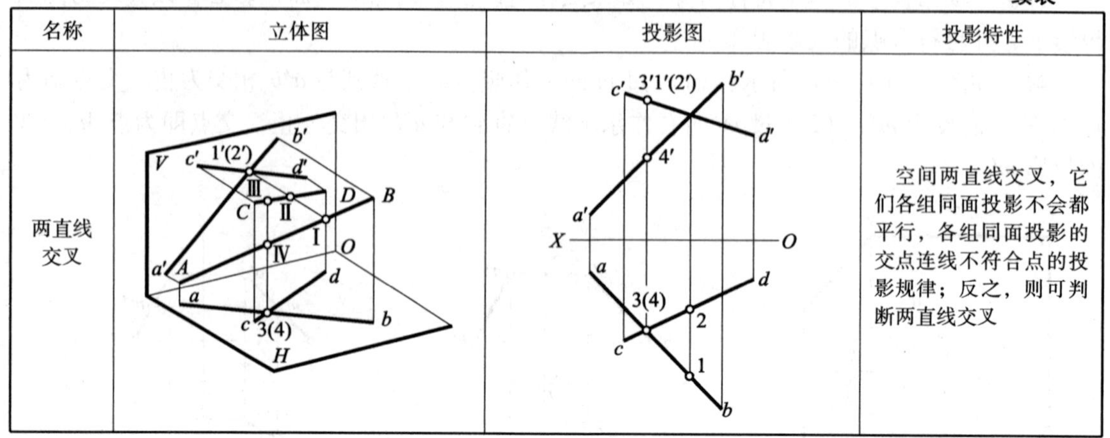

名称	立体图	投影图	投影特性
两直线交叉			空间两直线交叉，它们各组同面投影不会都平行，各组同面投影的交点连线不符合点的投影规律；反之，则可判断两直线交叉

［例2－4］ 如图2－20（a）所示，已知直线 *AB*、*CD* 的正面投影和水平投影，判断 *AB*、*CD* 两直线是否平行?

分析 对于一般位置直线，根据两个投影就可以判断两直线在空间是否平行。对于特殊位置直线，只有两个同名投影互相平行，空间直线不一定平行，要判断它们是否平行，取决于两直线在所平行的投影面上的投影是否平行。

解 如图2－20（b）所示，补出两直线在侧面上的投影，若 $a''b''//c''d''$，则 $AB//CD$；否则不平行。由图可知，*AB* 不平行于 *CD*。

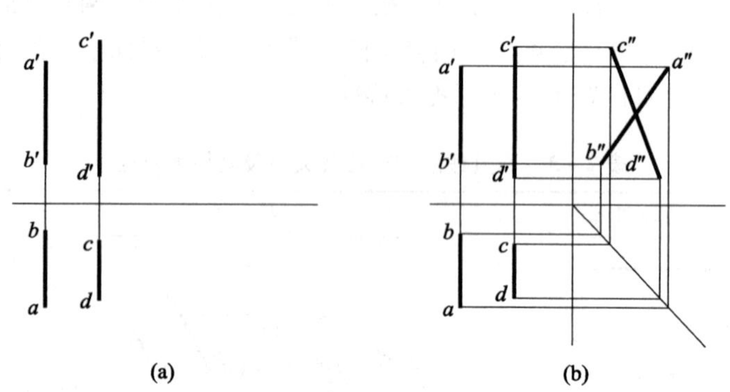

图2－20 判断两直线是否平行

2.4 平面的投影

平面图形是由一些边和顶点形成的，因此，在求平面的三面投影时，只要先求出平面图形各顶点的投影，然后将各点的同面投影依次连接，即可求出该平面的三面投影。

2.4.1 平面投影的表示方法

平面通常用确定该平面的点、直线或平面图形等几何元素的投影表示，常用有以下5种表示方法：

（1）不在同一直线上的3个点，如图2－21（a）所示；

(2) 一直线和直线外一点，如图 2－21 (b) 所示；

(3) 两相交直线，如图 2－21 (c) 所示；

(4) 两平行直线，如图 2－21 (d) 所示；

(5) 平面几何图形，如图 2－21 (e) 所示，常用的有三角形、四边形、圆等。

一般情况下，平面的投影只用来确定平面的空间位置，并不限制平面的空间范围，因为平面都是可以无限延伸的。

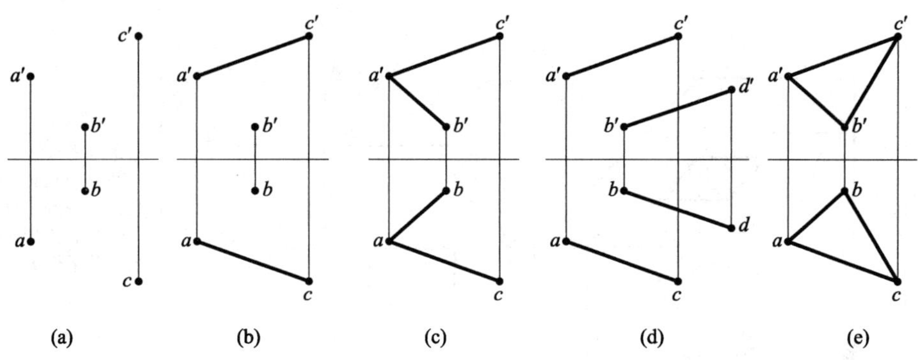

图 2－21　几何元素表示平面

2.4.2　各种位置平面投影的特性

在三投影面体系中，根据平面相对于投影面位置的不同，分为一般位置平面、投影面平行面、投影面垂直面 3 类，其中投影面垂直面和投影面平行面又称为特殊位置平面。并规定：平面对 H 面、V 面、W 面的倾角分别用 α、β、γ 来表示。

1. 一般位置平面

对 3 个投影面都倾斜的平面称为一般位置平面。如图 2－22 (a) 所示，$\triangle ABC$ 对 H 面、V 面、W 面都倾斜，因此它的三面投影 $\triangle abc$、$\triangle a'b'c'$、$\triangle a''b''c''$ 都为缩小的类似形，其投影也不反映平面与投影面的 α、β、γ 角。反之，若平面的三面投影均为类似形，则该平面为一般位置平面。

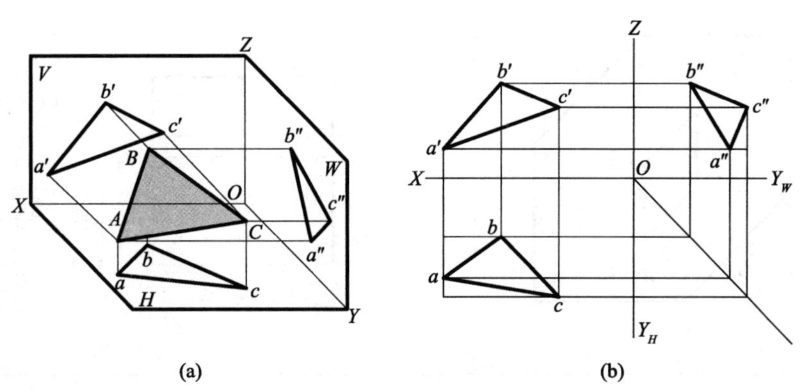

图 2－22　一般位置平面

2. 投影面平行面

平行于某一个投影面，而与另两投影面垂直的平面称为投影面平行面。其中，平行于 V 面的平面称为正平面，平行于 H 面的平面称为水平面，平行于 W 面的平面称为侧平面。表 2－4 列出了 3 种投影面平行面的立体图、投影图和投影特性。

表 2－4　投影面平行面的投影特性

名称	立体图	投影图	投影特性
水平面	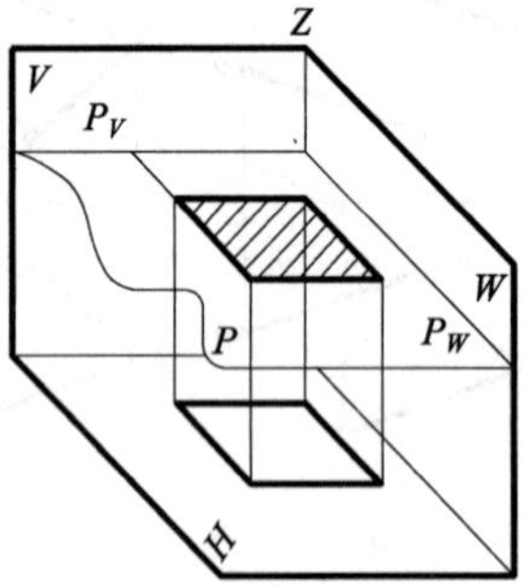	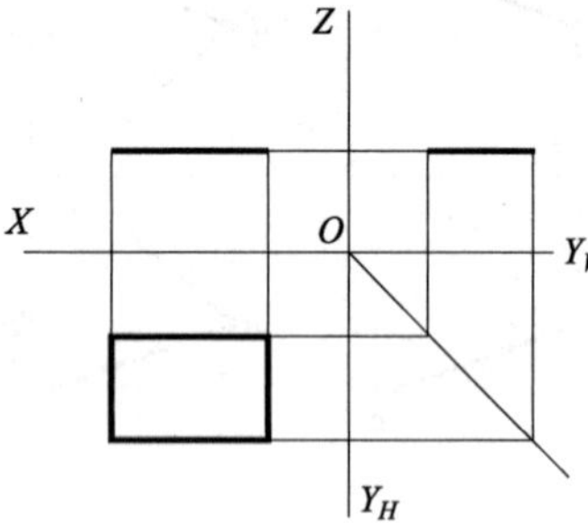	①水平投影反映实形 ②正面投影积聚成直线，且平行于 OX 轴 ③侧面投影积聚成直线，且平行于 OY_W 轴
正平面	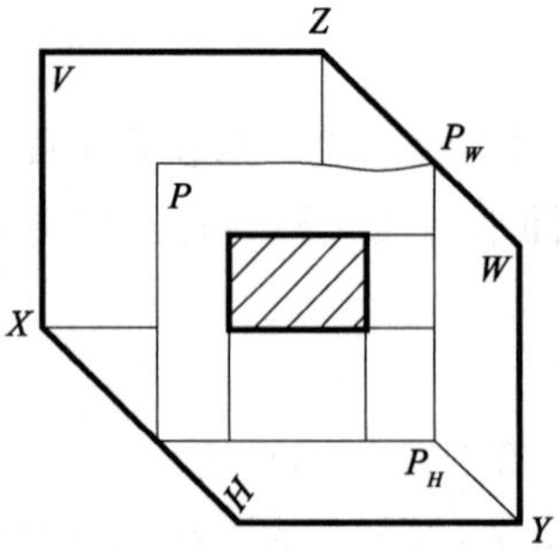	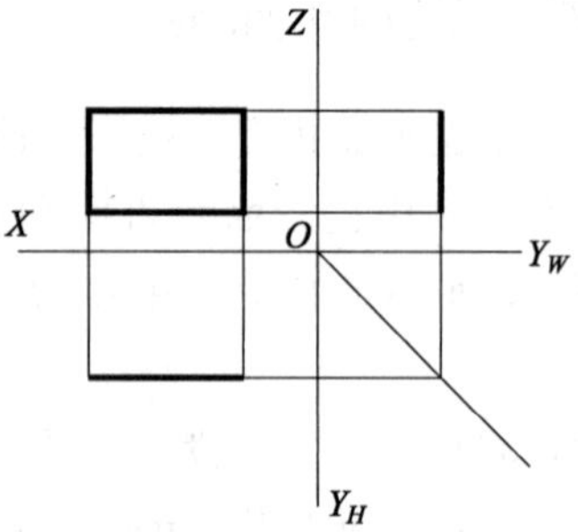	①正面投影反映实形 ②水平投影积聚成直线，且平行于 OX 轴 ③侧面投影积聚成直线，且平行于 OY_Z 轴
侧平面	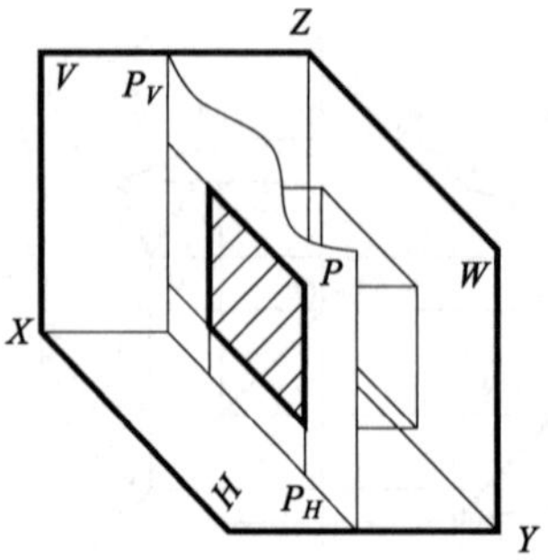	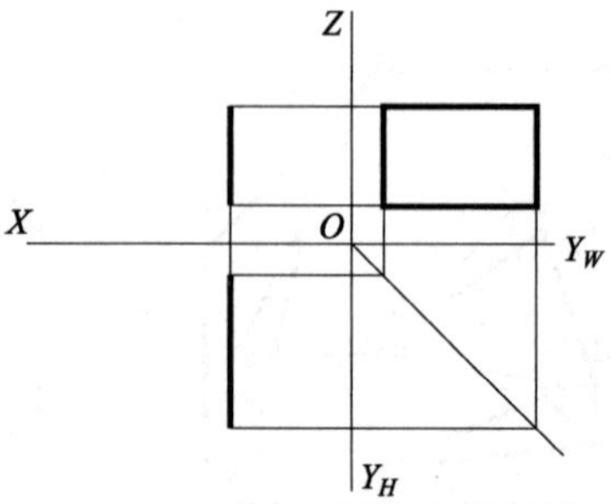	①侧面投影反映实形 ②正面投影积聚成直线，且平行于 OZ 轴 ③水平投影积聚成直线，且平行于 OY_H 轴

从表 2－4 中可以总结出投影面平行面的投影特性：投影面平行面在所平行的投影面上的投影，反映真实形状；在另两投影面上的投影积聚成直线，且平行于相应的投影轴。

3. 投影面垂直面

垂直于某一个投影面，而与另两投影面倾斜的平面称为投影面垂直面。其中，垂直于 V 面的平面称为正垂面，垂直于 H 面的平面称为铅垂面，垂直于 W 面的平面称为侧垂面。表 2－5 列出了 3 种投影面垂直面的立体图、投影图和投影特性。

表 2－5　投影面垂直面的投影特性

名称	立体图	投影图	投影特性
铅垂面	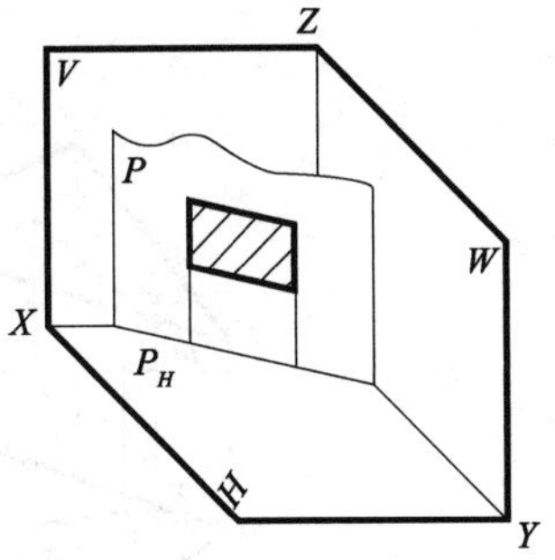 Z V P W X P_H H Y	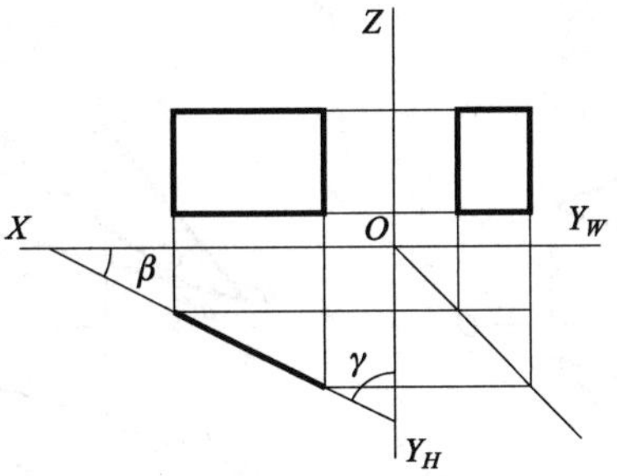 Z X O Y_W β γ Y_H	①水平投影积聚成直线，并反映真实倾角 β、γ ②正面投影、侧面投影仍为平面图形，面积缩小，具有类似性
正垂面	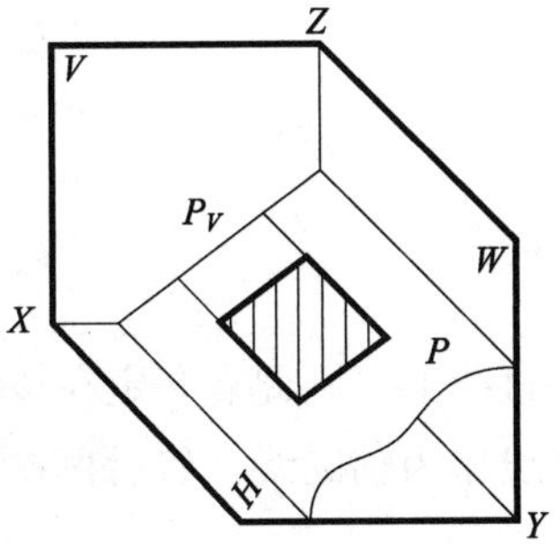 Z V P_V W X P H Y	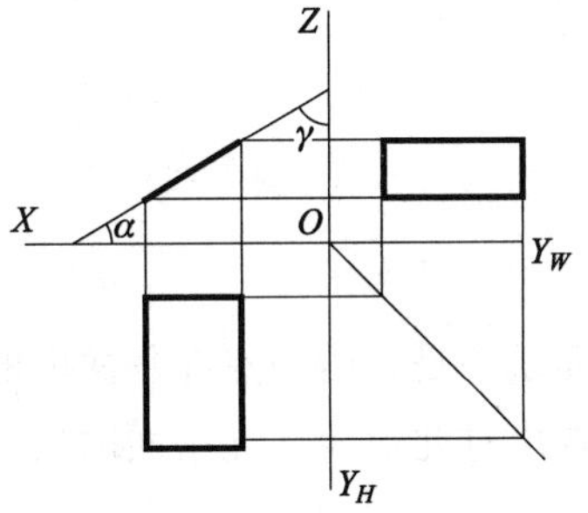 Z γ X α O Y_W Y_H	①正面投影积聚成直线，并反映真实倾角 α、γ ②水平投影、侧面投影仍为平面图形，面积缩小，具有类似性
侧垂面	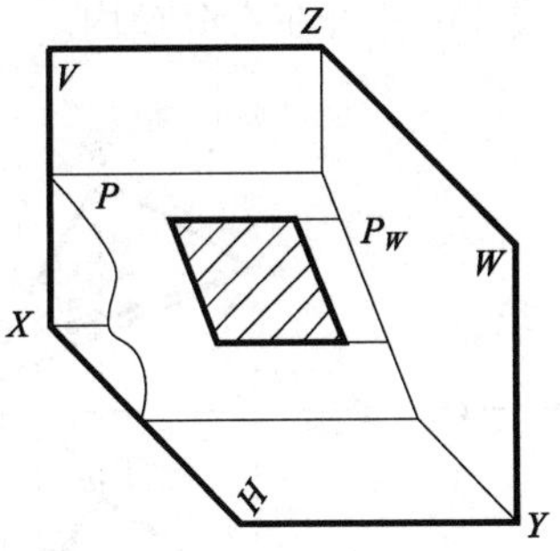 Z V P P_W W X H Y	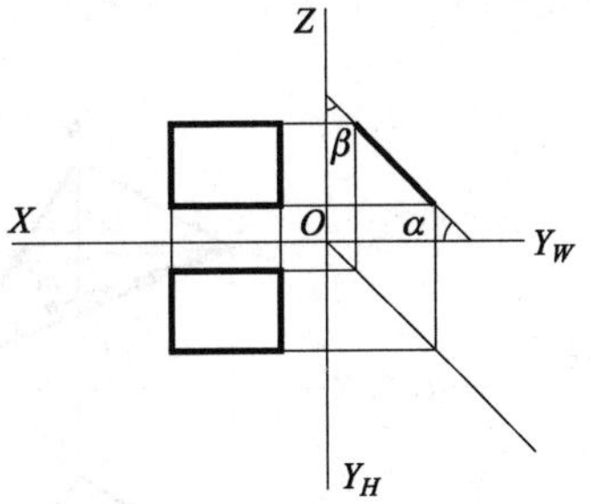 Z β X O α Y_W Y_H	①侧面投影积聚成直线，并反映真实倾角 α、β ②水平投影、正面投影仍为平面图形，面积缩小，具有类似性

从表 2－5 中可以总结出投影面垂直面的投影特性：投影面垂直面在其所垂直的投影面上的投影积聚成一条直线，该直线与投影轴的夹角等于平面对相应投影面的倾角；在不垂直的另两投影面上的投影都是缩小的类似平面图形。

2.4.3　平面内直线和点的投影

1. 平面内的直线

直线在平面内的几何条件是：若直线在平面内，则该直线必定通过平面内的两个点，或者通过平面内的一个点，且平行于平面内的另一直线。

［**例2－5**］ 如图2－23（a）所示，已知△*ABC*内的直线*EF*的正面投影*e′f′*，求水平投影*ef*。

分析 直线*EF*在△*ABC*内，则该直线必定通过平面内的两个点。

解 （1）延长*EF*，可与△*ABC*的边线交于*M*、*N*，得正面投影*m′*、*n′*；分别过*m′*、*n′*作*OX*轴的垂线，分别与直线*ab*、*cb*相交于点*m*、*n*，连接*mn*，如图2－23（b）所示。（2）分别过*e′*、*f′*作*OX*轴的垂线，与直线*mn*相交于点*e*、*f*，*ef*即为直线*EF*的水平投影，如图2－23（c）所示。

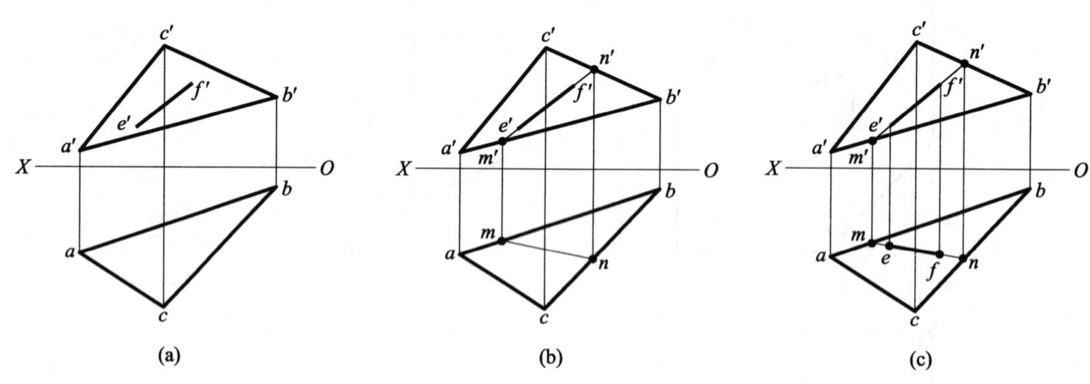

图2－23 平面内的直线

2. 平面内的点

点在平面内的几何条件是：若一点在平面内的任一直线上，则此点必定在该平面内。所以取点的方法就是先找出过此点而又在平面内的一条直线作为辅助线，然后再在该直线上确定点的位置。

［**例2－6**］ 如图2－24（a）所示，判断点*K*、直线*AM*是否在△*ABC*内。

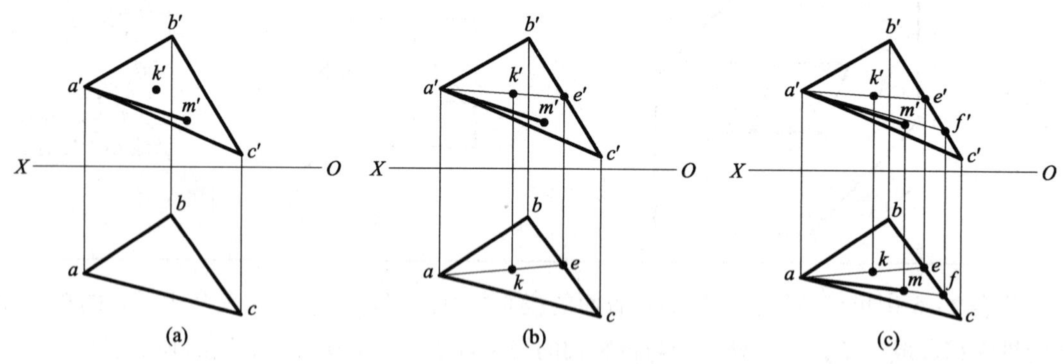

图2－24 平面内的点以及直线

分析 过点*k′*在平面内作任一直线，判断点*K*的水平投影*k*是否在同面直线上；先作出*AM*的水平投影*am*，由*af*作*a′f′*，判断是否为同面投影。

解 （1）延长*a′k′*，与*b′c′*相交于*e′*，作出*a′e′*的水平投影*ae*；过点*k′*作*OX*轴的垂线交*ae*于点*k*，点*K*的水平投影*k*在*ae*上，即点*K*在△*ABC*内。

（2）作直线 AM 的水平投影 am，并延长 am 与 bc 交于点 f，由水平投影 af 作正面投影 $a'f'$，$a'm'$不在直线 $a'f'$上，即直线 AM 不在△ABC 内。

2.5　换面法

当直线或平面与投影面处于特殊位置时，则其投影有可能直接反映真实的度量关系和定位关系（如求距离、交点、交线等），或具有积聚性、真实性；但当空间直线或平面对投影面处于一般位置时，它们的投影都不能直接反映真实的大小、度量和定位关系，也不具有积聚性。若能把一般位置直线或平面改变成特殊位置直线或平面，问题就可以解决，换面法就是解决这一问题常用的一种图解方法。

2.5.1　换面法的作图原理

空间几何元素的位置保持不动，用新的投影面来代替某一旧的投影面，使空间几何元素对新的投影面的相对位置变成有利于解题的特殊位置，然后找出其在新投影面上的投影。这种方法称为变换投影面法，简称换面法。

如图 2－25（a）所示，△ABC 为一铅垂面，该面在$\frac{V}{H}$面投影体系中的两个投影都不反映实形。取一个平行于△ABC 且垂直于 H 面的 V_1 面来代替 V 面，则新的 V_1 和 H 面的相交得到新的投影轴 X_1，构成新的投影体系$\frac{V_1}{H}$，△ABC 平面在新投影体系$\frac{V_1}{H}$中的 V_1 面上的投影就反映了平面的实形。然后将 V_1 面绕投影轴 X_1 旋转展开到与 H 面成一个平面，从而获得如图 2－25（b）所示的$\frac{V_1}{H}$体系投影图。

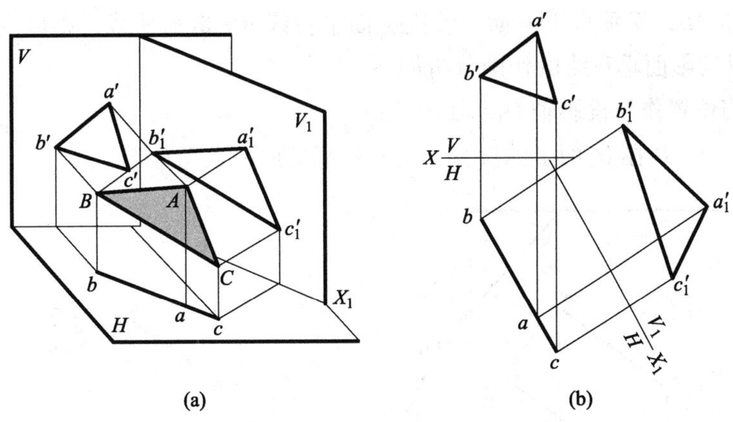

图 2－25　$\frac{V}{H}$体系变换为$\frac{V_1}{H}$体系

运用换面法时，新投影面必须符合以下基本条件：新投影面对空间物体处于最有利的解题位置，且必须垂直于某一保留的原投影面，以构成一个相互垂直的新的两投影面体系，这样才能运用正投影法作出新的投影图。

2.5.2 直线的换面法

1. 一般位置直线变换成投影面平行线

如图 2－26（a）所示，为了求出一般位置直线 AB 的实长和对 H 面的倾角，可以用一个既垂直于 H 面，又平行于 AB 的 V_1 面更换 V 面，即可解决问题。其具体作图分析如下：

（1）在适当位置作新投影轴 $O_1X_1 /\!/ ab$；

（2）分别过点 a、b 作 O_1X_1 的垂线，量取 $a_xa' = ax1a_1'$，$b_xb' = bx1b_1'$；

（3）连线点 a_1'、b_1'，则 $a_1'b_1' = AB$（实长），$a_1'b_1'$ 与 O_1X_1 轴的夹角 α 即为一般位置直线 AB 对 H 面的倾角 α。

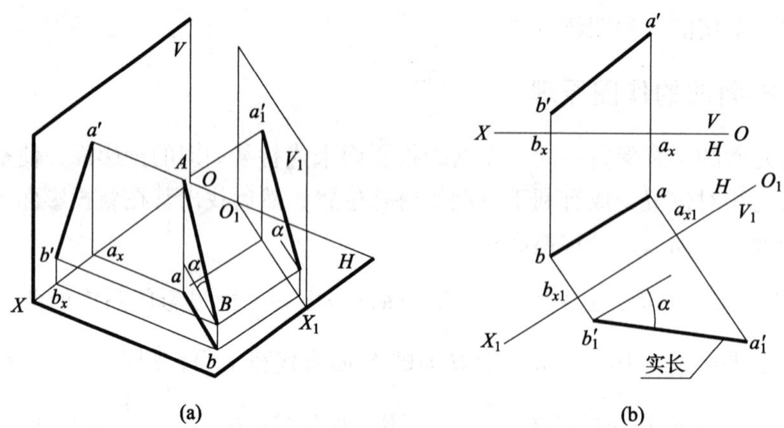

图 2－26　一般位置直线变换成投影面平行线

2. 投影面平行线变换成投影面垂直线

如图 2－27（a）所示，投影面平行线 AB 是正平线，则应变换 H 面，才可以做到新投影面 H_1 既垂直于 AB，又垂直于 V 面。若投影面平行线 AB 是水平线，则应变换 V 面。投影面正平线变换成投影面垂直线的作图分析如下：

（1）在适当位置作新投影轴 $O_1X_1 \perp a'b'$；

（2）作出点 A、B 在 H_1 面上的投影，它必然积聚成一点 $b_1(a_1)$。

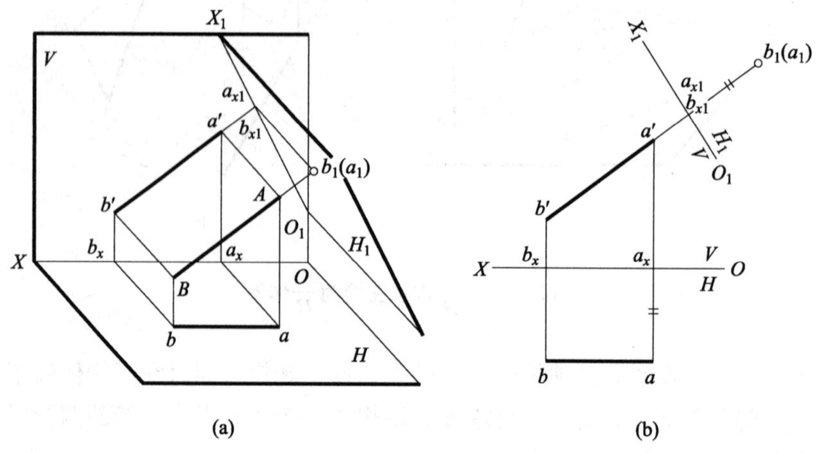

图 2－27　投影面平行线变换成投影面垂直线

2.5.3 平面的换面法

1. 一般位置平面变换成投影面垂直面

如图 2－28（a）所示，△ABC 为一般位置平面，若在平面内任取一条水平线（如 AD），再取新投影面 V_1 垂直于 AD，则可将△ABC 平面变换成投影面垂直面。

其作图过程如下，如图 2－28（b）所示：

（1）在△ABC 上取水平线 AD，其投影为 $a'd'$ 和 ad；

（2）作新投影轴 $O_1X_1 \perp ad$；

（3）求作△ABC 在 V_1 面的投影 $a_1'b_1'c_1'$，则 $a_1'b_1'c_1'$ 必定积聚成一直线，它与 O_1X_1 轴的夹角反映△ABC 平面对 H 面的倾角 α。

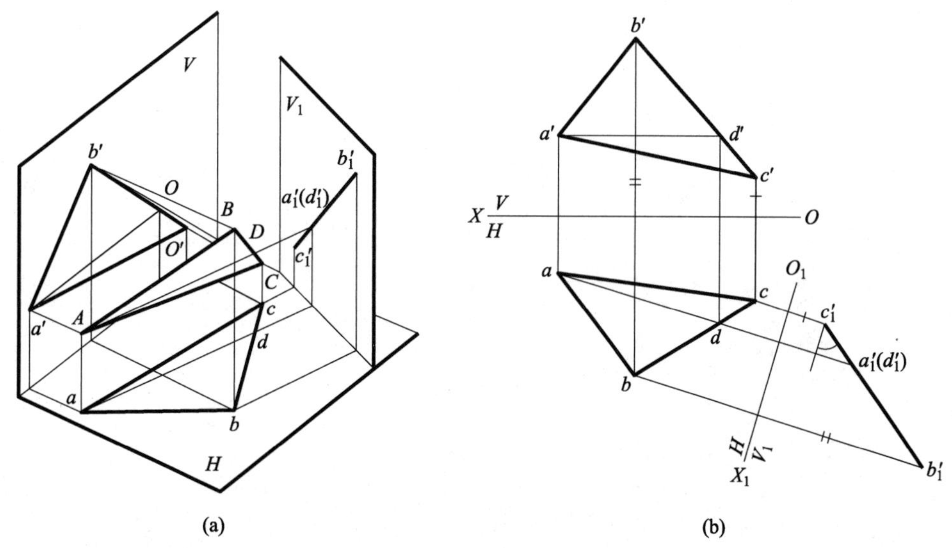

图 2－28 一般位置平面变换成投影面垂直面

2. 投影面垂直面变换成投影面平行面

如图 2－29（a）所示，根据两个相互平行的投影面垂直面，其积聚投影必定平行的投影特性，取新投影面 V_1 的新投影轴 O_1X_1 平行于已知平面△ABC 的积聚投影 abc，则可将△ABC 平面变换成投影面垂直面。

其作图过程如下，如图 2－29（b）所示：

（1）作新投影轴 $O_1X_1 /\!/ abc$；

（2）求作点 A、B、C 的新投影 a_1'、b_1'、c_1'，连成△$a_1'b_1'c_1'$，即为△ABC 的实形。

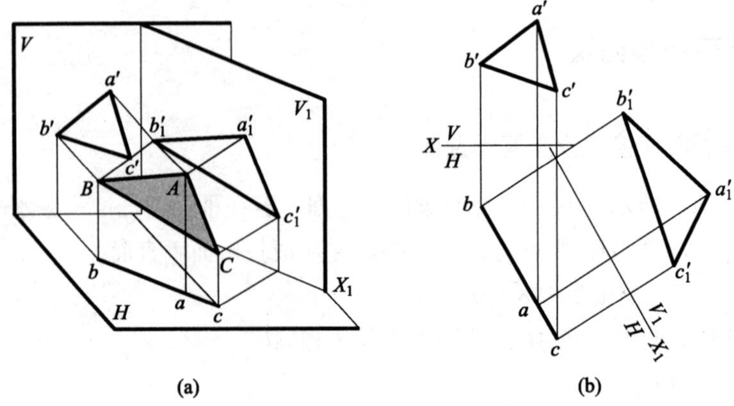

图 2-29　投影面垂直面变换成投影面平行面

第 3 章　基本立体

基本立体（简称基本体）按其表面形状的不同，可以分为平面立体和曲面立体两大类，且都是由表面（平面或曲面）所构成。表面全部由平面构成的立体称为平面立体，如棱柱、棱锥、棱台等；表面由曲面或既有曲面又有平面构成的立体称为曲面立体，常见的曲面立体是回转体，如圆柱、圆锥、球和圆环等。

3.1　基本立体及表面取点

3.1.1　平面立体的投影及表面取点

1. 棱柱

棱柱由上、下底面和若干个侧棱面组成，底面为多边形，侧棱线互相平行（侧棱面与侧棱面的交线称为侧棱线）。常见的棱柱有三棱柱、四棱柱、六棱柱等。

1）棱柱的投影

如图 3－1（a）所示，正六棱柱按自然稳定位置放置，其左右、前后对称，由上、下底平面和 6 个侧棱面构成。上、下底平面为水平面，前、后 2 个侧棱面是正平面，左、右 4 个侧棱面为铅垂面。

六棱柱的顶面、底面各有 6 条底棱线，其中 2 条为侧垂线（如 BC），4 条为水平线（如 AB、DE）；而 6 条侧棱线均为铅垂线（如 AA_1、BB_1），其水平投影积聚成一点。

2）作图步骤

（1）如图 3－1（b）所示，画三面投影的对称中心线。

（2）如图 3－1（c）所示，画顶面（底面）的三面投影。

（3）如图 3－1（d）所示，分别连接上、下底面对应顶点的同面投影，并判别可见性。

3）棱柱表面上取点

由于棱柱的各表面均为特殊位置平面，所以属于棱柱表面的点的投影，可以利用特殊位置平面投影的积聚性来求得。在判别可见性时，若平面处于可见位置，则该面上点的同面投影也是可见的，反之为不可见。在平面积聚投影上的点的投影，视为可见。

［例 3－1］　如图 3－2（a）所示，已知正六棱柱表面上一点 M 的正面投影 m'，求其另两个投影 m、m''，并判别可见性。

分析　该点所在的平面是正六棱柱的左前侧棱面，该面为铅垂面，其水平投影积聚为一条与 X 轴倾斜的直线，V 面、W 面的投影为两个类似形。

解　作图步骤如下：

（1）由 m' 向 H 面作投影连线，在俯视图的左前侧棱面的水平积聚性投影上求得 m，如图 3－2（b）所示；

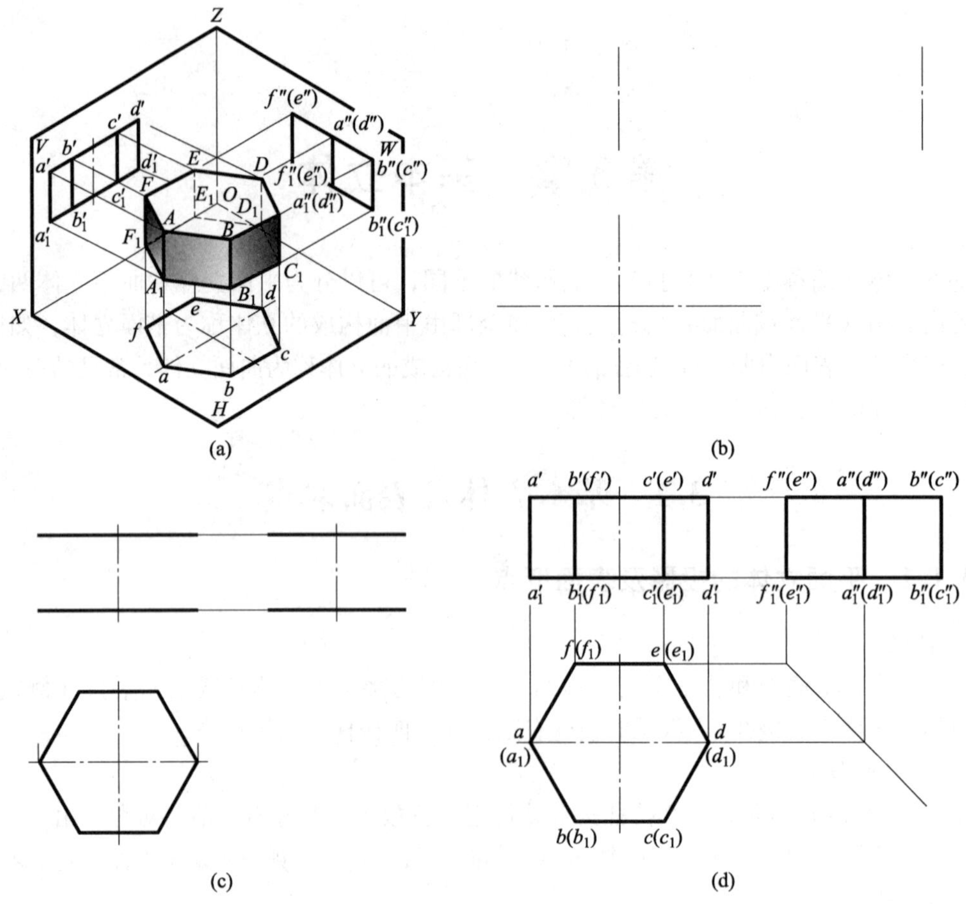

图 3－1　正六棱柱的投影作图

（2）由 m'向 W 面作投影连线，按“宽相等且前后对应”的投影关系向 W 面作投影辅助连线，在左视图的左前侧棱面的水平积聚性投影上求得 m''，如图 3－2（b）所示；

（3）判别可见性，根据点 M 所在侧棱面的投影特征可知，点 A 的水平投影和侧面投影均为可见。

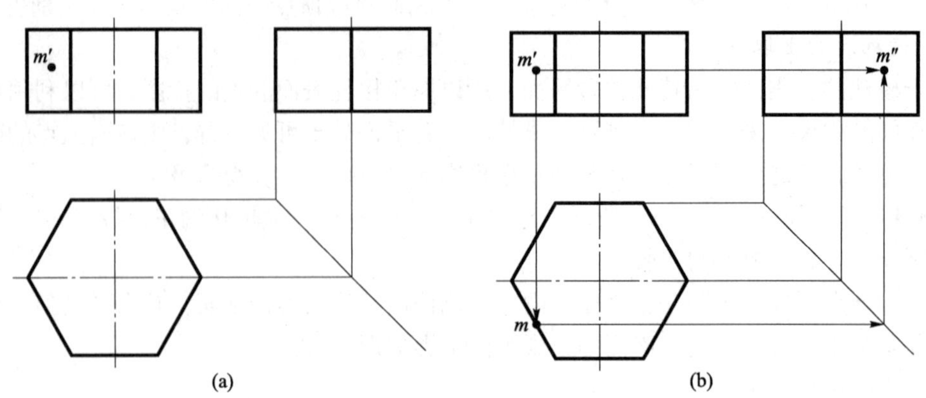

图 3－2　棱柱表面取点

2. 棱锥

棱锥是由一个底面为多边形，棱面为几个具有公共顶点的三角形围成的立体（棱锥切去尖顶称棱台）。常见的棱锥有三棱锥、四棱锥、五棱锥等。下面以图3－3（a）所示的正三棱锥为例，来分析棱锥的投影特征和作图方法。

1）棱锥的投影

三棱锥由底面和3个侧棱面围成。底面为正三角形，3个侧棱面为完全相等的等腰三角形，其中，底面△*ABC*为水平面，其水平投影反映实形，正面和侧面投影积聚成一直线；左、右2个侧棱面（△*SAC*和△*SBC*）为一般位置平面，其三面投影均为类似三角形，且侧面投影重合在一起；后侧棱面为侧垂面，侧面投影积聚成一条倾斜于投影轴的直线，正面和水平投影具有类似性。组成三棱锥的6条棱线中，*SA*、*SC*为一般位置直线，*SB*是侧平线，*AB*和*BC*为水平线，*AC*为侧垂线。

2）作图步骤

（1）画出反映底面△*ABC*实形的水平投影△*abc*，再画有积聚性的另两面投影，如图3－3（b）所示；

（2）确定锥顶*S*的三面投影，锥顶位于顶心线上（过锥顶与底面垂直的直线称为顶心线），根据三棱锥的高定出锥顶*S*在顶心线上的位置，再作出*S*的三面投影，如图3－3（b）所示；

（3）分别将锥顶*S*和底面3个顶点的同面投影连接起来，从而画出各侧棱线的投影。如图3－3（c）所示。

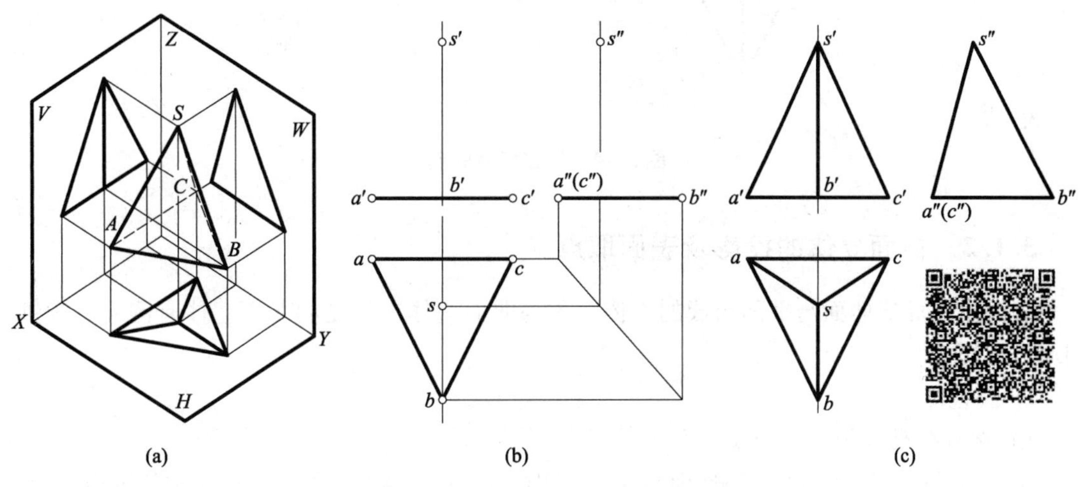

图3－3 正三棱锥的投影作图

3）棱锥表面上取点

与棱柱不同的是，棱锥表面不一定都是特殊位置平面。所以，求棱锥表面上点的投影时，首先要判断点所在的棱锥表面是什么位置平面，若为特殊位置平面，求点的投影时就要利用平面投影的积聚性；若为一般位置平面，则要利用点属于平面的条件，通过作辅助线的方法求得其投影。

［**例3－2**］ 如图3－4（a）所示，已知点*M*在三棱锥表面上，并知该点的正面投影

m'，求作点 M 的另两面投影 m 和 m''。

分析 点 M 所在的左侧棱面 ASC 是一般位置平面，其投影特性是 3 个投影面的投影均为不反映实形的三角形，因此需用辅助线法求点 M 的另两面投影。

解 作图步骤如下。

方法一：过锥顶 S 作辅助线 SE，根据直线属于平面的条件，求出辅助线 SE 的三面投影，然后根据属于直线的点的投影特性，可分别在 se 和 $s''e''$ 上求出点的水平投影 m 及侧面投影 m''，如图 3－4（b）所示。

方法二：过点 M 作与底边 AC 平行的辅助线 MF，求出 MF 的三面投影，然后分别在 MF 的水平投影 mf 和侧面投影 $m''f''$ 上求出 m 和 m''，如图 3－4（c）所示。

由于点 M 所在平面的投影均可见，所以点 M 的三面投影均可见。

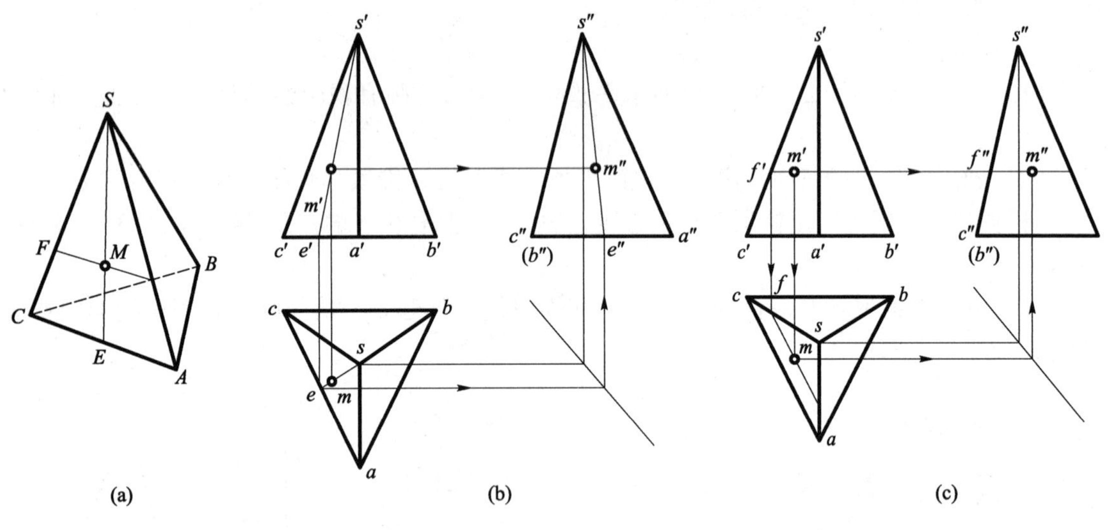

图 3－4 棱锥表面取点

3.1.2 曲面立体的投影及表面取点

表面由曲面或曲面与平面组成的立体，称为曲面立体，常见的曲面立体有圆柱、圆锥、圆球、圆环等。

1. 圆柱

1）圆柱体的投影

圆柱体是由圆柱面和上、下底面围成的。圆柱面是由一条直母线绕平行于它的轴线回转一周而形成的曲面，圆柱面上任意一条平行于轴线的直线，称为圆柱表面的素线，如图 3－5（a）所示。

如图 3－5（b）所示，圆柱上、下底面为水平面，其水平投影为反映实形的圆，正面投影和侧面投影积聚为直线。圆柱面的水平投影积聚在圆上；正面投影为一矩形，其轮廓线为圆柱表面上最左、最右轮廓线的投影，是圆柱表面前后方向可见与不可见的分界线；侧面投影为一矩形，其轮廓线为圆柱表面上最前、最后轮廓线的投影，是圆柱表面左右方向可见与不可见的分界线。

2）作图步骤

（1）用细点画线画出圆的中心线和圆柱的轴线，以确定各投影图形的位置；

（2）画出上、下两个底面的三面投影；

（3）画出最左素线、最右素线的正面投影和最前、最后素线的侧面投影，如图3-5（c）所示。

3）圆柱表面上取点

圆柱共有3个表面，每个表面至少有1个投影有积聚性，所以，圆柱表面上点的投影可以利用积聚性求得。点的可见性判别方法与平面立体相同。

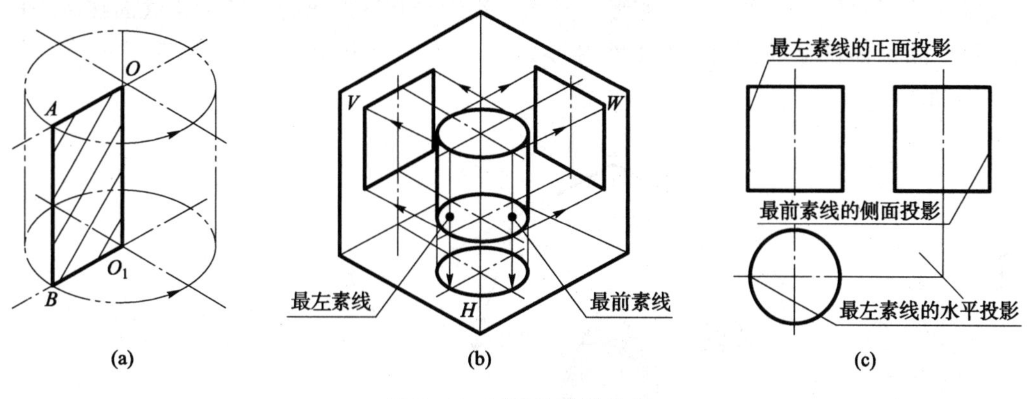

图3-5 圆柱的投影作图

［例3-3］ 如图3-6所示，已知圆柱面上点A的正面投影为点a'，点B的侧面投影为点b''，求A、B两点的另两面投影。

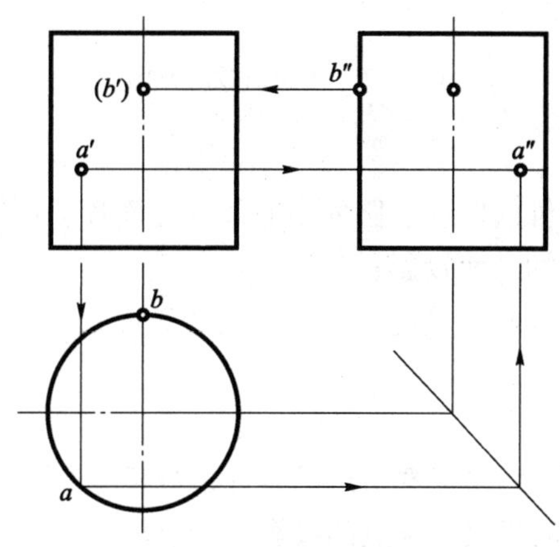

图3-6 圆柱面上取点

分析 轴线处于特殊位置的圆柱，其圆柱面在轴线垂直的投影面内的投影具有积聚性，其顶、底面的另外两个投影具有积聚性。

解 作图步骤如下。

（1）由a'的位置和可见性可知，点A在圆柱面的左前面上，可利用圆柱面水平投影的积聚性求出a，再由a'和a根据投影关系求出a''，由于点A在左前面上，其侧面投影可见。

（2）由 b''的位置和可见性可知，点 B 在圆柱面最后素线上，此素线的水平投影积聚在圆的最后一点，正面投影与轴线投影重合，因此，可由 b''作投影连线直接求得 b'和 b ，因点 B 在最后素线上，b'为不可见。

2. 圆锥体

1）圆锥体的投影

圆锥体是由圆锥面和底面围成的。圆锥面是由一条与轴线斜交的直母线 SA 绕轴线 OO_1 回转一周而形成的曲面，锥面上过锥顶点的任意一条直线，称为圆锥表面的素线，如图 3－7（a）所示。

圆锥体的底面是水平面，反映实形，其水平投影与圆锥面重合，是圆锥底面在水平面的积聚投影。圆锥体的正面和侧面投影为形状、大小完全相同的 2 个等腰三角形，如图 3－7（b）所示。

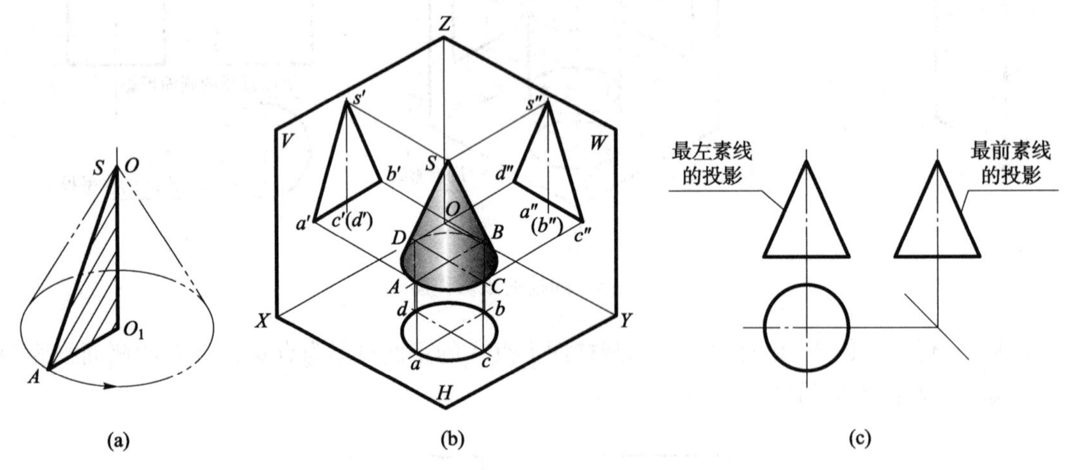

图 3－7　圆锥的投影作图

2）作图步骤

（1）用细点画线画出圆锥的轴线、圆的中心线的三面投影，以确定圆锥各投影的位置；

（2）画出底面及锥顶点的三面投影；

（3）画出圆锥面最左、最右、最前、最后素线的正面投影和侧面投影，如图 3－7（c）所示。

3）圆锥表面上取点

求圆锥表面上点的投影时，要根据给定的条件，分析点是位于底面还是圆锥面。若点位于底面，则要利用底面投影的积聚性求点的投影；若点位于圆锥面，由于圆锥面的三面投影都没有积聚性，则要用辅助素线法或者辅助圆法求得点的投影。

［例 3－4］　如图 3－8 所示，已知点 M 属于圆锥面，并知点 M 的正面投影为 m'，分别用辅助素线法和辅助圆法求点 M 的另两面投影 m 和 m''。

分析　由 m'的位置和可见性可知，点 M 必位于左前圆锥面上。而因为点 M 在左前圆锥面上，所以三面投影都可见。

解　作图步骤如下。

方法一：辅助素线法。过锥顶 S 和点 M 作一条辅助素线 SE，如图 3－8（a）所示。作图时，连接 $s'm'$，并延长到与底圆的正面投影相交于 e'，求得 se 和 $s''e''$，在 se 上求出点 M 的水平投影 m，在 $s''e''$ 上求出点 M 的侧面投影 m''，如图3－8（b）所示。

方法二：辅助圆法。过点 M 作一个平行于底面的圆，如图3－8（a）所示。作图时，过 m' 作水平线与最左、最右素线相交于 f'、g'，$f'g'$ 即为辅助圆的直径，求出该圆的水平投影。根据长对正，过 m' 向下作投影线与圆的前半圆周交于 m。再根据高平齐、宽相等，过点 m 和 m' 投影线求出 m''，如图3－8（c）所示。

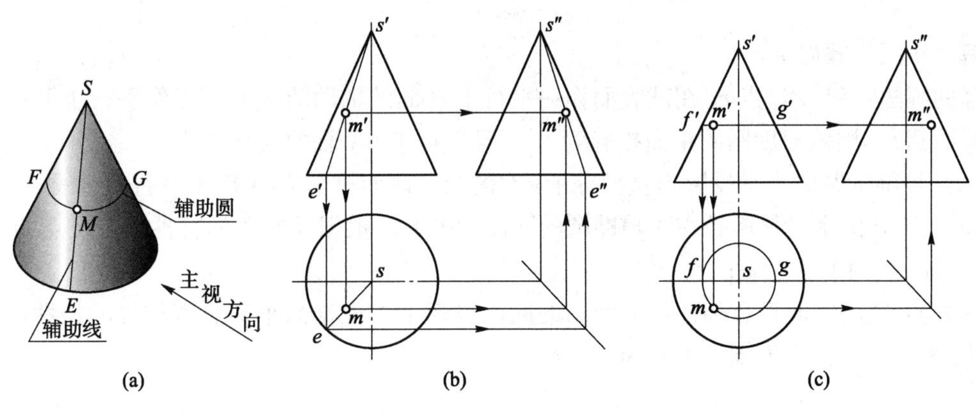

图3－8　圆锥面上取点

3. 圆球

1）圆球的投影

圆球表面仅由球面构成。球面可看成是由圆母线绕其直径 OO_1 旋转而成的，如图3－9（a）所示。圆球的三面投影实质上是球面的三面投影，因此，圆球的三面投影是大小相等的三个圆，且均无积聚性。水平投影的圆将圆球分为上、下两部分，正面投影的圆将圆球分为前、后两部分，侧面投影的圆将圆球分为左、右两部分，3个圆分别是圆球表面各面投影可见性的分界线。

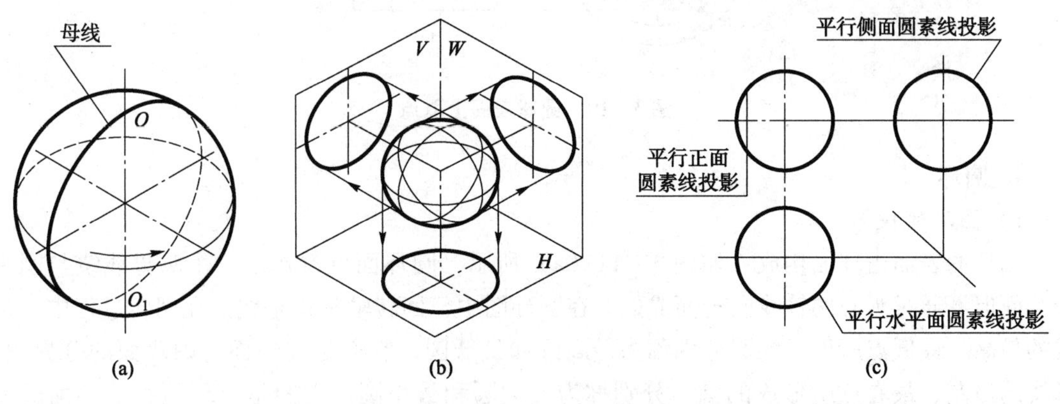

图3－9　圆球的投影作图

2）作图步骤

（1）在投影图中，用垂直相交的两条细点画线画出圆球的对称中心线，其交点为球心的投影；

（2）画出球的平行于投影面的 3 个直径相等的圆的投影，即各分界圆的投影，如图 3 -9（c）所示。

3）圆球表面上取点

［**例 3 -5**］ 如图 3 -10 所示，已知点 M 属于圆球表面，并知点 M 的正面投影 m'，求点 M 的另两面投影 m 和 m''。

分析 由 m' 的位置和可见性可知，点 M 位于前半球左上部的表面，所以三面投影都可见。

解 作图步骤如下。

辅助圆法：（1）过点 m' 在球表面作一平行于 H 面的辅助圆（也可以作平行于 V 面或 W 面的辅助圆），则该辅助圆的正面投影为过 m' 且平行于 OX 轴的直线 $e'f'$；

（2）该辅助圆的水平投影为直径等于 $e'f'$ 的圆，侧面投影为与 Y_W 轴平行的直线；

（3）点 M 的水平投影必在该辅助圆的同面投影上，根据长对正的特性，以及点 M 的可见性，求出 H 面上的点 m；

（4）点 M 的侧面投影必在该辅助圆的同面投影上，根据高平齐、宽相等的特性，以及点 M 的可见性，求出 W 面上的点 m''。

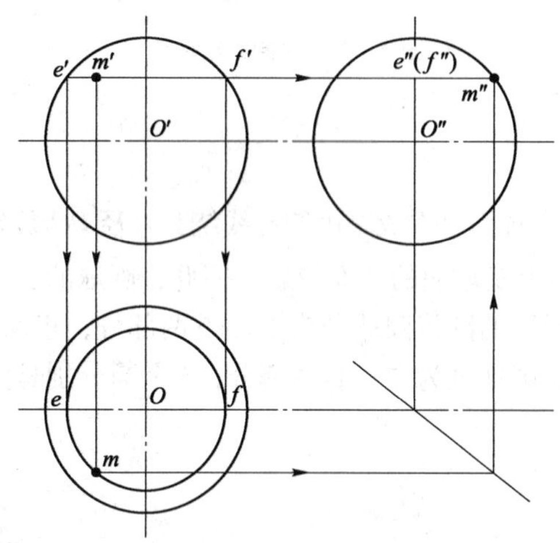

图 3 -10 圆球表面上取点

4. 圆环

1）圆环的投影

圆环的表面由环面构成。如图 3 -11（a）所示，圆环面可看作由一个圆母线绕与圆平面共面但不通过圆心的轴线回转而成的。在圆环图中，回转轴是铅垂线。在回转过程中，母线的最高、最低点所形成的圆分别称为最高圆和最低圆，它们是外环面与内环面的分界线；母线的最左、最右点所形成的圆，分别称为最大圆和最小圆，它们是上环面和下环面的分界线。

2）作图步骤

（1）画圆母线圆心轨迹的三面投影；

（2）画环面的三面投影，如图 3 -11（b）所示。

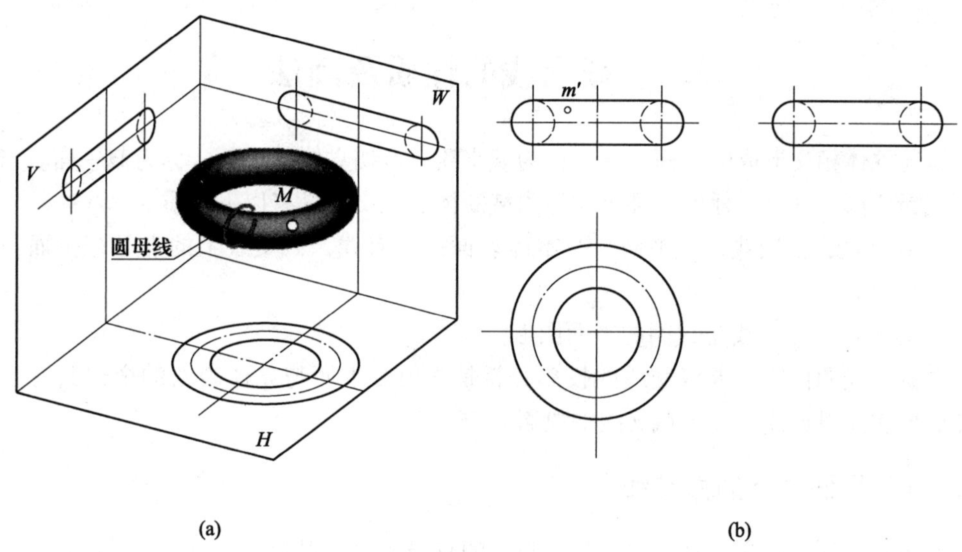

图 3-11　圆环的投影作图

（a）圆环投影；（b）圆环的三视图

3）圆环表面上取点

[例 3-6]　如图 3-12 所示，已知圆环表面上点 M 的正面投影为 m'，求作该点的另两面投影。

分析　根据 m'的位置和可见性，可知点 M 在圆环前面的左上方。过点 M 在圆环面上作平行于 H 面的辅助圆，即可在此辅助圆的各个投影上求得点 M 的相应投影。

解　作图步骤如下。

辅助圆法：（1）在圆环的主视图上过 m'作水平辅助圆的投影 $1'2'$；

（2）再在俯视图中作出辅助圆的水平投影，具体方法是以 O 为圆心、$1'2'$为直径画圆；

（3）然后由 m'向俯视图作投影连线，在辅助圆的水平投影上求得 m；

（4）最后由 m'、m，可求得 m''。

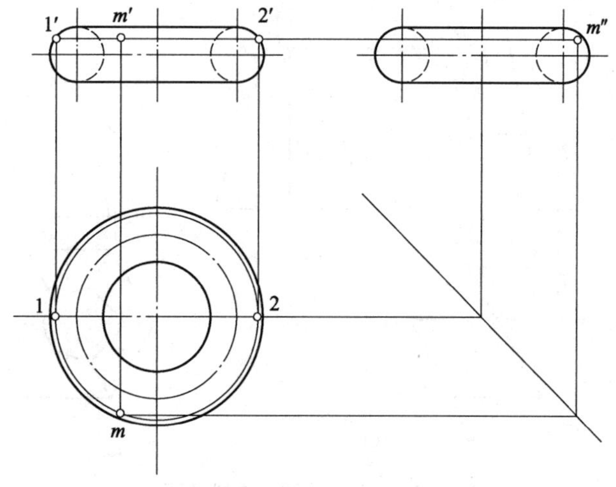

图 3-12　圆环面上取点

3.2　截交线的性质及画法

平面与立体相交形成的表面交线，称为截交线。截切立体的平面，称为截平面。当立体被平面截断成两部分时，任何一部分均称为截断体。截交线具有以下性质。

（1）共有性：截交线是截平面与基本体表面的共有线，截交线上的点是截平面与立体表面的共有点。

（2）封闭性：截交线是封闭的平面图形。

根据截交线的性质，求截交线的投影，就是求出截平面与立体表面的全部共有点的投影，然后依次光滑连线，即为截交线的投影。

3.2.1　平面立体的截交线

平面与平面立体相交，其截交线是一封闭的直线线框。根据截交线的性质可知，求平面立体截交线的投影，实际上是求截平面与平面立体表面交线的投影，也就是求截平面与平面立体各棱线交点的投影。

［例3－7］ 如图3－13（a）所示，正六棱锥被一正垂面P截切，求切割正六棱锥后截交线的投影。

分析 在图3－13（a）中，截平面P为正垂面，截交线属于P，所以它的正面投影有积聚性，因此，只需要作出截交线的水平投影和侧面投影，它们是边数相等且不反映实形的多边形。

解 作图步骤如下。

（1）利用截平面的积聚性投影，画出截交线各顶点的正面投影，即a'、$b'(f')$、$c'(e')$、d'，如图3－13（b）所示；

（2）根据直线上点的投影特性，找出截平面与各棱线交点的水平投影a、b、f、c、e、d以及侧面投影a''、b''、f''、c''、e''、d''，如图3－13（b）所示；

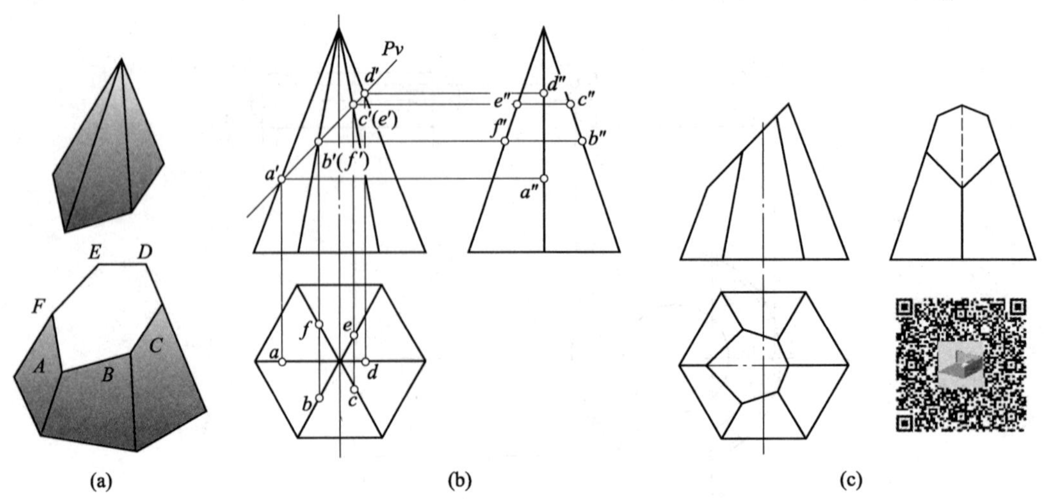

图3－13　正六棱锥截交线的画法

(3) 删去作图辅助线，依次连接各顶点的同面投影，即为截交线的投影，如图3－13（c）所示。

［例3－8］　如图3－14（a）所示，一个带切口的正三棱锥，已知其正面投影，求其另两面投影。

分析　在图3－14（a）中，截平面△DEF为正垂面，也为水平面，所以它的截交线的正面投影、侧面投影有积聚性，水平投影反映实形；截平面△GFE为正垂面，所以它的截交线的正面投影有积聚性，侧面投影、水平投影有类似形，其投影为不反映实形的三角形。

解　作图步骤如下。

(1) 利用截平面的积聚性投影，画出截交线各顶点的正面投影 d'、$e'(f')$、g'，如图3－14（b）所示；

(2) 根据直线上点的投影特性，找出截平面与各棱线交点的水平投影 d、e、f、g 以及侧面投影 d''、e''、f''、g''，如图3－14（b）所示；

(3) 删去作图辅助线，依次连接各顶点的同面投影，即为截交线的投影，如图3－14（c）所示。

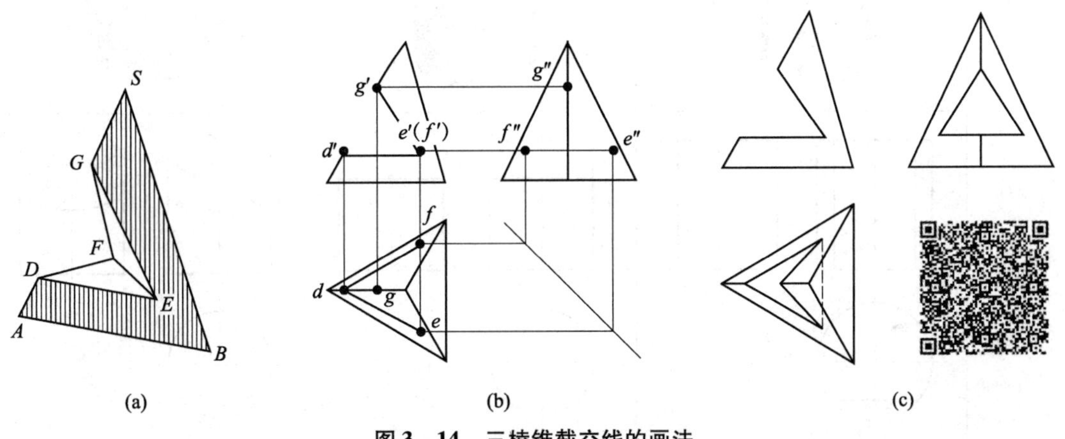

图3－14　三棱锥截交线的画法

3.2.2　曲面立体的截交线

平面与回转体相交时，截交线的形状取决于回转面的形状及截平面与回转体轴线的相对位置，一般为一条封闭的平面曲线，也可能是由曲线和直线组成的平面图形，特殊情况下为多边形。

1. 平面截切圆柱

圆柱的截交线与圆柱轴线位置不同，其截交线有3种形状，分别是矩形、圆、椭圆，见表3－1。

［例3－9］　求作圆柱被正垂面截切时截交线的投影。

分析　如图3－15（a）所示，可知截平面与圆柱轴线倾斜，截交线为一椭圆，该椭圆的正面投影积聚为一直线，水平投影积聚为圆，所以仅需要求出其侧面投影。

解　作图步骤如下。

(1) 求特殊点的投影。由截交线的正面投影，直接作出截交线上的特殊点，是立体上的最高点、最低点、最前点、最后点，也是椭圆长、短轴上的4个端点，4点的正面投影为

1′、2′、3′（4′），水平投影为 1、2、3、4，根据投影对应关系求得其侧面投影为 1″、2″、3″、4″，如图 3－15（b）所示。

（2）求中间点的投影。在水平投影的圆上取对称点 5、6、7、8，按投影对应关系求出其正面和侧面投影，如图 3－15（b）所示。

（3）光滑连接各点。依次光滑地连接各点，即得所求截交线的投影。擦去多余的图线，完成截断体的投影，如图 3－15（c）所示。

表 3－1　圆柱的 3 种截交线

截平面的位置	与轴线平行	与轴线垂直	与轴线倾斜
轴测图			
投影			
截交线形状	矩形	圆	椭圆

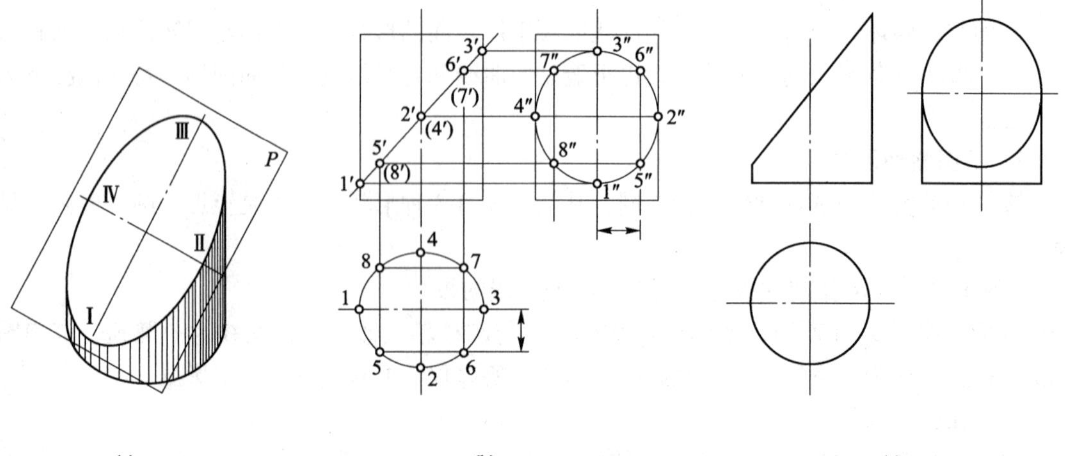

图 3－15　平面斜截圆柱截交线的画法

2. 平面截切圆锥

截平面与圆锥轴线位置不同，其截交线有 5 种不同的形状：三角形、圆、椭圆、双曲线和抛物线，如表 3 -2 所示。求截交线时，首先利用截平面的积聚性，求得截交线的一面投影，再根据圆锥面上取点的方法，求出截交线的其他投影。

表 3 -2　平面截切圆锥的 5 种截交线

截平面的位置	过锥顶	与轴线垂直	与轴线倾斜且与所有素线相交	平行于轴线	平行于一素线
轴测图	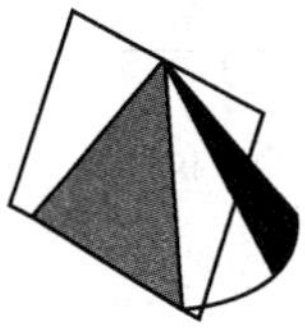	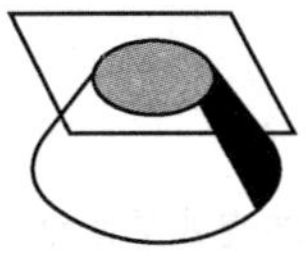	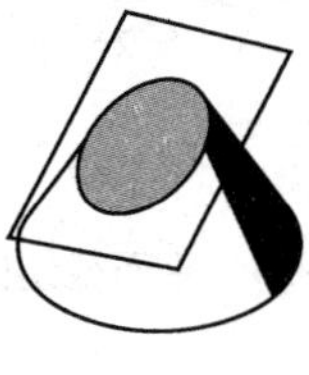	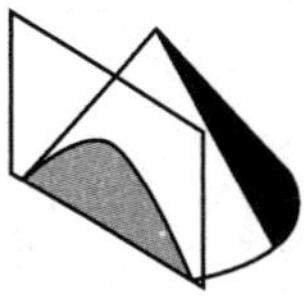	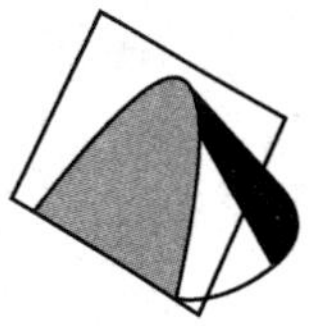
投影	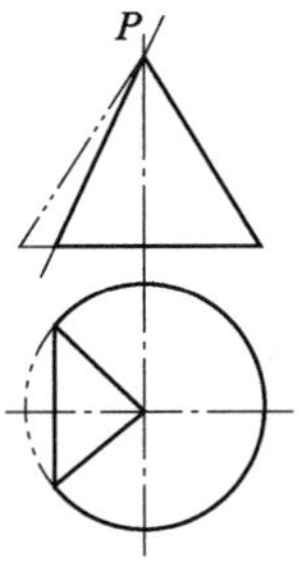 P	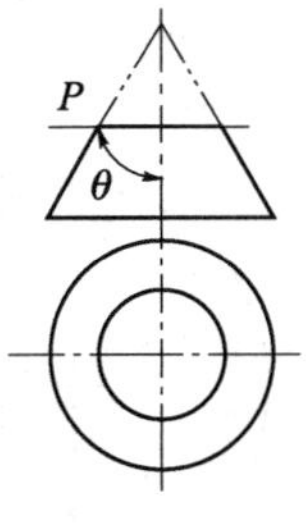 P θ	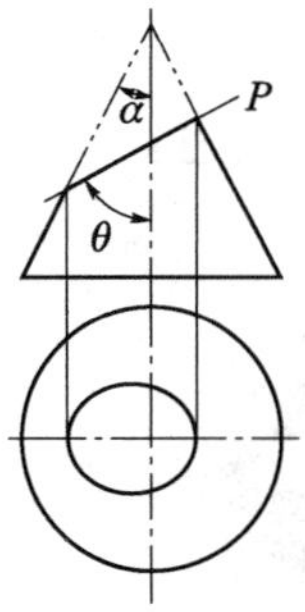 α P θ	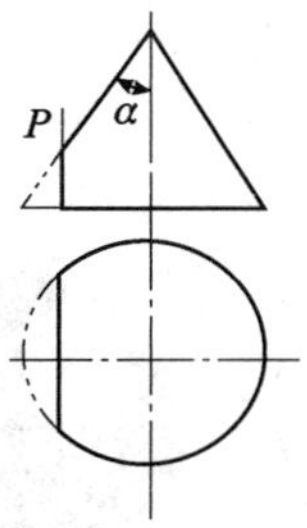 P α	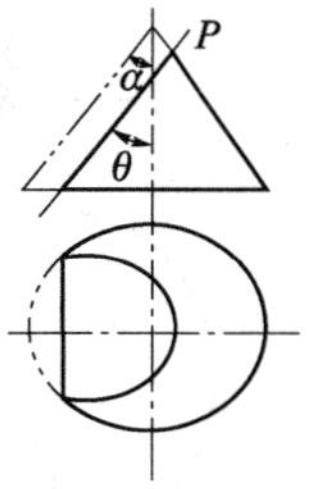 α P θ
截交线形状	三角形	圆	椭圆	双曲线	抛物线

[例 3 -10]　圆锥被平行于轴线的平面截切，求截交线的投影。

分析　如图 3 -16（a）所示，可知截平面与圆锥轴线平行，截交线为一抛物线，该抛物线的水平投影、侧面投影积聚为一直线，所以仅需要求出其正面投影。

解　作图步骤如下。

（1）求特殊点的投影。由截交线的侧面投影，直接作出截交线上的特殊点，即立体上截切面的最左点、最右点、最高点，也是双曲线上的 3 个端点，3 个点的侧面投影为 1″、2″、3″，水平投影为 1、2、3，根据投影对应关系求得其正面投影 1′、2′、3′，如图 3 -16（b）所示。

（2）求中间点的投影。在水平投影的圆上取对称点 4、5，按投影对应关系求出其侧面和正面投影，如图 3 -16（b）所示。

（3）光滑连接各点。依次光滑地连接各点，即得所求截交线的投影。擦去多余的图线，完成截断体的投影，如图 3 -16（c）所示。

3. 平面截切圆球

[例 3 -11]　求作如图 3 -17（a）所示的开槽半圆球的水平投影和侧面投影。

分析　水平面截圆球的截交线的投影，在俯视图上为部分圆弧，在侧视图上积聚为直线；两个侧平面截圆球的截交线的投影，在侧视图上为部分圆弧，在俯视图上积聚为直线。

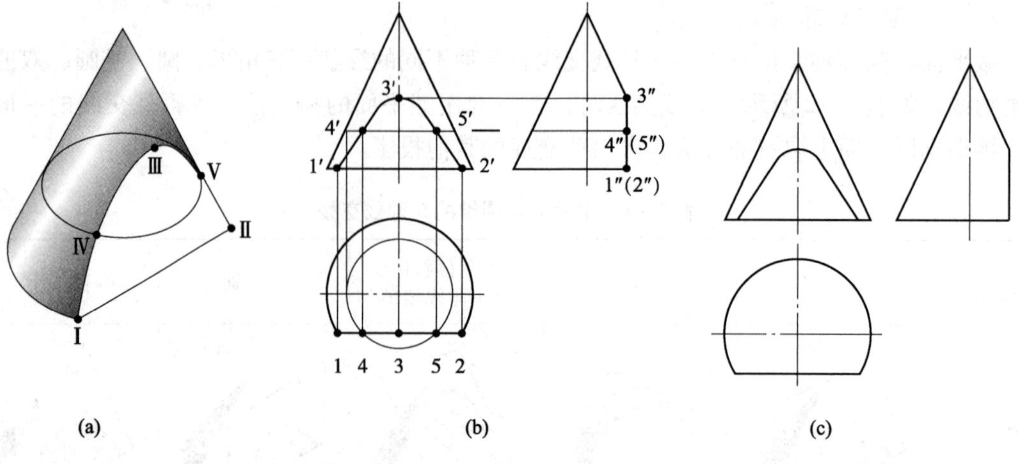

图 3－16　平面截切圆锥截交线的画法

R_1 R_1 R_2

(a) (b) (c) (d)

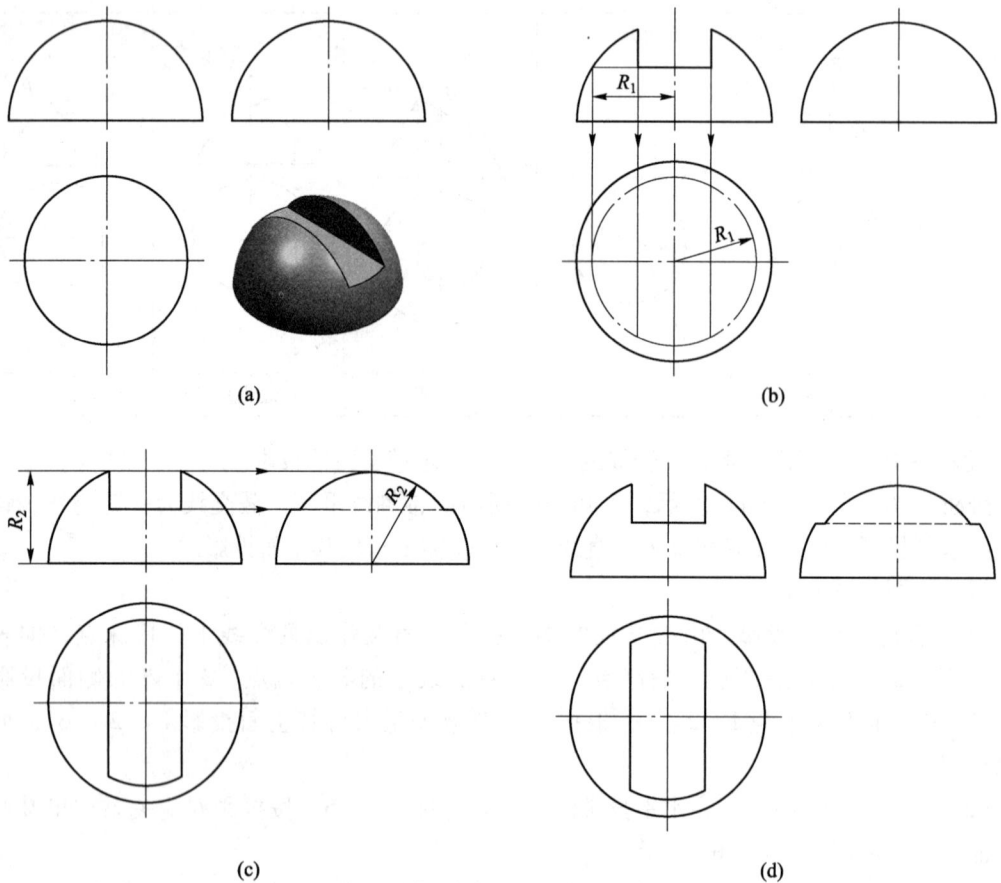

图 3－17　平面截切圆球截交线的画法

解　作图步骤如下。

（1）根据截交线在主视图上均积聚为直线的投影特性，作出通槽的正面投影，水平投影由两段显实的圆弧和两条具有积聚性的直线组成，圆弧的半径可从正面投影中量取，即 R_1，如图 3－17（b）所示。

（2）侧面投影由两段显实的圆弧（侧面投影重合）和一条具有积聚性的直线组成，圆弧半径 R_2 可从正面投影中量取，对于具有积聚性的直线则需要判断其可见性，如图 3－17（c）所示。

（3）检查并擦去多余的图线，描深可见轮廓线，如图 3－17（d）所示。

3.3　相贯线的性质及画法

两立体相交称为相贯，相交两立体表面的交线称为相贯线，相贯线有如下性质。

1）共有性

相贯线是两立体表面上的共有线，也是两立体表面的分界线。

2）封闭性

一般情况下，相贯线是闭合的空间曲线或折线，在特殊情况下是平面曲线或直线。本节主要介绍两回转体相交时相贯线的求法。两回转体相交，其相贯线的形状与回转体的形状、大小及回转轴线间的相对位置有关。

3.3.1　投影的积聚性求相贯线

［例 3－12］　已知两异径圆柱正交，如图 3－18（a）所示，求它们的相贯线。

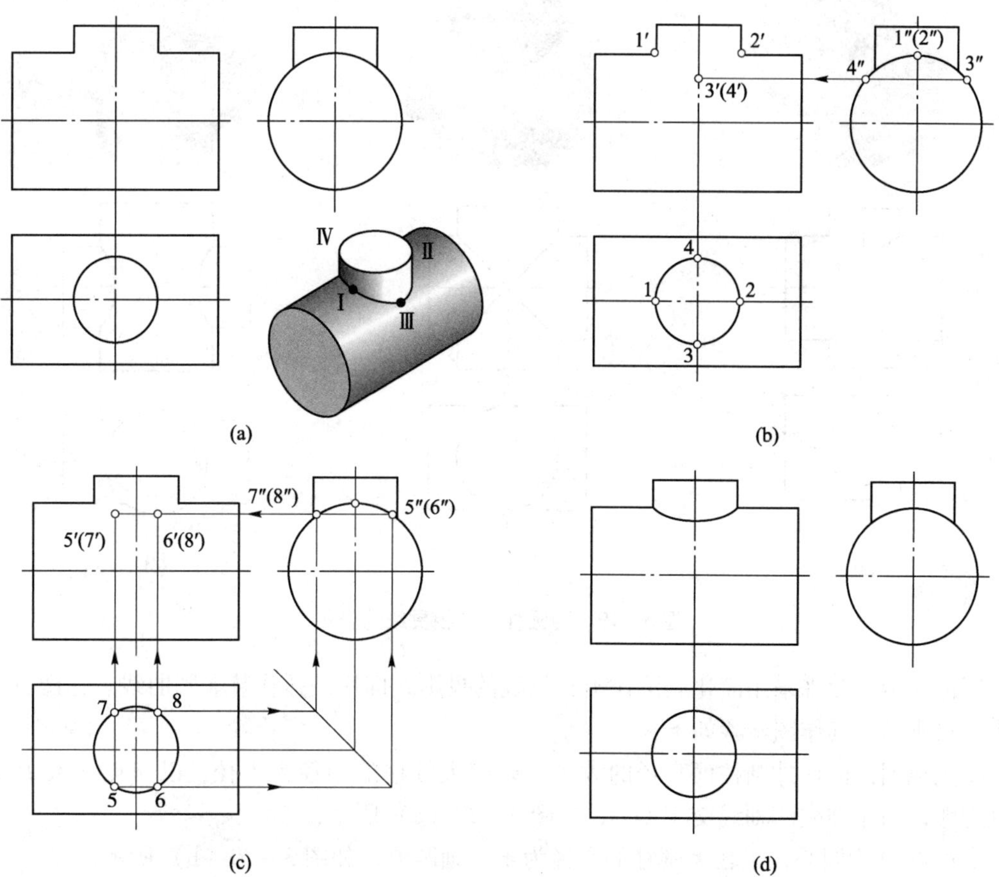

图 3－18　轴线垂直相交相贯线的画法

分析　两圆柱的轴线垂直相交，相贯线为空间曲线，如图 3－18（a）所示。相贯线既是铅垂圆柱柱面上的线，又是侧垂圆柱柱面上的线。铅垂圆柱的柱面的水平投影具有积聚性，积聚成圆周，因此，相贯线的水平投影就是圆周；侧垂圆柱的柱面的侧面投影积聚成圆周，因此，相贯线的侧面投影是一段弧。相贯线的两面投影都已知，直接用三等关系就可找到其正面投影。

解　作图步骤如下。

（1）求特殊点。点Ⅰ、Ⅱ是最左、最右点，同时也是最高点；点Ⅲ、Ⅳ为最前、最后点，也是最低点。由 1、2 直接找到 1′、2′和 1″(2″)；3、4 点的求法相同，如图 3－18（b）所示。

（2）求中间点。取中间点 5、6、7、8，直接求出 5″(6″)、7″(8″)，再求 5′(7′)、6′(8′)，如图 3－18（c）所示。

（3）光滑连接各点。相贯线前后对称，后半部分与前半部分重叠，如图 3－18（d）所示。

由于轴线正交的两圆柱直径相同或不同，在两圆柱轴线共同平行的投影面上，其相贯线的投影形状和弯曲趋向有所不同，如图 3－19 所示，相贯线的投影表现为一段弯曲的线，总是向着直径较大的圆柱体轴线弯曲，直径相差越小，弯曲程度越大，相等时为折线。

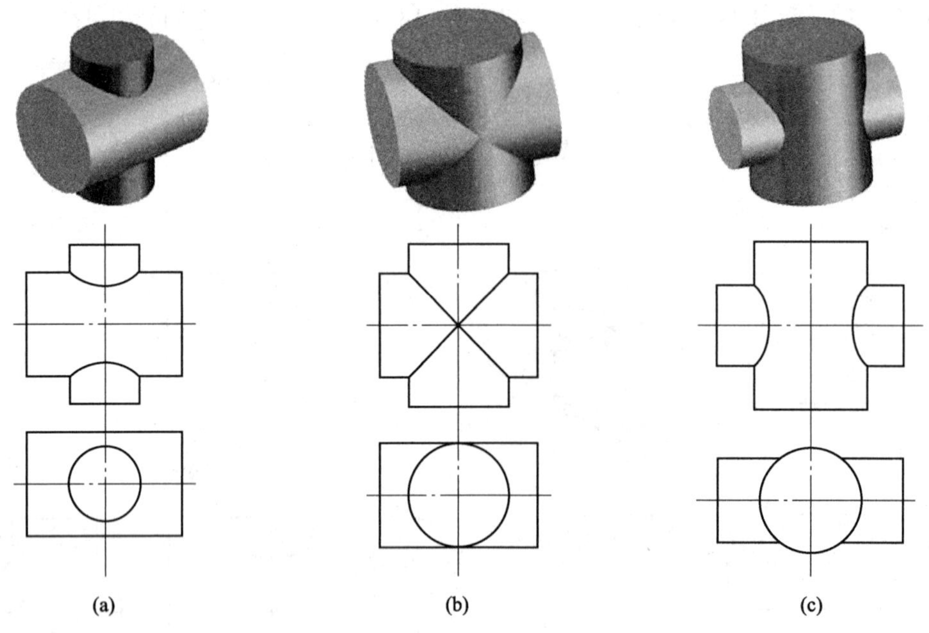

图 3－19　两圆柱正交相贯线的变化

国标规定，允许采用简化画法作出相贯线的投影，即用圆弧代替非圆曲线。作图方法如图 3－20 所示，其作图步骤如下：

①先根据两圆柱外圆柱面直径的大小，以较大圆柱的半径为半径，以交点 A 或 B 为圆心画圆弧，与小圆柱的轴线交于点 O，如图 3－20（a）所示；

②以点 O 为圆心，以较大圆柱的半径为半径画圆弧，如图 3－20（b）所示。

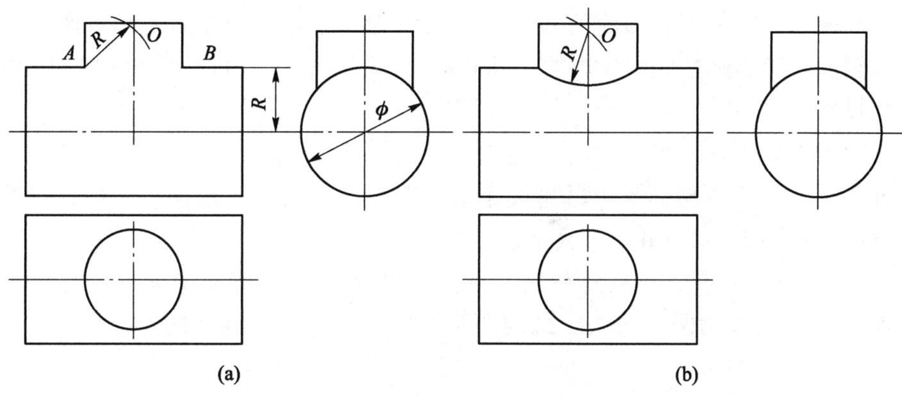

(a)　(b)

图 3－20　两圆柱正交时相贯线的简化画法

3. 3. 2　辅助平面法求相贯线

当两回转体的相贯线不能利用积聚性直接求出时，可用辅助平面法求解。辅助平面法作图原理：利用辅助平面同时截切相贯的两曲面立体，可找出两曲面立体的截交线的交点，该点即为相贯线上的点，这些点既是曲面立体表面上的点，又是辅助平面上的点。因此，辅助平面法就是利用三面共点的原理。应选取特殊平面作为辅助平面，使辅助平面与两回转体表面截交线的投影简单易画，例如直线或圆。

［例 3－13］　如图 3－21（a）所示，求轴线相互垂直的圆锥和圆柱的相贯线。

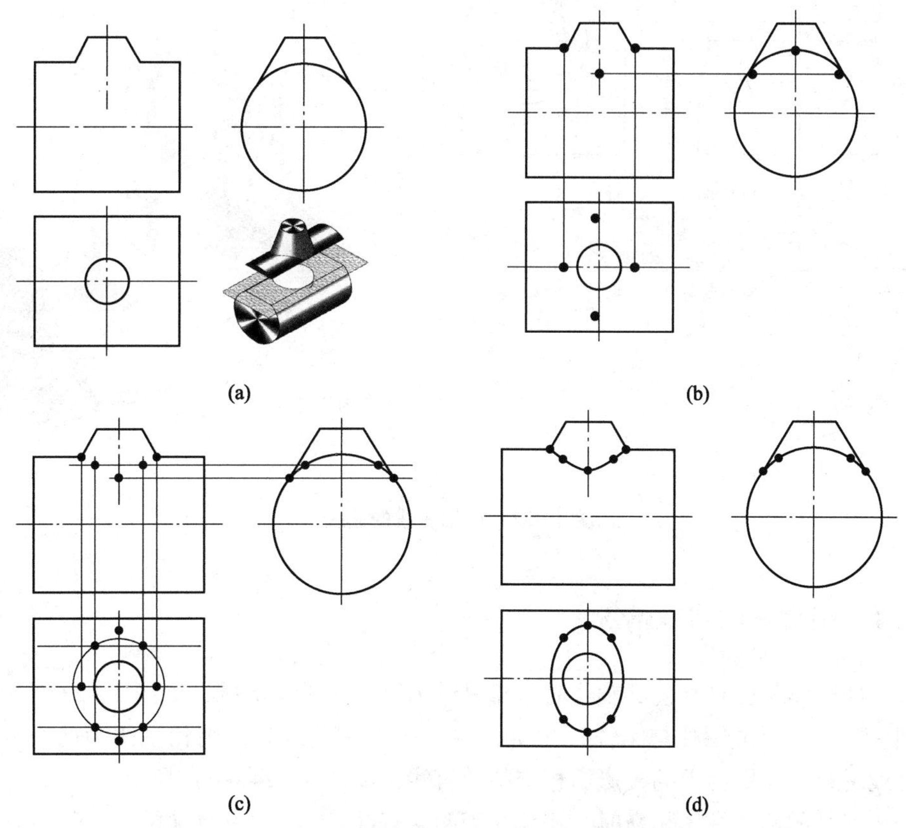

(a)　(b)

(c)　(d)

图 3－21　圆柱与圆锥正交时相贯线的辅助平面画法

分析 圆柱与圆锥的两轴线垂直相交，相贯线为一条前后、左右对称且闭合的空间曲线。相贯线侧面投影与圆柱侧面投影的一部分重合，需要利用辅助平面法求出相贯线的水平投影和正面投影。

解 作图步骤如下。

（1）求特殊点。根据侧面投影可直接作出最左点、最右点、最前点、最后点的正面投影和水平投影，如图 3 – 21（b）所示。

（2）用辅助平面法求中间点。在最高点和最低点之间作辅助平面，它与圆锥面的交线为圆，与圆柱的交线为两条直线，圆与两直线的交点即为交线上的点，如图 3 – 21（c）所示。

（3）光滑连接各点。相贯线的水平投影为椭圆，正面投影为曲线，如图 3 – 21（d）所示。

3.3.3 内相贯线的画法

在内表面产生的交线，称为内相贯线。内相贯线和外相贯线的画法相同，内相贯线的投影由于不可见而画成细虚线，如图 3 – 22 所示。

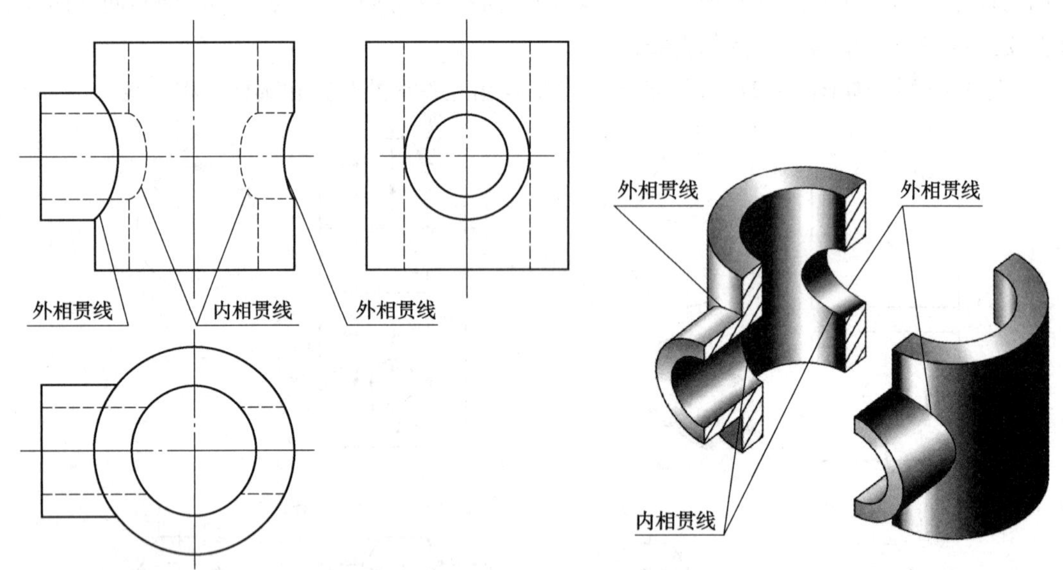

图 3 – 22 内相贯线的画法

3.3.4 相贯线的特殊情况

当两个回转体相交且有公共轴线时，相贯线为垂直于轴线的圆，如图 3 – 23 所示。

当圆柱与圆柱（或圆柱与圆锥）相交，并公切于一个球时，则相贯线为两个椭圆，它们在两轴线平行的投影面上的投影为相交的两直线，如图 3 – 24（a）所示。

当轴线平行的两圆柱体相交时，相贯线为两条直线，如图 3 – 24（b）所示。

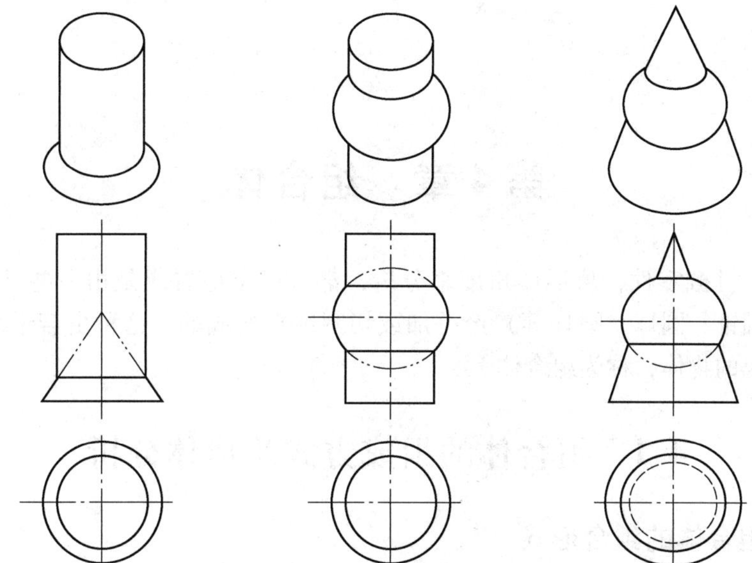

图 3-23　相贯线为圆的特殊情况

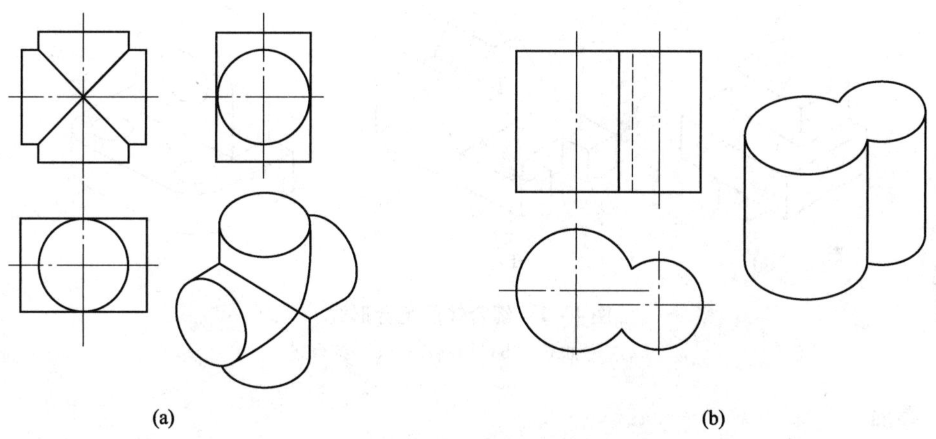

图 3-24　相贯线的特殊情况

第 4 章　组合体

任何复杂的机械零件，从形体角度来分析，都可抽象地看成是由一些基本体（棱柱、棱锥、圆柱、圆锥、圆球、圆环等）经叠加或切割组合而成的。这种由若干个基本体按一定组合方式组成的物体，称为组合体。

4.1　组合体的组成方式及形体分析

4.1.1　组合体的组合形式

组合体的组合形式基本上分为叠加和切割两种形式，常见的是这两种形式的综合，如图 4－1 所示。

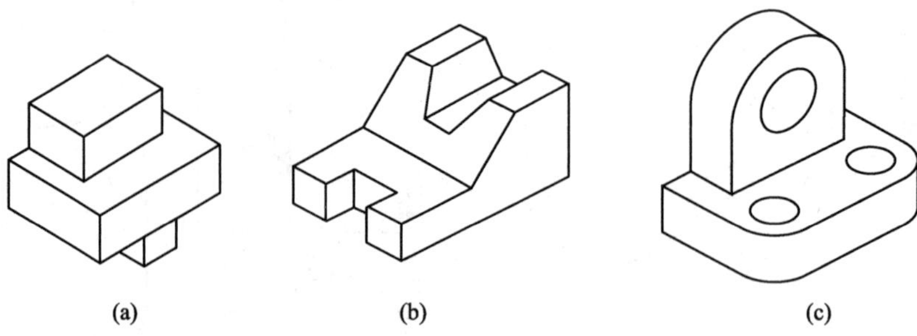

图 4－1　组合体的组合形式

（a）叠加式；（b）切割式；（c）综合式

1. 叠加

图 4－1（a）为由两个以上的基本体叠加而成的组合体。

2. 切割

图 4－1（b）为从一个较大的基本体中切割出的较小的组合体。

3. 综合

图 4－1（c）为既有叠加，又有切割的组合体。

4.1.2　组合体表面的连接形式

组合体中各基本几何体间表面的连接关系有如下几种关系。

1. 平齐

相邻两基本体的表面平齐时，连接处没有线，表示一个平面，如图 4－2（a）所示。

2. 不平齐

相邻两基本体的表面不平齐时，连接处应有分界线，表示不同的两个面，如图 4－2（b）所示。

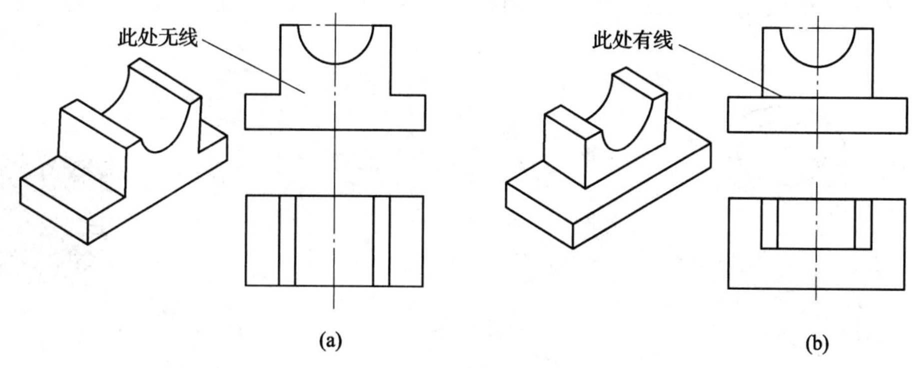

图 4－2　相邻立体表面间的平齐关系

（a）平齐；（b）不平齐

3. 相切

相邻两基本体表面相切时，其相切处光滑过渡，无分界线，因此在相切处不画切线的投影，如图 4－3（a）所示。

4. 相交

相邻两基本体表面相交时，在相交处应该画出交线，如图 4－3（b）所示。

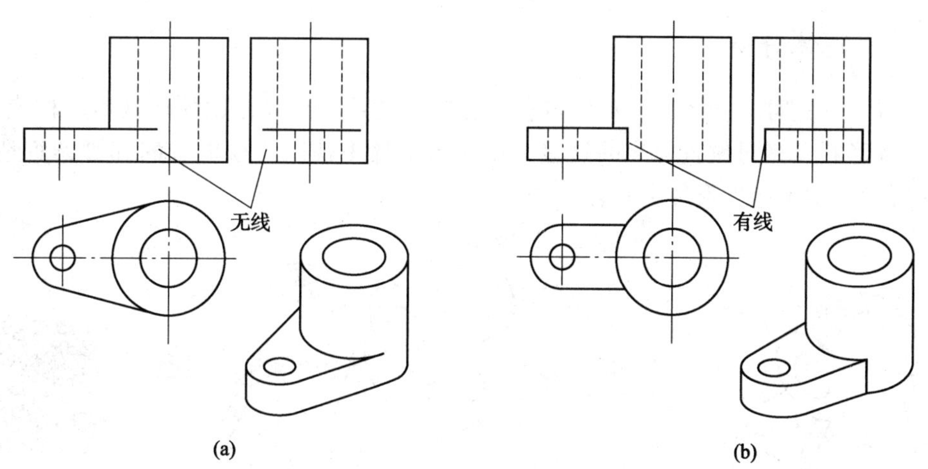

图 4－3　相邻立体表面间的相切关系

（a）相切；（b）相交

4.1.3　组合体的形体分析法

为了便于画图，通过分析，将组合体分解成若干个基本体，并搞清它们之间的相对位置和组合形式的方法，称为形体分析法。这是将一个复杂问题分成几个简单的问题处理，再加以综合的方法，所以能够起到“将难变易”之效。形体分析法是画、读组合体视图及标注尺寸最基本的方法之一。如图 4－4 所示的支架，用形体分析法可将其分解成 4 个基本体。支架的中间为一铅垂空心圆柱，并与带圆柱孔的底板相切，铅垂圆柱与底板间由正平三棱柱形的肋板连接，肋板的正垂面与铅垂空心圆柱的柱面是相交的关系，其交线是一小段椭圆弧，空心圆柱的正前上方是正垂空心小圆柱，与铅垂空心圆柱是垂直相交的关系，有相贯线。

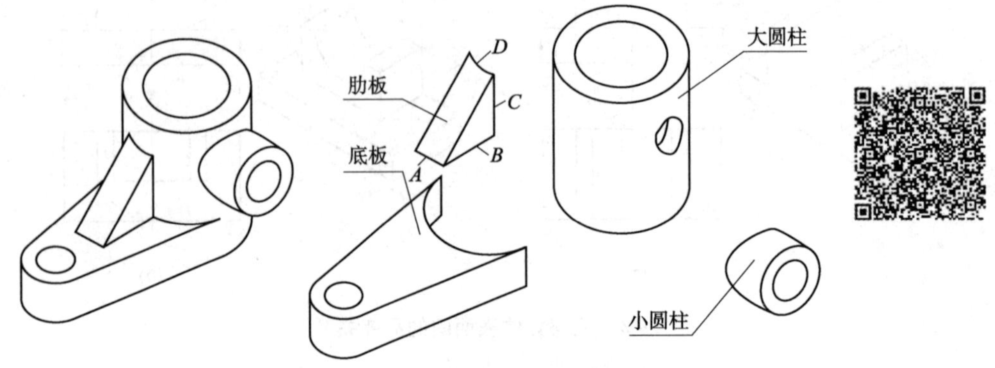

图 4-4　支架的形体分析

4.2　组合体的三视图画法

通过下面的支架举例说明如何画组合体的三视图。

4.2.1　形体分析

画图前，首先对组合体进行形体分析，分析清楚该组合体是由哪些基本体构成及各基本体的结构形状、相对位置、表面连接关系，为选择主视图的投射方向和画图创造条件，图 4-5 所示为轴承座的形体分析。

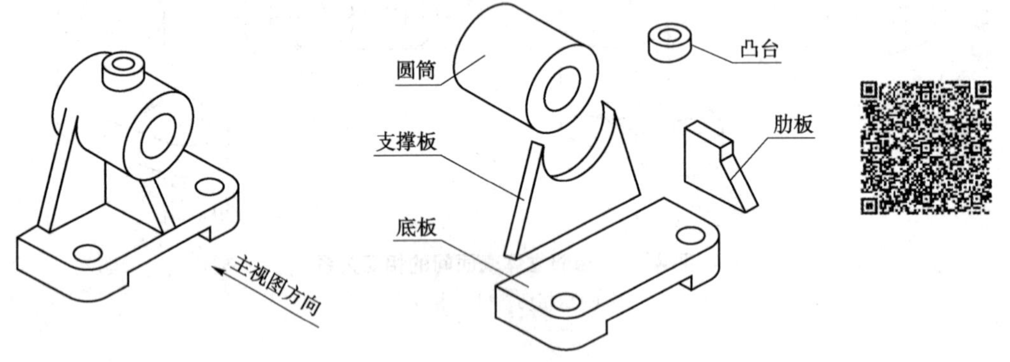

图 4-5　轴承座的形体分析

4.2.2　视图选择

选择主视图的原则：(1) 放置位置，组合体按自然位置放正，并尽量使组合体的主要平面或主要轴线与投影面平行或垂直；(2) 投射方向，选择最能清楚地表达组合体的形状和位置特征，同时能减少其他视图上虚线的那个方向作为主视图的投射方向。

轴承座放正后，图 4-5 所示方向更能反映基本体的相对位置，综合以上各因素，将其选为主视图投射方向。

4.2.3　叠加型组合体的画法

（1）选比例、定图幅。主视图投射方向确定后，应该根据实物大小和复杂程度，按标准规定选择画图的比例和图幅。在一般情况下，尽量采用 1∶1 的比例确定图幅大小，除了要考虑图形尺寸大小外，还应留足标注尺寸和画标题栏等的空间。

（2）布置视图，画出作图基准线。布置视图时，应根据各个视图每个方向的最大尺寸，在视图之间留足标注尺寸的空隙，使视图布局合理，排列均匀，画出各视图的作图基准线。

（3）开始画图。绘制底稿时，要一个形体一个形体地画三视图，且要先画它的特征视图。每个形体要先画主要部分，后画次要部分；先画可见部分，后画不可见部分；先画圆、圆弧，后画直线。检查描深时，要注意组合体的组合形式和连接方式。

按上述的作图方法，绘制如图 4－6 所示轴承座的三视图。

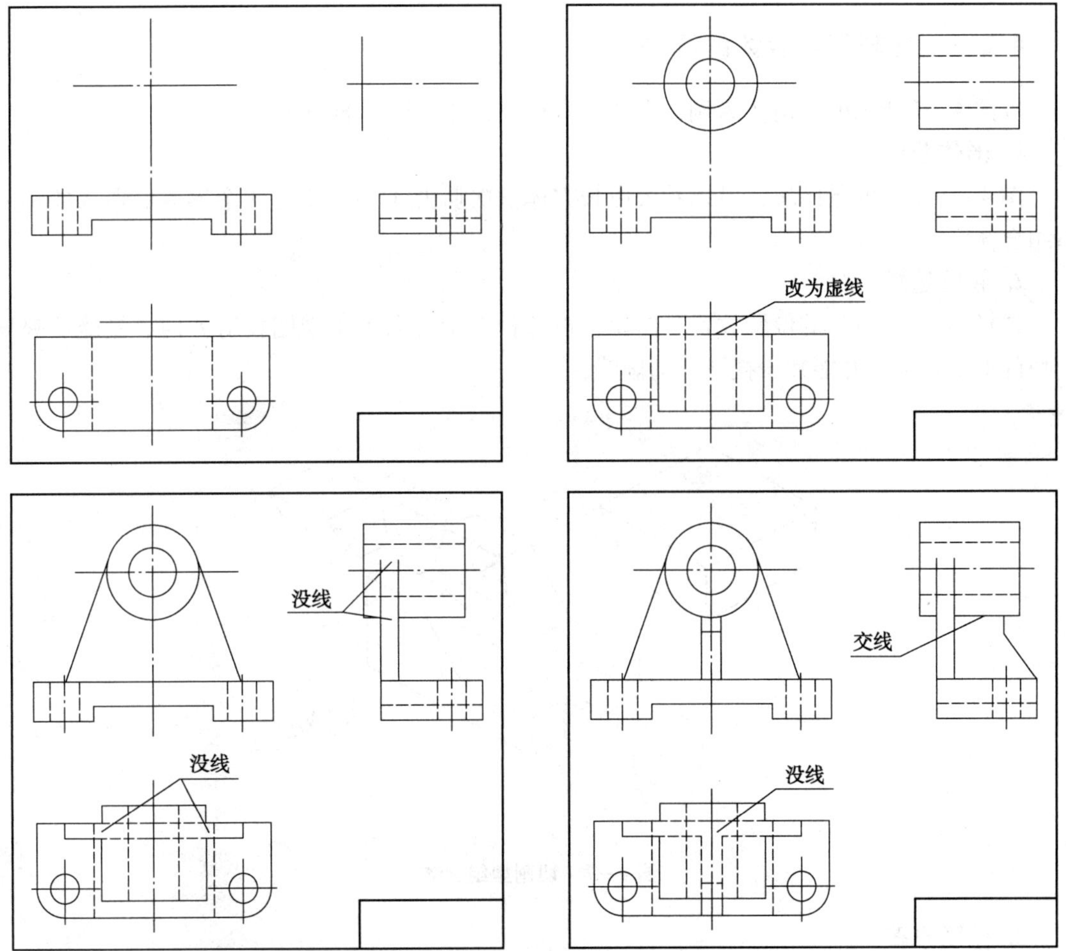

图 4－6　轴承座三视图的画图过程

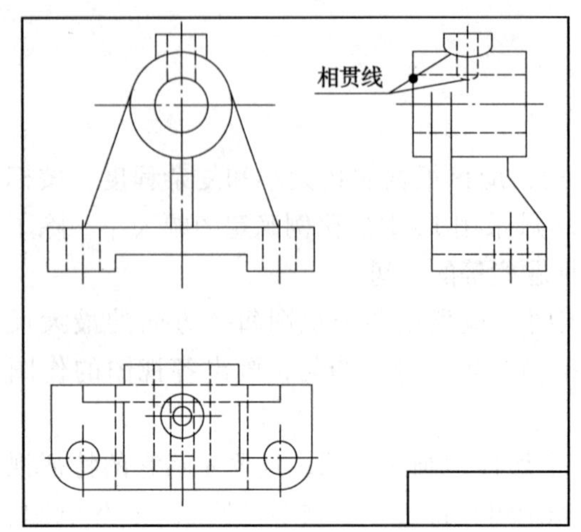

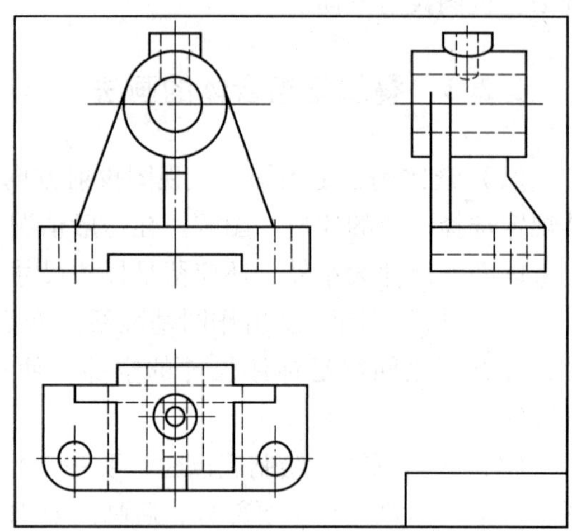

图 4 -6　轴承座三视图的画图过程（续）

4.2.4　切割型组合体的画法

以图 4 -7 所示的导向块为例，介绍切割型组合体三视图的画法。

1. 形体分析

图 4 -7 所示的导向块，可以看成由长方体依次切去 *A*、*B*、*C* 这 3 个形体而形成的切割型组合体。

2. 视图选择

选择图 4 -7 所示的位置放置导向块，再选择图示方向为主视图投射方向，最能反映导向块的形状特征，并能减少视图中的虚线。

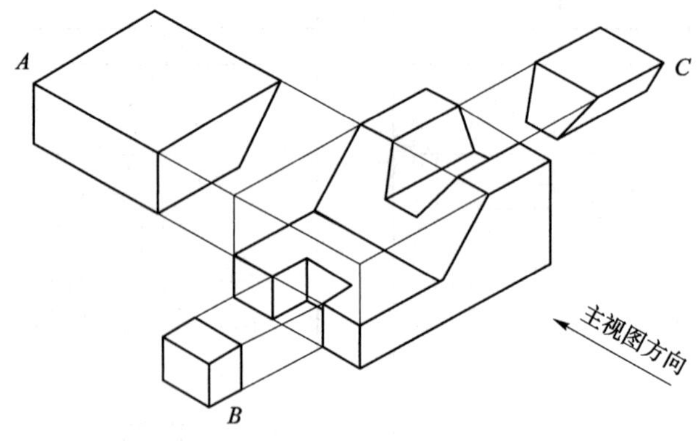

图 4 -7　切割型组合体

3. 画图步骤

如图 4 -8 所示，导向块的画图步骤如下。

（1）还原导向块没有切割之前的原始形状，画出其三视图，如图 4 -8（a）所示。

（2）切割各形体，形体 A 是直角梯形，其形状特征视图在主视图，因此先画主视图，再画俯、左视图，如图4－8（b）所示；形体 B 在俯视图具有积聚性，所以从俯视图开始画，再画主、左视图，如图4－8（c）所示；形体 C 在左视图具有积聚性，因此从左视图开始画，再画主、俯视图，如图4－8（d）所示。

（3）检查、描深。底图完成后，再按原画图顺序依次仔细检查，纠正错误，补充遗漏，擦去多余线，然后按照国标线型描深线条，如图4－8（e）所示。

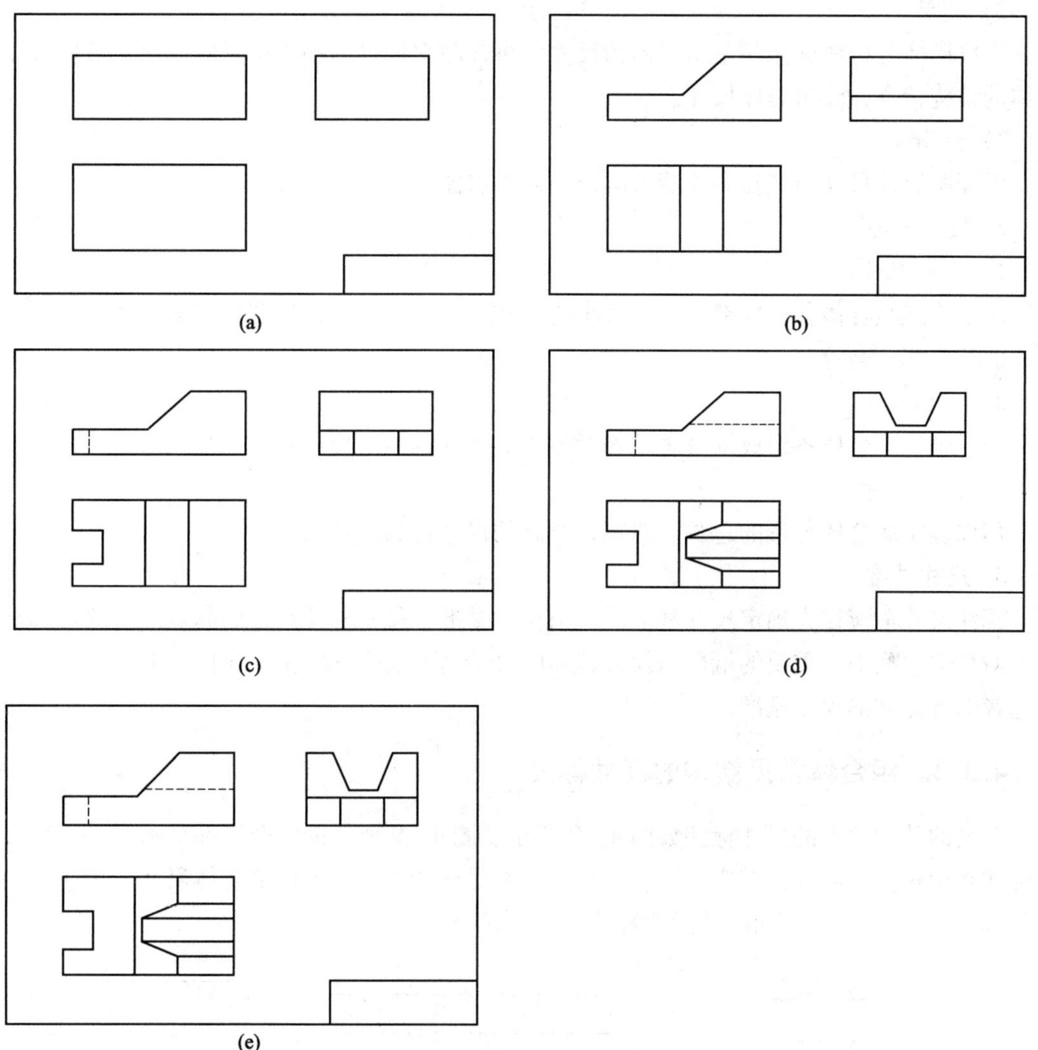

图4－8　切割型组合体三视图的画图过程

4.3　组合体的尺寸标注

视图只能表达形体的结构形状，要表达形体的大小，还需要标注尺寸，尺寸表示组合体的真实大小，是视图的重要组成部分。

4.3.1 尺寸标注的要求及分类

1. 尺寸标注基本要求

1）正确

应确保尺寸数值正确无误，所注的尺寸（包括尺寸数字、符号、箭头、尺寸线和尺寸界线等）要符合国家标准中的有关规定。

2）完整

先按形体分析法标注各基本形体的尺寸，再标注它们之间相对位置的尺寸，最后根据组合体的结构特点，注出总体尺寸。

3）清晰

保证所标注尺寸布置整齐、清晰醒目、便于看图。

2. 尺寸分类

1）定形尺寸

用以确定组合体各组成部分形状大小的尺寸称为定形尺寸，如圆柱体的直径、高，平面立体的长、宽、高等。

2）定位尺寸

用以确定组合体各组成部分之间相对位置的尺寸称为定位尺寸。

3）总体尺寸

用以确定组合体外形的总长、总宽、总高的尺寸称为总体尺寸。

3. 尺寸基准

标注尺寸前应该先确定尺寸基准。所谓尺寸基准，就是标注尺寸的起点。一般可选组合体的对称面、底面、重要的端面以及回转体的轴线等作为尺寸基准。图 4－10（c）所示为所选择的各方向的尺寸基准。

4.3.2 组合体常见结构的尺寸标注

常见的几种简单的尺寸标注如图 4－9 所示。图 4－9 所示的组合体都是水平板，尺寸主要标注在俯视图，高标注在主视图。组合体一端是回转体，该方向的总体尺寸不标注，如图 4－9（a）、（d）、（f）所示，均不标总长。

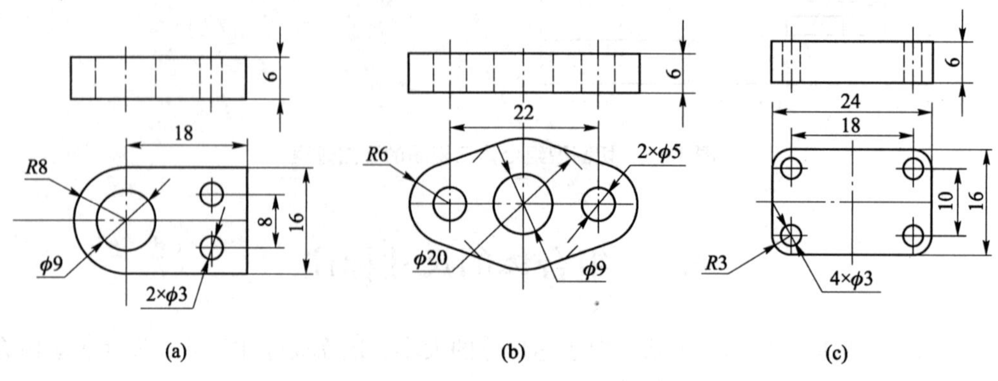

图 4－9 常见组合体尺寸标注

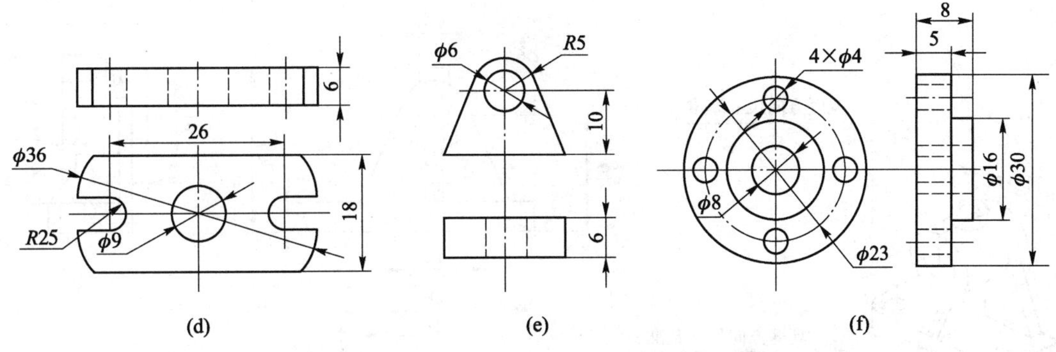

(d) (e) (f)

图 4-9 常见组合体尺寸标注（续）

直径尺寸尽量标注在投影为非圆的视图上，圆弧的半径应标注在投影为圆的视图上，如图 4-9 所示。尺寸尽量不标注在细虚线上；定形尺寸尽可能标注在表示形体特征明显的视图上，定位尺寸尽可能标注在位置特征清楚的视图上；同一形体的尺寸应尽量集中标注；平行排列的尺寸应使较小尺寸标注在里面（靠近视图），大尺寸标注在外面。

4.3.3 组合体的尺寸标注

下面以图 4-10 所示的轴承座为例，说明标注组合体尺寸的步骤。

（1）形体分析。通过对轴承座的形体分析将其分解为底板、圆柱筒、支撑板、肋板、凸台 5 部分，如图 4-10（a）所示。按形体分析法标注每个组成部分的定形尺寸，如图 4-10（b）所示。

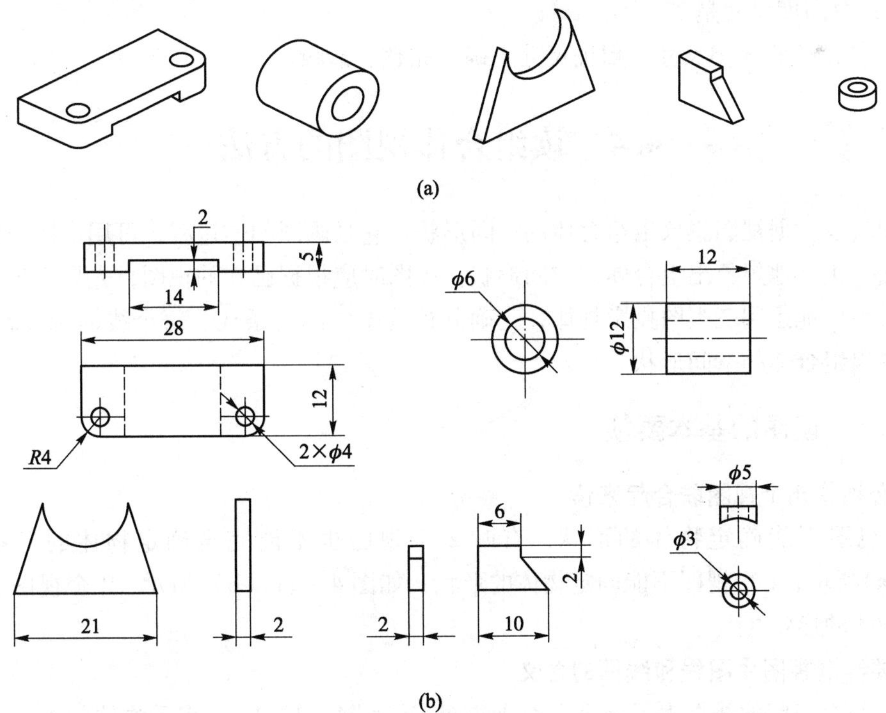

图 4-10 组合体尺寸标注方法

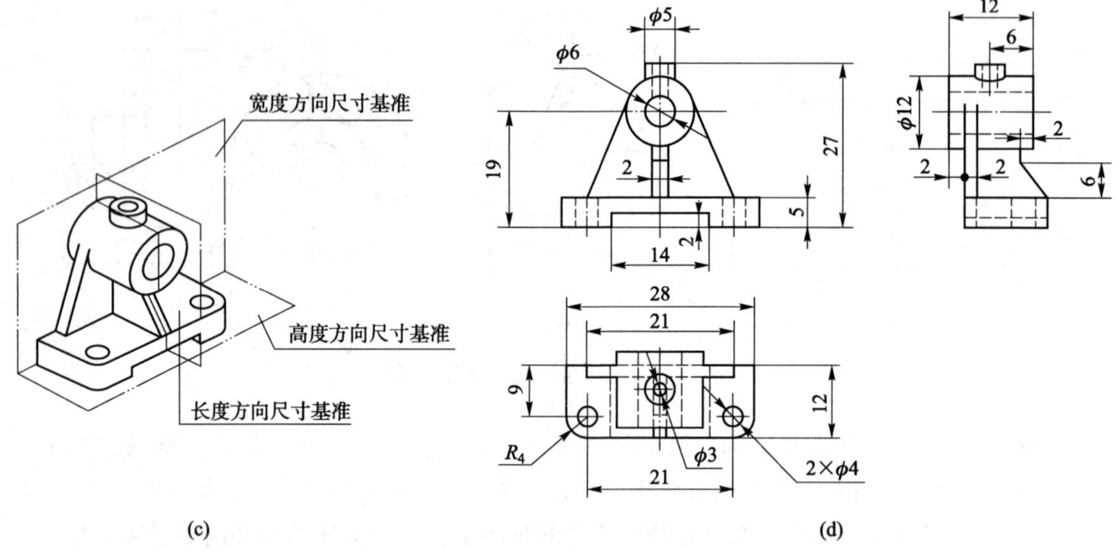

(c) (d)

图 4－10 组合体尺寸标注方法（续）

（2）选择尺寸基准，如图 4－10（c）所示。

（3）将图 4－10（b）中各部分的定形尺寸标注在图 4－10（d）中。

（4）由尺寸基准出发标注确定各组成部分之间相对位置的尺寸，如图 4－10（d）中的尺寸 19、21、9、2、6。

（5）标注总体尺寸。该轴承座的总长度尺寸，即底板的长度尺寸是 28；总宽度尺寸是（12＋2）；总高度尺寸是 27。

（6）依次检查 3 类尺寸，保证尺寸正确、完整、清晰。

4.4 读组合体视图的方法

读图就是根据视图想象出组合体的空间形状，它是画图的逆过程，可用形体分析法和线面分析法，正确地想象出组合体的空间形状。读图时应根据已知的视图，先易后难、先大后小、先实后虚地运用三视图投影规律，正确分析视图中的每条线、每个线框所表示的含义，综合想象出组合体的空间形状。

4.4.1 读图的基本要领

1. 必须将几个视图联合起来读

1 个视图不能确定物体的形状，有时 2 个视图也不能完全确定物体的形状。如图 4－11（a）所示，1 个视图不能确定物体的形状；如图 4－11（b）所示，2 个视图也不能确切表示物体的形状。

2. 要弄清视图中图线和线框的含义

（1）一个封闭的线框表示一个平面或曲面。如图 4－12（a）表示物体的 1 个面，这个面可能是平面、曲面、组合面或孔洞。

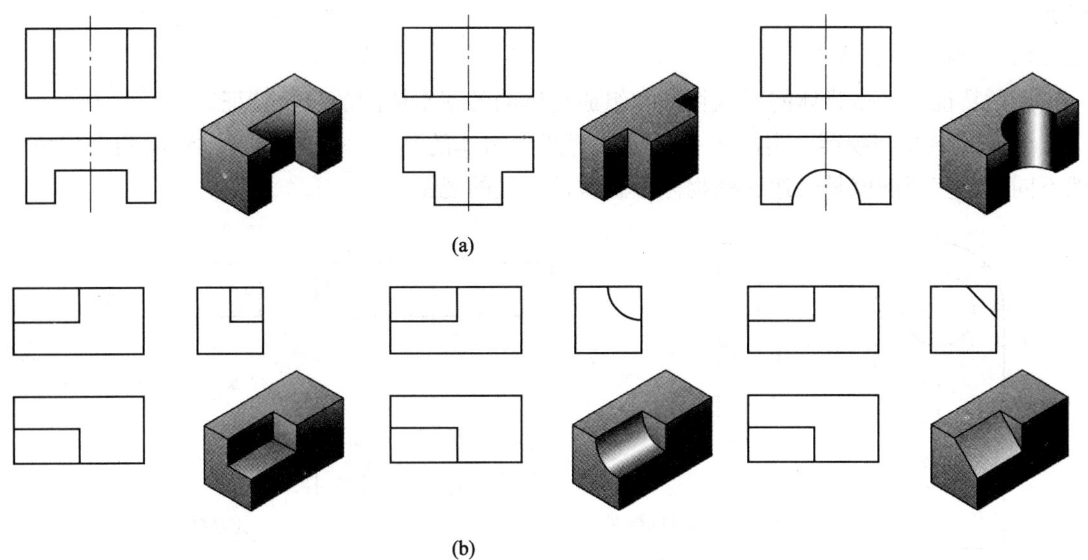

图 4－11　几个视图联合起来读图示例

（2）相邻的两个封闭线框。如图 4－12（b）表示物体上位置不同的 2 个面。由于不同线框代表不同的面，它们表示的面有前、后、左、右、上、下的相对位置关系。

（3）一个大封闭线框内所包含的各个小线框。如图 4－12（c）表示在大平面体（或曲面体）上凸出或凹进各个小平面体（或曲面体）。

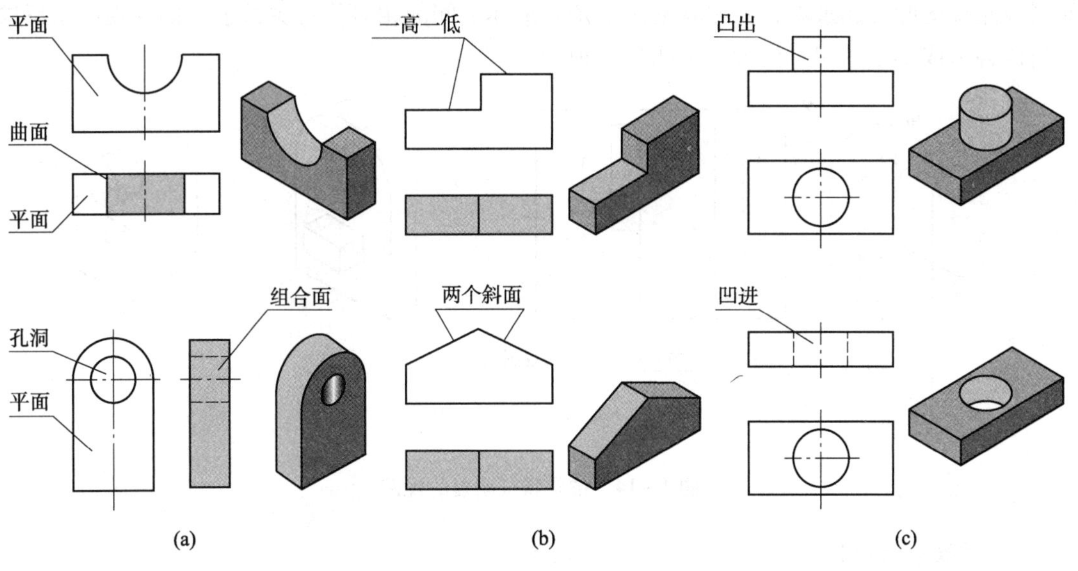

图 4－12　视图中图形的含义

4.4.2　读图的基本方法和步骤

1. 形体分析法

形体分析法是读图的基本方法。读图时，将几个视图对照，用形体分析的方法，通过对图形进行分解，弄清组合体的组合形式及彼此间的连接形式，然后进行综合，想象出物体的形状。

1）抓特征，分线框

所谓特征，是指物体的形状特征和组成物体的各基本体间的位置特征。

（1）形状特征视图。由图4－13所示的两个物体的其中一个视图可以看出两个物体截然不同，这些视图就是表达这些物体形状特征明显的视图。

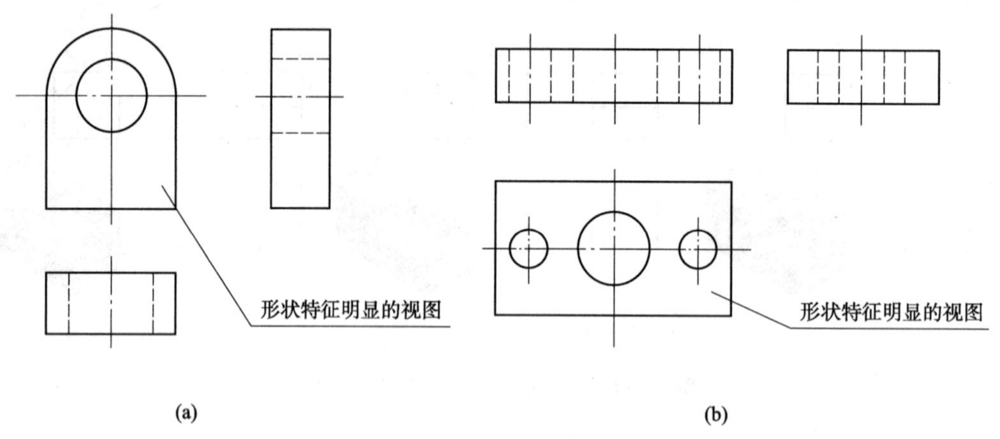

图4－13　形状特征明显的视图

（2）位置特征视图。如图4－14所示的物体，主视图反映其形状特征比较明显，但如果只看主视图，物体上的Ⅰ和Ⅱ两部分哪个凸出，哪个凹进不能确定，俯视图也不能确定，而当与左视图配合起来看，就很容易想清楚各形体之间的相对位置关系了，即左视图是反映该物体各组成部分间相对位置特征明显的视图。

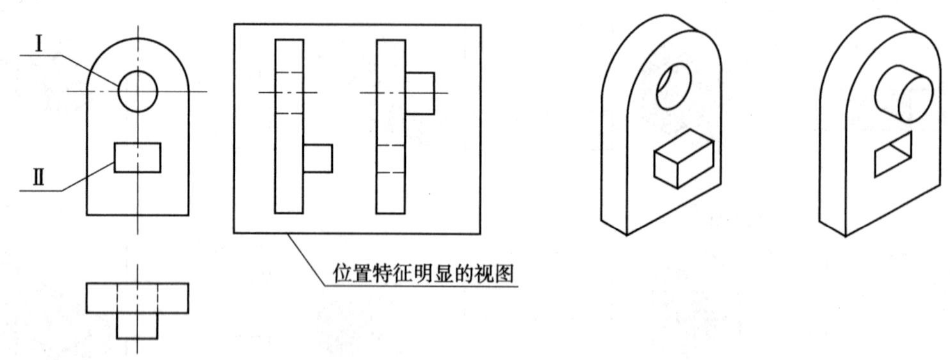

图4－14　位置特征明显的视图

2）对投影想形状

将每一部分“分离”出来后，从反映每一部分的形状特征的视图出发，根据“三等”规律把其他视图上的对应投影找出来，想出其形状。

3）综合起来想整体

想出各部分的形状之后，再根据它们之间的相对位置和组合形式，综合起来想出物体的整体形状。

如图4－15（a）所示的三视图，想出物体形状的读图步骤如下。

（1）抓特征，分线框。通过分析可知，该视图可分成 4 部分线框组，可以判定该物体由 4 部分组成，其中俯视图较明显地反映了Ⅰ、Ⅱ这 2 个线框的形状特征，主视图较明显地反映了Ⅲ、Ⅳ这 2 个线框的形状特征，如图 4－15（a）所示。

（2）对投影想形状。根据投影规律，从形状特征明显的视图出发，依次找出Ⅰ、Ⅱ、Ⅲ、Ⅳ这 4 个线框在其他两个视图的对应投影，并想出它们的形状，如图 4－15（b）、（c）、（d）、（e）所示。

（3）综合起来想整体。水平板Ⅰ在下，圆柱筒Ⅱ在水平板的正上方，凸台Ⅲ在圆柱筒的正前面，圆柱筒的左、右两边各有一个肋板Ⅳ，读图结果如图 4－15（f）所示。

图 4－15　形体分析法读组合体三视图

2. 线面分析法

所谓线面分析法，就是运用投影规律把物体的表面分解为线、面等几何要素，通过分析这些要素的空间形状和位置，来想象物体各表面形状和相对位置，想象物体形状，达到读懂视图的目的。

图4－16（a）所示为压块的主、俯视图，本任务要求根据压块的主、俯视图想象出压块的立体图，并补画其左视图。

根据压块的主、俯视图可以想象出压块的立体图，如图4－16（b）所示。压块可认为是一个长方体被正垂面 P 切去左上角，再被两个铅垂面切去左前和左后两部分，又被切去前后两个长方体，最后在上面挖圆柱孔。分析画图如下：

（1）绘制未切割前长方体的左视图，如图4－16（c）所示；

（2）绘制切割斜角后的左视图，如图4－16（d）所示；

（3）绘制前后切割斜角后的左视图，如图4－16（e）所示；

（4）绘制前后切割长方体后的左视图，如图4－16（f）所示；

（5）绘制圆柱孔的左视图，如图4－16（g）所示；

（6）检查，描深，如图4－16（h）所示。

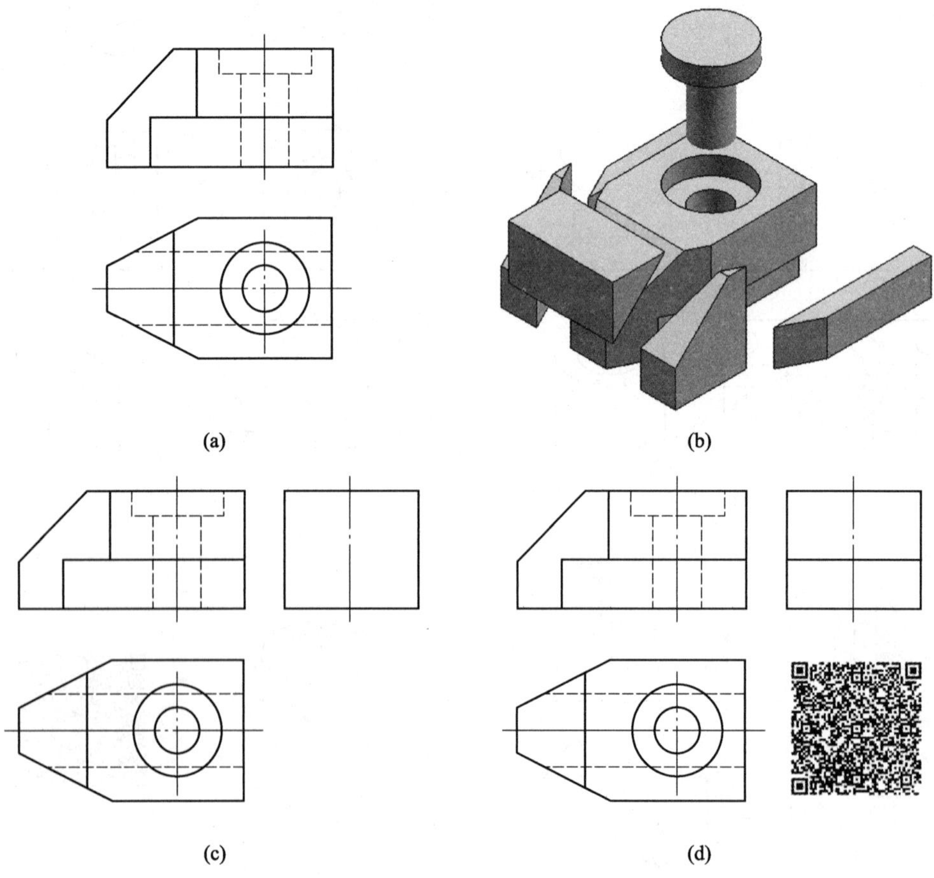

图4－16　线面分析法读画组合体第三个视图

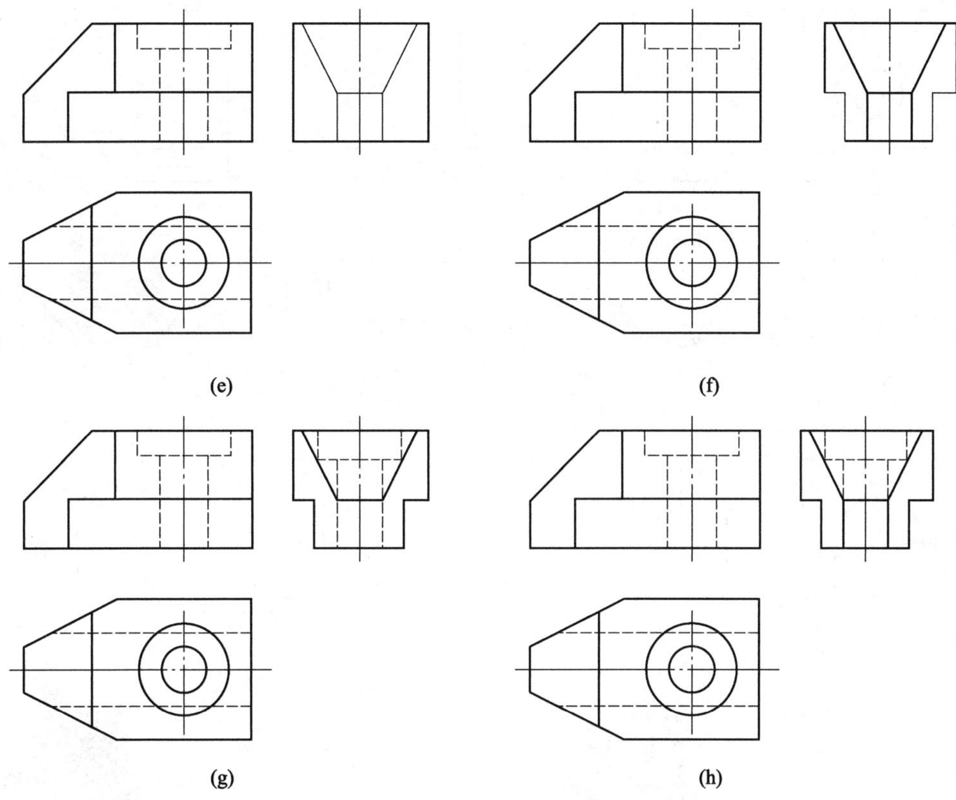

图 4－16　线面分析法读画组合体第三个视图（续）

3. 读综合类组合体的视图

图 4－17（a）所示为机座的主、俯视图，根据主、俯视图想象机座的立体图，分析其形体，并绘制其左视图。

根据机座的主、俯视图可想象出该机座的立体图，机座可分为底板、竖板、凸块 3 个部分，在形体的后面开槽，凸块中间穿孔，如图 4－17（b）所示。该形体中包含了叠加和切割 2 种组合形式，属于综合类组合体。

分析画图如下。

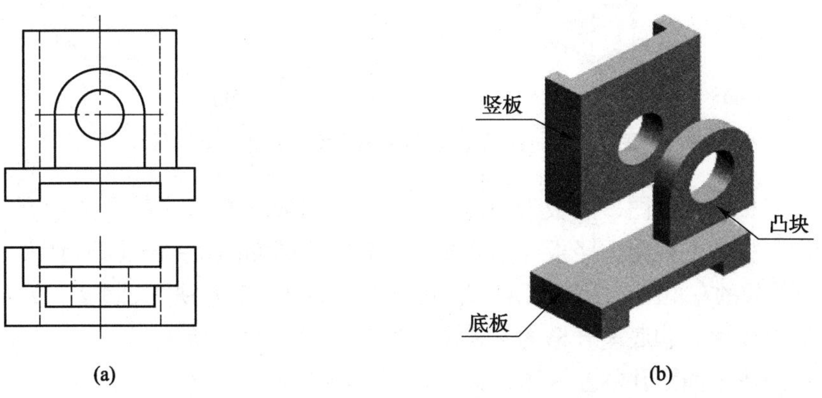

图 4－17　由已知两视图补画第三视图

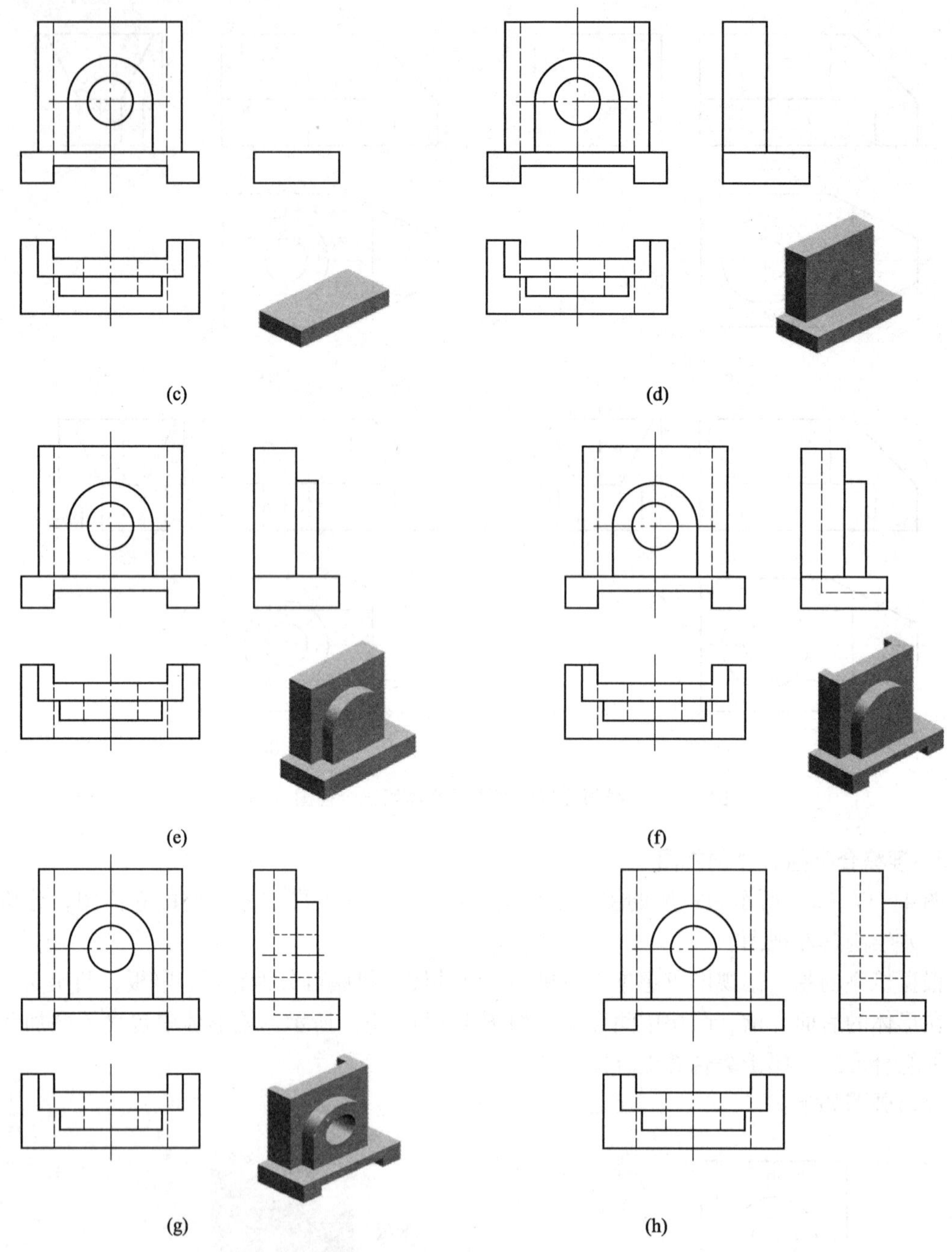

图 4-17　由已知两视图补画第三视图（续）

（1）绘制底板的左视图，底板为四棱柱，其左视图如图 4-17（c）所示。

（2）绘制竖板的左视图，竖板也是四棱柱，其左视图如图 4-17（d）所示。

（3）绘制凸块的左视图，凸块是顶部为半圆形的长方块，其左视图如图 4-17（e）所示。

（4）绘制机座后方和底座开槽的左视图，如图 4-17（f）所示。

（5）绘制凸块中间穿孔的左视图，如图 4-17（g）所示。

（6）检查左视图，擦除多余图线，按线型描深图线，如图 4-17（h）所示。

第 5 章　轴测图

5.1　轴测图的基本知识

在实际工程应用中，通常采用机件在相互垂直的 2 个或 3 个投影面上的正投影来反映机件的长、宽、高等方面的形状和尺寸信息，若只看其中 1 个投影面，很难清晰完整地表达机件的轮廓形状。GB/T 14692—2008《技术制图　投影法》中规定：轴测投影是将物体连同其参考直角坐标系，沿着不平行于任一坐标面的方向，用平行投影法将其投射在单一投影面上所得的具有立体感的图形，轴测投影又称轴测图。因此，轴测图是通过一个单一投影面来表达机件的立体图形。

GB/T 14692—2008《技术制图　投影法》还提出：轴测图中的三根轴测轴应配置成便于作图的特殊位置。绘图时，轴测轴随轴测图同时画出，也可以省略不画。轴测图中，应用粗实线画出物体的可见轮廓。必要时，可用细虚线画出物体的不可见轮廓。

5.1.1　轴测图的形成

生成轴测图的投影面 P 称为轴测投影面，如图 5－1 所示，直角坐标轴 O_0X_0、O_0Y_0、O_0Z_0在 P 面上的投影 OX、OY、OZ 称为轴测投影轴，简称轴测轴。轴测轴是绘制轴测图的重要依据。

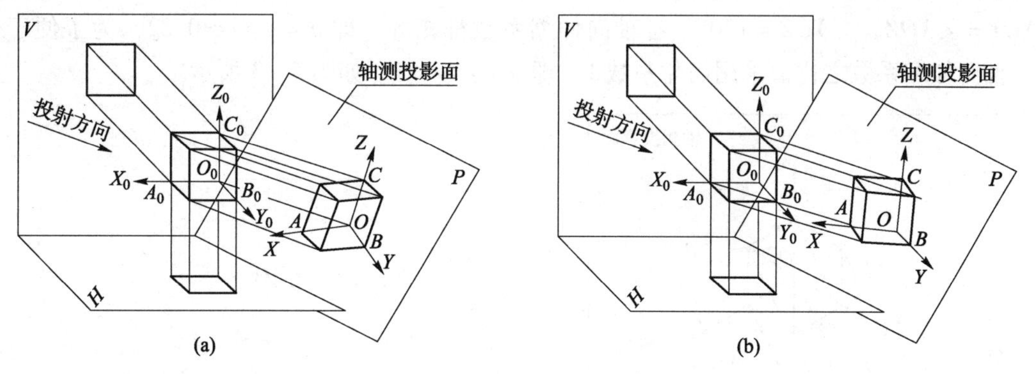

图 5－1　轴测图的形成

（a）正轴测图；（b）斜轴测图

由于投射方向与投影面位置的不同，轴测图分为正轴测图和斜轴测图两类，即当投射方向垂直于轴测投影面时，称为正轴测图；当投射方向倾斜于轴测投影面时，称为斜轴测图。

正轴测图分为 3 种：正等轴测图、正二等轴测图和正三轴测图，简称正等测、正二测、正三测。

斜轴测图分为3种：斜等轴测图、斜二等轴测图、斜三轴测图，简称斜等测、斜二测、斜三测。

5.1.2 轴间角和轴向伸缩系数

轴测图中两轴测轴之间的夹角称为轴间角，如图5-1所示，轴测轴之间的夹角$\angle XOY$、$\angle XOZ$、$\angle YOZ$称为轴间角。

轴测轴上的单位长度与相应投影轴上的单位长度的比值，称为轴向伸缩系数，OX、OY、OZ轴上的轴向伸缩系数分别用p、q、r简化表示。即

$$p = \frac{OA}{O_0A_0}, q = \frac{OB}{O_0B_0}, r = \frac{OC}{O_0C_0}$$

5.1.3 轴测图的投影特性

由于轴测图是用平行投影法得到的，因此轴测图具有以下投影特性：

（1）机件上相互平行的线段，其轴测投影仍相互平行；

（2）机件上与参考直角坐标轴平行的线段，其轴测投影仍平行于对应的轴测轴；

（3）机件上相互平行的线段在轴测图中的轴测投影之比仍与该机件在参考直角坐标系中的长度之比相等。

5.2 正等轴测图

5.2.1 轴间角和轴向伸缩系数

如图5-2所示，当投射方向与轴测投影面垂直，且3根轴测轴之间的夹角即3个轴间角的角度都相等时，所得的轴测图为正等轴测图，简称正等测。因此，正等测的轴间角$\angle XOY = \angle XOZ = \angle YOZ = 120°$，各轴向伸缩系数都相等，即$p = q = r \approx 0.82$，为了便于作图，轴向伸缩系数之比值采用简化系数1，即$p = q = r = 1$，如图5-3所示。

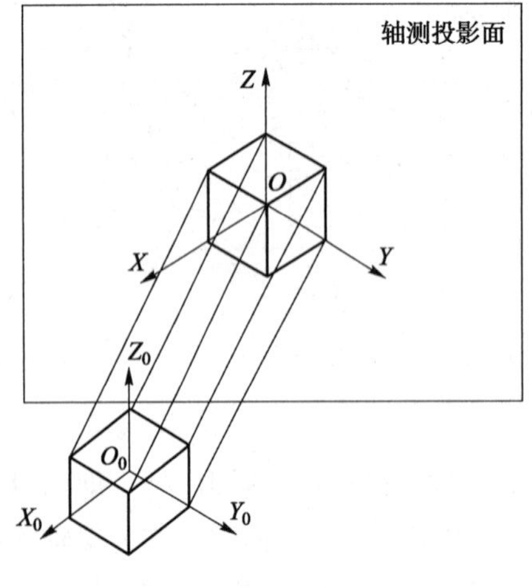

图5-2 正等测

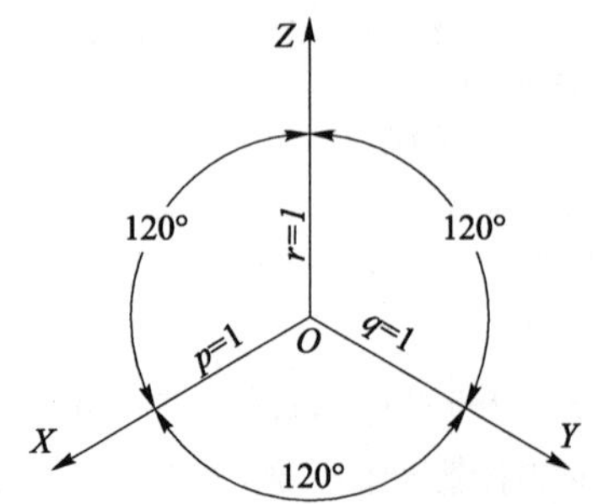

图5-3 正等测的轴间角和轴向伸缩系数

在作图时，由于各个轴测轴尺寸均采用简化系数 $p=q=r=1$ 进行绘制，因而实际所画图形比真实长度放大了 $1/0.82\approx1.22$ 倍，所得图形是形状不变且与各轴向伸缩系数为0.82的轴测图的近似图形，本书中正等测画法均采用简化系数进行绘制。

5.2.2　平面立体的正等测画法

绘制轴测图的常用方法有坐标法和综合法，坐标法是最基本的绘制轴测图的方法，该方法常用来绘制简单立体或叠加型组合体。

绘制正等轴测图的方法如下：

（1）对机件进行形体分析，确定直角坐标轴。

（2）绘制轴测轴，截取机件的正面投影长度，并在轴测轴上画出对应的点和线，从而连成该机件的轴测图。

需要注意的是，在选择直角坐标系和具体绘图时，需考虑简便作图，有利于按坐标的定位和度量，并尽量减少作图线。

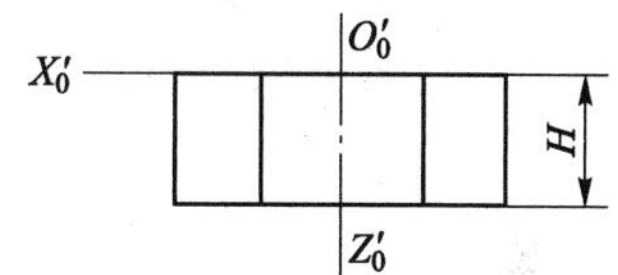

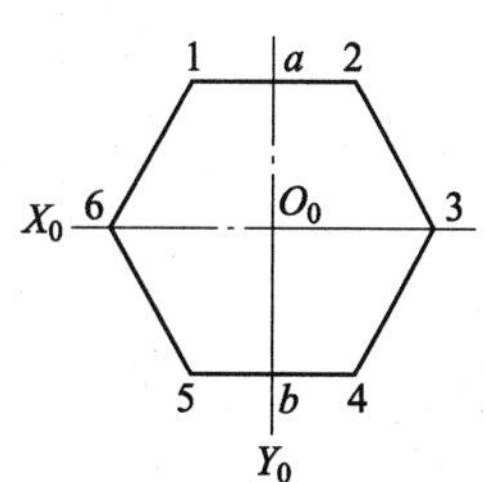

图5-4　正六棱柱

[例5-1]　绘制图5-4所示的正六棱柱的正等轴测图。

解　（1）形体分析。

如图5-4所示，正六棱柱的顶面和底面平行，且都是处于水平位置的正六边形，六棱柱的顶面在轴测图中是可见的，所以顶面的6条边都需要画出来，且画轴测图时需要从平行于坐标轴的直线量取尺寸，故选取顶面的点 O 为原点。确定了轴测图的原点后，再画出轴测轴和顶面六边形的轴测图，接着在画高度方向的棱线和底面六边形时，只需画出可见轮廓线，不可见部分可不用画出。

（2）作图过程。

①作出轴测轴 OX、OY、OZ，使3个轴间角均等于120°，如图5-5（a）所示。

②在轴测轴 OX 和 OY 上截取点 a_1、b_1、6_1 和 3_1，如图5-5（b）所示。

③通过点 a_1 作 OX 轴的平行线，截取 $a_11_1=a1$，$a_12_1=a2$，通过点 b_1 作 OX 轴的平行线，截取 $5_1b_1=5b$，$b_14_1=b4$，截取 $O_16_1=O6$，$O_13_1=O3$，连接点 1_1、2_1、3_1、4_1、5_1、6_1，组成轴测图的顶面，如图5-5（c）所示。

④作出轴测轴 OZ，分别从顶面各点向下作 OZ 轴的平行线，使其长度等于 H，可得点 7_1、8_1、9_1、10_1，如图5-5（d）所示。

⑤连接 7_1、8_1、9_1、10_1，如图5-5（e）所示。

⑥整理并描深图线，得到正六棱柱的正等轴测图，如图5-5（f）所示。

[例5-2]　绘制如图5-6所示图形的正等轴测图。

解　（1）形体分析。

如图5-6所示，支座是由1块底板、1块立板和1块肋板叠加而成的组合体。可先确定轴测图的原点，由于立板和肋板处于底板上方，可按照从下至上的顺序依次绘制。首先确定底板右侧端点为原点，画出底板的正等测，然后根据尺寸计算出立板的高度，画出立板的轴测图，最后画出肋板的轴测图。

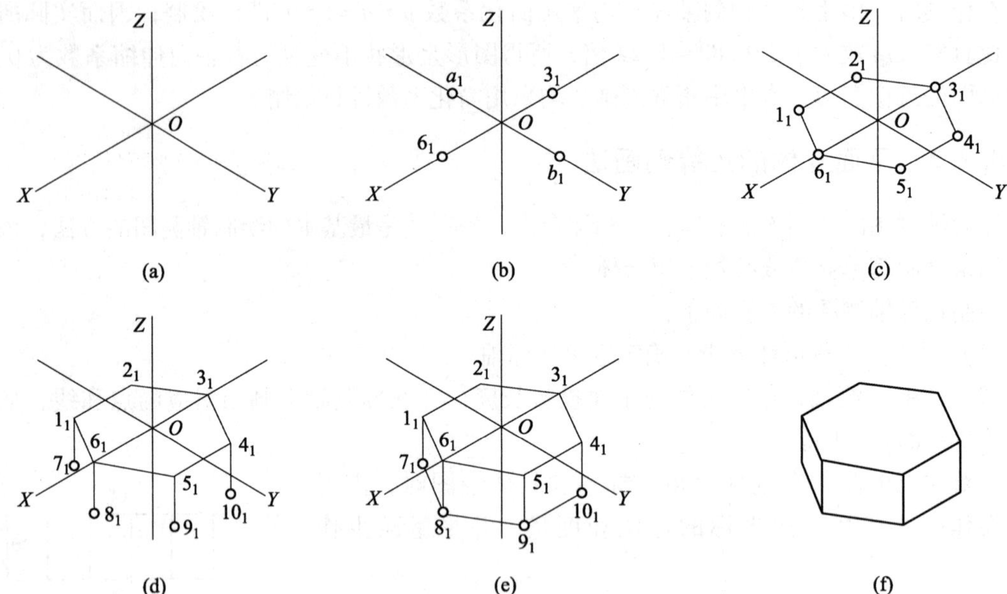

图 5－5　正六棱柱的正等轴测图的画法

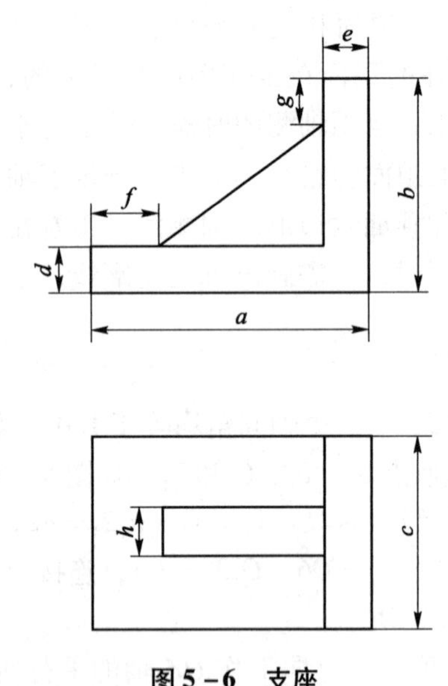

图 5－6　支座

（2）作图过程。

①作出轴测轴 OX、OY、OZ，使 3 个轴间角均等于 120°，根据两视图中尺寸 a、c、d，画出底板的正等轴测图，如图 5－7（a）所示。

②由两视图中尺寸 b、d 计算出立板的高度，画出立板的正等轴测图，如图 5－7（b）所示。

③由两视图中尺寸 f、g 计算出肋板的尺寸，画出肋板的正等轴测图，如图 5－7（c）所示。

④整理并描深图线，得到支座的正等轴测图，如图 5－7（d）所示。

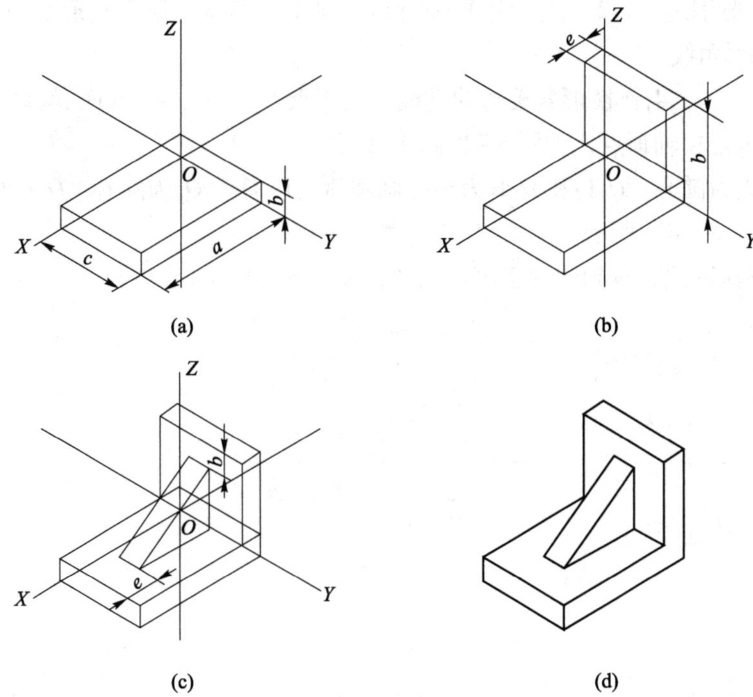

图5－7 支座的正等轴测图的画法

5.2.3 回转体的正等轴测图

回转体的正等轴测图主要是关于圆的轴测图画法，当圆所在的平面不平行于轴测投影面时，它的轴测图为椭圆，下面首先介绍圆的正等轴测图的画法，再介绍常见回转体的正等轴测图的画法。

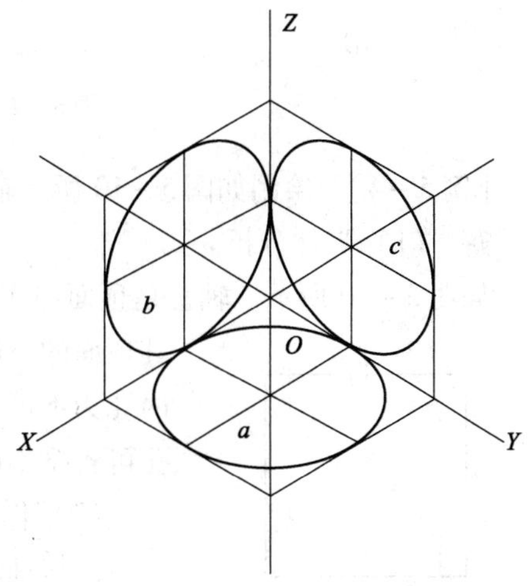

图5－8 圆的正等轴测图

［**例5－3**］ 绘制图5－8所示的圆的正等轴测图。

解 （1）形体分析。

前面介绍当圆所在的平面不平行于轴测投影面时，它的轴测图为椭圆，如图5－8所示，当圆位于坐标面时，即圆 a 在坐标面 XOY 上，圆 b 在坐标面 YOZ 上，圆 c 在坐标面 XOZ 上，其正等轴测图仍为椭圆，可用4段圆弧连接画法画出椭圆，完成圆的正等轴测图，此处列举其中一个圆的画法，画其余圆的正等轴测图方法与之相同。

（2）作图过程。

①通过圆心，作出圆 a 的外切四边形，切点分别为1、2、3和4，如图5－9（a）所示。

②作出轴测轴 O_1X_1、O_1Y_1，使其轴间角均等于120°，截取 $O_11_1=O1$，$O_12_1=O2$，$O_13_1=$

$O3$，$O_1 4_1 = O4$，分别过 1_1、2_1、3_1、4_1 作 OX 和 OY 轴的平行线，所得棱形如图 5－9（b）所示，连接棱形的对角线。

③过 1_1、2_1、3_1、4_1 作棱形各棱边的垂线，交于点 O_2、O_3、O_4 和 O_5，其中 O_2 和 O_3 是长轴顶点，O_4 和 O_5 是短轴顶点，如图 5－9（c）所示。

④以 O_2、O_3 为圆心，$O_2 1_1$ 和 $O_3 4_1$ 为半径画圆弧，以 O_4、O_5 为圆心，$O_4 1_1$ 和 $O_5 2_1$ 为半径画圆弧，如图 5－9（d）所示。

⑤整理并描深图线，得到圆的正等轴测图，如图 5－9（e）所示。

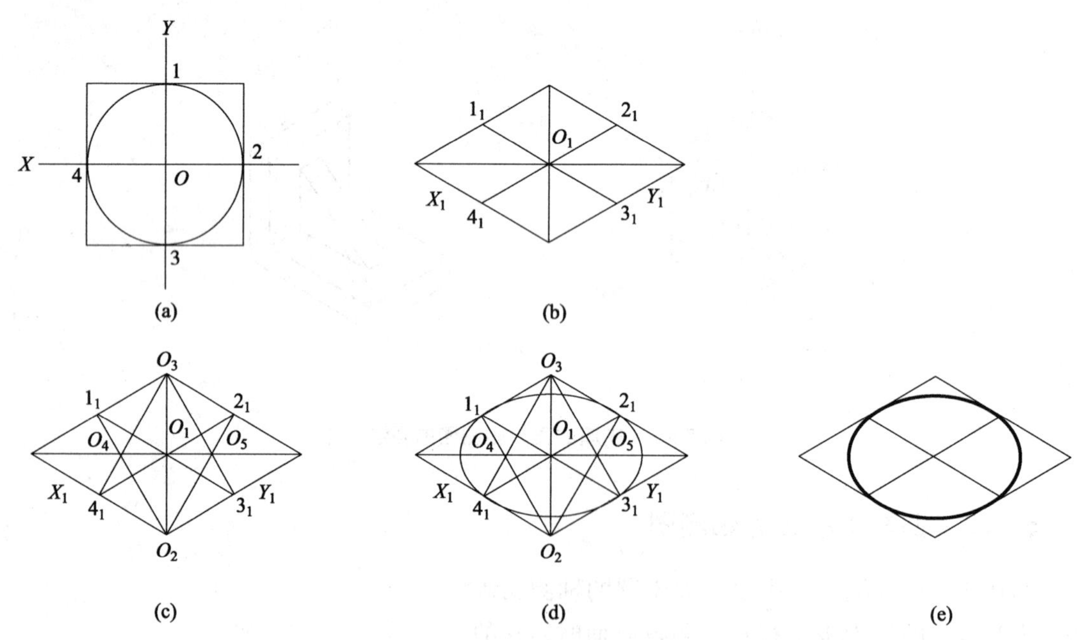

图 5－9　圆的正等轴测图的画法

［**例 5－4**］　绘制如图 5－10 所示轴套的正等轴测图。

解　（1）形体分析。

如图 5－10 所示，轴套是顶面和底面分别在坐标面 XOY 上及其平行面上的空心圆柱体，其顶面的外圆轮廓及内孔可按圆的正等轴测图进行绘制，底面的内孔为不可见部分，因此底面仅画出外圆的可见部分，底面的内孔可省略不画。

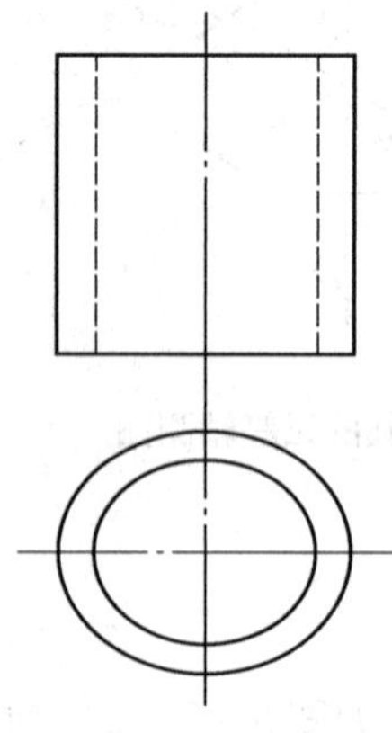

图 5－10　轴套

（2）作图过程。

①作轴测轴 OX、OY、OZ，使 3 个轴间角均等于 120°，作出底面外圆的正等轴测图，如图 5－11（a）所示。

②作出顶面两圆的正等轴测图，如图 5－11（b）所示。

③作出顶面和底面的外侧椭圆的切线，即圆柱面，如图 5－11（c）所示。

④整理并描深图线，得到轴套的正等轴测图，如图 5－11（d）所示。

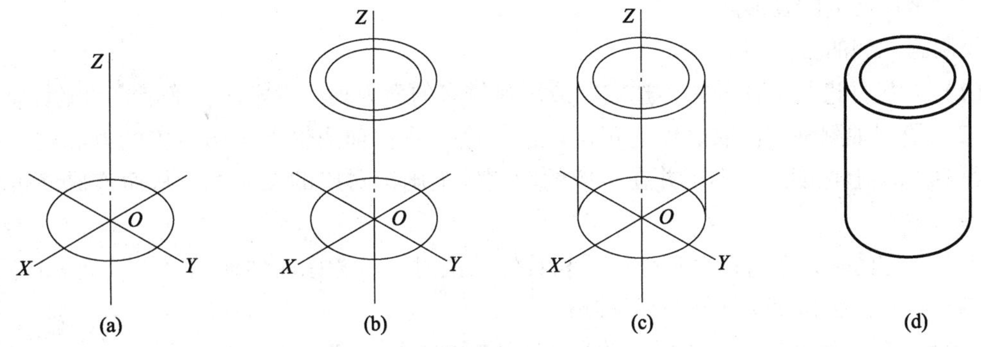

图 5－11　轴套的正等轴测图的画法

5.3　斜二等轴测图

5.3.1　斜二等轴测图的形成、轴间角和轴向伸缩系数

如图 5－12 所示，将直角坐标系中 O_0Z_0 竖直放置，使坐标面 $X_0O_0Z_0$ 平行于轴测投影面，采用斜投影的方法所画出的轴测图，称为斜二等轴测图，简称斜二测。从图中可看出，在轴测投影面上的任意位置作出与直角坐标系中 O_0Z_0、O_0X_0 相平行的轴测轴 OZ、OX，并作出与 OZ 轴和 OX 轴都成 135°的 OY 轴，在 OY 轴上截取 OA，使之等于 O_0A_0 的一半，连接 AA_0，以 AA_0 为投射方向，在轴测投影面上所得的图形即为立方体的斜二测。

在作图时，斜二测的轴间角 $\angle XOY = \angle YOZ = 135°$，$\angle XOZ = 90°$，轴向伸缩系数 $p = r = 1$，$q = 1/2$，如图 5－13 所示。本书中斜二测的坐标面 $X_0O_0Z_0$ 平行于轴测投影面，所以机件在坐标面 $X_0O_0Z_0$ 上平行于 $X_0O_0Z_0$ 面的平面图形，在轴测图中的形状与原平面图形的形状相同，大小和原平面图形的大小相等。

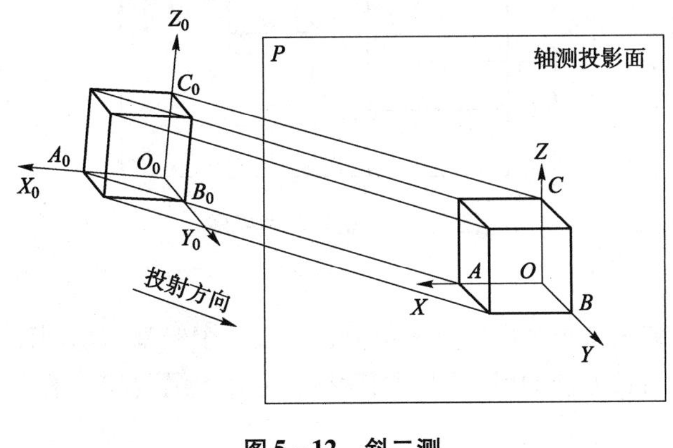

图 5－12　斜二测

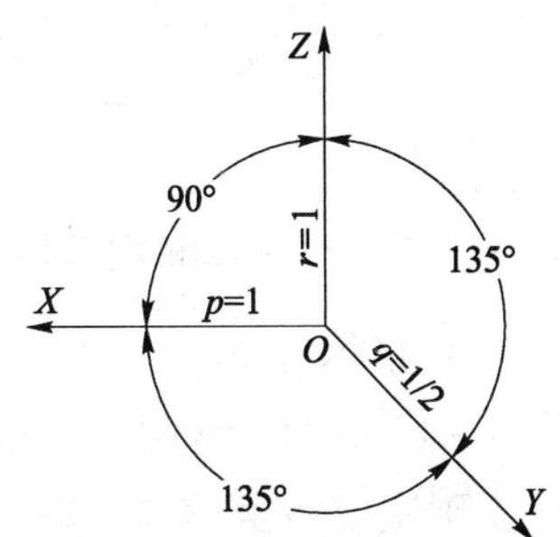

图 5－13　轴间角和轴向伸缩系数

5.3.2　斜二测的画法

绘制斜二测的常用方法是坐标法，在作轴测图时，当机件上有比较多的面是平行于坐标面 $X_0O_0Z_0$ 时，特别是圆、圆弧比较多时，常采用斜二测进行作图，因为斜二测能如实表达

机件在该坐标面上的真形。

绘制斜二测的方法如下：

（1）对机件进行形体分析，选定圆或圆弧较多的面为轴测投影面，确定直角坐标轴；

（2）绘制轴测轴，截取机件的正面投影长度，并在轴测轴上画出对应的点和线，截取机件在 O_0Y_0 轴上长度的一半，并在相应的轴测轴上画出对应的点和线，从而连成该机件的斜二测。

需要注意的是，在选择直角坐标系和具体绘图时，需考虑简便作图，尽量减少作图线，绘制斜二测的方法和步骤与绘制正等测相似。

［例 5－5］ 绘制图 5－14 所示的平行于坐标面的圆的斜二测。

解 如图 5－14 所示，平行于坐标面 $X_0O_0Z_0$ 的圆的斜二测，仍然是大小相等的圆，平行于坐标面 $X_0O_0Y_0$ 和 $Y_0O_0Z_0$ 的圆的斜二测是椭圆。

作平行于坐标面 $X_0O_0Y_0$ 和 $Y_0O_0Z_0$ 的圆的斜二测时，可用八点法作椭圆，先画出圆心和 2 条平行于坐标轴的直径的斜二测。以平行于坐标面 $X_0O_0Y_0$ 的圆为例求作斜二测，以矩形的任意半条边为斜边作等腰直角三角形，以直角三角形的直角边的长度为半径作圆，交矩形于两点，以这两点作矩形边的平行线，交矩形对角线于 4 点，光滑连接这 4 点和矩形 4 条边的中点，即得所求的椭圆。同理作出平行于坐标面 $Y_0O_0Z_0$ 的圆的斜二测。

［例 5－6］ 绘制图 5－15 所示图形的斜二测。

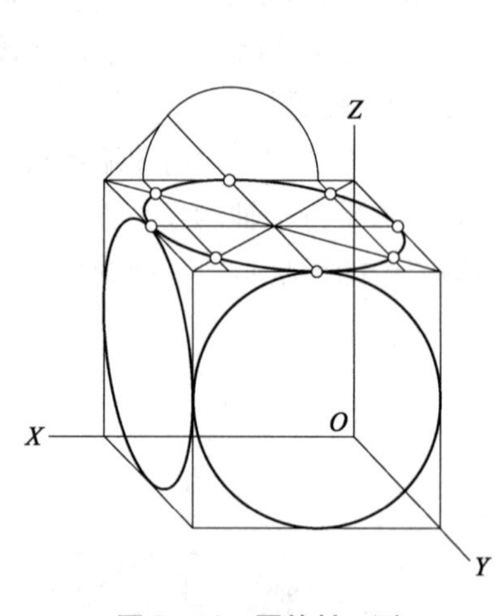

图 5－14 圆的斜二测

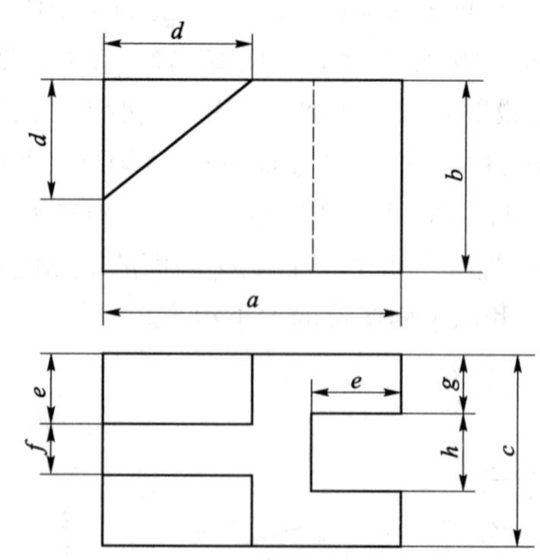

图 5－15 机件的两视图

解 （1）形体分析。

如图 5－15 所示，该图形是由长方体被一个正垂面切割一部分，以及 3 个铅垂面切割而成的，首先确定直角坐标轴，用坐标法画出长方体的斜二测，然后把长方体上需要切割的部分逐个切去，即可完成该机件的斜二测。

（2）作图过程。

①作出轴测轴 OX、OY、OZ，根据尺寸 a、b、c 作出未被切割的长方体的斜二测，如图 5－16（a）所示。

②根据尺寸 d、e 作出左前方被正垂面切割部分的斜二测，如图 5－16（b）所示。

③根据尺寸 d、e 作出左后方被正垂面切割部分的斜二测，如图 5－16（c）所示。

④根据尺寸 e、h、g 作出右方被铅垂面切割部分的斜二测，如图 5－16（d）所示。

⑤整理并描深图线，得到机件的斜二测，如图 5－16（e）所示。

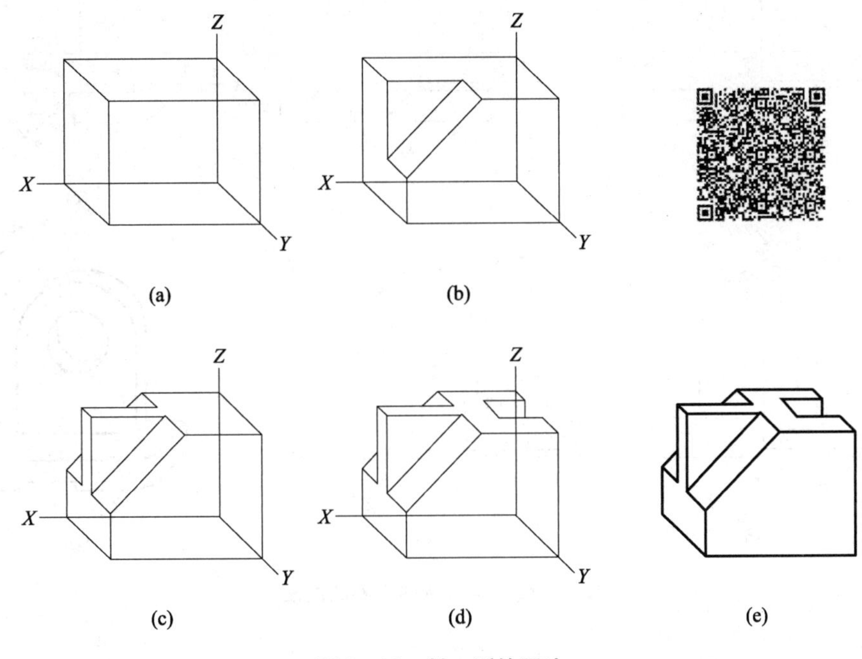

图 5－16　斜二测的画法

［**例 5－7**］　绘制图 5－17 所示组合体的斜二测。

解　(1) 形体分析。

如图 5－17 所示，该组合体由一块长方形底板和一块竖板组合而成，底板的底部切割成通槽，底板外侧两端分别倒圆角，竖板上钻有通孔。为方便作图，可先画出未切割的底板，然后画出通槽、倒圆角，再画出竖板、通孔。取底板左后端为原点，确定坐标轴后，采用综合法画组合体的斜二测。

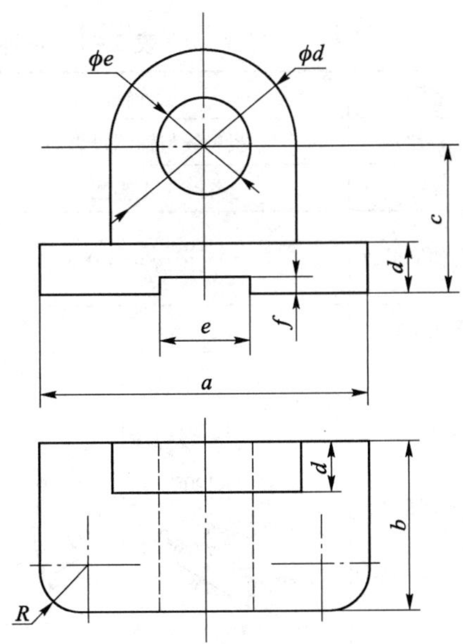

图 5－17　组合体的两视图

(2) 作图过程。

①作出轴测轴 OX、OY、OZ，根据尺寸 a、b、d 作出未被切割的长方体的斜二测，如图 5－18 (a)所示。

②根据尺寸 e、f 作出底板通槽的斜二测，如图 5－18（b）所示。

③根据尺寸 R 作出底板倒圆角的斜二测，如图 5－18（c）所示。

④根据尺寸 c、d 作出竖板的斜二测，如图 5－18（d）所示。

⑤根据尺寸 e 作出竖板上通孔的斜二测，如图 5－18（e）所示。

⑥整理并描深图线，得到组合体的斜二测，如图 5－18（f）所示。

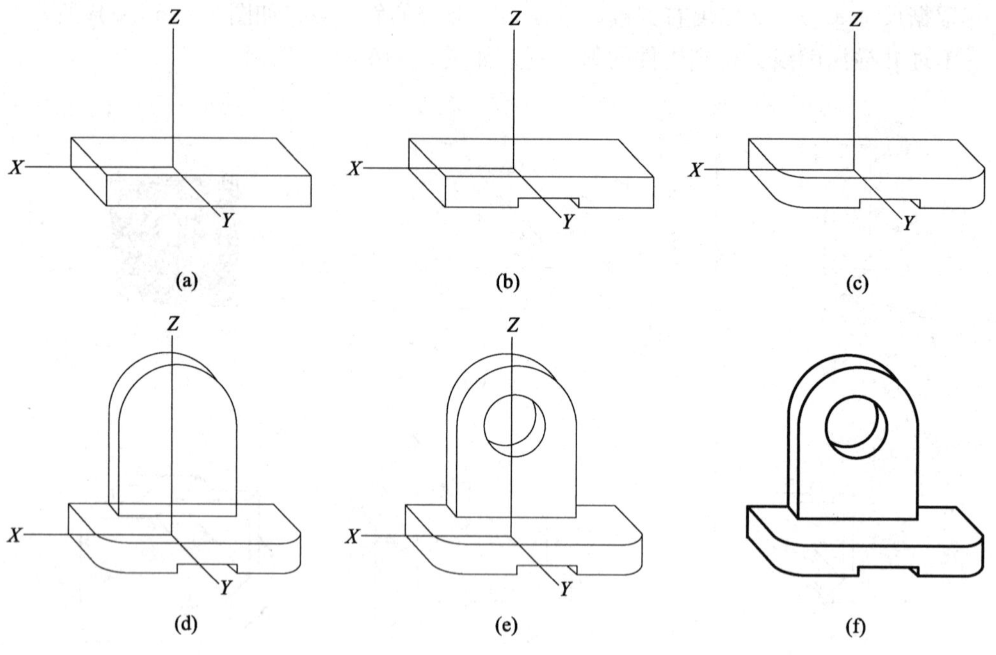

图 5－18　组合体斜二测的画法

5.3.3　两种轴测图的比较

正等轴测图和斜二等轴测图的区别如表 5－1 所示。

表 5－1　正等轴测图和斜二等轴测图的比较

名称	正等轴测图	斜二等轴测图
特性	投射线与轴测投影面垂直	投射线与轴测投影面倾斜
简称	正等测	斜二测
轴向伸缩系数	$p=q=r=0.82$	$p=r=1$ $q=0.5$
简化系数	$p=q=r=1$	无
轴间角	Z, X, Y, O, 120°, 120°, 120°, $r=1$, $p=1$, $q=1$	Z, X, Y, O, 90°, 135°, 135°, $r=1$, $p=1$, $q=1/2$
例图	l, l, l	l, l, $l/2$

5.4　轴测剖视图

5.4.1　轴测图剖切画法的规定

当绘制内部结构比较复杂的机件时，为了清楚地表达机件的形状结构，一般采用剖视的办法。用假设的平面剖切机件的一部分，获得的轴测图称为轴测剖视图。作轴测剖视图时，一般用两个相互垂直的平面剖切机件，这样能较全面地表达机件的形状结构。正等测剖切平面的方向按图 5 - 19（a）来绘制，斜二测剖切平面的方向按图 5 - 19（b）来绘制。

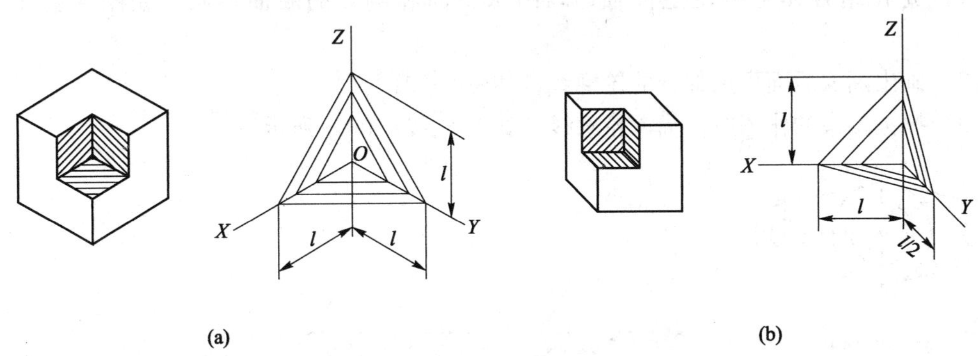

图 5 - 19　正等测剖视图和斜二测剖视图

（a）正等测；（b）斜二测

在进行轴测剖视图的绘制时，有 2 种常用的方法：一种是先画整体外形轮廓，再画断面部分的形状；另一种是先画断面部分的形状，再画整体外形轮廓。对于初学者而言，常采用第一种方法，第二种方法省略了被剖切部分的外轮廓线，图面干净整洁。

5.4.2　轴测剖视图的画法

［例 5 - 8］　绘制图 5 - 20 所示组合体的轴测剖视图（方法一）。

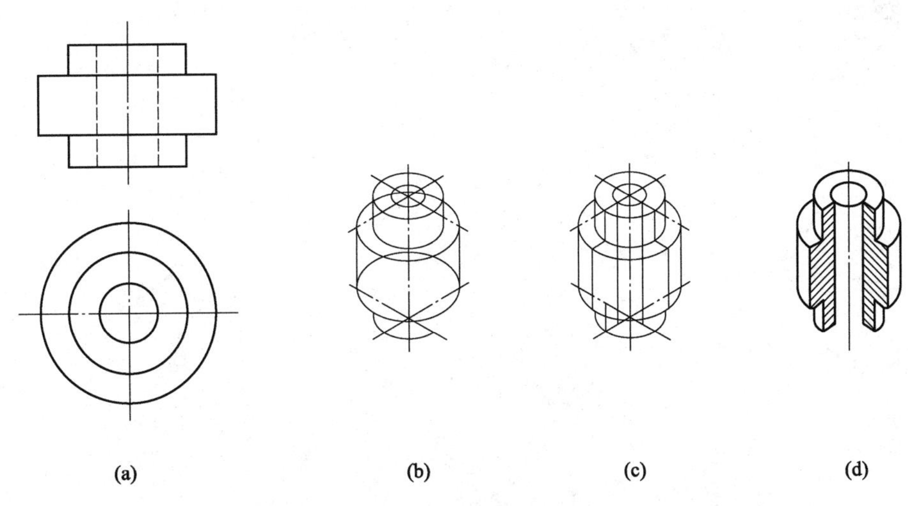

图 5 - 20　轴测剖视图的画法

（a）视图；（b）画外形图；（c）画剖视图；（d）整理全图

解 作图过程如下。

(1) 先画出组合体的整体外形图，如图 5-20 (b) 所示。

(2) 用正面和侧面切掉组合体左前方的 1/4，画出切口的剖面形状，并将剖切后可见的内部形状画出，如图 5-20 (c) 所示。

(3) 擦去多余的作图线，按照正等测中剖面线的画法，在剖面内画出剖面线并描深，如图 5-20 (d) 所示。

[**例 5-9**] 绘制图 5-21 所示组合体的轴测剖视图（方法二）。

解 作图过程如下。

(1) 先在组合体上确定坐标轴，画出水平面和侧面的断面形状，如图 5-21 (b) 所示。

(2) 画出断面后面可见部分的轮廓线，如图 5-21 (c) 所示。

(3) 擦去多余的作图线，描深轮廓线，如图 5-21 (d) 所示。

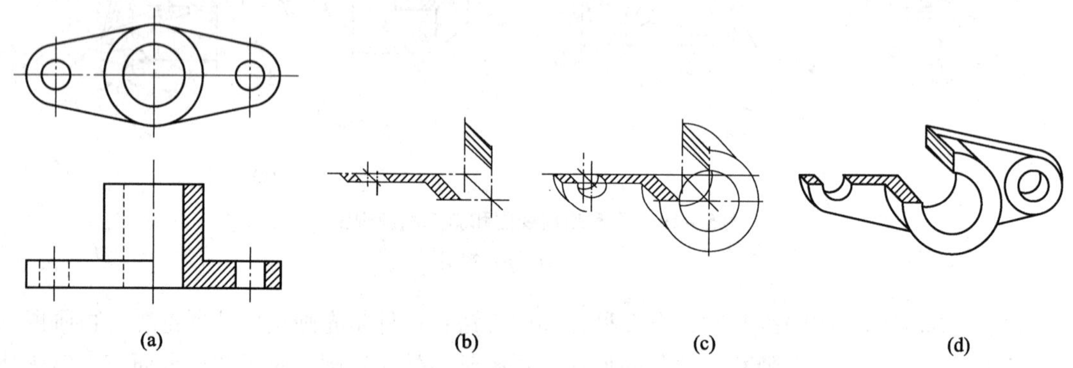

图 5-21 轴测剖视图的画法

(a) 视图；(b) 画外形图；(c) 画剖视图；(d) 整理全图

第6章　机件常用表达方法

在实际生产中，由于机件的作用不同，其结构形状是多种多样的，仅仅用前面介绍的三视图还不能将一个复杂机件的内外形状表达清楚，有些比较复杂的机件，需要把机件的内外结构形状表达正确、完整、清晰。为此，国家标准《技术制图》和《机械制图》对机件的图样画法作了统一规定。本章将介绍视图、剖视图、断面图、局部放大图以及其他规定画法和简化画法。

6.1　视图

视图是根据有关标准和规定，用正投影法绘制出物体的图形，主要用来表达机件的外部结构，通常有基本视图、向视图、局部视图和斜视图。

6.1.1　基本视图

基本视图是物体向基本投影面投射所得到的视图，在原有3个投影面的基础上，再增加3个投影面构成一个正六面体，其6个面称为基本投影面。将物体置于正六面体中，分别向各投影面进行投射，即可得到6个基本视图。

基本视图分别是：

主视图——由前向后投射所得的视图；

俯视图——由上向下投射所得的视图；

左视图——由左向右投射所得的视图；

右视图——由右向左投射所得的视图；

仰视图——由下向上投射所得的视图；

后视图——由后向前投射所得的视图。

6个基本投影面的展开如图6-1所示。各基本投影面以正面V为基准展开到同一平面，得到6个基本视图的分布位置，6个基本视图按如图6-2所示的方位关系配置时，一律不标注视图的名称。

投影面展开之后，6个基本视图之间仍保持“长对正、高平齐、宽相等”的三等关系，各投影图遵循以下规律：

主、俯、仰、后视图“长对正”；

主、左、右、后视图“高平齐”；

俯、左、仰、右视图“宽相等”。

6个基本视图的方位关系：除后视图外，其他视图远离主视图的一侧均表示机件的前方，靠近主视图的一侧均表示机件的后方，即“里后外前”；而后视图与主视图反映机件的上下方位是一致的，但左右方位则正好相反。

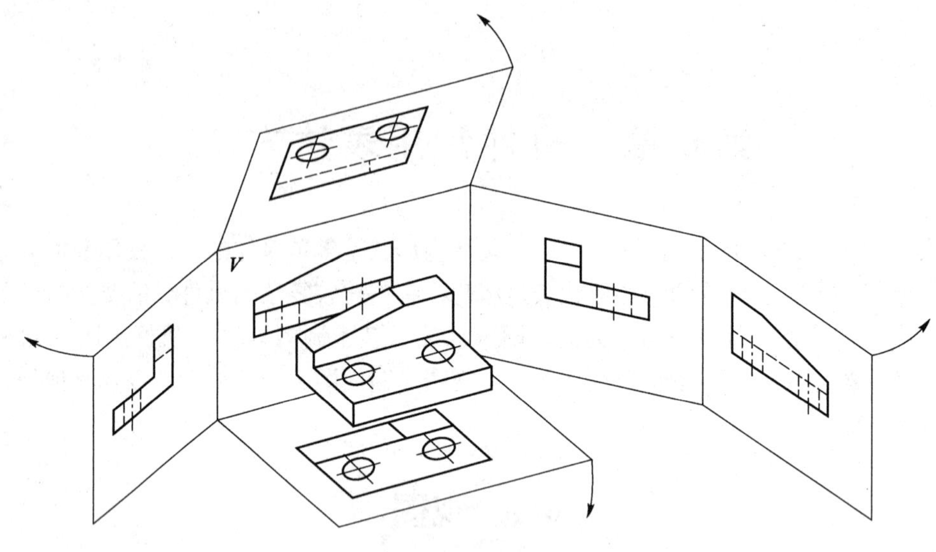

图 6－1　基本视图的形成

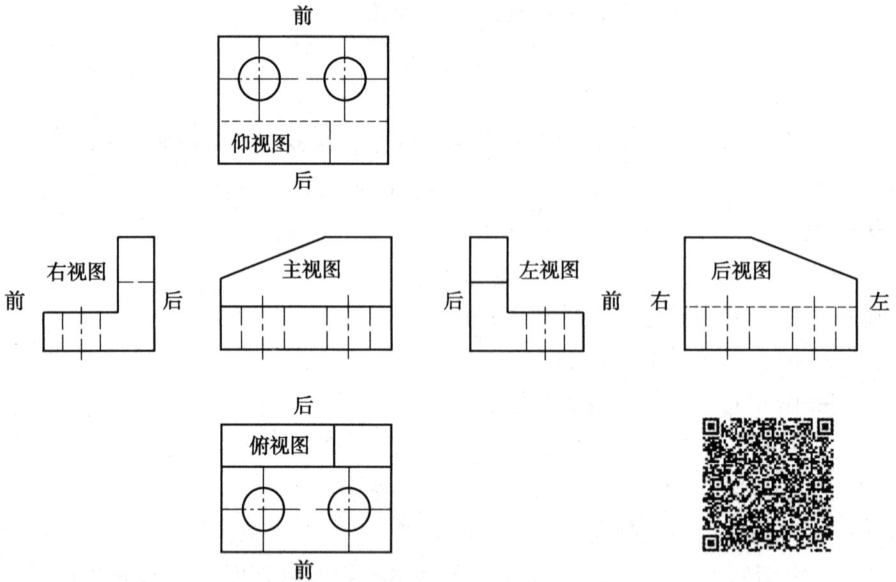

图 6－2　基本视图的配置

6.1.2　向视图

若基本视图不按如图 6－2 所示的方位关系配置，而是摆放在其他位置上，则将这种可以自由配置的基本视图称为向视图。向视图是可以自由配置的视图，其配置形式如图 6－3 所示。在向视图的上方标注“*X*”（“*X*”为大写拉丁字母），在相应视图的附近用箭头指明投射方向，并标注相同的字母。表示投射方向的箭头尽可能配置在主视图上，表示后视图投射方向的箭头最好配置在左视图或右视图上，以使所获得的向视图与基本视图的图形相一致。

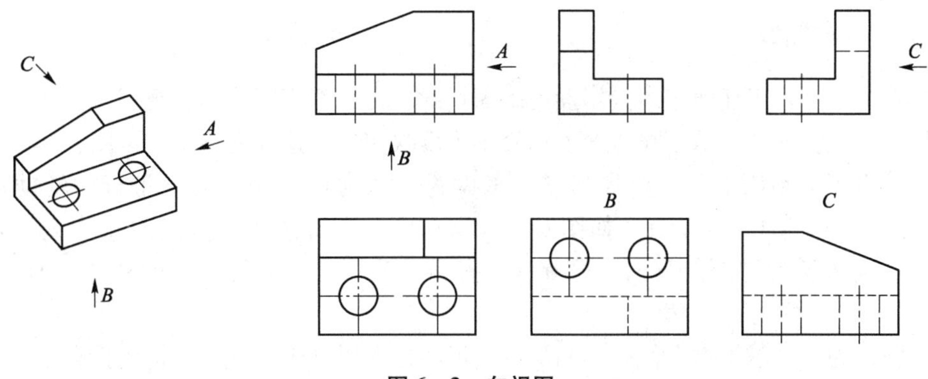

图6-3　向视图

6.1.3　局部视图

将机件的某一部分向基本投影面投射所得的视图，称为局部视图。当机件的主体形状已由一组基本视图表达清楚，而机件上仍有部分结构尚需表达，但又没有必要再画出完整的基本视图时，可采用局部视图。如图6-4（a）所示的机件，用主、俯2个基本视图已清楚地表达了主体形状，如图6-4（b）所示；但为了表达左边凸台形状，再增加左视图，如图6-4（d)所示，就显得烦琐和重复；此时可采用2个局部视图，只画出所需表达的左、右凸缘形状，则用最少量的图就可以表达清楚，如图6-4（c）所示。

局部视图可按基本视图的形式配置，当局部视图按投影关系配置，中间又没有其他图形隔开时，可省略标注，如图6-4（c）所示局部视图，可省略字母“*A*”；局部视图也可按向视图的形式配置在适当的位置，但应在局部视图的上方标注其名称“*X*”（*X*为大写的拉丁字母)，在相应视图附近用箭头指明投射方向，并注上相同的字母，如图6-4（c）所示局部视图；局部视图的断裂边界应用波浪线或双折线绘制，如图6-4（c）所示局部视图。但当局部视图外形轮廓成封闭状态时，表示断裂边界的波浪线可省略不画，局部视图上的波浪线不应超出机件实体的投影范围。

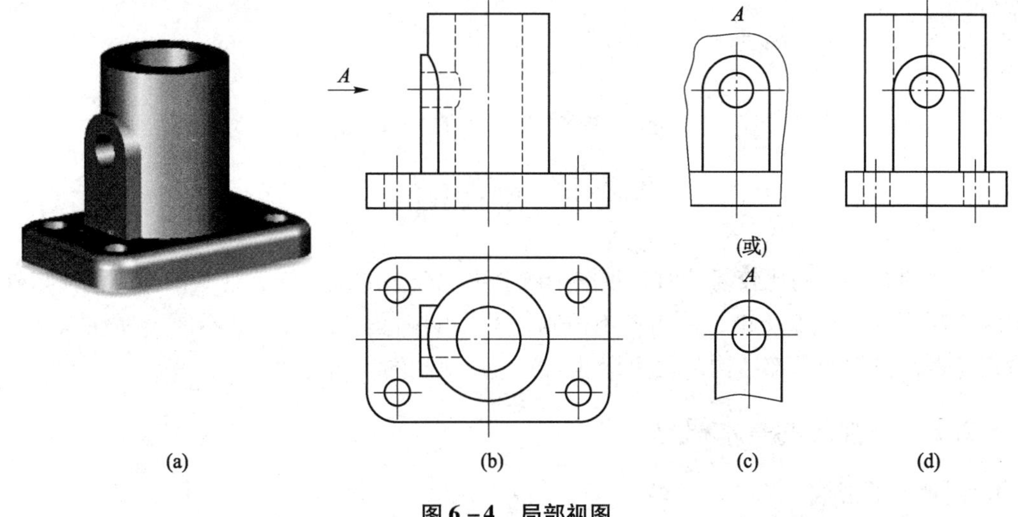

图6-4　局部视图

6.1.4 斜视图

将机件向不平行于任何基本投影面的平面投射所得到的视图称为斜视图。机件的某一部分结构形状是倾斜的，在基本投影面上的投影不反映实形，这样在绘图、读图、标注尺寸时都不方便。为了得到该部分的真实形状，可设置一个与机件倾斜部分平行的辅助投影面（且垂直于某一个基本投影面），如图 6-5（a）所示。将倾斜结构向 Q 面投射，再把 Q 面沿投射方向旋转到与 V 面共面的位置，可得到反映该部分实际形状的视图，即斜视图，如图 6-5（b）所示。

斜视图是为了表示机件上倾斜结构的真实形状，所以画出了倾斜结构的投影之后，就应用波浪线或双折线将图形断开，不再画出其他部分的投影。一般按向视图配置，必要时也可以配置在其他位置，在不致引起误解时，允许将图形旋转配置，如图 6-5（b）所示。

斜视图必须在视图上方用大写拉丁字母表示视图的名称，在相应的视图附近用箭头指明投射方向，并注上相同字母。

斜视图旋转后要加注旋转符号。旋转符号表示图形的旋转方向，因此其箭头所指旋转方向要与图形旋转方向一致，且字母要写在箭头的一侧，并与看图的方向相一致，如图 6-5（b）所示。旋转符号是一个半圆，其半径应等于字体高度 h。

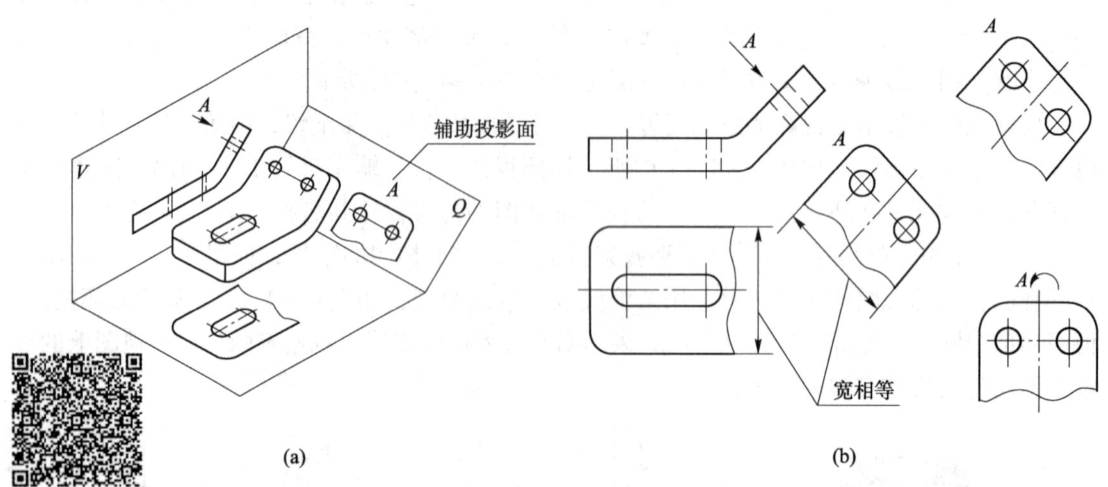

图 6-5 斜视图

6.2 剖视图

当机件的内部结构比较复杂时，视图中就会出现较多的细虚线，这些细虚线往往与外形轮廓线（粗实线）重叠交错，使图形不清晰，既影响画图、读图，又不便于标注尺寸。为了清晰地表达机件的内部结构，国家标准规定了剖视图的表达方法。

6.2.1 剖视图的基本概念

1. 剖视图的形成

假想用剖切面剖开机件，将处在观察者和剖切面之间的部分移开，而将剩余部分全部向投影面投射所得的图形，称为剖视图，简称剖视，如图6－6（a）所示。

采用剖视图后，零件内部的不可见轮廓变为可见，用粗实线画出，这样图形清晰，便于画图和读图，如图6－6（c）所示。

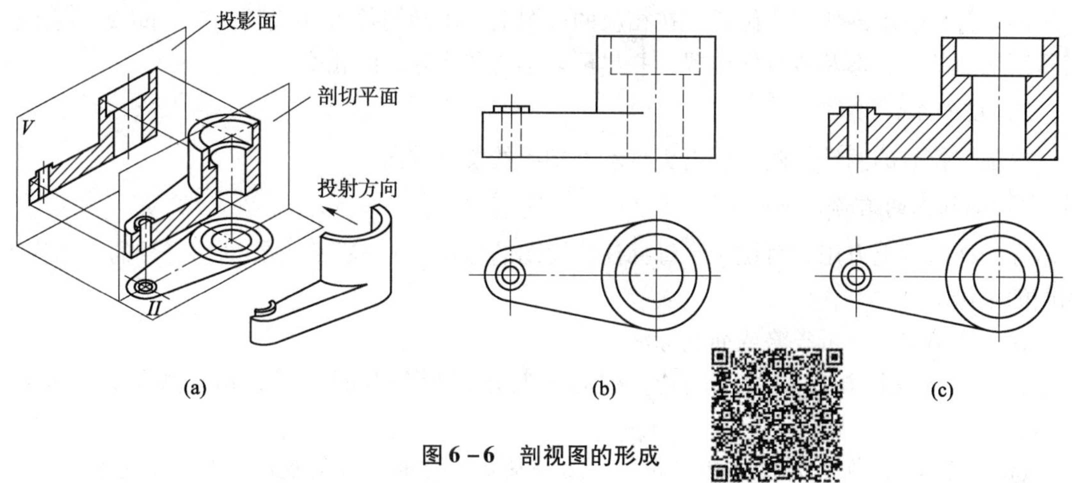

图6－6　剖视图的形成

2. 画剖视图应注意的问题

（1）剖开机件是假想的，并不是真正把机件切掉一部分，因此，对每一次剖切而言，只对一个视图起作用，按规定画法绘制成剖视图，而不影响其他视图的完整性，如图6－6（c）所示俯视图应完整画出。

（2）剖切面应尽量通过机件上孔、槽的中心线或对称平面，才能画出机件内部真实形状，以避免剖切后出现不完整的结构要素。

（3）剖切后留在剖切平面之后的结构应全部向投影面投射，并用粗实线画出所有可见部分的投影。如图6－7所示的图线是画剖视图时容易漏画的图线，画图时应特别注意。

（4）剖视图中凡是已表达清楚的不可见结构，其细虚线省略不画，对尚未表达清楚的结构形状，也可用细虚线表达。

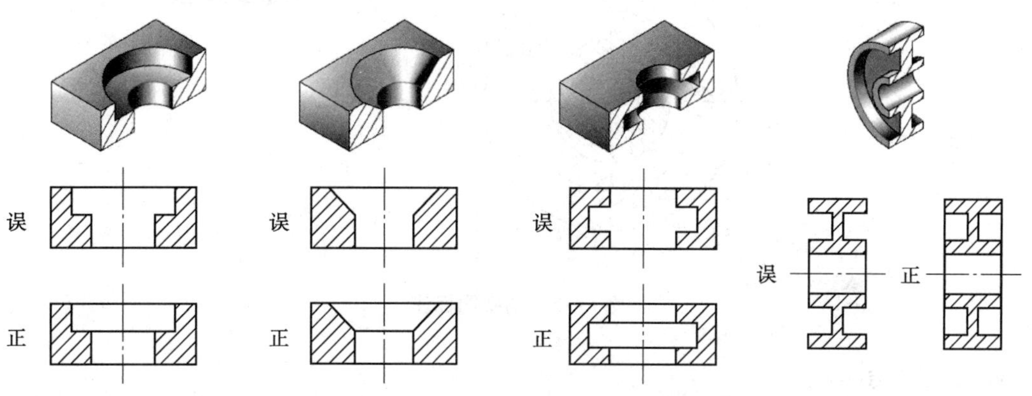

图6－7　剖视图中漏画线实例

3. 剖视图的标注

为了便于看图，在画剖视图时，应进行标注，如图 6－8 所示。标注的内容如下。

1）剖切符号

剖切符号表示剖切面的位置。在相应的视图上，用剖切符号（线长 5 ~ 8 mm 的粗实线）表示剖切面的起、讫及转折处位置，并尽可能不与图形轮廓线相交。

2）投射方向

在剖切符号的两端外侧，用箭头表示剖切后的投射方向。

3）剖视图的名称

在剖视图的上方用大写拉丁字母标注剖视图的名称“*X*—*X*”，并在剖切符号的一侧注上相同的字母。

在下列情况下，可省略或简化标注：

（1）当剖视图按投影关系配置，中间无其他图形隔开时，可省略箭头，如图 6－8 所示；

（2）当单一剖切平面通过物体的对称面或基本对称面，且剖视图按投影关系配置，中间又没有其他图形隔开时，可完全省略标注，如图 6－8 所示。

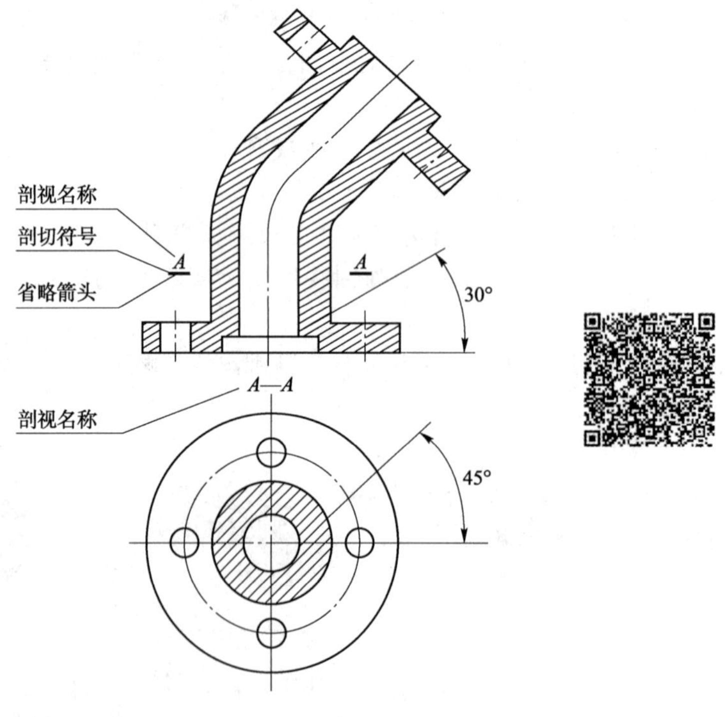

图 6－8　剖视图标注

4. 剖面符号

在剖视图中，剖切面与机件的接触部分应画出剖面符号，以便区分机件被剖切处是实心还是空心，同时还表示该机件的材料类别。国家标准规定了各种材料的剖面符号，表 6－1 为常用材料的剖面符号。

表 6－1　常用材料的剖面符号

材料类别	剖面符号	材料类别	剖面符号
金属材料（已有规定剖面符号者除外）	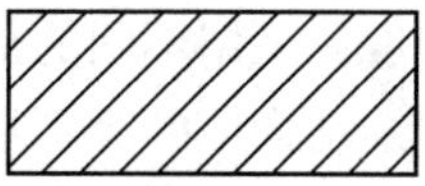	非金属材料（已有规定剖面符号者除外）	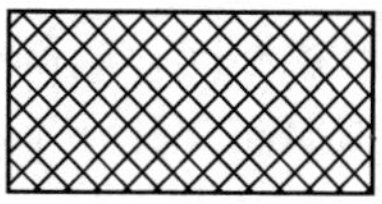
型砂、填砂、砂轮、陶瓷及硬质合金刀片、粉末冶金等	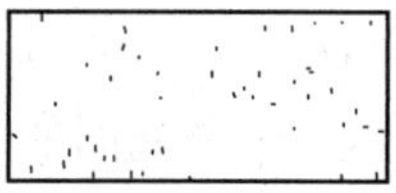	线圈绕组元件	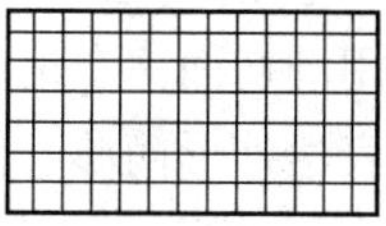
钢筋混凝土	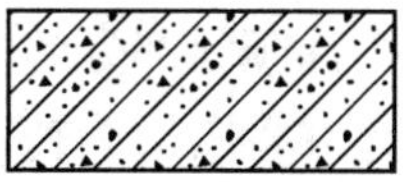	混凝土	
木材纵断面	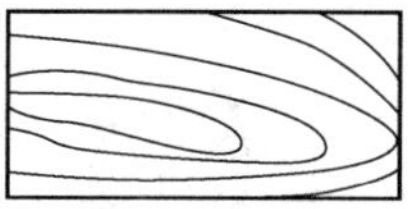	木材横断面	
玻璃及供观察用的其他透明材料	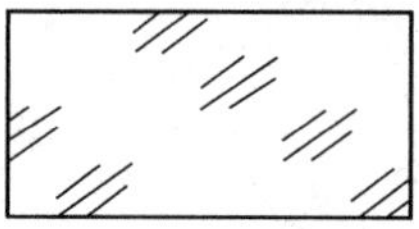	转子、电枢、变压器和电抗器等的叠钢片	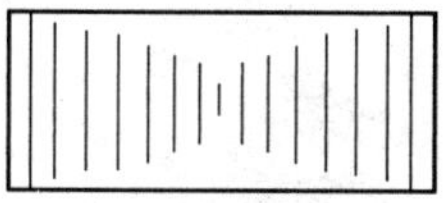
木质胶合板（不分层数）	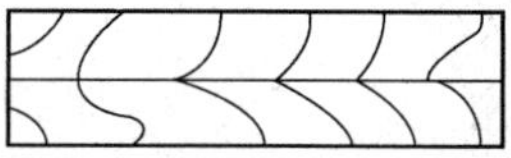	液体	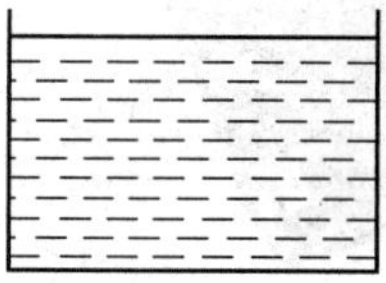

当不需在剖面区域中表示材料的类别时，可采用通用剖面线表示。通用剖面线采用与主要轮廓线或剖面区域的对称线成 45°角的等距细实线表示，如图 6－9 所示。对同一机件，在它的各个剖视图和断面图中，所有剖面线的倾斜方向、间隔应一致。当机件上倾斜部分的轮廓线与其他部分轮廓线成 45°时，其图形的剖面线应画成 30°或 60°，倾斜方向仍与其他图形的剖面线方向一致，如图 6－8 所示。

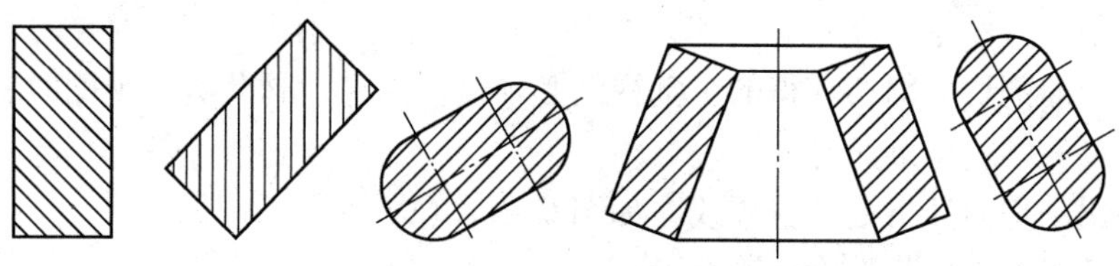

图 6－9　通用剖面线的画法

6.2.2 剖视图的种类

根据剖开物体的范围，可将剖视图分为全剖视图、半剖视图、局部剖视图。由于零件的结构形状不同，画剖视图时，应根据物体的结构特点，采用不同的剖切方法，即恰当地选择单一剖切面、几个平行剖切面、几个相交剖切面，绘制物体的全剖视图、半剖视图、局部剖视图。

1. 全剖视图

用剖切面完全地剖开物体所得的剖视图，称全剖视图，如图 7－8 所示。全剖视图主要用于表达外形简单、内部形状复杂而又不对称的物体，全剖视图的标注如前所述。

（1）用单一剖切面剖切获得的全剖视图。单一剖切面通常有平面和柱面 2 种，如图 6－10所示。用单一剖切面剖切得到全剖视图，是最常用的剖切形式。图 6－10 为用单一斜剖切面完全剖开物体所得的全剖视图，它用来表达机件倾斜部分的内形，这种剖视图一般按投影关系配置，并加以标注，在不致引起误解时，允许将图形旋转，并用旋转符号表示旋转方向，如图 6－10 所示。

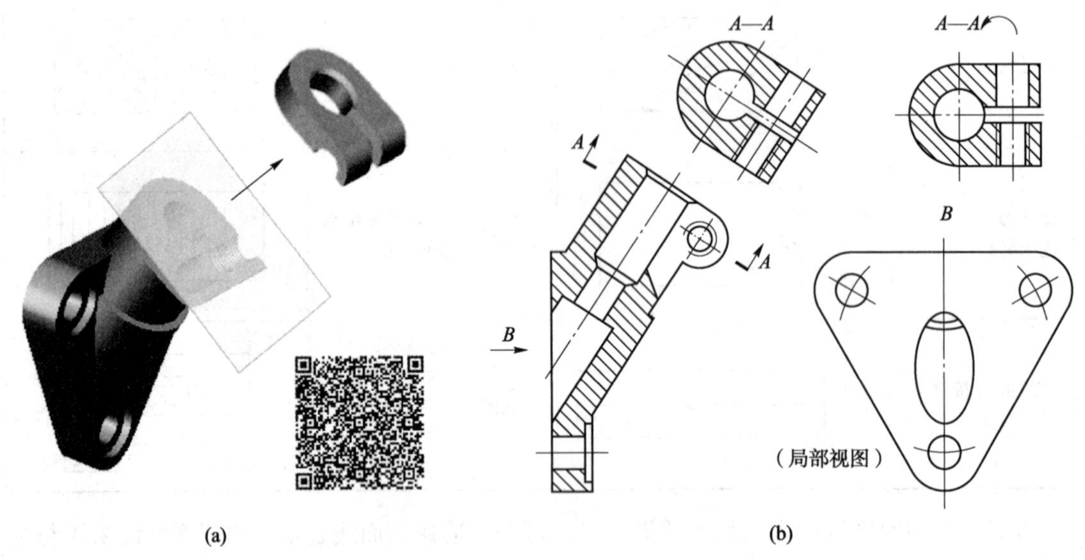

图 6－10　用单一剖切面剖切获得的全剖视图

（2）用几个平行剖切面剖切获得的全剖视图。当机件上具有几种不同的结构要素（如孔、槽等）而且它们的中心线排列在几个相互平行的平面上时，用几个平行的剖切面剖切，如图 6－11 所示。

用几个平行的剖切面剖切获得的全剖视图必须进行标注，画此类剖视图时，应注意以下 4 点：

①不应画出剖切面转折处的分界线，如图 6－11（c）所示；

②剖切面转折处不应与轮廓线重合；

③剖视图中不应出现不完整要素，只有当 2 个要素在图形上具有公共对称中心轴线时，才可以各画一半，并合成 1 个剖视图，此时应以中心线或轴线分界，如图 6－12 所示；

④标注时，在剖切面的起、迄、转折处注上相同字母“X”，在剖视图上方标注“$X—X$”。

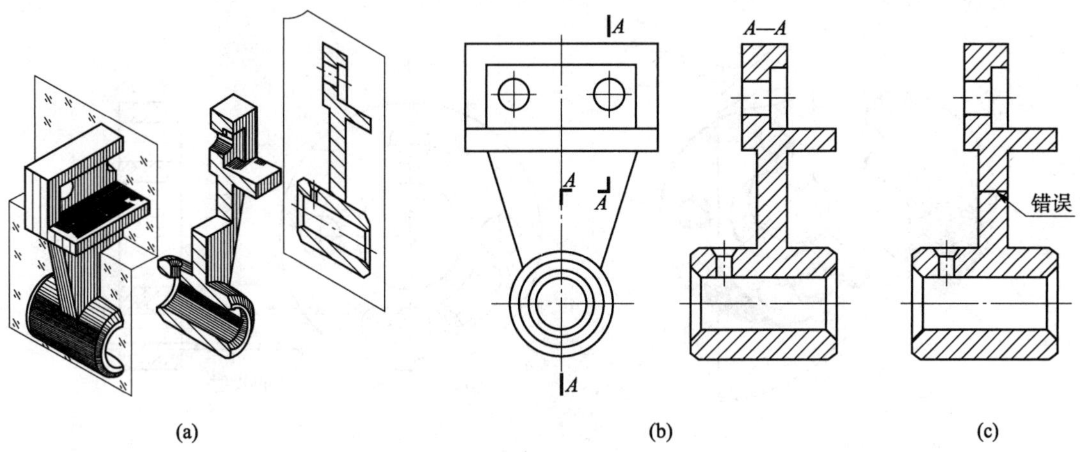

图6－11　几个平行的剖切面剖切获得的全剖视图（1）

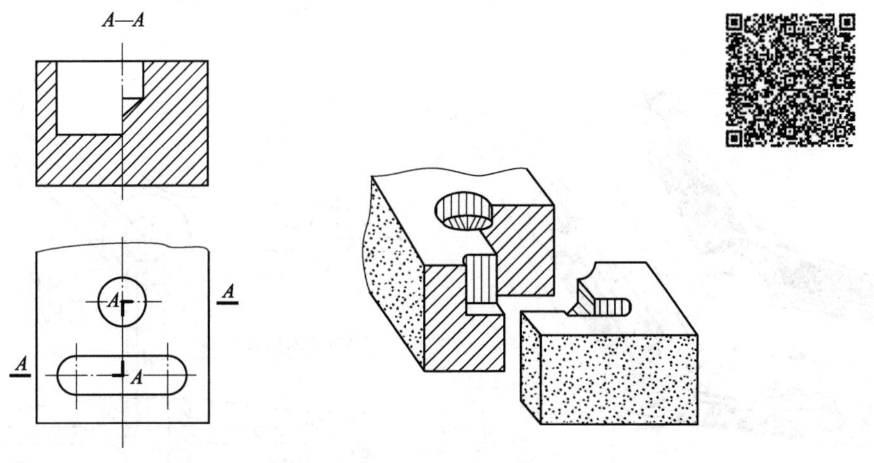

图6－12　几个平行的剖切面剖切获得的全剖视图（2）

（3）用几个相交剖切面剖切获得的全剖视图。用两个相交的剖切面（交线垂直于某一投影面）剖开机件，以表达具有回转轴机件的内部形状时，两剖切面的交线与回转轴重合，如图6－13（a）所示。

用该方法画剖视图时，应将倾斜部分的断面旋转到与选定的基本投影面平行，再进行投射，如图6－13所示。画此类剖视图时应注意以下2点：

①没有被剖切面剖到的结构，仍按原来的位置投射，如图6－14所示机件上的小孔，其俯视图是按原来位置投射画出的；

②用相交剖切面剖切获得的剖视图必须进行标注，如图6－15所示，在剖切面的起、迄、转折处标注相同的字母“X”，在剖视图上方标注“$X—X$”，但当转折处地方有限又不致引起误解时，允许省略字母。

2. 半剖视图

当物体具有对称平面时，向垂直于对称平面的投影面上投射所得的图形，允许以对称中心线为界，一半画成剖视图，另一半画成视图，这样获得的剖视图，称为半剖视图。半剖视图主要用于内外结构都需要表达的对称机件，如图 6－15 所示。

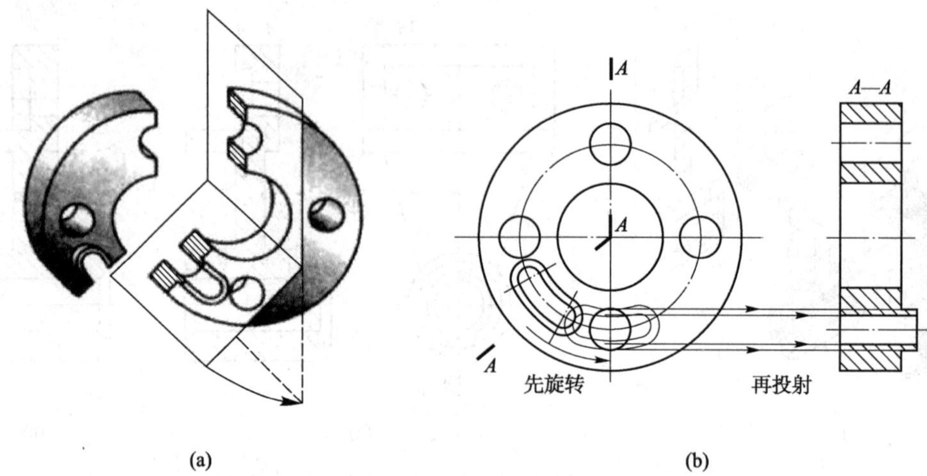

图 6－13　两个相交的剖切面剖切获得的全剖视图

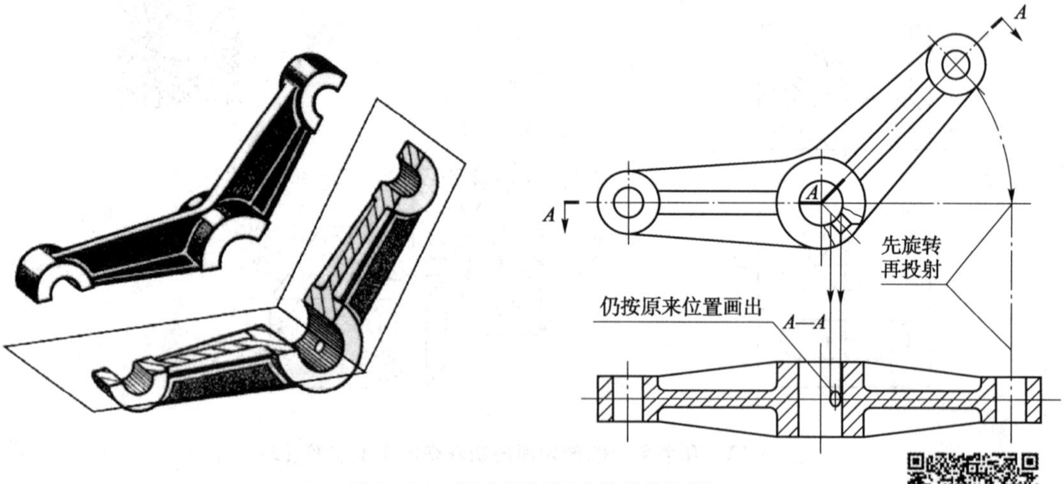

图 6－14　相交面剖切后的结构画法

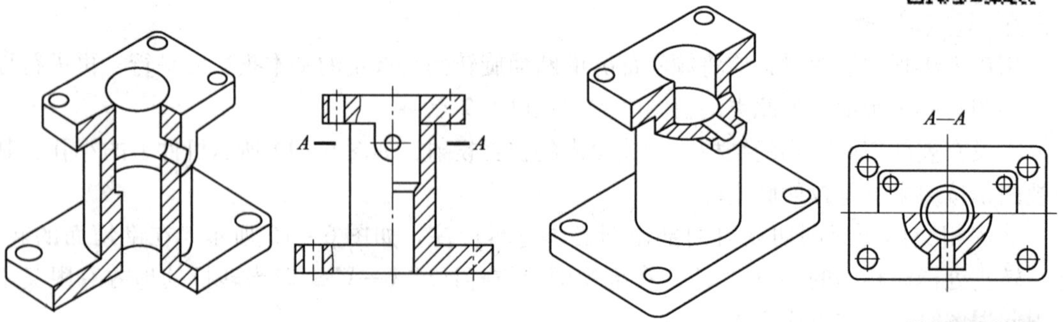

图 6－15　半剖视图

画半剖视图时应注意以下 5 点。

（1）半个剖视图与半个视图以细点画线为界。

（2）机件的内部形状已在半个剖视图中表达清楚，在另半个视图中其细虚线应省略不画，若有孔应画出轴线，如图 6－15 所示。

（3）在半剖视图中，剖视部分习惯画在主视图的竖直对称中心线之右，左视图、俯视图的水平对称中心线之前，如图 6－15 所示。

（4）图 6－16（a）的半剖视图中清晰完整地标注了尺寸。在标注内部结构尺寸时，因机件内部结构只画了一半，另一半在外形视图上省略不画细虚线，因此 $\phi20$、$\phi24$、钻尖锥顶角 120°等的尺寸线，一端画出箭头，指到尺寸界线，另一端只略超过对称中心线不画箭头，其尺寸数字应按完整结构标注。

（5）半剖视图的标注方法与全剖视图的标注方法相同。

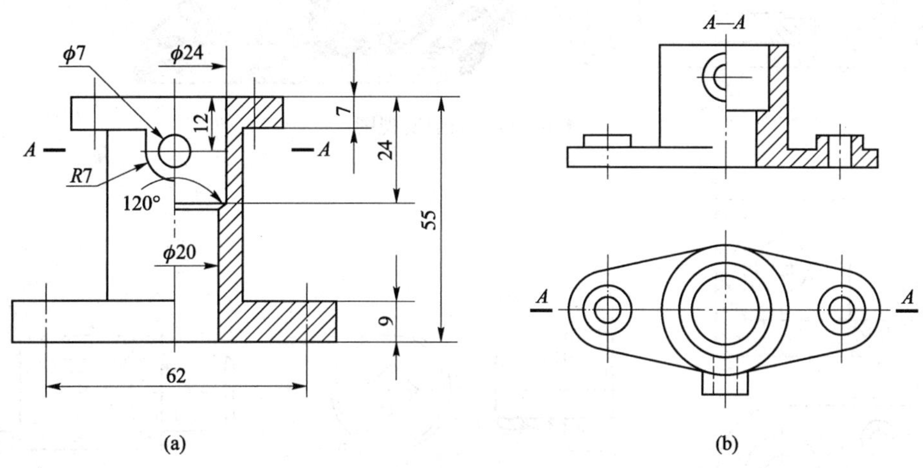

图 6－16　半剖视图的标注

3. 局部剖视图

用剖切面局部地剖开机件所获得的剖视图称为局部剖视图。当物体只有局部内形需要表示，而又不宜采用全剖视图时，可采用局部剖视图表达，如图 6－17 所示。局部剖视图是一种较灵活的表达方法，其剖切位置、范围均可根据实际需要确定，所以应用比较广泛，常适用于以下情况：

（1）不对称机件既需要表达内部形状又需要保留外部形状时，如图 6－18（a）所示；

（2）对称机件的轮廓线与对称中心线重合，不宜采用半剖视图表达时，如图6－18（b）所示；

（3）对于轴、连杆等实心机件上的孔、槽等结构的表达，宜采用局部剖视图，如图 6－18（c）所示。

画局部剖视图时应注意以下 2 点：

（1）当被剖结构为回转体时，允许将该结构的回转轴线作为局部剖视图与视图的分界线，当对称物体的内、外轮廓线与回转轴线重合而不宜采用半剖视图时，可采用局部剖视图，如图 6－19 所示；

（2）波浪线不能与其他图线重合，局部剖视图用波浪线（或双折线）分界，波浪线应画在机件的实体上，不能穿孔而过或超出实体轮廓线之外，如图 6－20 所示。

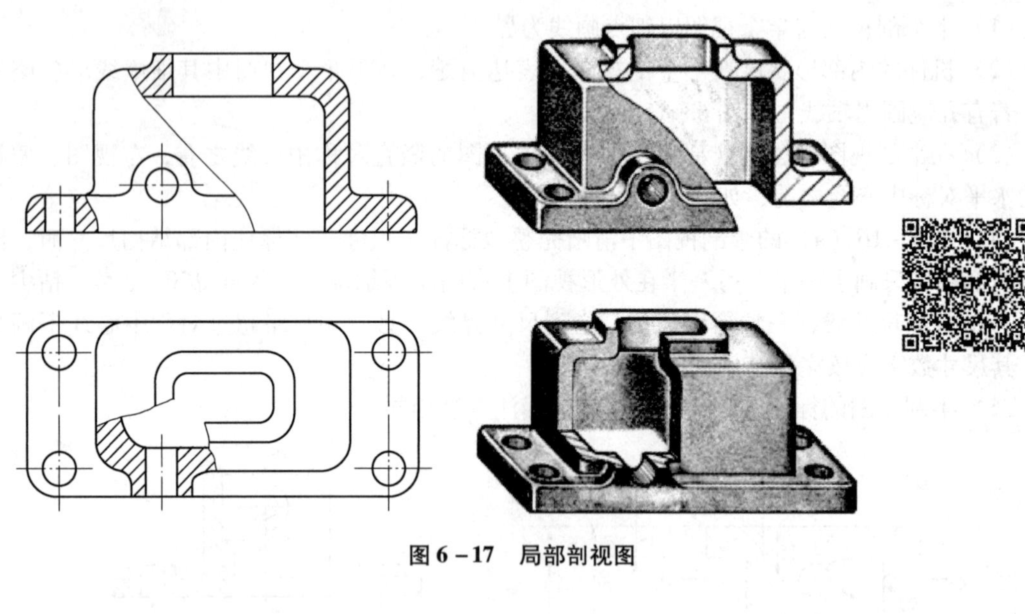

图 6－17　局部剖视图

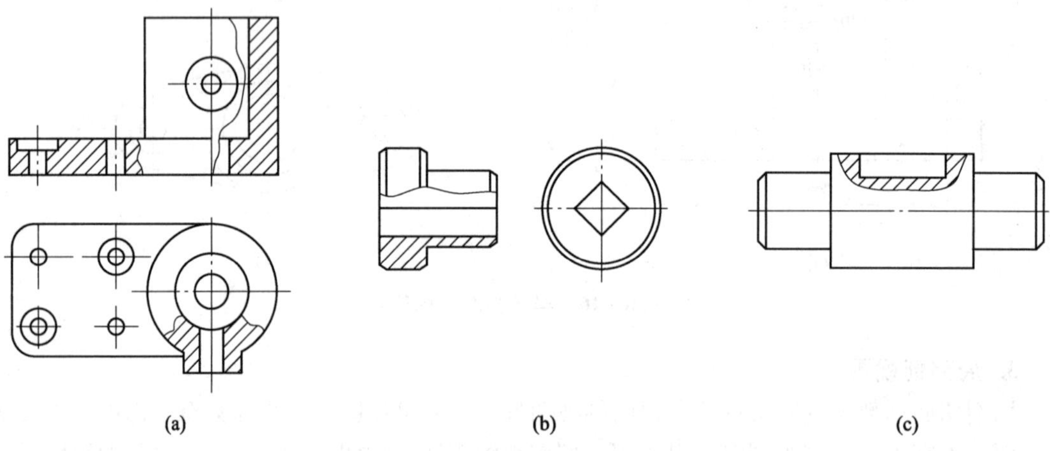

图 6－18　局部剖视图的画法实例

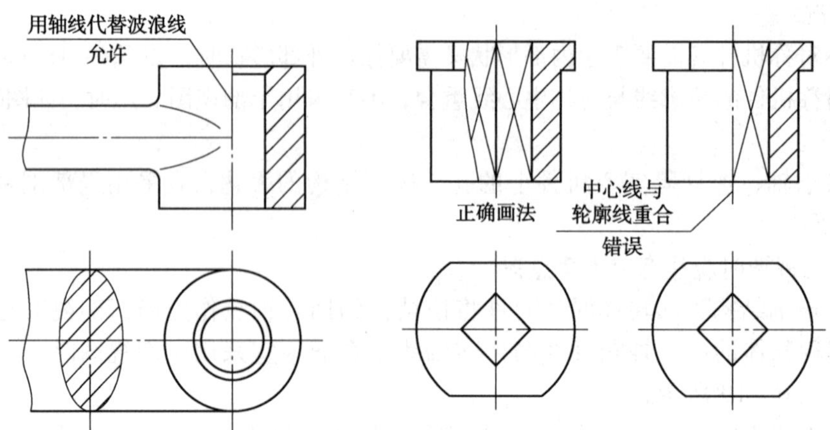

图 6－19　局部剖视图的特殊情况

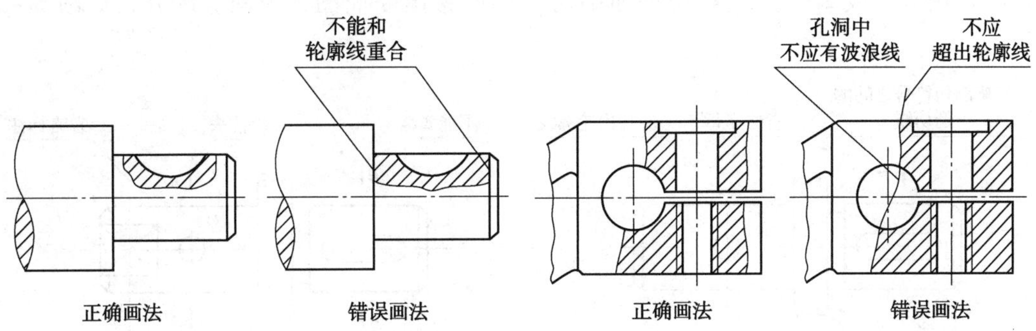

图 6－20　波浪线的画法

6.3　断面图

假想用剖切平面将物体的某处切断，仅画出该剖切面与物体接触部分的图形，称为断面图，简称断面。断面图主要用于表达物体某一局部的断面形状，如物体上的肋板、轮辐、键槽、小孔，以及各种型材的断面形状等。

根据在图样中的不同位置，断面图可分为移出断面图和重合断面图。

6.3.1　移出断面图

画在视图之外的断面图，称为移出断面图，简称移出断面，如图 6－21 所示。断面图实际上就是使剖切平面垂直于机件结构要素的中心线（轴线或主要轮廓线）进行剖切，然后将断面图形沿箭头方向旋转 90°与纸面共面而得到的。断面图和剖视图的区别是：断面图仅画出机件被剖切断面的形状，而剖视图除了画出断面形状外，还必须画出断面后的可见轮廓线。

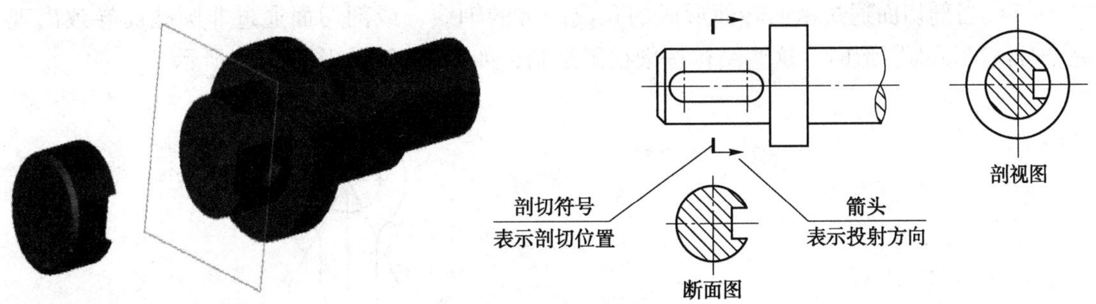

图 6－21　移出断面图

1. 画移出断面图的注意事项

（1）移出断面图的轮廓线用粗实线绘制，并在剖面区域内画上剖面符号。

（2）移出断面图应尽量配置在剖切线的延长线上，如图 6－22 所示，必要时也可配置在其他适当位置；也可按投影关系配置，如图 6－23 所示。

（3）由2个或2个以上相交平面剖切所得的移出断面图，中间应断开，如图6－24所示。

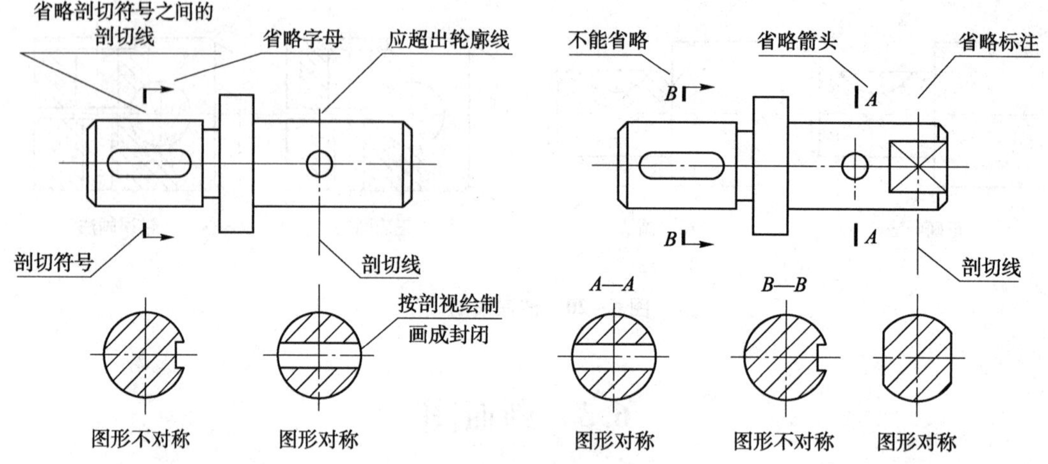

图6－22　移出断面图的配置及标注

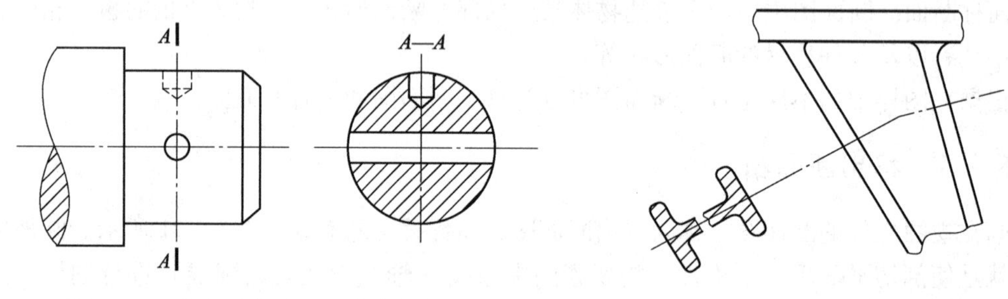

图6－23　按投影关系配置的移出断面图

图6－24　用相交剖切平面剖切得到的移出断面图

（4）当移出断面图图形对称时，可配置在视图的中断处，如图6－25所示。

（5）当剖切面通过由回转面形成的孔或凹坑的轴线，或剖切面通过非圆孔而导致出现完全分离的断面图形时，这些结构按剖视图绘制，如图6－26和图6－27所示。

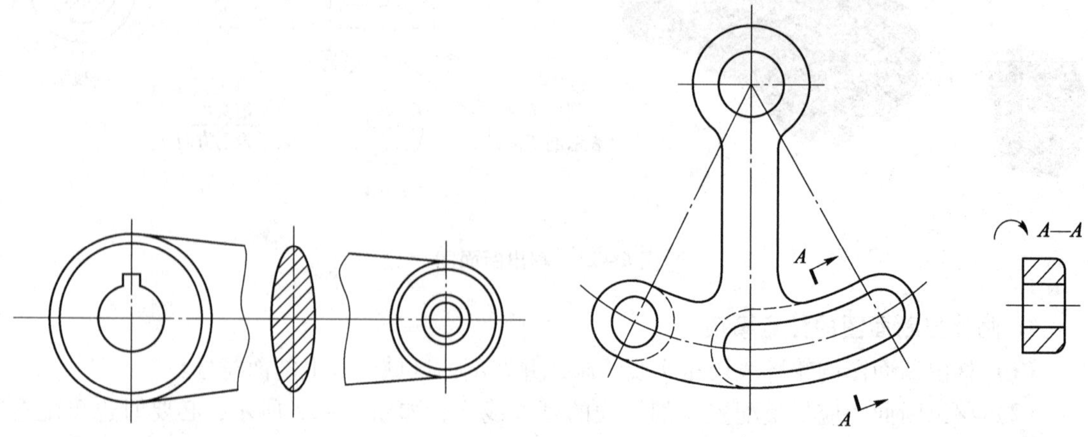

图6－25　配置在视图中断处的移出断面图

图6－26　按剖视图绘制的非圆孔断面图

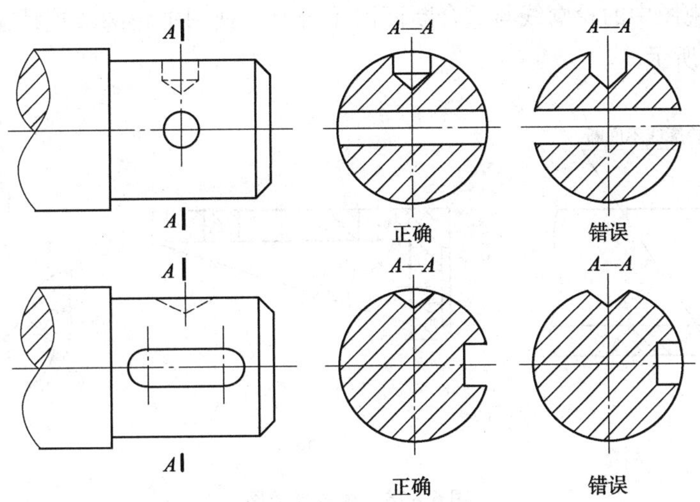

图 6－27　带孔或凹坑的断面图

2. 移出断面图的标注

移出断面图的标注形式及内容与剖视图相同。标注可根据具体情况简化或省略，如表 6－2 所示。

表 6－2　移出断面图的标注

断面类型	剖切平面的位置		
	配置在剖切线或剖切符号延长线上	不在剖切符号的延长线上	按投影关系配置
对称的移出断面	剖切线 细点画线 省略标注	A A A—A 省略箭头	A A A—A 省略箭头
不对称的移出断面	省略字母	A A A—A 标注剖切符号、箭头和字母	A A A—A 省略箭头

6.3.2　重合断面图

画在视图轮廓线内的断面图称为重合断面图，如图 6－28 所示。重合断面图的轮廓线用细实线绘制。当视图中的轮廓线与重合断面图重合时，视图中轮廓线连续画出，不可间断，如图 6－28（a）所示。

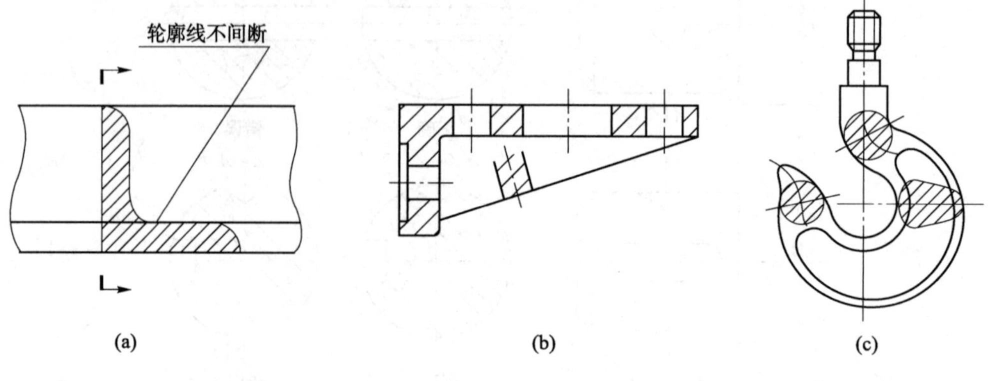

图 6－28　重合断面图

对于不对称重合断面的标注，只需画出剖切符号及箭头，如图 6－28（a）所示。在不致引起误解时，不对称重合断面也可以省略标注。

6.4　其他图样的画法

为使图形清晰和画图简便，国家标准中还规定了局部放大图和图样的简化画法，供画图时选用。

6.4.1　局部放大图

将机件的部分结构用大于原图形所采用的比例绘出的图形，称为局部放大图，局部放大图通常用于表达机件上的某些细小结构，在视图上由于过小而表达不清楚，或使标注尺寸产生困难的情况，如图 6－29 所示。

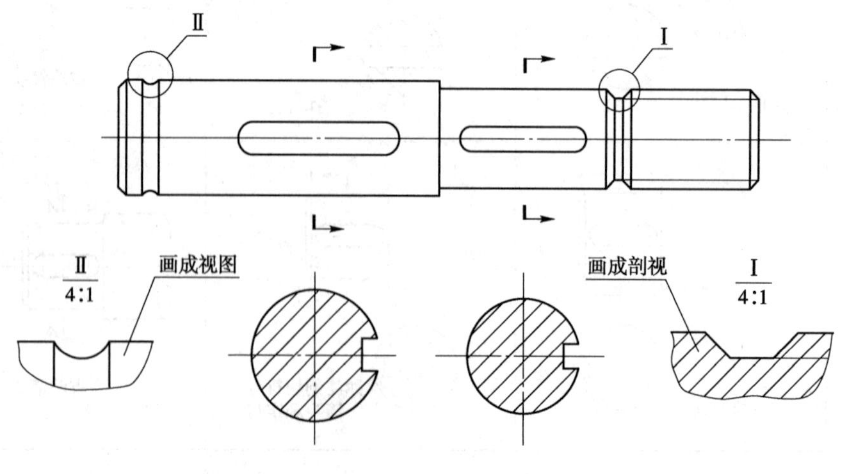

图 6－29　局部放大图

画局部放大图时应注意以下 3 点。

（1）局部放大图可画成视图、剖视图、断面图，与被放大部位的图样画法无关，局部放大图应尽量配置在被放大部位附近。

（2）局部放大图所采用的比例应根据结构需要选定，与原图形比例无关。同一机件上有几处需要同时放大时，各局部放大图的比例不要求统一。

（3）绘制局部放大图时，除螺纹牙型、齿轮和链轮的齿形外，应将被放大部位用细实线圈出。机件上如有一处需放大，只需在局部放大图的上方注明所采用的比例。若同一机件上同时有几处需放大，则用罗马数字标明放大位置，并在相应的局部放大图上标出同样的罗马数字及所采用的比例。

6.4.2　简化画法

（1）当机件具有若干相同结构（齿、槽等），并按一定规律分布时，只需要画出几个完整的结构，其余用细实线连接，在零件图中则必须注明该结构的总数，如图6－30所示。

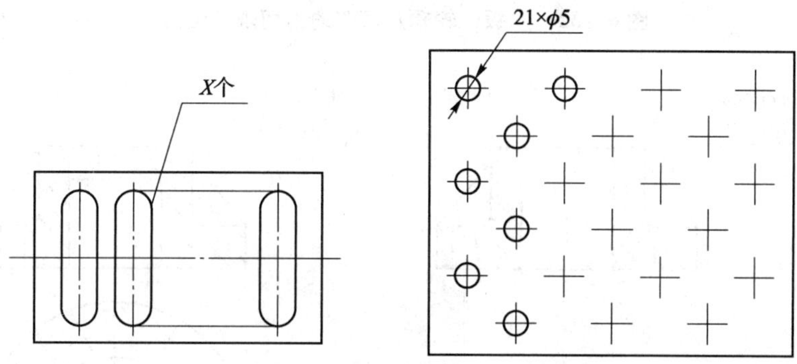

图6－30　成规律分布的孔的省略画法

（2）在不致引起误解时，对称机件的视图可只画1/2或1/4，并在对称中心线的两端画出2条与其垂直的平行细实线（短线），如图6－31所示。

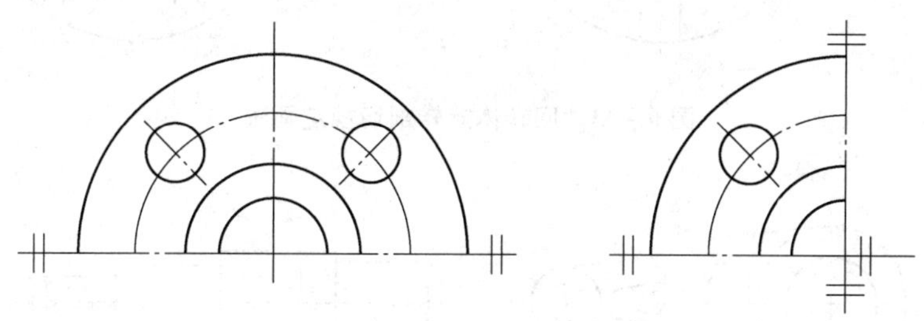

图6－31　对称物体的规定画法

（3）对于机件的肋板、轮辐及薄壁等结构，如按纵向剖切，这些结构都不画剖面符号，而用粗实线将它们与邻接部分分开；当剖切平面横向剖切时，这些结构仍需画上剖面符号，如图6－32所示。

（4）当零件回转体上均匀分布的肋板、轮辐、孔等结构不处于剖切平面上时，可将这些结构旋转到剖切平面上画出，如图6－33所示。

（5）当较长机件（轴、杆等）沿长度方向的形状一致或按一定规律变化时，可断开后缩短绘制。采用这种画法时，尺寸应按原长标注，如图6－34所示。

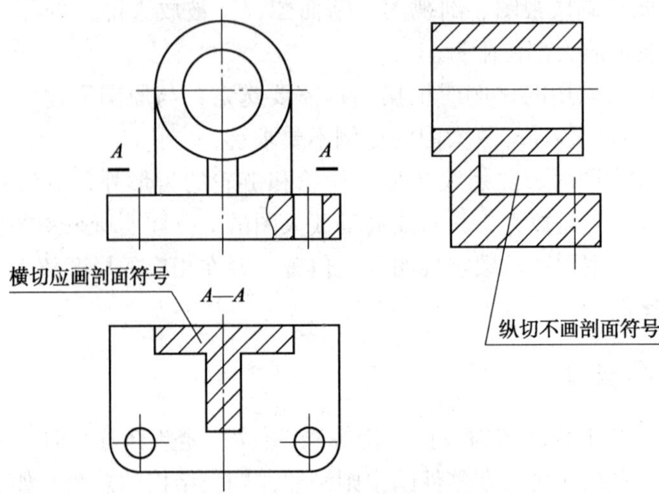

图 6-32　肋板、轮辐及薄壁的剖切规定画法

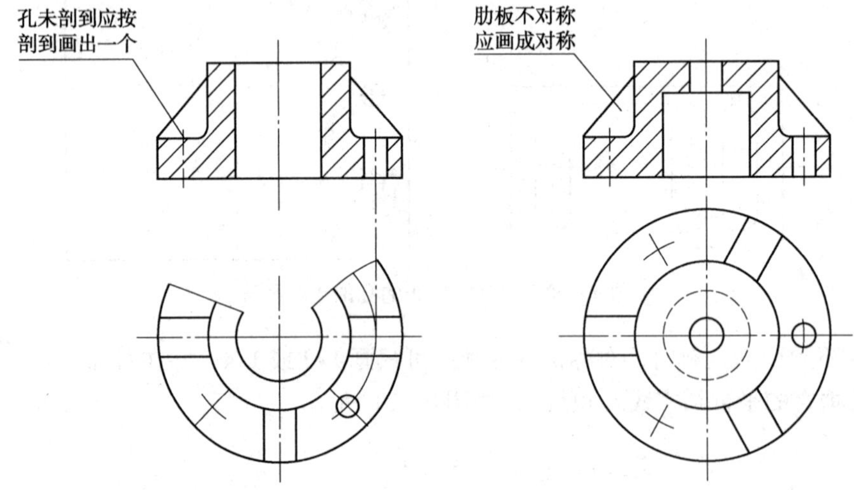

图 6-33　回转体旋转剖切规定画法

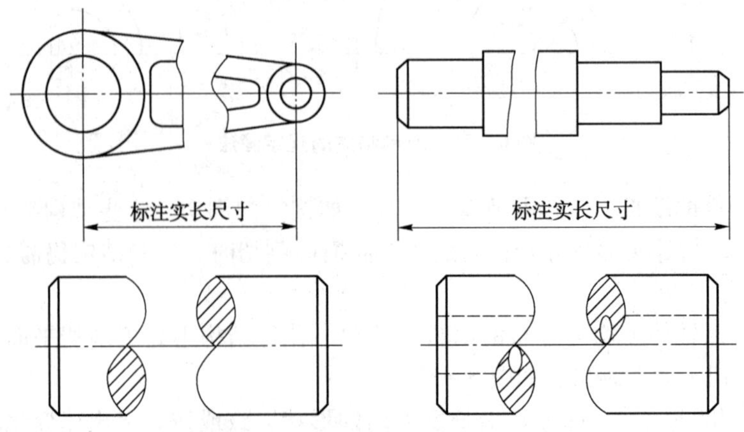

图 6-34　较长零件的规定画法

（6）网状物、编织物或机件上的滚花部分，可在轮廓线附近用细实线示意画出，并在零件图上或技术要求中注明这些结构的具体要求，当图形不能充分表达平面时，可用平面符号（两相交细实线）表示，如图 6－35 所示。

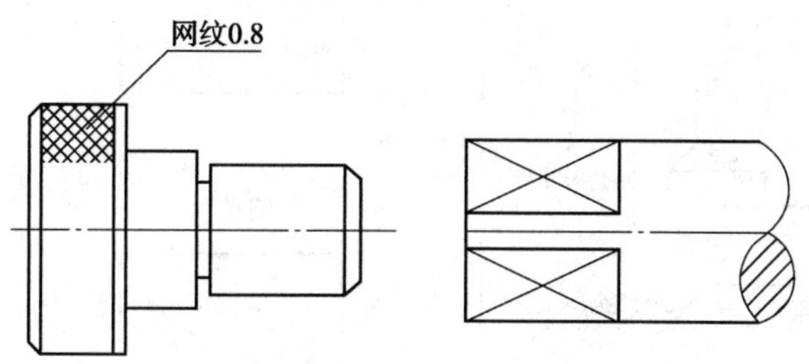

图 6－35　滚花、平面的规定画法

6.5　第三角画法简介

目前世界各国的工程图样有 2 种画法，即第一角画法和第三角画法，且国际标准规定，第一角画法和第三角画法等效使用。我国国家标准规定采用第一角画法，而美国、日本等国家采用第三角画法。

1. 第三角画法的概念

如图 6－36 所示，由 3 个互相垂直相交的投影面组成的投影体系，把空间分成了 8 个部分，每一部分为一个分角，依次为 Ⅰ、Ⅱ、Ⅲ、Ⅳ、Ⅴ、Ⅵ、Ⅶ、Ⅷ分角。将机件放在第一分角进行投影，称为第一角画法。而将机件放在第三分角进行投影，称为第三角画法。

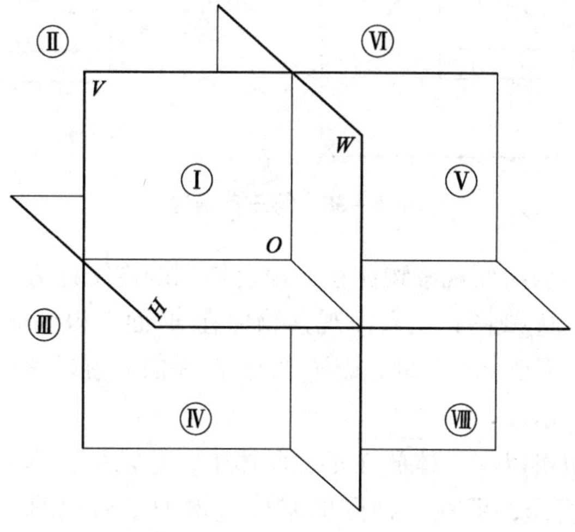

图 6－36　8 个分角

2. 第三角画法与第一角画法的区别

两种画法的区别在于人（观察者）、物（机件）、图（投影面）的位置关系不同。

采用第一角画法时，是把机件放在观察者与投影面之间，从投影方向看是“人—物—图”的关系，如图 6－37 所示。

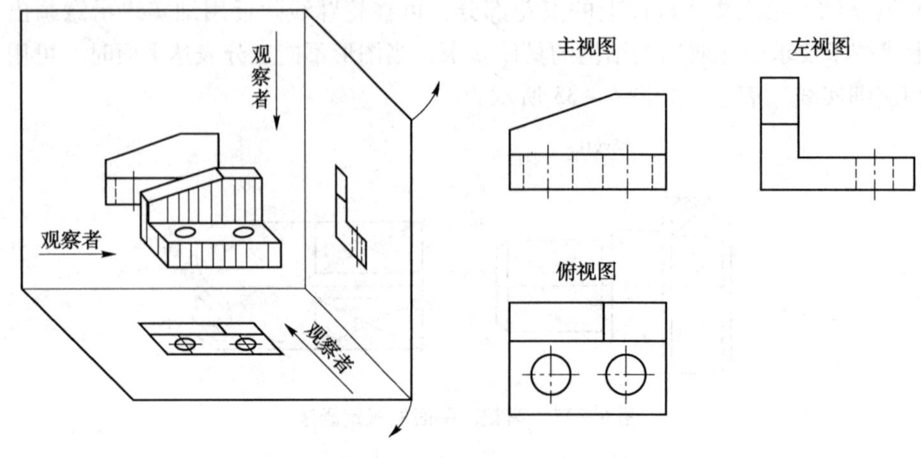

图 6-37　第一角画法

采用第三角画法时，是把投影面放在观察者与机件之间，从投影方向看是“人—图—物”的关系，如图 6-38 所示。

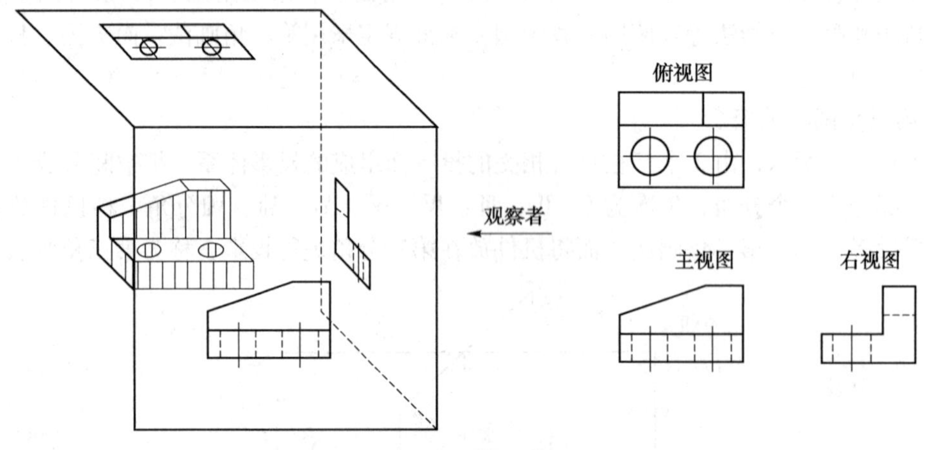

图 6-38　第三角画法

采用第三角画法时，从前面观察物体在 V 面上得到的视图称为主视图；从上面观察物体在 H 面上得到的视图称为俯视图；从右面观察物体在 W 面上得到的视图称为右视图。各投影面的展开方法是：V 面不动，H 面向上旋转 90°，W 面向右旋转 90°，使 3 个投影面处于同一平面内，如图 6-39 所示。

采用第三角画法时也可以将物体放在正六面体中，分别从物体的 6 个方向向各投影面进行投射，得到 6 个基本视图，即在三视图的基础上增加了后视图（从后往前看）、左视图（从左往右看）、仰视图（从下往上看）。它们的主要区别在于：视图位置的配置不同。第三角画法视图位置的配置如图 6-40 所示。

由于视图位置的配置不同，所以第三角画法的俯视图、仰视图、左视图、右视图靠近主视图的一边，均表示物体的前面；远离主视图的一边，均表示物体的后面。这与第一角画法的前后方位正好相反。第三角画法与第一角画法的 6 个基本视图及其名称都是相同的，相应视图之间仍保持“长对正、高平齐、宽相等”的对应关系。

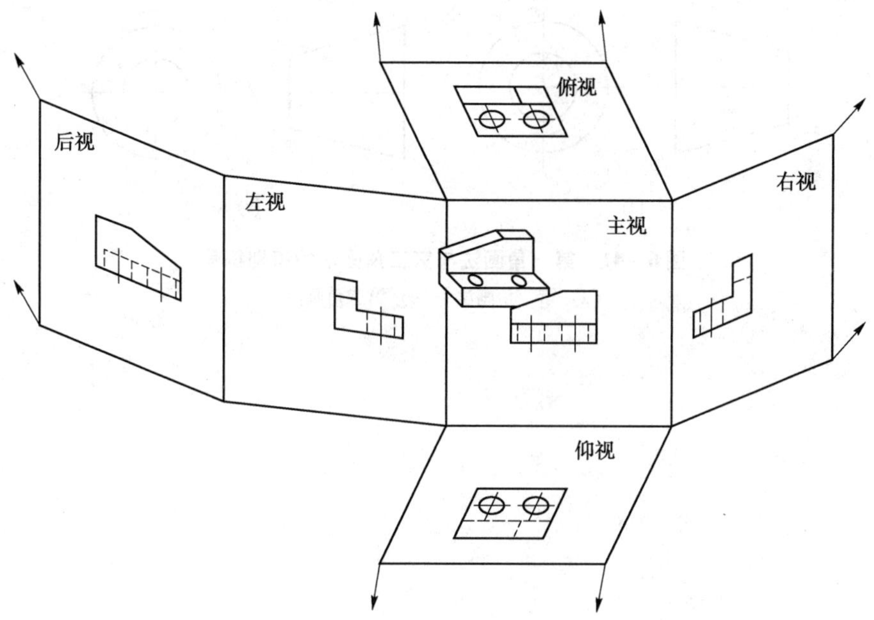

图6-39　第三角画法投影面的展开

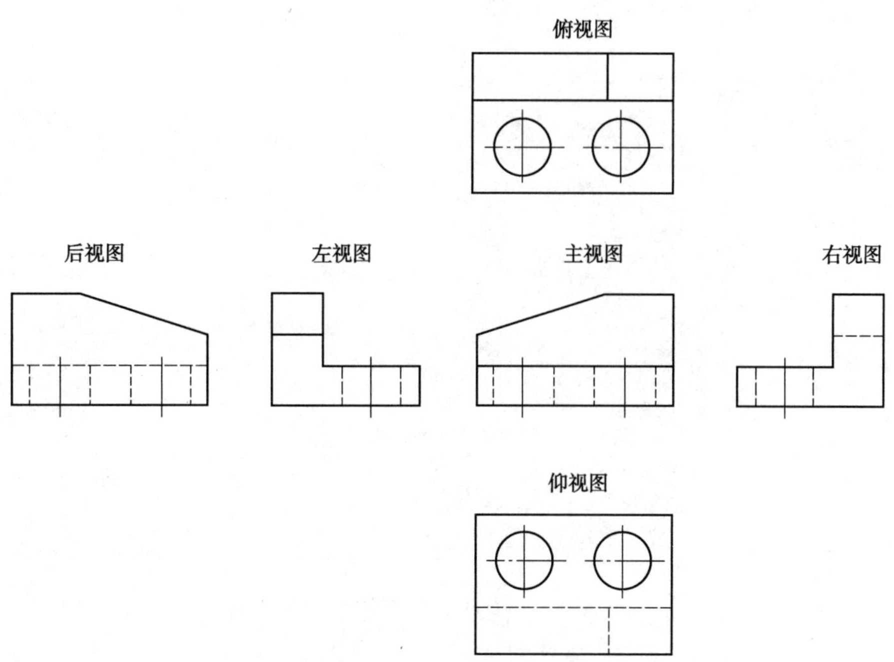

图6-40　第三角画法视图位置的配置

3. 第一角画法和第三角画法的识别符号

在国际标准中规定，可以采用第一角画法，也可以采用第三角画法。为了区别这两种画法，规定在标题栏中专设的格内用规定的识别符号表示，如图6-41所示。由于我国采用第一角画法，所以无须画出标志符号。当采用第三角画法时，则必须画出标志符号。

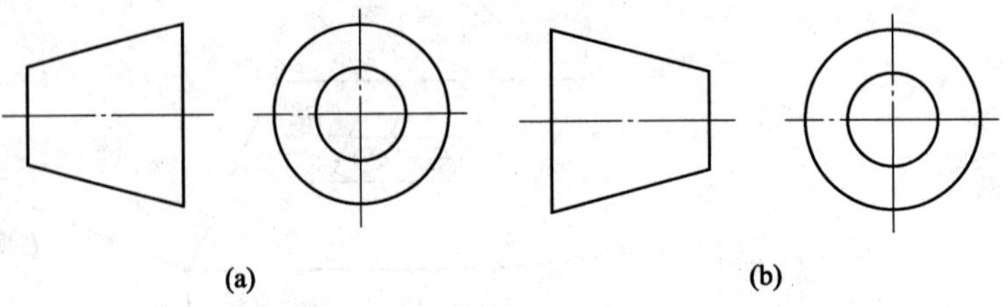

图 6-41　第一角画法与第三角画法的识别符号

（a）第一角画法；（b）第三角画法

第 7 章　标准件与常用件

在机器或部件中，除了一般零件外，还广泛使用标准件和常用件，如螺纹紧固件（螺栓、螺母、垫圈、双头螺柱、螺钉）、连接件（键、销）、滚动轴承等零件，国家标准对它们的结构、尺寸、画法等均进行了标准化规定，这些零件称为标准件；另一些零件，如齿轮、弹簧等，国家标准对它们的部分结构、尺寸进行了标准化规定，这些零件称为常用件。

7.1　螺纹

螺纹是零件上常见的标准结构。螺纹分外螺纹和内螺纹两种，成对使用。在圆柱或圆锥外表面上加工得到的螺纹称为外螺纹，在圆柱或圆锥内表面上加工得到的螺纹称为内螺纹。

螺纹可采用不同的加工方法制成。如图 7－1（a）所示，在车床上加工外螺纹，工件作匀速旋转运动，而车刀与工件接触并作匀速直线运动；如图 7－1（b）所示，在车床上加工内螺纹。如图 7－2 所示，利用丝锥加工直径较小的内螺纹，首先用钻头钻孔，然后用丝锥攻出内螺纹。

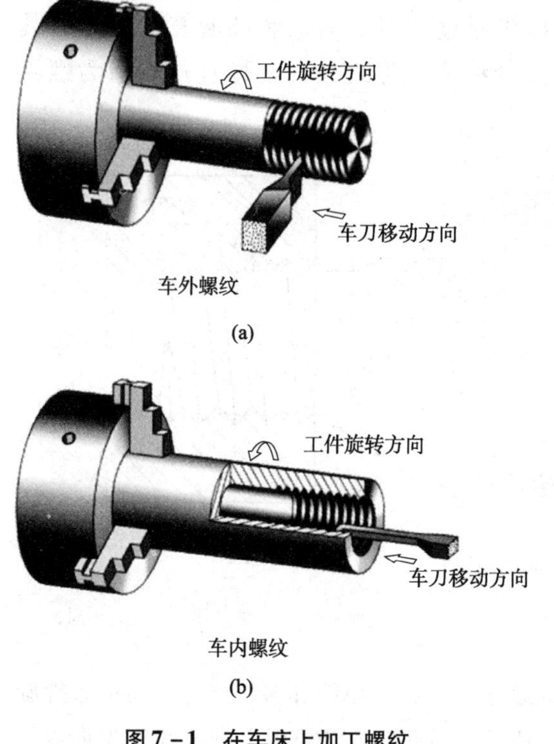

图 7－1　在车床上加工螺纹

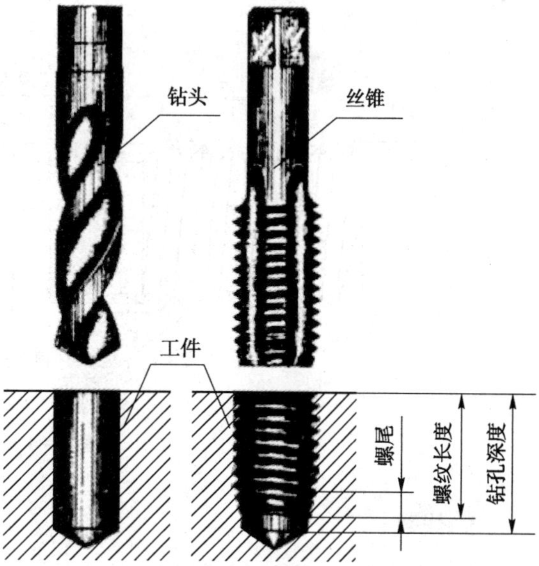

图 7－2　利用丝锥加工直径较小的内螺纹

7.1.1　螺纹的要素

螺纹的要素有牙型、直径、线数、螺距、旋向，在将内、外螺纹进行连接时，以上螺纹要素必须相同。

1. 牙型

在通过螺纹轴线的剖面上，螺纹的轮廓形状称为螺纹牙型。常见的牙型有三角形、梯形、锯齿形、矩形等，如图7－3所示。

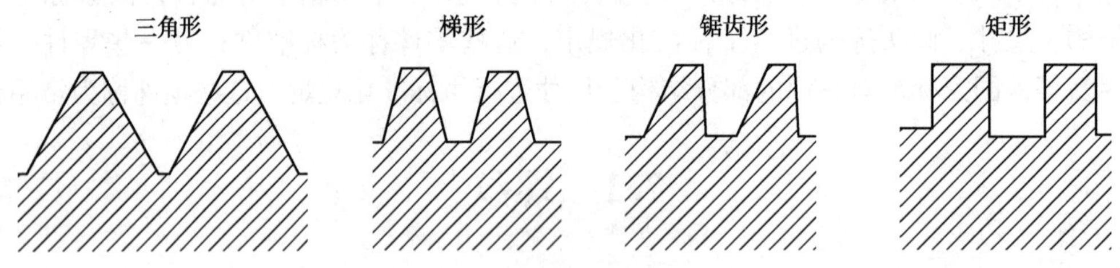

图7－3　常用标准螺纹的牙型

2. 直径

螺纹的直径有3个：大径、小径、中径（见图7－4）。

（1）与外螺纹牙顶或与内螺纹牙底相重合的假想圆柱面的直径称为大径（d 或 D）。

（2）与外螺纹牙底或与内螺纹牙顶相重合的假想圆柱面的直径称为小径（d_1 或 D_1）。

（3）存在一个假想圆柱面，该圆柱面的母线通过牙型上沟槽和凸起宽度相等，其直径称为中径（d_2 或 D_2）。代表螺纹尺寸的直径称为公称直径，公称直径均值为螺纹大径。

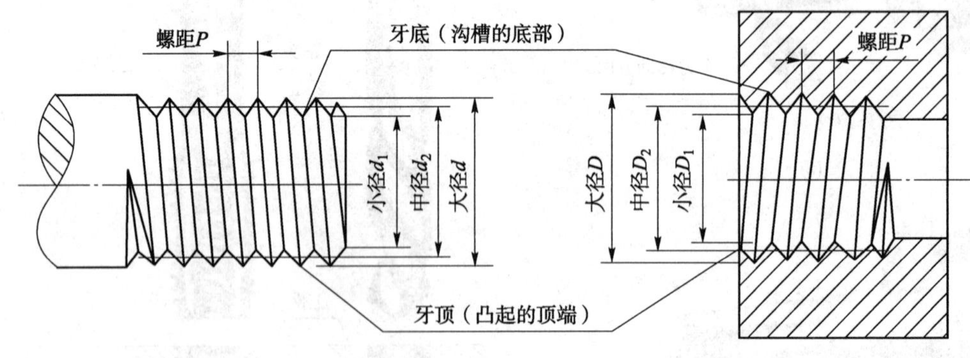

图7－4　螺纹的直径

3. 线数

线数是指形成螺纹时的螺旋线的条数，用 n 表示。螺纹有单线和多线之分，沿一条螺旋线加工形成的螺纹称单线螺纹，如图7－5（a）所示；沿两条或两条以上螺旋线加工形成的螺纹称多线螺纹，如图7－5（b）所示。

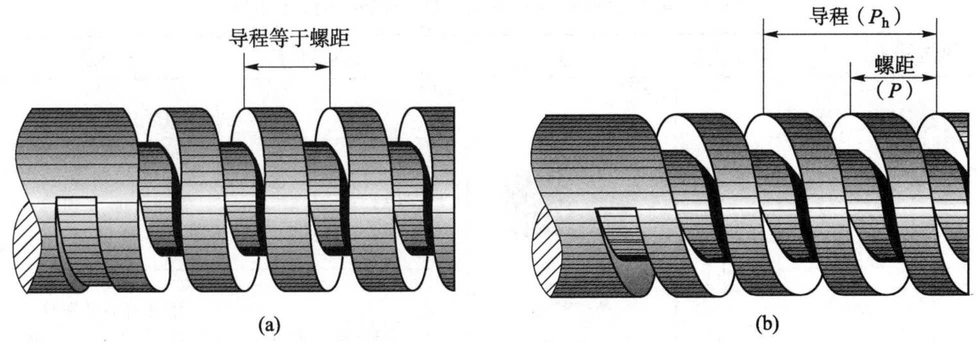

图 7－5　螺纹线数、螺距、导程

（a）单线螺纹；（b）多线螺纹

4. 螺距和导程

相邻两牙在中径线上对应两点间的轴向距离称为螺距（P），同一条螺旋线上相邻两牙在中径线上对应两点间的轴向距离称为导程（P_h）（见图 7－5）。导程、螺距和线数的关系为：$P_h = nP$。

5. 旋向

螺纹有左旋和右旋之分。螺纹按顺时针方向旋进的，称为右旋螺纹；按逆时针方向旋进的，称为左旋螺纹，如图 7－6 所示。常用的为右旋螺纹，旋向可用下述方法判断，将螺纹轴线垂直放置，螺纹的可见部分右高左低者为右旋螺纹，左高右低者为左旋螺纹，如图7－6 所示。

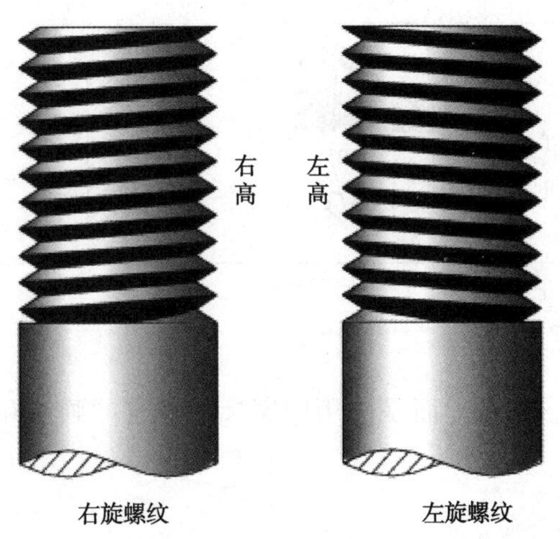

图 7－6　螺纹的旋向

牙型、大径和螺距是决定螺纹结构规格的最基本的要素，称为螺纹三要素。凡螺纹三要素符合国家标准的，称为标准螺纹；螺纹三要素中任意一个不符合国家标准的，称为非标准螺纹。表 7－1 为常用标准螺纹的种类、特征代号和标记示例。

表 7－1　常用标准螺纹的种类、特征代号和标记示例

<table>
<tr><th colspan="3">螺纹种类</th><th>特征代号</th><th>牙型</th><th>标记示例</th><th>说明</th></tr>
<tr><td rowspan="2">连接和紧固用螺纹</td><td colspan="2">粗牙
普通螺纹</td><td rowspan="2">M</td><td rowspan="2">60°</td><td>M16</td><td>粗牙普通外螺纹：
公称直径 16；中径公差带和大径公差带均为 6g（省略不标）；中等旋合长度；右旋</td></tr>
<tr><td colspan="2">细牙
普通螺纹</td><td>M16×1</td><td>细牙普通外螺纹：
公称直径 16；螺距 1；中径公差带和小径公差带均为 6 H（省略不标）；中等旋合长度；右旋</td></tr>
<tr><td rowspan="4">55°管螺纹</td><td colspan="2">55°非密封
管螺纹</td><td>G</td><td rowspan="4">55°</td><td>G1A
G1</td><td>55°非密封管螺纹：
G——螺纹特征代号；
1——尺寸代号；
A——外螺纹公差等级代号</td></tr>
<tr><td rowspan="3">55°密封管螺纹</td><td>圆锥
内螺纹</td><td>Rc</td><td rowspan="3">Rc1½
$R_1$1½</td><td rowspan="3">55°密封管螺纹：
Rc——圆锥内螺纹；
Rp——圆柱内螺纹；
R_1——与圆柱内螺纹相配合的圆锥外螺纹；
R_2——与圆锥内螺纹相配合的圆锥外螺纹；
1½——尺寸代号</td></tr>
<tr><td>圆柱
内螺纹</td><td>Rp</td></tr>
<tr><td>圆锥
外螺纹</td><td>R_1
R_2</td></tr>
<tr><td>传动螺纹</td><td colspan="2">梯形螺纹</td><td>Tr</td><td>30°</td><td>Tr36×12(P6)−7H</td><td>梯形螺纹：
公称直径 36，双线螺纹，导程 12，螺距 6；中径公差带为 7 H；中等旋合长度；右旋</td></tr>
</table>

7.1.2　螺纹的规定画法

螺纹一般不按真实投影作图，而是采用国家标准规定的画法和标记，进行绘图和标注即可。

1. 外螺纹的规定画法

如图 7－7（a）所示，在投影为非圆的视图中，牙顶线（大径）用粗实线表示，牙底线（小径）用细实线表示，并画到倒角为止，其大小约为大径的 0.85 倍，螺纹终止线用粗实线画出。在投影为圆的视图中，牙顶线（大径）用粗实线圆表示，牙底线（小径）用约 3/4 圈细实线圆表示，倒角圆省略不画。

如图 7－7（b）所示，在外螺纹的剖视图中，螺纹终止线只画出牙底到牙顶的一小段粗实线，剖面线画到粗实线为止。

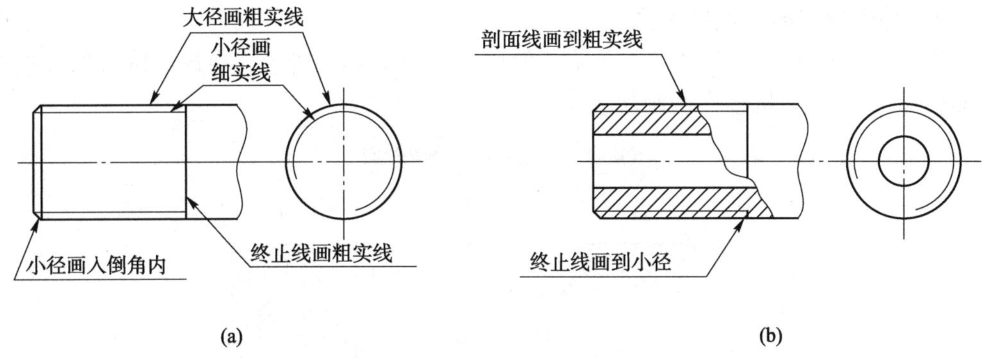

图7－7　外螺纹的规定画法

2. 内螺纹的规定画法

如图7－8所示，在投影为非圆的剖视图中，牙底线（大径）用细实线表示；牙顶线（小径）和螺纹终止线用粗实线表示。在投影为圆的视图中，牙顶线（小径）用粗实线圆表示，牙底线（大径）用约3/4圈细实线圆表示，倒角圆省略不画，剖面线画到粗实线为止。

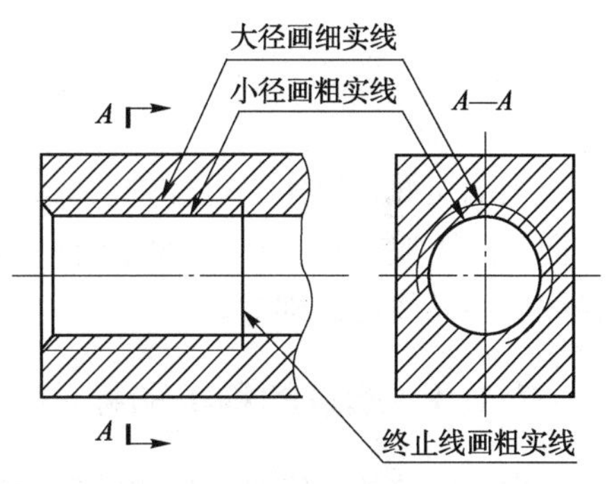

图7－8　螺纹通孔画法

如图7－9所示的螺纹盲孔画法，钻头头部形成的锥顶角画成120°，内螺纹不剖时，与轴线平行的视图上，所有图线均用细虚线表示，如图7－10所示。两级钻孔（阶梯孔）的过渡处，也存在120°的部分尖角，作图时要注意画出，如图7－11所示。

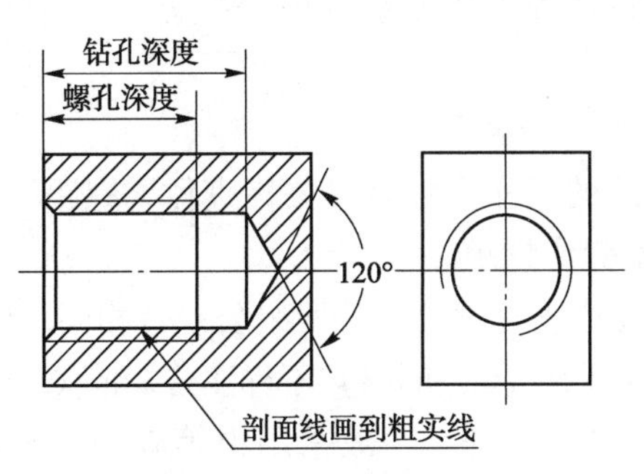

图7－9　螺纹盲孔画法

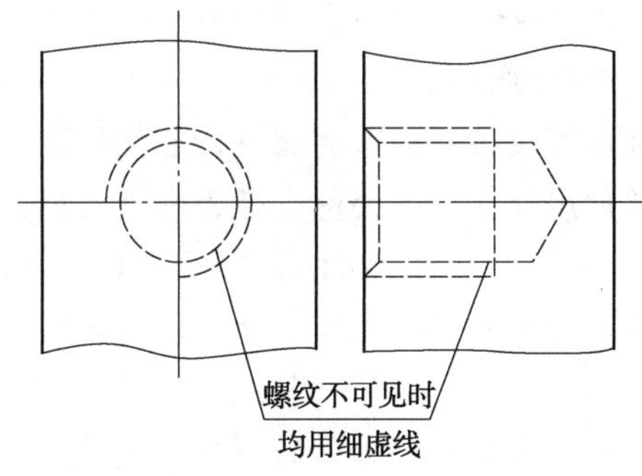

图7－10　螺纹盲孔不剖画法

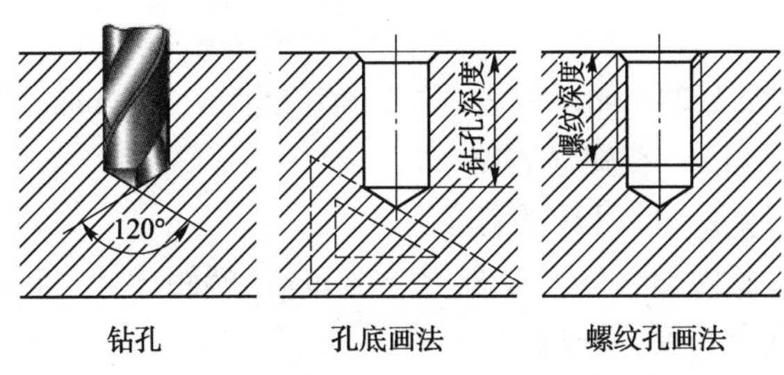

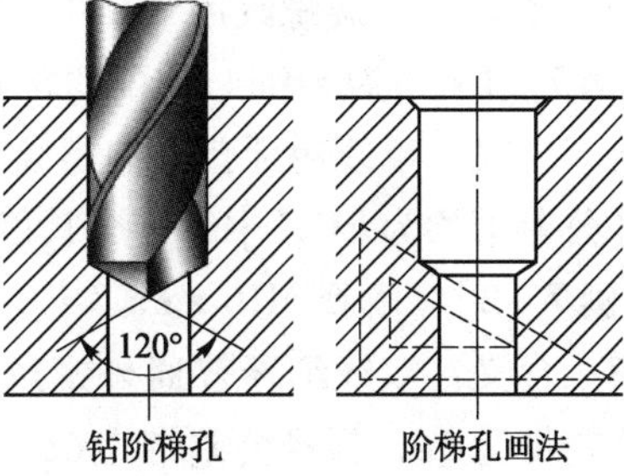

图7－11　钻孔底部与阶梯孔的画法

3. 内、外螺纹连接的规定画法

5 个螺纹要素相同的内、外螺纹可旋合使用。如图 7 – 12 所示，在螺纹旋合部分按外螺纹画法绘制，其余部分按各自的画法表示。

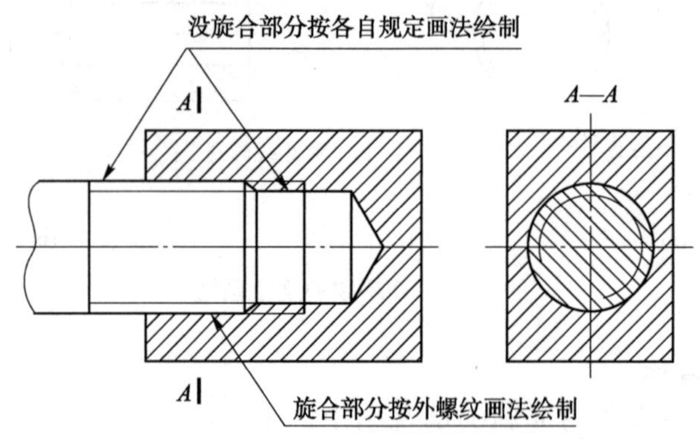

图 7 – 12　螺纹连接的规定画法

当剖切面通过实心螺杆轴线时，实心杆按不剖绘制。同一零件在各个剖视图中剖面线的方向和间距应一致；在同一剖视图中相邻零件的剖面线方向和间距应不同。内、外螺纹的大径线和小径线应分别对齐。

7.1.3　螺纹的种类和标注

由于螺纹的规定画法中不能表示螺纹种类和螺纹要素，因此在绘制螺纹图样时，标准螺纹应注出相应标准规定的螺纹标记。

1. 普通螺纹的标记

普通螺纹标记如下：螺纹特征　公称直径 × Ph 导程　P 螺距 – 中径公差带　顶径公差带 – 螺纹旋合长度 – 旋向。

（1）螺纹特征：普通螺纹特征代号为 M。

（2）尺寸代号：公称直径为螺纹大径，单线螺纹的尺寸代号为“公称直径 × 螺距”，不必注写“P ”，粗牙普通螺纹不标注螺距。

（3）公差代号：大写字母代表内螺纹，小写字母代表外螺纹，若两组公差带相同，则只写一组，最常用的中等公差精度螺纹（6g 和 6H）不标注公差带代号。

（4）旋合长度：分为短（S）、中等（N）、长（L）3 种，一般采用中等旋合长度，N 省略不注。

（5）旋向：左旋螺纹用“LH”表示，右旋螺纹不标注旋向。

［例 7 – 1］　解释 M24 – 7G 的含义。

解　含义：单线粗牙普通内螺纹，大径为 24 mm，查表 A – 1 确认螺距 $P = 3$ mm，中径和小径公差带均为 7G，中等旋合长度（省略），右旋（省略）。

［例 7 – 2］　解释 M16 × Ph 3 P 1.5 – 5g6g – L – LH 的含义。

解　含义：双线细牙普通外螺纹，大径为 16 mm，导程 $P_h = 3$ mm，螺距 $P = 1.5$ mm，中径公差带为 5g，顶径公差带为 6g，长旋合长度，左旋。

［例 7 – 3］　已知公称直径为 12 mm，细牙，螺距 $P = 1$ mm，中径和小径公差带均为 6H

的单线右旋普通螺纹，试写出其标记。

解　标记为“ M12×1 ”。

［例 7－4］　已知公称直径为 12 mm，粗牙，螺距 $P=1.75$ mm，中径和顶径公差带均为 6g 的单线右旋普通螺纹，试写出其标记。

解　标记为“ M12”。

2. 管螺纹的标记

管螺纹是位于管壁上用于管子连接的螺纹，有非螺纹密封管螺纹和螺纹密封管螺纹，非螺纹密封管螺纹连接由圆柱外螺纹和圆柱内螺纹旋合获得，密封管螺纹由圆锥外螺纹和圆锥内螺纹或圆柱内螺纹旋合获得，圆锥螺纹设计牙型的锥度为 1∶16。

1）55°密封管螺纹标记

55°密封管螺纹标记如下：螺纹特征代号　尺寸代号　旋向代号

（1）螺纹特征代号：用 Rc 表示圆锥内螺纹，用 Rp 表示圆柱内螺纹，用 R_1 表示与圆柱内螺纹相配合的圆锥外螺纹，用 R_2 表示与圆锥内螺纹相配合的圆锥外螺纹。

（2）尺寸代号：用 1/2，3/4，1，1½，…表示。

（3）旋向代号：左旋螺纹用“LH”表示，右旋螺纹不标注旋向。

［例 7－5］　解释“Rc 1/2”的含义。

解　含义：圆锥内螺纹，尺寸代号为 1/2（查表 A－2，其大径为 20.955 mm，螺距为 1.814 mm），右旋（省略）。

［例 7－6］　解释“Rp 1½ LH”的含义。

解　含义：圆柱内螺纹，尺寸代号为 1½（查表 A－2，其大径为 47.803 mm，螺距为 2.309 mm），左旋。

［例 7－7］　解释“R_2 3/4”的含义。

解　含义：与圆锥内螺纹相配合的圆锥外螺纹，尺寸代号为 3/4（查表 A－2，其大径为 26.441 mm，螺距为 1.814 mm），右旋（省略）。

2）55°非密封管螺纹用 G 表示

55°非密封管螺纹标记如下：螺纹特征代号　尺寸代号　公差等级代号　旋向代号。

（1）螺纹特征代号：螺纹用 G 表示。

（2）尺寸代号：用 1/2，3/4，1，1½，…表示。

（3）公差等级代号：对外螺纹分 A、B 两级标记；因为内螺纹公差带只有一种，所以不加标记。

（4）旋向代号：左旋螺纹以“LH”表示，右旋螺纹不标注旋向。

［例 7－8］　解释“G 1½ A”的含义。

解　含义：圆柱外螺纹，尺寸代号为 1½（查表 A－2，其大径为 47.803 mm，螺距为 2.309 mm），螺纹公差等级为 A 级，右旋（省略）。

［例 7－9］　解释“G 1/2 A”的含义。

解　含义：圆柱外螺纹（未注螺纹公差等级），尺寸代号为 1/2（查表 A－2，其大径为 20.955 mm，螺距为 1.814 mm），右旋（省略）。

［例 7－10］　解释“G 1/2 LH”的含义。

解 含义：圆柱内螺纹（未注螺纹公差等级），尺寸代号为1/2（查表 A－2，其大径为20.955 mm，螺距为1.814 mm），左旋。

3. 螺纹的标注方法

公称直径以 mm 为单位的螺纹，其标记应直接标注在大径的尺寸线或其引出线上，如图7－13（a）、（b）、（c）所示。管螺纹的标记一律标注在引出线上，引出线应由大径处或对称中心处引出，如图7－13（d）、（e）所示。

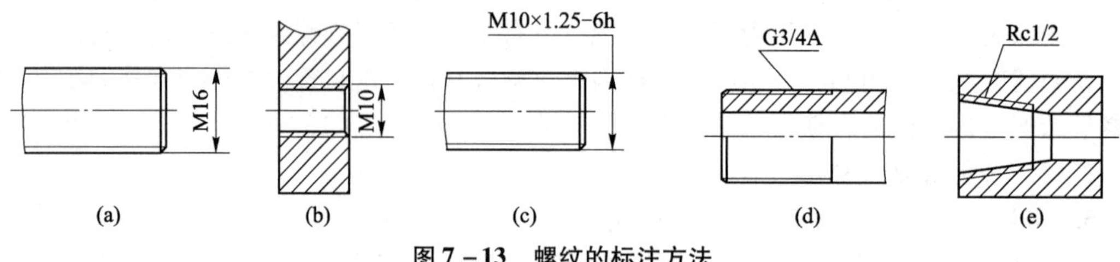

图7－13 螺纹的标注方法

7.2 螺纹紧固件

7.2.1 螺纹紧固件的标记

常用螺纹紧固件有螺栓、螺柱、螺钉、螺母和垫圈等。它们属于标准件，其结构尺寸都已标准化，使用时可以从相应的标准中查出所需的结构尺寸。常用螺纹紧固件的标记示例如表7－2所示。

表7－2 常用螺纹紧固件的标记示例

名称	轴测图	画法及规格尺寸	标记示例及说明
六角头螺栓			螺栓 GB/T 5780 M16×100 （或）GB/T 5780 M16×100 螺纹规格 d＝M16、公称长度 l＝100 mm、性能等级为8.8级、表面氧化、杆身半螺纹、产品等级为A级的六角头螺栓
双头螺柱			螺柱 GB/T 899 M12×50 （或）GB/T 899 M12×50 螺柱两端均为粗牙普通螺纹、螺纹规格 d＝M12、l＝50 mm、性能等级为4.8级、不经表面处理、B型（B省略不标）、b_m＝1.5d 的双头螺柱
螺钉			螺钉 GB/T 68 M8×40 （或）GB/T 68 M8×40 螺纹规格 d＝M8、公称长度 l＝40 mm、性能等级为4.8级、不经表面处理的开槽沉头螺钉
六角螺母			螺母 GB/T 41 M16 （或）GB/T 41 M16 螺纹规格 D＝M16、性能等级为5级、不经表面处理、产品等级为C级的六角螺母

续表

名称	轴测图	画法及规格尺寸	标记示例及说明
垫圈		d_1	垫圈 GB/T 97.1 16 (或) GB/T 97.1 16 标准系列、规格 16、性能等级为 140 HV 级、不经表面处理、产品等级为 A 级的平垫圈

7.2.2　常用螺纹紧固件的画法

螺纹紧固件均为标准件，不需单独绘制其零件图，但在装配图中需画出，螺纹紧固件的画法有查表画法和比例画法。根据公称直径，按与其近似的比例关系计算出各部分尺寸后作图，螺纹紧固件的比例画法如图 7－14 所示。

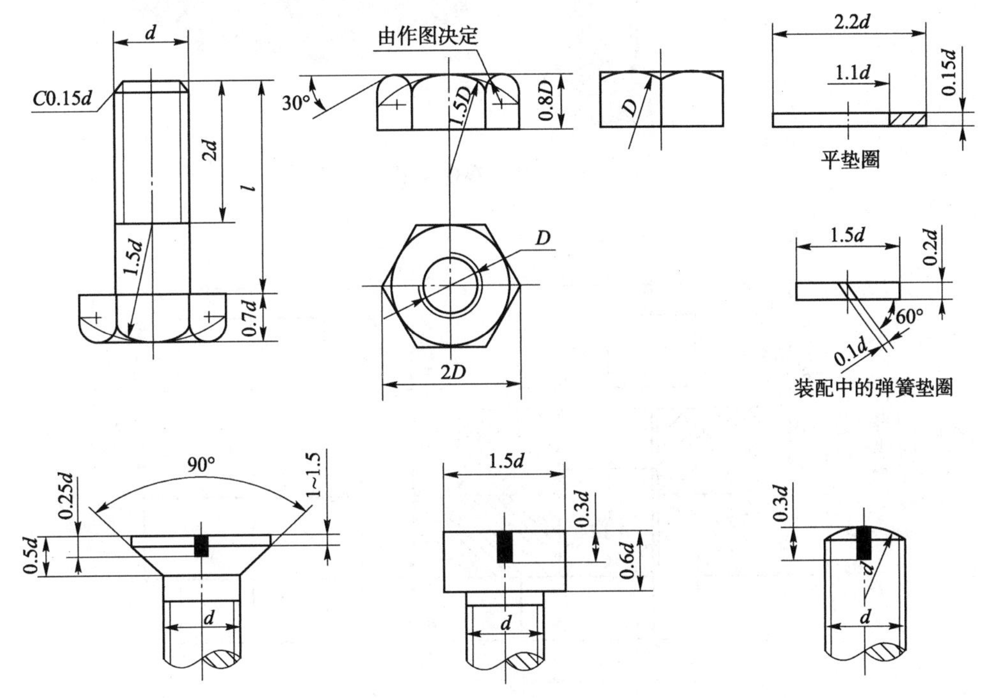

图 7－14　螺纹紧固件的比例画法

1. 螺栓连接

螺栓连接用于连接两个不太厚并能钻成通孔的零件，并需经常拆卸的场合，如图 7－15 所示。螺栓连接的近似法如图 7－16 所示。画螺栓连接时，注意以下 5 点。

（1）两零件的接触面只画一条线。

（2）当剖切平面通过螺栓轴线时，螺栓、螺母、垫圈按不剖绘制。

（3）相邻两零件的剖面线应加以区分（方向相反或间距不同）。

（4）螺栓长度可按下式估算：$l_{计} = t_1 + t_2 + 1.35d$。

根据计算出的 l 值，从附录表 B－1 的螺栓公称长度系列中，选取与它相近的值。

（5）被连接件上加工的光孔直径稍大于螺栓公称直径，一般取 1.1d。

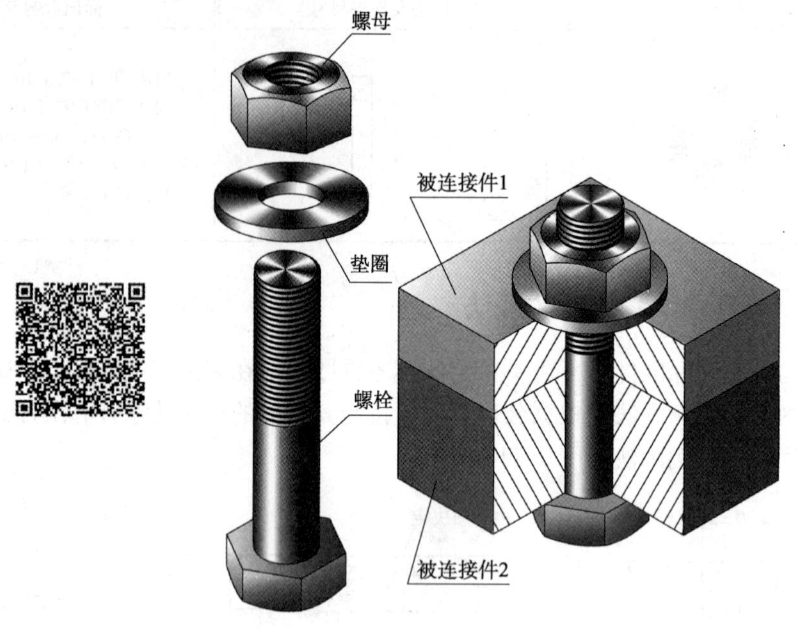

图 7－15 螺栓连接

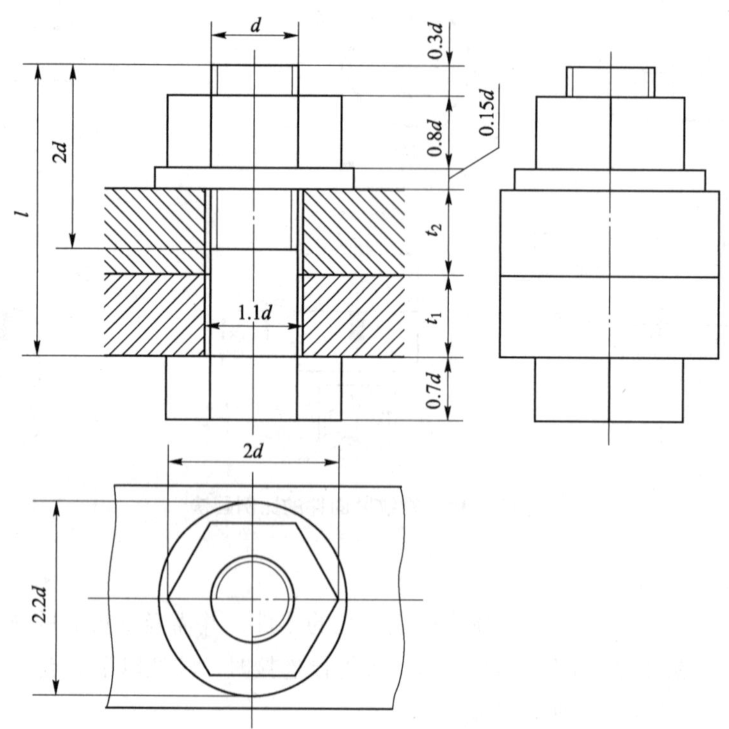

图 7－16 螺栓连接的近似画法

2. 双头螺柱连接

双头螺柱常用于两被连接件中，其中一个被连接件较厚，不便于或不能钻出通孔，且受力较大的情况。旋入被连接件螺孔的一端，称为旋入端，旋紧螺母的一端称为紧固端。其连接画法如图 7－17 所示。

画螺柱连接图时应注意以下 4 点。

（1）螺柱公称长度 l 的确定：$l=t+h+m+a$。

m 为螺母的厚度；h 为垫圈的厚度；t 为上部零件的厚度；a 为螺柱伸出螺母的长度，约为 $(0.2\sim0.3)d$。

计算出 l 后，再查阅附录表 B－2 确定螺柱的标准长度值。

（2）旋入长度 b_m 值与被旋入工件的材料有关，通常 b_m 有 4 种不同的取值：当材料为钢或青铜时，$b_m=d$；当材料为铸铁时，$b_m=1.25d$ 或 $1.5d$；当材料为铝合金时，$b_m=2d$。

（3）被旋入零件的螺孔深度一般取 $(b_m+0.5d)$，钻孔深度取 (b_m+d)，双头螺柱的旋入端全部旋入螺孔里，即绘图时，旋入端的螺纹终止线应与两零件接触面平齐。

（4）在装配图中，不穿通的螺纹孔可采用简化画法，即不画钻孔深度，仅按螺纹孔深度画出，如图 7－17（c）所示。

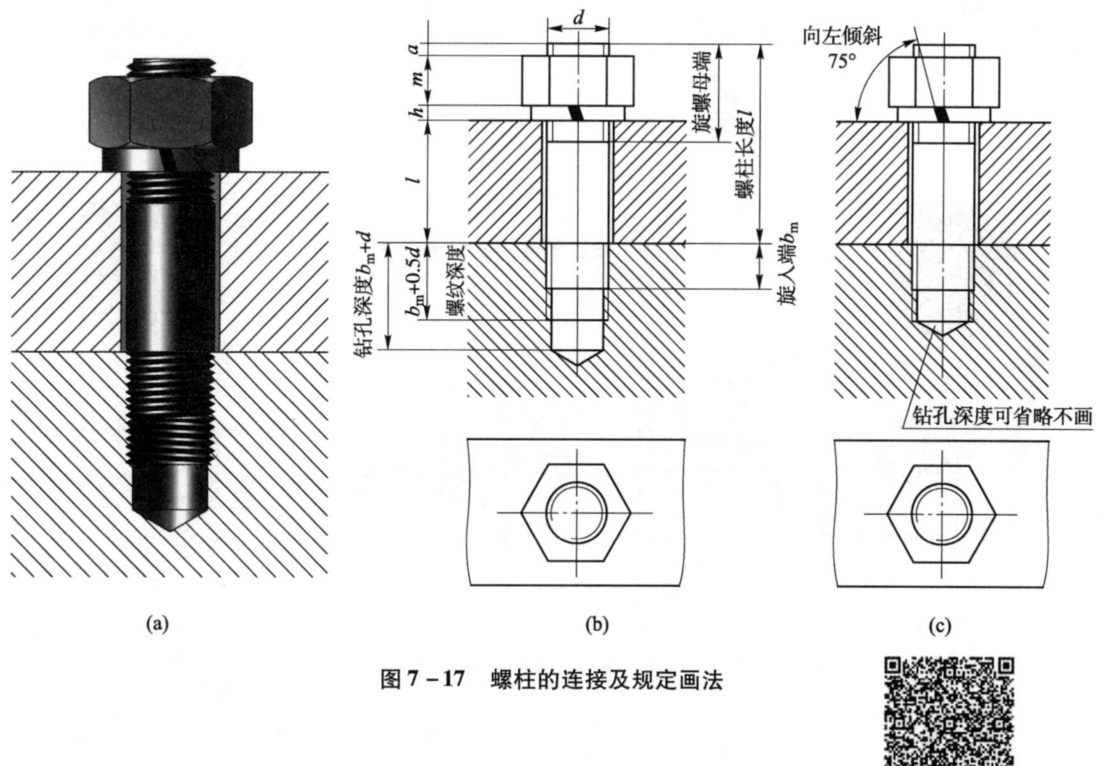

图 7－17　螺柱的连接及规定画法

3. 螺钉连接

螺钉的种类很多，按其用途可分为连接螺钉和紧定螺钉 2 种。

1）连接螺钉

连接螺钉常用于被连接件受力不大，又不需要经常拆卸的场合。将螺杆直接旋入被连接之一的螺孔内，螺钉头部即可将两被连接件固紧。画螺钉连接图时应注意以下 2 点：

（1）螺钉上的螺纹终止线应高出螺纹孔上表面，以保证螺钉能旋入和压紧；

（2）螺钉头部槽宽小于 2 mm 时，可以涂黑表示，在投影为圆的视图上，画成 45°自左下向右上的倾斜，如图 7－18 所示。

2）紧定螺钉

紧定螺钉用来固定 2 个零件的相对位置，使它们不产生相对运动。如图 7－19 中的轴和齿轮（图中齿轮仅画出轮毂部分），用一个开槽锥将紧定螺钉旋入轮毂的螺孔，使螺钉端部的 90°锥顶与轴上的 90°锥坑压紧，从而固定了轴和齿轮的相对位置。

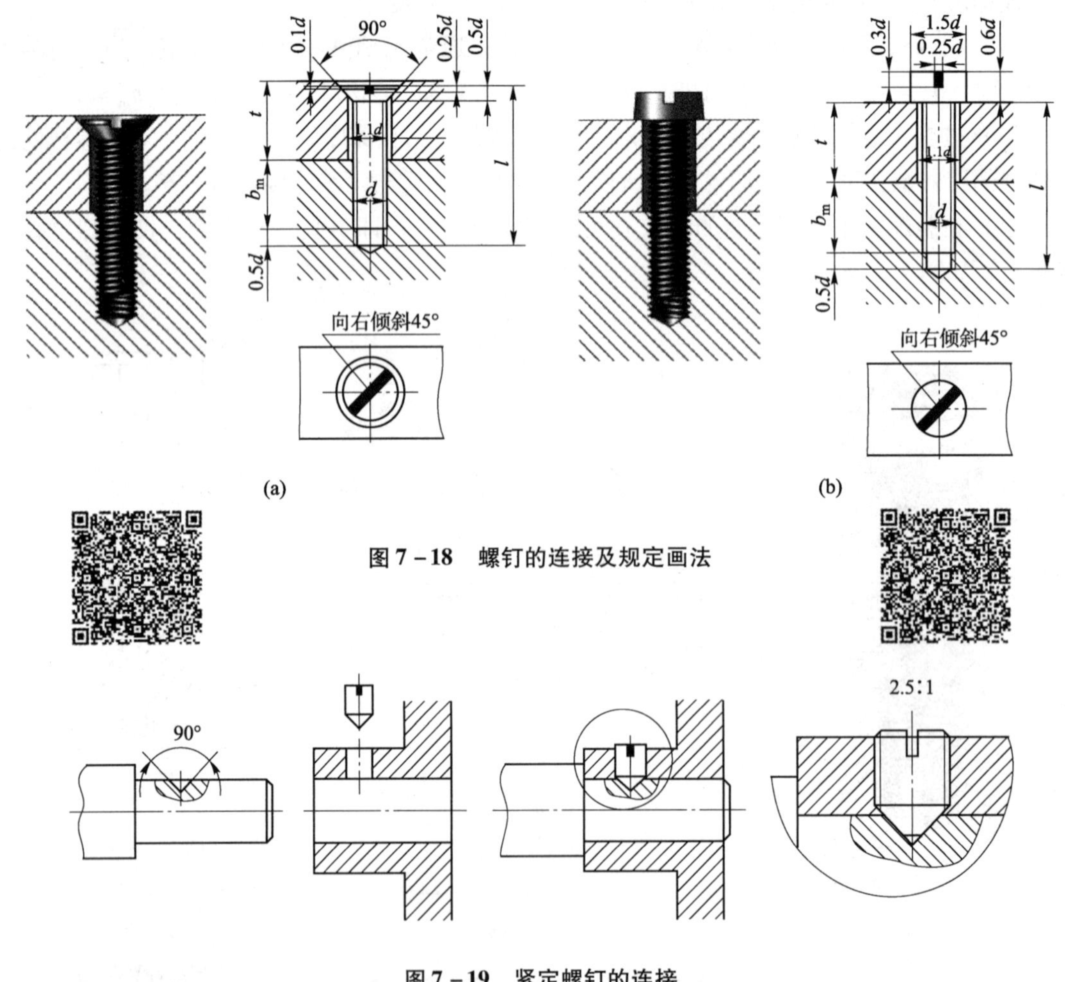

图 7－18　螺钉的连接及规定画法

图 7－19　紧定螺钉的连接

7.3　齿轮

齿轮广泛用于机械传动中，它将一根轴的运动传递到另一根轴上，不仅可以传递动力，还可以改变转速和方向。根据两轴的相对位置，齿轮可分为 3 类：

（1）圆柱齿轮——用于两平行轴之间的传动，如图 7－20（a）所示；

（2）圆锥齿轮——用于两相交轴之间的传动，如图 7－20（b）所示；

（3）蜗杆蜗轮——用于两垂直交叉轴之间的传动，如图 7－20（c）所示。

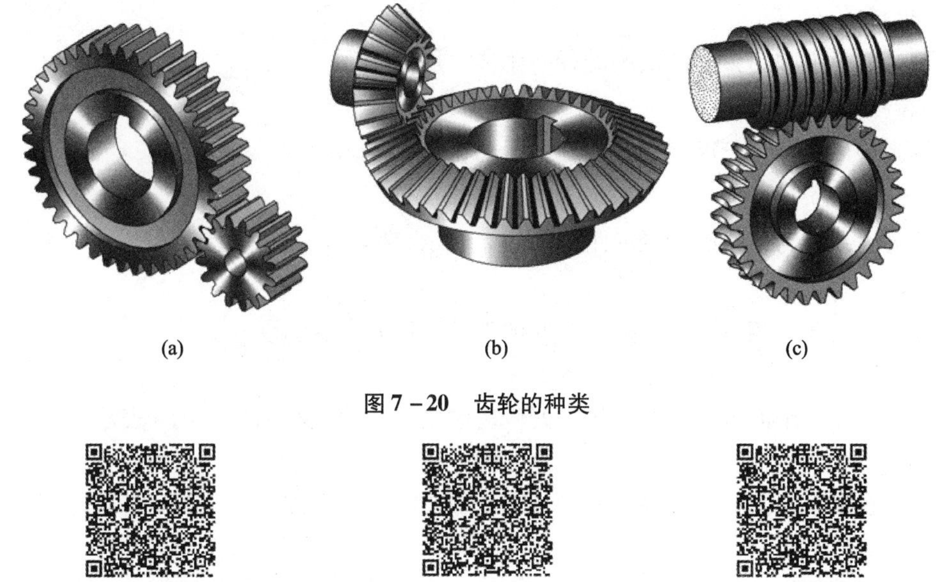

(a)　　(b)　　(c)

图 7－20　齿轮的种类

7.3.1　圆柱齿轮

圆柱齿轮按其齿形方向可分为直齿圆柱齿轮、斜齿圆柱齿轮、人字齿圆柱齿轮等，本节主要介绍直齿圆柱齿轮。

1. 直齿圆柱齿轮各部分名称及代号（见图 7－21）

1）齿顶圆（d_a）

齿顶圆为通过齿顶的圆，其直径用 d_a 表示。

2）齿根圆（d_f）

齿根圆为通过齿根的圆，其直径用 d_f 表示。

3）分度圆（d）和节圆（d'）

分度圆为在齿顶圆和齿根圆之间的假想圆，其直径用 d 表示；节圆为过两齿轮啮合接触点 C（节点）的假想圆，其直径用 d'表示。标准齿轮的 $d=d'$。

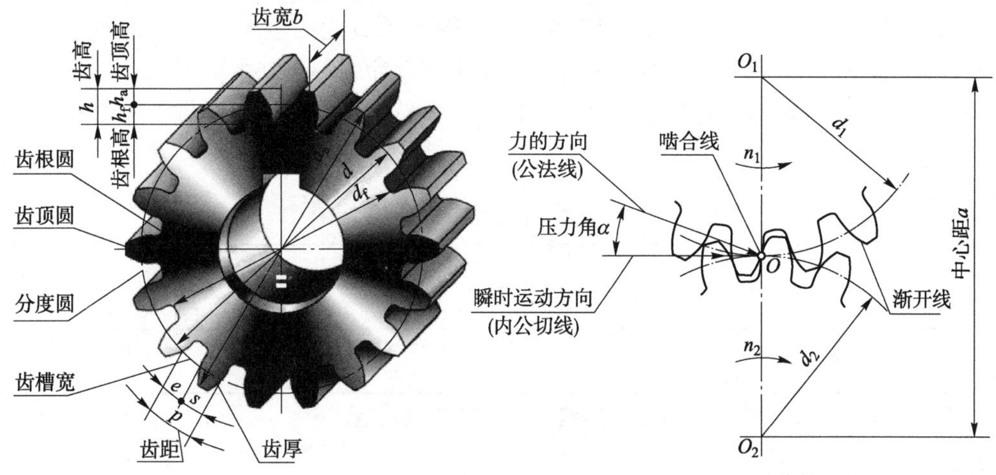

图 7－21　齿轮的各部分代号及名称

4）齿顶高（h_a）

齿顶高为齿顶圆与分度圆之间的径向距离，用 h_a 表示。

5）齿根高（h_f）

齿根高为齿根圆与分度圆之间的径向距离，用 h_f 表示。

6）齿高（h）

齿高为齿顶面与齿根圆的径向距离，用 h 表示，$h = h_a + h_f$。

7）齿距（p）

齿距为分度圆上相邻两齿对应点之间的弧长，用 p 表示。

8）齿槽宽（e）

齿槽宽为在端平面上，一个齿槽的两侧齿廓之间的分度圆弧长，用 e 表示。

9）齿厚（s）

齿厚为在端平面上，一个齿的两侧端面齿廓之间的分度圆弧长，用 s 表示。

10）齿宽（b）

齿宽为齿轮的有齿部位沿分度圆面的母线方向度量的宽度，用 b 表示。

11）压力角（α）

如图7－21所示，在节点 C 处，齿廓曲线的公法线与两节圆的公切线之间所夹的锐角为压力角，用 α 表示。我国标准齿轮的压力角为20°。

12）中心距（a）

中心距为两啮合齿轮轴线之间的距离，用 a 表示，$a = (d_1 + d_2)/2$。

2. 直齿圆柱齿轮的基本参数

1）齿数

齿数为一个齿轮的轮齿总数，用 z 表示。

2）模数

齿轮有多少个齿，就有多少个齿距，齿轮分度圆周长为 $\pi d = pz$，则分度圆直径 $d = zp/\pi$，式中 π 为无理数，p/π 称为齿轮的模数，用 m 表示，单位为mm，此时 $d = mz$。

相互啮合的一对齿轮，其齿距相等，因此模数也相等。当模数发生变化时，齿高 h 和齿距 p 也随之变化，模数 m 越大，轮齿就越大，齿轮的承载能力也越大。由此可见，齿轮模数是表征齿轮轮齿大小的重要参数，是计算齿轮主要尺寸的一个基本依据。

为了减少加工齿轮刀具的数量，又因齿轮具有互换性，国家标准对齿轮的模数作了统一规定，如表7－3所示。

表7－3　标准模数 mm

齿轮	模数系列	标准模数 m
圆柱齿轮	第一系列	1，1.25，1.5，2，2.5，3，4，5，6，8，10，12，16，20，25，32，40，50
	第二系列	1.125，1.375，1.75，2.25，2.75，3.5，4.5，5.5，（6.5），7，9，11，14，18，22，28.36，45

注：优先选用第一系列，其次选用第二系列，括号内的模数尽可能不选。

3. 直齿圆柱齿轮的尺寸计算

标准直齿圆柱齿轮的各部分尺寸的计算公式见表7－4。

表7-4　直齿圆柱齿轮的尺寸计算

名称	代号	计算公式
齿顶高	h_a	$h_a=m$
齿根高	h_f	$h_f=1.25m$
齿高	h	$h=2.25m$
分度圆直径	d	$d=mz$
齿顶圆直径	d_a	$d_a=d+2h_a=m(z+2)$
齿根圆直径	d_f	$d_f=d-2h_f=m(z-2.5)$
中心距	a	$a=(d_1+d_2)/2=m(z_1+z_2)/2$

4. 标准直齿圆柱齿轮的画法

1）单个齿轮的规定画法

如图7-22所示为单个齿轮的规定画法，齿轮轮齿应按以下规定绘制。

（1）在投影为圆的视图上，分度圆画细点画线，齿顶圆画粗实线，齿根圆画细实线或省略。

（2）在投影为非圆的视图上，在视图表达中，齿顶线画粗实线，齿根线省略；在剖视图表达中，齿顶线和齿根线均画粗实线，轮齿部分按不剖绘制；分度线在视图或剖视图表达中均画细点画线（超出轮廓线2~3 mm）。

（3）当需要表达轮齿的形状时，可采用半剖视图表达，用3条细实线表示齿线的方向。

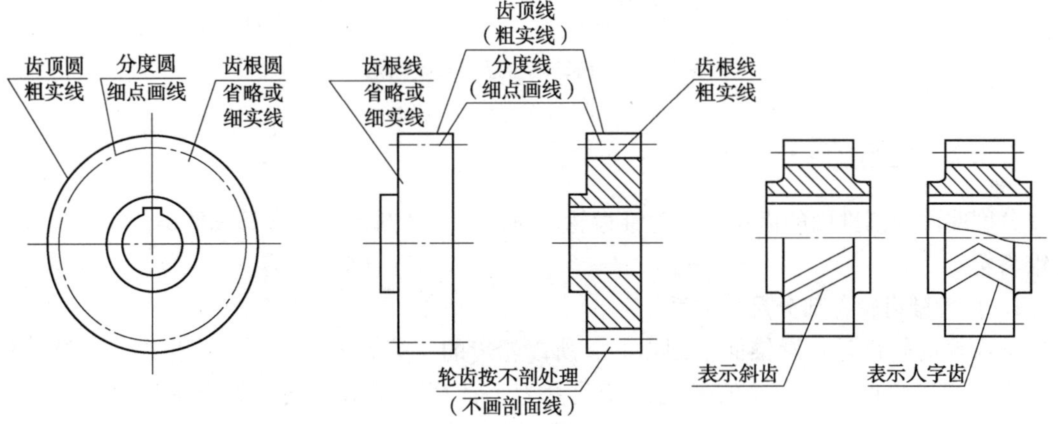

图7-22　单个齿轮的规定画法

2）圆柱齿轮啮合的画法

图7-23为圆柱齿轮啮合的画法，圆柱齿轮啮合画法规定如下。

（1）在垂直于圆柱齿轮轴线的投影面的视图中，啮合区内的齿顶圆均用粗实线绘制（也可省略不画），两节圆（分度圆）相切。

（2）在平行于圆柱齿轮轴线的投影面的视图中，啮合区内的齿顶线不需画出，节线用粗实线绘制，其他处的节线用细点画线绘制。

（3）在通过轴线的剖视图中，啮合区内将一个齿轮的轮齿用粗实线绘制，另一个齿轮的轮齿被遮挡的部分用细虚线绘制（也可省略不画），而且一个齿轮的齿顶线和另一个齿轮的齿根线之间应有0.25 mm的间隙。在外形视图上，啮合区内的齿顶线不画，节线（分度线）用粗实线绘制，其他处的节线用细点画线绘制，如图7-24所示。

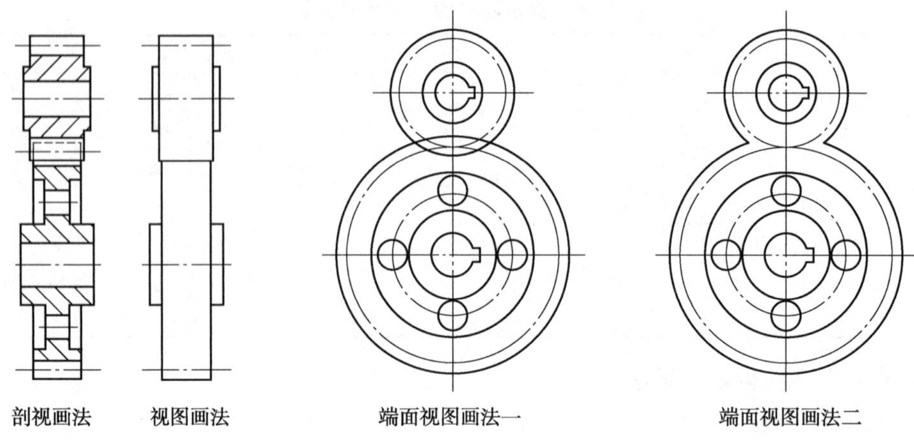

图 7－23 圆柱齿轮啮合的画法

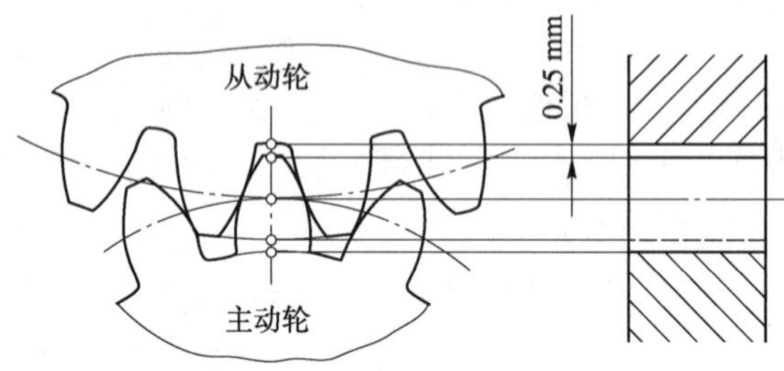

图 7－24 齿轮啮合区域规定画法

7.3.2 锥齿轮

分度曲面为圆锥面的齿轮，称为锥齿轮。齿线为分度圆锥面的直母线的锥齿轮，称为直齿锥齿轮。

1. 直齿锥齿轮各部分尺寸关系

锥齿轮的轮齿是在圆锥面上制出的，所以轮齿的一端大，另一端小，齿厚是逐渐变化的，直径和模数也随着齿厚的变化而变化。为了计算和制造方便，规定锥齿轮的大端模数为标准模数。直齿锥齿轮各部分尺寸关系如表 7－5 所示。直齿锥齿轮各部分名称及代号如图 7－25 所示。

表 7－5 直齿锥齿轮各部分尺寸关系

名称	代号	计算公式
分度圆直径	d	$d = mz$
分度圆锥角(大轮)	δ_2	$\tan\delta_2 = z_2/z_1$
大端齿顶高	h_a	$h_a = m$
大端齿根高	h_f	$h_f = 1.2m$
大端齿高	h	$h = h_a + h_f = 2.2m$
大端齿顶圆直径	d_a	$d_a = d + 2h_a\cos\delta = m(z + 2\cos\delta)$
大端齿根圆直径	d_f	$d_f = d - 2h_f\cos\delta = m(z - 2.4\cos\delta)$

续表

名称	代号	计算公式
齿顶角	θ_a	$\tan\theta_a = 2(\sin\delta)/z$
齿根角	θ_f	$\tan\theta_f = 2.4(\sin\delta)/z$
顶锥角	δ_a	$\delta_a = \delta + \theta_a$
外锥距	δ_f	$\delta_f = \delta - \theta_f$
齿宽	b	$b \leqslant (1/3)R$

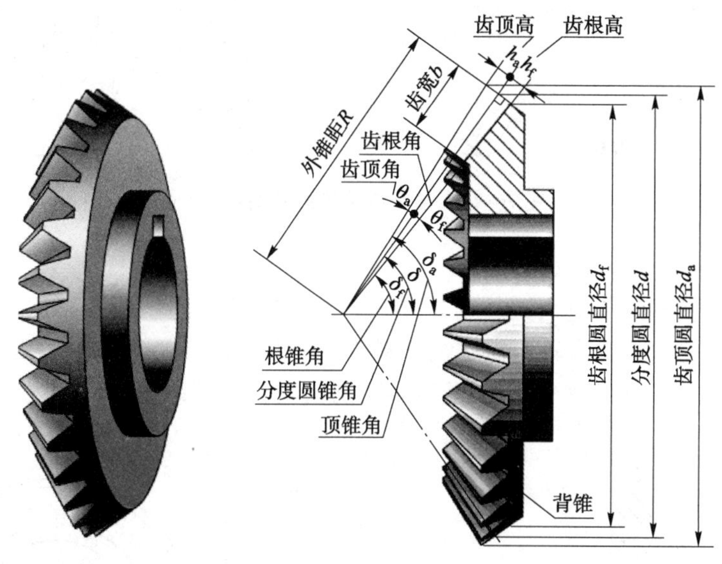

图 7－25　直齿锥齿轮各部分名称及代号

2. 直齿锥齿轮的规定画法

1）单个锥齿轮的规定画法

图 7－26 为单个锥齿轮的规定画法，锥齿轮的主视图通常画剖视图，轮齿按不剖画。在左视图中表示大端和小端的齿顶圆画粗实线，表示大端的分度圆画细点画线。大、小端齿根圆和小端分度圆都不画，其他部分按投影画出。

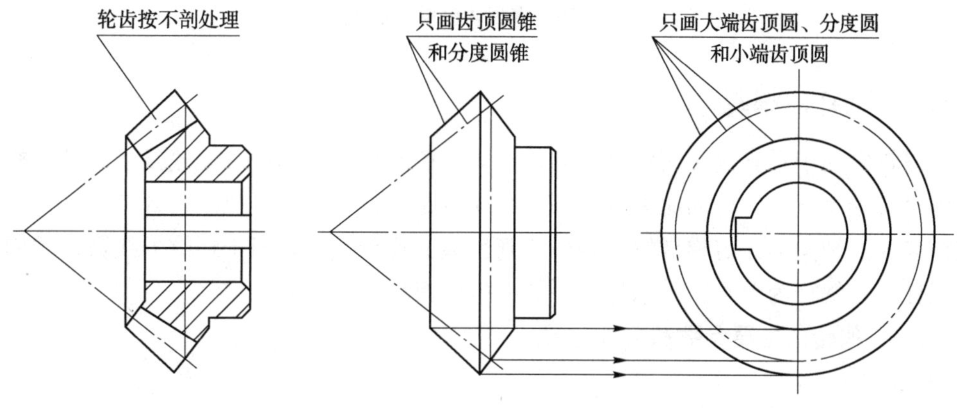

图 7－26　单个锥齿轮的规定画法

2）单个锥齿轮的画图步骤

根据锥齿轮的大端分度圆直径 d、分度圆锥角 δ 等参数，画出分度圆直径、分度圆锥角和背锥，然后根据大端齿顶高、齿根高，画出齿顶线、齿根线并定出宽度，最后画出锥齿轮的其他投影，画剖面线并加深，如图 7－27 所示。

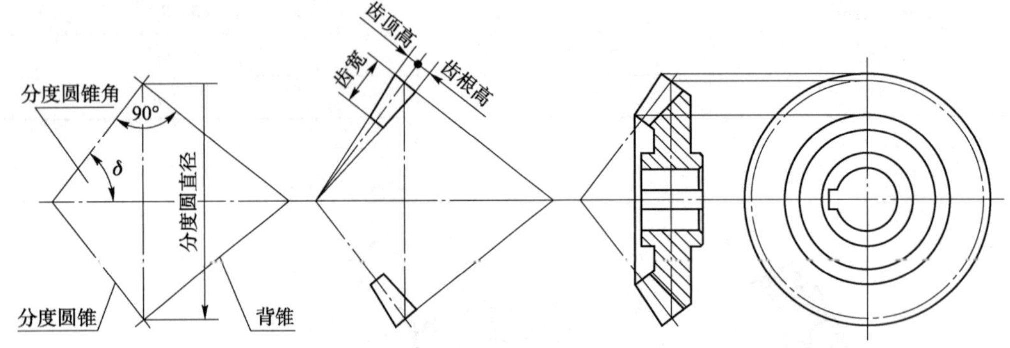

图 7－27　单个锥齿轮的画图步骤

3）直齿锥齿轮的啮合画法

锥齿轮啮合区的画法与直齿圆柱齿轮相同。锥齿轮啮合的剖视图画法如图 7－28（a）所示，在啮合区域将一个锥齿轮用粗实线绘制，一个锥齿轮被遮挡的部分用细虚线绘制；外形视图画法如图 7－28（b）所示，用粗实线绘制出啮合区域内的节锥线，其他处的节锥线用细点画线绘制。

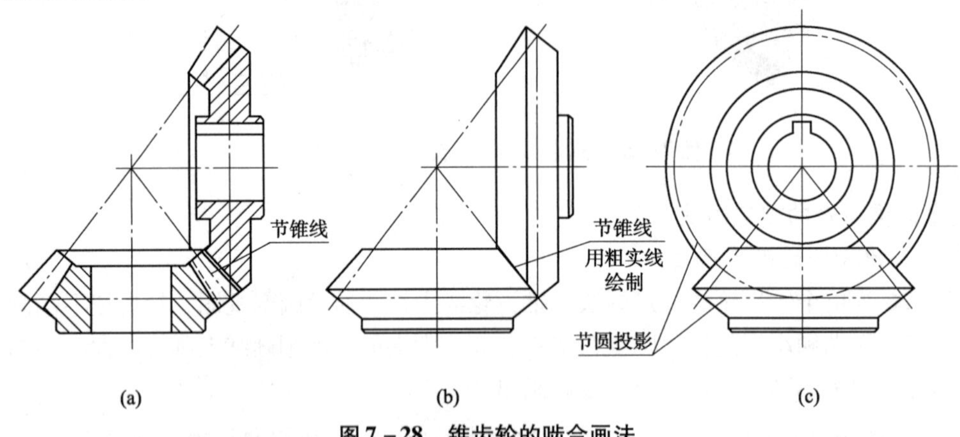

图 7－28　锥齿轮的啮合画法

7.3.3　蜗杆、蜗轮

蜗杆蜗轮常用于垂直交叉两轴之间的传动，一般蜗杆是主动件，蜗轮是从动件，蜗杆－蜗轮传动具有结构紧凑、传动比大的优点，其缺点是摩擦力大、发热多、效率低。

蜗杆齿廓的轴向剖面与梯形螺纹相似，其齿数又称头数，相当于螺纹的线数，常用单头或双头蜗杆。若蜗杆为单头，则蜗杆转一圈，蜗轮只转过一个齿。

1. 蜗杆、蜗轮的主要参数和尺寸计算

1）模数（m）

蜗杆的轴向模数 m_x 和蜗轮的端面模数 m_t 为标准模数。

2）蜗杆的直径系数（q）

蜗杆的分度圆直径 d_1 与轴向模数 m_x 的比，称为蜗杆的直径系数 q，即 $q = d_1/m_x$。对于不同的标准模数，规定了相应的 q。其主要的目的是减少加工时蜗轮滚刀的数量。

3）导程角（γ）和螺旋角（β）

沿蜗杆的分度圆柱面，将螺旋线展开，可知 $\tan\gamma = z_1/q$。一对相互啮合的蜗杆蜗轮，其模数必须相等，蜗杆的导程角与蜗轮的螺旋角应大小相等（$\gamma = \beta$），方向相反。

4）中心距（a）

一般圆柱蜗杆的中心距应在标准中选取标准值。

2. 蜗杆、蜗轮的规定画法

1）蜗杆的规定画法

蜗杆一般选用一个视图，其齿顶线、齿根线和分度线的画法与圆柱齿轮画法相同，如图 7－29 所示。

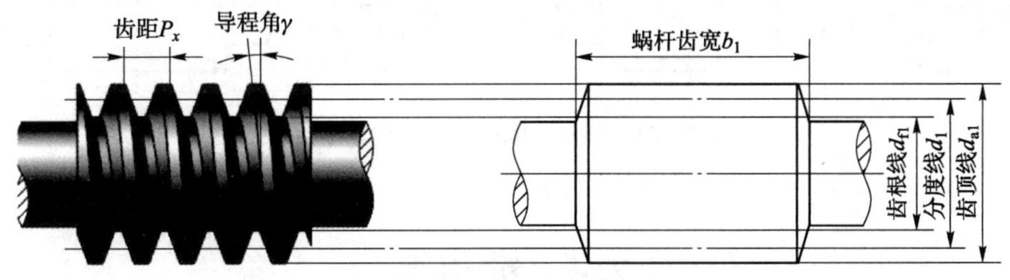

图 7－29　蜗杆的规定画法

2）蜗轮的规定画法

在投影为非圆的视图中蜗轮采用全剖视图或半剖视图，其画法与圆柱齿轮相同，如图 7－30 所示。

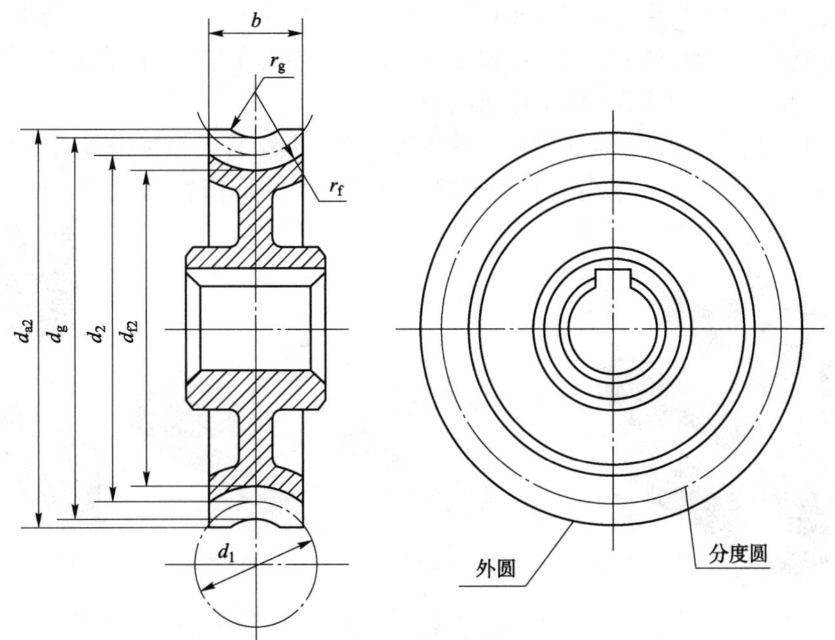

图 7－30　蜗轮的规定画法

3）蜗杆、蜗轮啮合的规定画法

蜗杆和蜗轮啮合的规定画法（见图 7－31）：在主视图中，蜗轮被蜗杆遮住的部分不画出；在左视图中，蜗轮的分度圆与蜗杆的分度线相切。在剖视图中，蜗杆投影为圆的视图上，蜗轮在啮合区被遮挡部分的细虚线可省略不画。在蜗轮投影为圆的视图中，啮合区的齿顶圆和齿顶线可省略不画。

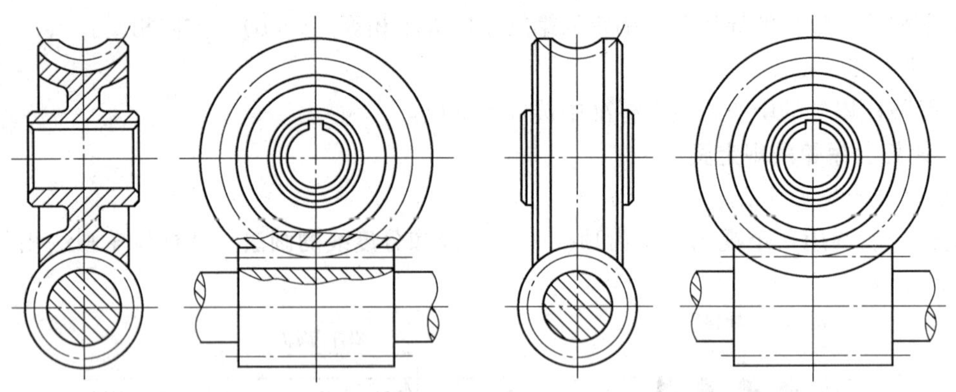

图 7－31　蜗杆、蜗轮啮合的规定画法

7.4　键和销

7.4.1　键连接

1. 普通平键

如果要把动力通过齿轮或带轮等机械零件传递到安装这个零件的轴上，通常在轮孔和轴上分别加工出键槽，把普通平键的一半嵌在轴里，另一半嵌在与轴相配合的零件的毂里，使它们连接在一起转动，如图 7－32（a）所示。

键有普通平键、半圆键、勾头楔键、花键等类型，其中普通平键中普通 A 型平键（圆头）、普通 B 型平键（平头）、普通 C 型平键（单圆头）为常用键，如图 7－32（b）所示。

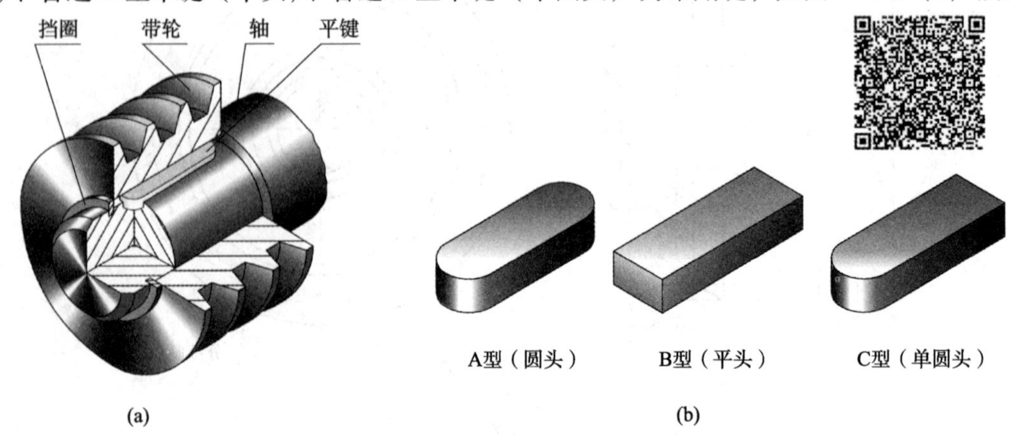

图 7－32　普通平键的连接及类型

键的型式及标记：标准编号　名称类型　键宽×键高×键长。普通 A 型平键应用较多，所以普通 A 型平键不标注“A”。

普通 A 型平键，键宽 $b = 18$ mm，键高 $h = 11$ mm，键长 $L = 100$ mm，键的标记为：

GB/T 1096　键 18×11×100

2. 键连接的画法

普通平键的两个侧面是工作面，上、下底面是非工作面，连接时，普通平键的两个侧面与轴和轮毂键槽的侧面相接触，键的底面与轴键槽的底面相接触，分别画一条线；键的顶面与轮毂键槽的顶面有间隙，画两条线，如图 7－33 所示。

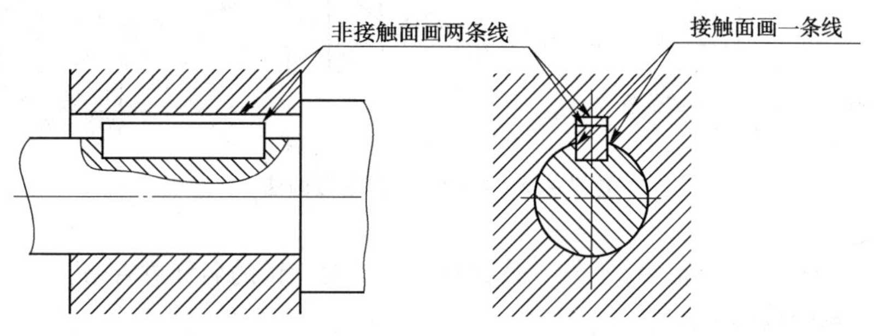

图 7－33　普通平键的连接画法

2. 矩形花键的画法

1）矩形花键轴的画法及尺寸标注

如图 7－34 所示，在平行于花键轴线的投影面的视图中，外花键的大径用粗实线绘制，小径和分界线用细实线绘制；在断面图中，齿形可以全部或部分画出，若部分画出，未画出齿形部分小径用细实线绘制，并在标注中注明齿数；花键尾部一般画成与轴线成 30°的斜线，必要时可按实际情况画出。

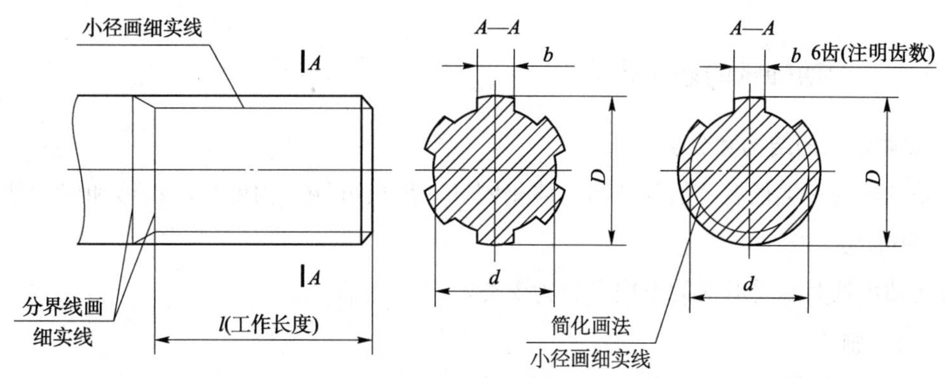

图 7－34　矩形花键轴的画法及尺寸标注

7.4.2 销连接

销主要用于两零件之间的连接或定位。常用的销有圆柱销和圆锥销，如图 7－35 所示。销是标准件，使用时按相关标准选用。

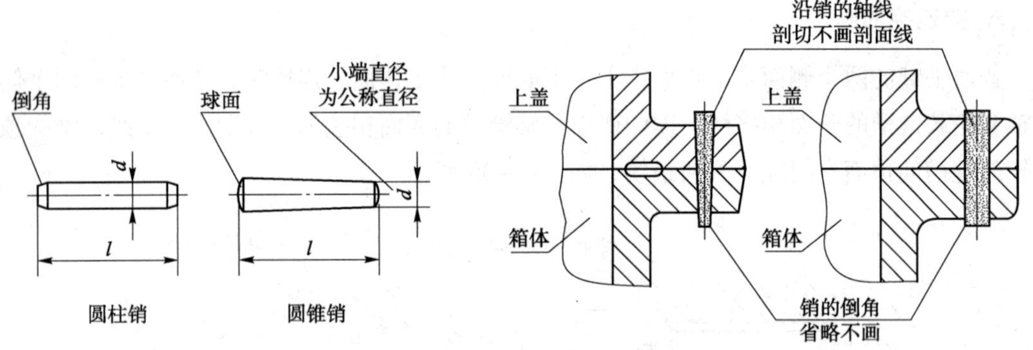

图 7－35 销的类型及连接画法

销的形式及标记：名称 标准号 公称直径×长度。销的名称可省略，A 型圆锥销应用较多，所以 A 型圆锥销不标注“A”。

公称直径 $d=6$ mm、公差为 m6、公称长度 $L=30$ mm、材料为钢、普通淬火、表面氧化的圆柱销，其标记为：

销 GB/T 119.2 6×30 或 GB/T 119.2 6 m6×30

7.5 滚动轴承

滚动轴承是用来支承传动轴的标准部件，其结构尺寸均已标准化，由专门的工厂生产，需要时可根据设计要求进行选型。滚动轴承因其摩擦小、旋转精度高、维护方便而被广泛应用。

7.5.1 滚动轴承的基本代号

1. 滚动轴承的结构和分类

滚动轴承的种类很多，但其结构大体相同。一般由外圈、内圈、滚动体和保持架组成，如图 7－36 所示。

滚动轴承按其承受载荷的方向可分为 3 类。

1） 向心轴承

向心轴承主要承受径向载荷，如深沟球轴承，如图 7－36（a）所示。

2） 推力轴承

推力轴承仅能承受轴向载荷，如推力球轴承，如图 7－36（b）所示。

3）向心推力轴承

向心推力轴承能同时承受径向载荷和轴向载荷，如圆锥滚子轴承，如图 7－36（c）所示。

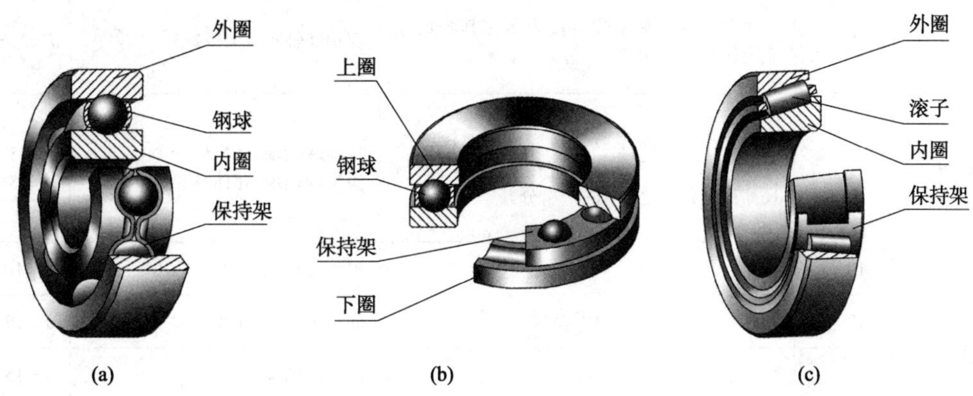

图 7－36　滚动轴承的结构

2. 滚动轴承的代号

滚动轴承的代号由前置代号、基本代号和后置代号组成，常用的滚动轴承只需基本代号。基本代号由轴承类型代号、尺寸系列代号、内径系列代号组成。

1）轴承类型代号

轴承类型代号由数字或字母表示，如表 7－6 所示。

表 7－6　滚动轴承类型代号

代号	轴承类型	代号	轴承类型	代号	轴承类型
0	双列角接触球轴承	4	双列深沟球轴承	8	推力圆柱滚子轴承
1	调心球轴承	5	推力球轴承	N	圆柱滚子轴承
2	调心滚子轴承	6	深沟球轴承	U	外球面球轴承
3	圆锥滚子轴承	7	角接触球轴承	QJ	四点接触球轴承

2）尺寸系列代号

尺寸系列代号由轴承的宽（高）度系列代号和直径系列代号组成，用 2 位数字表示。它的主要作用是区别内径相同而宽度和外径不同的轴承，具体代号需查阅相关标准。

3）内径系列代号

内径系列代号表示轴承的公称内径，一般用 2 位数字表示，代号为 00、01、02、03 时，分别表示内径 $d=10$ mm、12 mm、15 mm、17 mm；代号数字为 04～96 时，轴承内径为代号数字乘以 5；轴承内径尺寸为 1～9 mm 或大于等于 500 mm 以及 22 mm、28 mm、32 mm 时，用公称内径毫米数直接表示内径系列代号，但与尺寸系列代号要用“/”分开。滚动轴承的内径系列代号如表 7－7 所示。

表 7－7　滚动轴承的内径系列代号

轴承公称内径/mm		内径代号	示例	
0.6～10（非整数）		用公称直径毫米数直接表示，其与尺寸系列代号之间用“/”分开	深沟球轴承　618/2.5	d=2.5 mm
1～9（整数）		用公称内径毫米数直接表示，对深沟及角接触球轴承 7、8、9 直径系列，内径与尺寸系列代号之间用“/”分开	深沟球轴承　62/5 深沟球轴承　618/5	d=5 mm d=5 mm
10～17	10	00	深沟球轴承　6200	d=10 mm
	12	01	深沟球轴承　6201	d=12 mm
	15	02	深沟球轴承　6202	d=15 mm
	17	03	深沟球轴承　6203	d=17 mm
20～480 （22、28、32 除外）		公称内径除以 5 的商数，若商数为个位数，需在商数左边加“0”，如 08	圆锥滚子轴承　30308 深沟球轴承　6215	d=40 mm d=75 mm
≥500 以及 22、28、32		用公称内径毫米数直接表示，其与尺寸系列之间用“/”分开	调心滚子轴承　230/500 深沟球轴承　62/22	d=500 mm d=22 mm

滚动轴承基本代号的含义如表 7－8 所示。

表 7－8　滚动轴承基本代号的含义

滚动轴承代号	右数第 5 位代表轴承类型	右数第 4、3 位代表尺寸系列	右数第 2、1 位代表内径
6208	6：表示深沟球轴承	第 4 位：高度系列代号 0（省略） 第 3 位：直径系列代号为 2	d=8×5 mm=40 mm
62/22	6：表示深沟球轴承	第 4 位：高度系列代号 0（省略） 第 3 位：直径系列代号为 2	d=22 mm
30312	3：表示圆锥滚子轴承	第 4 位：高度系列代号为 0 第 3 位：直径系列代号为 3	d=12×5 mm=60 mm
51310	5：表示推力球轴承	第 4 位，高度系列代号为 1 第 3 位：直径系列代号为 3	d=10×5 mm=50 mm

7.5.2　滚动轴承的画法

滚动轴承是标准件，可按设计要求选购，不必画出它的零件图。在装配图中，可采用规定画法或特征画法，如表 7－9 所示。

表 7 – 9　常用滚动轴承的画法

名称和标准号	检查主要数据	画法			装配示意图
		简化画法		规定画法	
		通用画法	特征画法		
深沟球轴承（GB/T 276—2013）	D d B		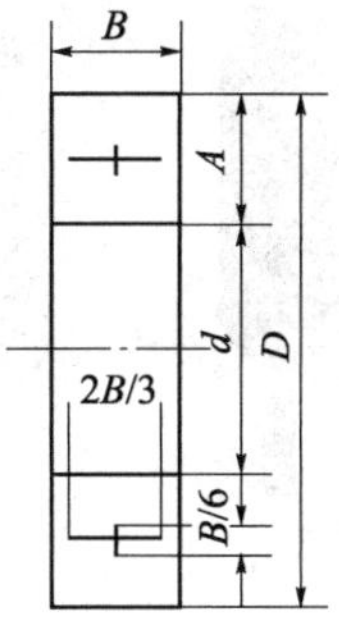	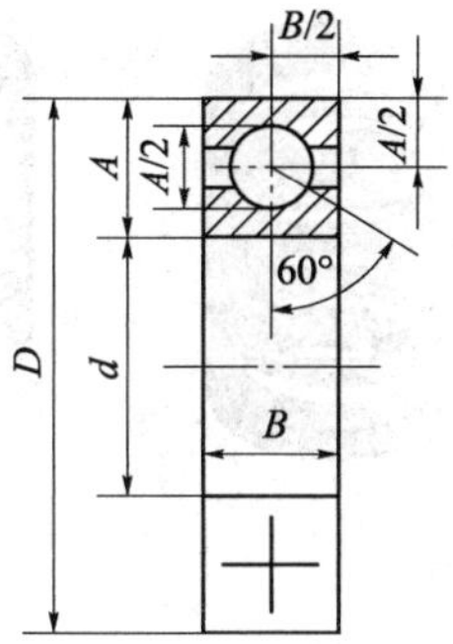	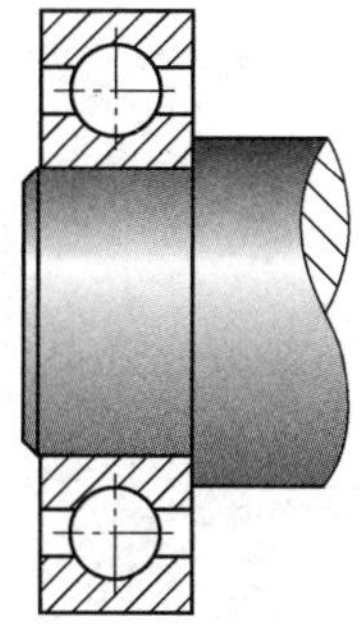
圆锥滚子轴承（GB/T 297—2015）	D d B T C	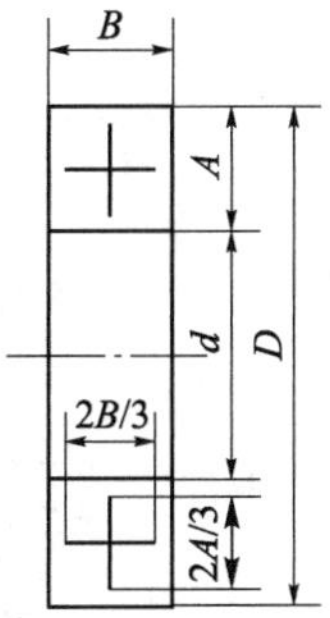	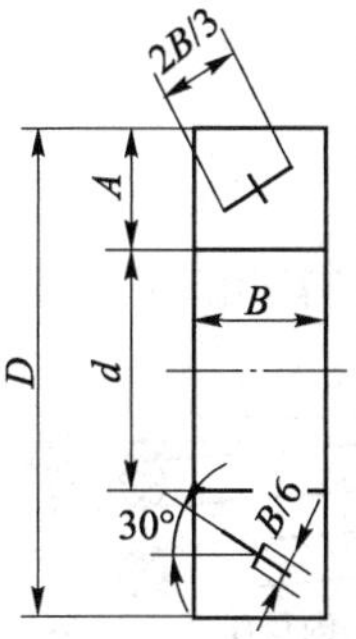	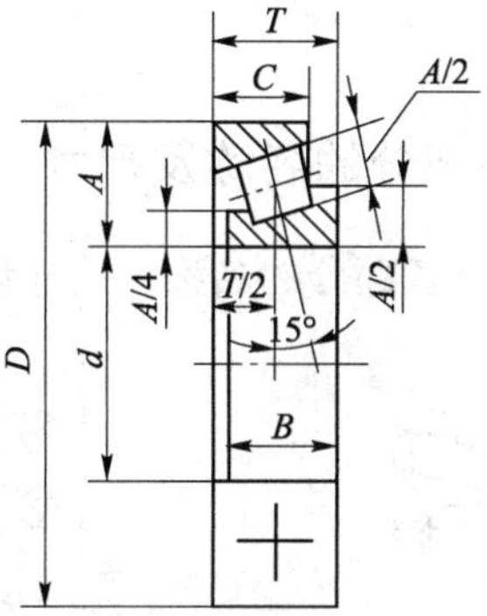	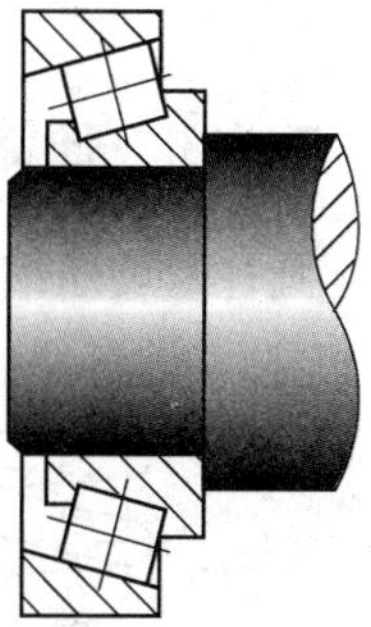
推力球轴承（GB/T 301—2015）	D d T		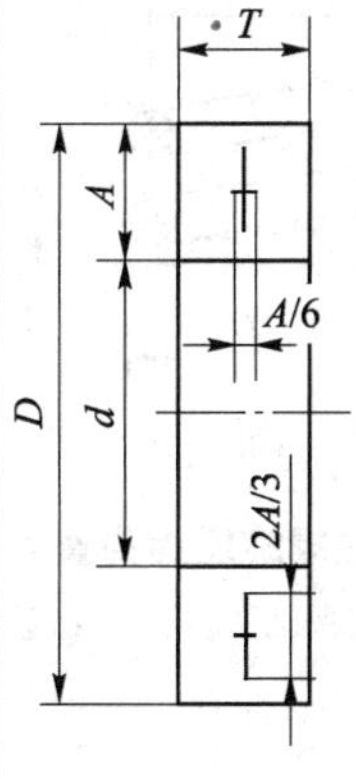	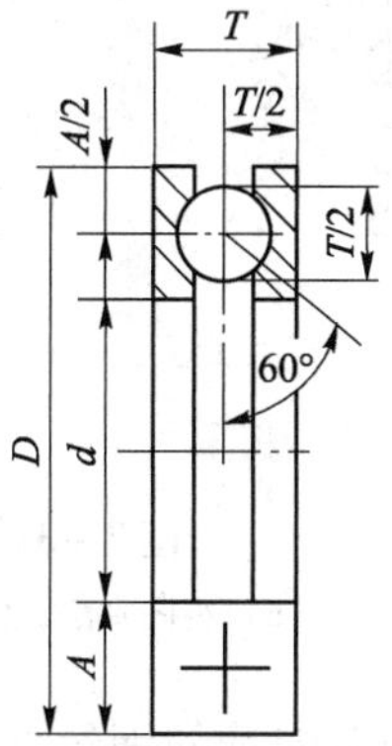	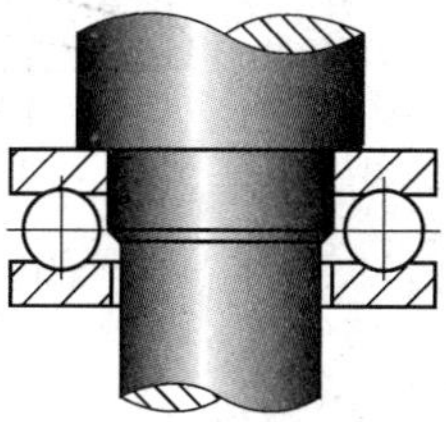

7.6　弹簧

弹簧是机器中常用的零件，具有功/能转换特性，可用来减振、夹紧、测力、储存能量等。弹簧的种类很多，常用的为螺旋弹簧，按其受力情况可分为压缩弹簧、拉伸弹簧和扭转弹簧，如图 7－37 所示。弹簧是常用件，其结构型式和尺寸大小均已标准化，其中常见的是圆柱螺旋弹簧。本节主要介绍圆柱螺旋压缩弹簧的画法。

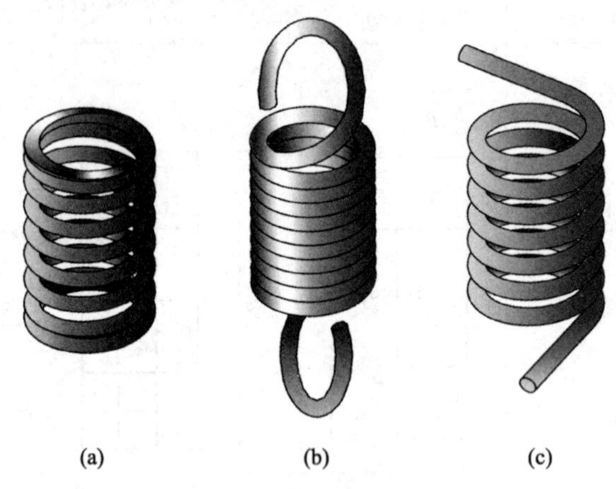

图 7－37　圆柱螺旋弹簧

（a）压缩弹簧；（b）拉伸弹簧；（c）扭转弹簧

7.6.1　弹簧各部分的名称及尺寸

圆柱螺旋压缩弹簧各部分的名称及尺寸计算如图 7－38 所示。

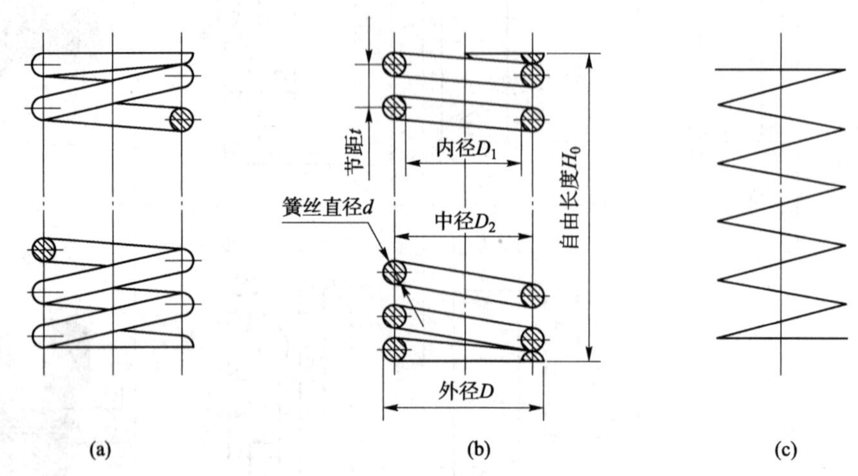

图 7－38　圆柱螺旋压缩弹簧

（a）视图画法；（b）剖视画法；（c）示意画法

（1）弹簧直径 d：制造弹簧的钢丝直径。

（2）弹簧外径 D：弹簧的最大直径。

（3）弹簧内径 D_1：弹簧的最小直径。

（4）弹簧中径 D_2：弹簧的外径和内径平均值，$D_2=(D+D_1)/2=D-d=D_1+d$。

（5）节距 t：螺旋弹簧相邻有效圈的轴向距离。一般 $t=(D/3)-(D/2)$。

（6）有效圈数 n、支承圈数 n_2 和总圈数 n_1：有效圈数指用于计算弹簧总变形量的圈数，支承圈数是指支承或固定弹簧的圈数，总圈数是指沿螺旋线两端间的螺旋圈数。

（7）自由高度（长度）H_0：弹簧无负荷作用时的高度，$H_0 = nt + 2d$。

（8）弹簧的展开长度 L：制造弹簧时弹簧丝的长度。

7.6.2　弹簧的规定画法

（1）在平行弹簧轴线的投影面上的视图中，各圈的轮廓均画成粗实线，如图 7 - 38 所示。

（2）弹簧有左旋和右旋之分，画图时均可画成右旋，其旋向应在“技术要求”中注明。

（3）若弹簧的有效圈数在 4 圈以上，则中间部分可以省略，用通过中径的细点画线连接起来，且图形的长度可以缩短，应注明弹簧的自由高度。

（4）在装配体中，弹簧中间各圈采用省略画法后，弹簧后面被挡住的零件轮廓不必画出，如图 7 - 39（a）所示。

（5）当线径在图上小于或等于 2 mm 时，可采用示意画法，如图 7 - 39（c）所示。

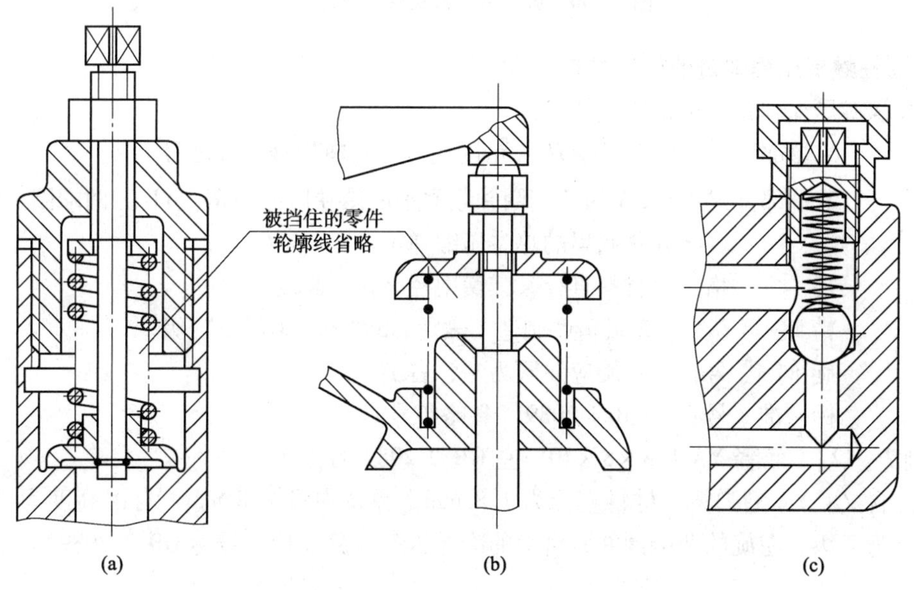

图 7 - 39　圆柱螺旋压缩弹簧在装配图中的画法

（a）剖视画法；（b）涂黑表示法；（c）示意画法

7.6.3　弹簧的绘图步骤和标记

1. 弹簧的绘图步骤

［**例 7 - 11**］　已知圆柱螺旋压缩弹簧的簧丝直径 $d = 6$ mm，弹簧外径 $D = 42$ mm，节距 $t = 12$ mm，有效圈数 $n = 6$，支承圈数 $n_2 = 2.5$，右旋，试画出圆柱螺旋压缩弹簧的剖视图。

解　①算出弹簧中径 $D_2 = D - d =$（42 - 6）mm = 36 mm，自由高度 $H_0 = nt + 2d =$（6 × 12 + 2 × 6）mm = 84 mm，可画出长方形，如图 7 - 40（a）所示。

②根据簧丝直径 d，画出支承圈部分弹簧钢丝的剖面，如图 7 - 40（b）所示。

③画出有效圈部分弹簧钢丝的剖面。先在 CD 线上根据节距 t 画出圆 2 和圆 3；然后从

1、2 和 3、4 的中点作垂线与 AB 线相交，画出圆 5 和圆 6，如图 7－40（c）所示。

④按右旋方向作相应圆的公切线及剖面线，即完成作图，如图 7－40（d）所示。

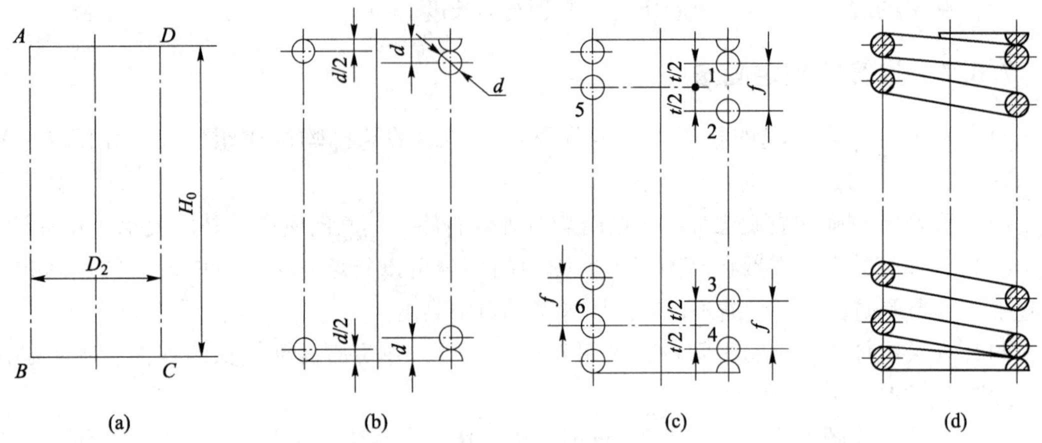

图 7－40　圆柱螺旋压缩弹簧作图步骤

2. 圆柱螺旋压缩弹簧的标记格式

圆柱螺旋压缩弹簧的标记格式如下：

Y 端部型式：　$d \times D \times H_0$－精度代号　旋向代号　标准号

Y 端部型式：　YA 为两端圈并紧磨平的冷卷压缩弹簧；YB 为两端圈并紧制扁的热卷压缩弹簧。

规　　格：　材料直径×弹簧中径×自由高度。

精度等级：　2 级精度制造不表示，3 级应注明“3”级。

旋向代号：　左旋应注明为左，右旋不表示。

标 准 号：　GB/T 2089（省略年号）。

［例 7－12］　解释 YA 1.8×8×40　左 GB/T 2089 的含义。

解　含义：YA 型弹簧，材料直径为 1.8 mm，弹簧中径为 8 mm，自由高度为 40 mm，精度等级为 2 级，左旋的两端圈并紧磨平的冷卷压缩弹簧（标准号为 GB/T 2089）。

第 8 章　零件图

8.1　概述

8.1.1　零件图的作用

任何一台机器或部件都是由若干零件按一定的装配关系装配而成的。表示零件结构、大小及技术要求的图样称为零件图，拨叉的零件图如图 8－1 所示。零件图是设计和生产部门进行技术交流的重要文件，也是制造和检验的主要依据。

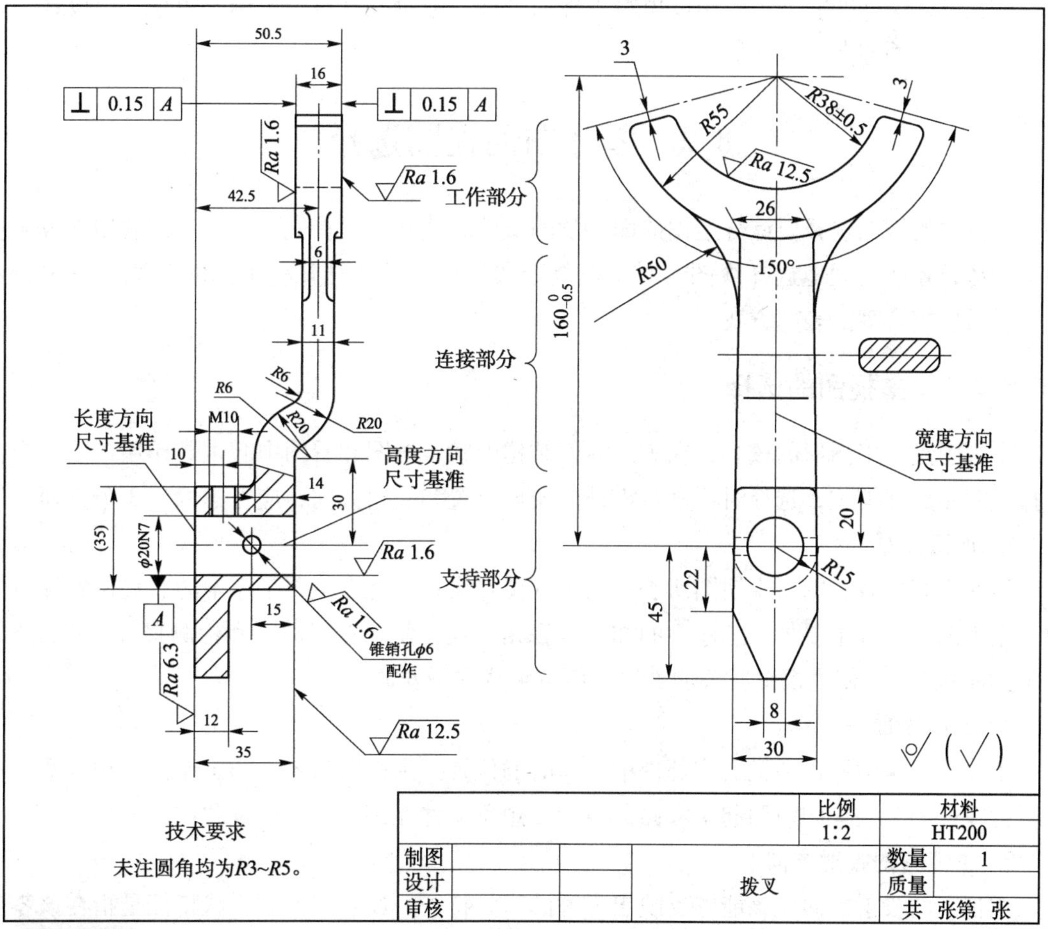

技术要求

未注圆角均为$R3 \sim R5$。

				比例	材料	
				1∶2	HT200	
制图			拨叉		数量	1
设计					质量	
审核					共　张第　张	

图 8－1　拨叉的零件图

8.1.2 零件图的内容

从图 8－1 中可以看出，一张完整的零件图包括以下方面的内容。

1. 一组视图

用一定数量的视图、剖视图、断面图、局部放大图和简化画法等机件的图样表达方法，将零件的各部分结构形状完整、清晰地表达出来。

2. 一组尺寸

正确、完整、清晰、合理地标注出组成零件各形体的大小及相对位置尺寸，即提供制造和检验零件所需的全部尺寸。

3. 技术要求

用规定的符号、代号、标记和简要的文字表达出零件制造和检验时应达到的各项技术指标和要求。不便于用代号标注在图样中的技术要求，可用文字写在标题栏的上方或左侧。

4. 标题栏

标题栏在图样的右下角，用以填写零件的名称、数量、材料、比例、图号，及设计、审核、批准人员的签名、日期等。

8.2 零件图的视图选择

零件图的视图选择要综合运用前面所学的机件表达知识。首先要了解零件的用途及主要加工方法，才能合理地选择视图。对于较复杂的零件，可拟订几种不同的表达方案进行对比，最后确定合理的表达方案。

8.2.1 主视图的选择

主视图是一组图形的核心，在表达零件结构形状、画图和看图中起主导作用，因此应把选择主视图放在首位，选择时要确定零件的安放位置和投射方向，应考虑以下 3 个方面。

1. 加工位置

为便于制造者看图，主视图所表示的零件位置应和零件在主要工序中的装夹位置保持一致。主视图与零件主要加工工序中的加工位置相一致，便于看图加工和检测尺寸。如图 8－2 所示的阀杆，是使主视图反映加工位置而将轴线水平安放的。

2. 工作位置

工作位置是指零件在机器或部件中工作时的位置，主视图与零件的工作位置相一致，有利于把零件图和装配图对照起来看图，也便于想象零件在部件中的位置和作用。

3. 主视图的投射方向

主视图的投射方向应该能够反映出零件的形状特征。反映零件的形状特征是指在该零件的主视图上能较清楚和较多地表达出该零件的结构形状，以及各结构形状之间的相对位置关系。

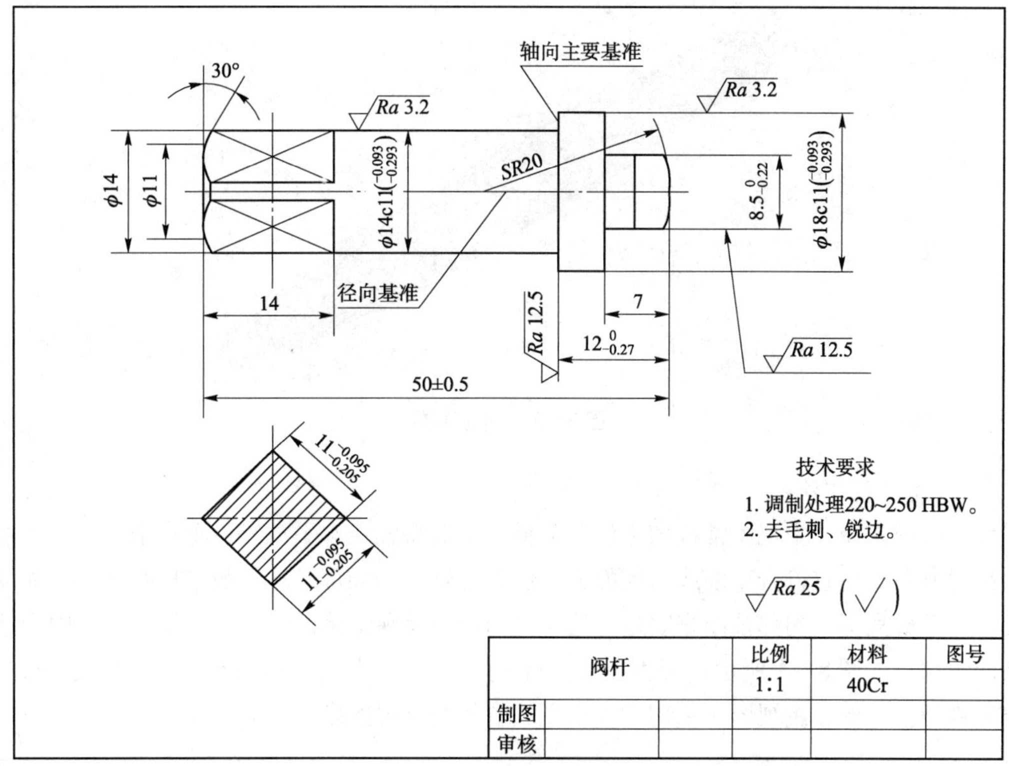

图 8－2　阀杆的零件图

8.2.2　其他视图的选择

对于结构形状较复杂的零件，主视图还不能完全地反映其结构形状，必须选择其他视图，包括剖视图、断面图、局部放大图和简化画法等各种表达方法。

选择其他视图的原则是：在完整、清晰地表达零件内、外结构形状的前提下，尽量减少图形数量，以方便画图和读图。如图 8－2 所示，除主视图外，又采用了断面图来表达阀杆的局部结构。

选择其他视图时，应注意使每个视图都应有明确的表达目的，所选的视图数量要恰当，尽量选用基本视图，并采用适当的表达方法，采用局部视图或斜剖视图时，应尽可能按投影关系配置。

8.2.3　典型零件的表达

根据零件结构的特点和用途，零件大致可分为轴（套）类、轮盘类、叉架类和箱体类 4 类典型零件。

1. 轴（套）类零件

1）结构特点

轴（套）类零件的主体多数是由几段直径不同的圆柱、圆锥体所组成，构成阶梯状，轴向尺寸远大于其径向尺寸；局部有键槽、螺纹、挡圈槽、倒角、退刀槽、中心孔等结构，如图8－3所示。

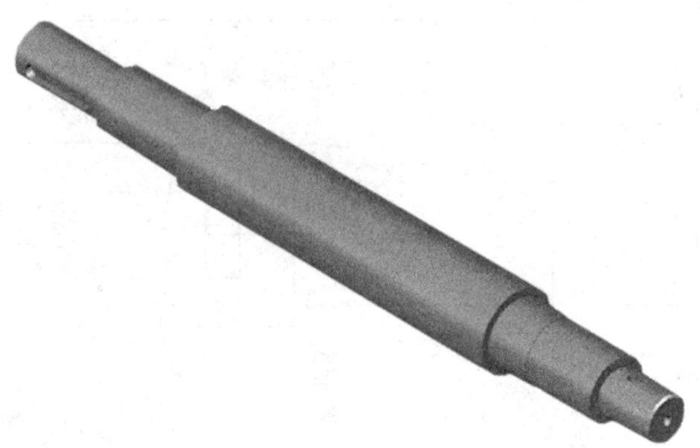

图 8－3 轴的结构

2）常用表达方法

为了读图方便，主视图常按加工位置选择，一般将轴线水平放置，垂直轴线方向为主视图的投射方向，使它符合车削或磨削的加工位置。轴上的局部结构一般采用断面图、局部剖视图、局部放大图、局部视图来表达。用移出断面图反映键槽的深度，用局部放大图表达定位孔的结构，如图 8－4 所示。套类零件主体仍由回转体组成，与轴类零件不同之处在于：套类零件是空心的，主视图多采用轴线水平放置的全剖视图表示。

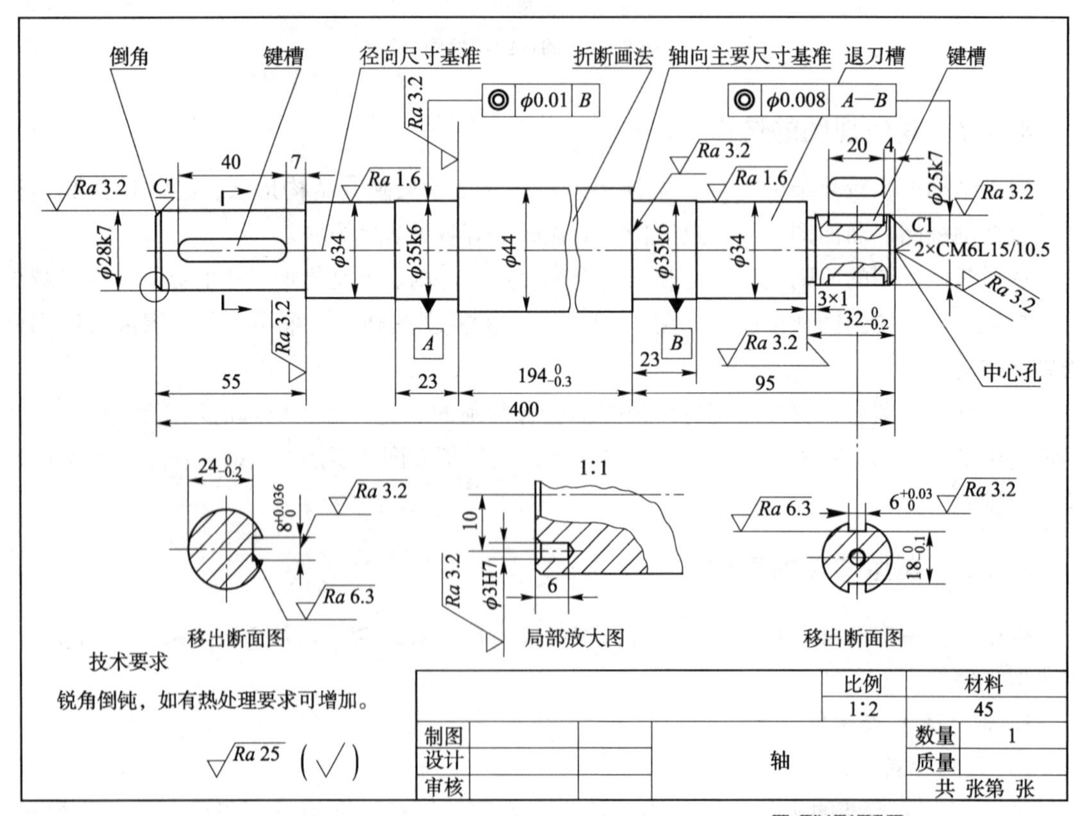

图 8－4 轴的零件图

2. 轮盘类零件

1）结构特点

轮盘类零件的基本形状是扁平的盘状，主体部分多为回转体，径向尺寸远大于其轴向尺寸，且大部分是铸件，如各种齿轮、带轮、手轮、减速器的一些端盖、齿轮泵的泵盖等都属于这类零件。图8-5所示为端盖。

2）常用表达方法

根据轮盘类零件的结构特点，主要加工表面以车削为主，因此在表达这类零件时，其主视图经常是将轴线水平放置，并作全剖视。如图8-5所示，采用全剖视图反映了端盖的内部结构，另外增加一个局部剖视图，表达密封槽的详细结构。

3. 叉架类零件

1）结构特点

叉架类零件一般由3部分构成，即工作部分、支承部分和连接部分。这类零件多数形状不规则，结构比较复杂，毛坯多为铸件，需经多道工序加工制成。

2）常用表达方法

选主视图时，主要考虑零件的形状特征和工作位置。常需要2个或2个以上的基本视图，一般把零件主要轮廓垂直或水平放置。画图时，为了表达零件的弯曲或扭斜结构，还要选择斜视图、斜切面全剖视图、断面图和局部放大图等表达方法，如图8-1所示为拨叉零件图。

3. 箱体类零件

1）结构特点

箱体类零件主要用来支承和包容其他零件，其结构和形状都比较复杂，一般为铸件或焊接件，如泵体、阀体、减速器、缸体、支座等。如图8-6所示的蜗轮箱就属于这类零件。

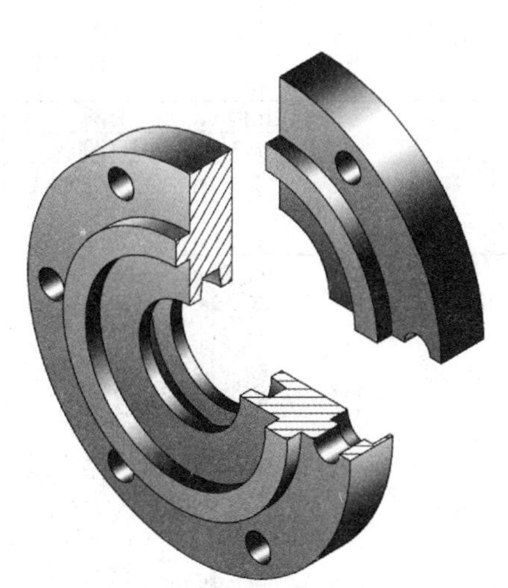

图8-5 端盖轴测剖视图

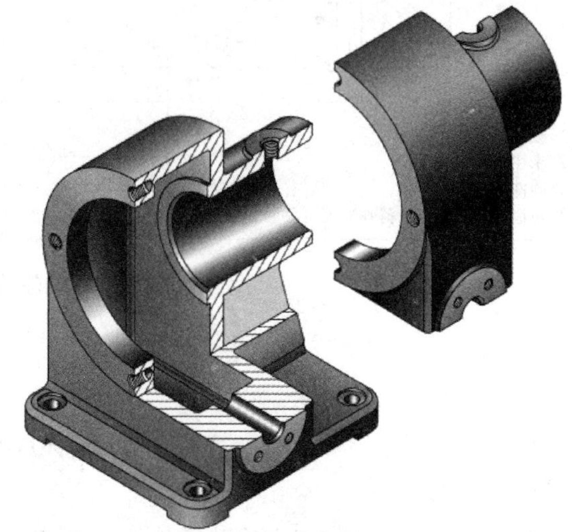

图8-6 蜗轮箱轴测剖视图

2）常用表达方法

箱体类零件形状复杂，加工工序较多，加工位置不尽相同，但箱体在机器中的工作位置是固定的。箱体的主视图常按工作位置及形状特征来选择，为了清晰地表达其内部结构，常采用剖视的方法。图8-7为蜗轮箱的零件图，采用了3个基本视图，主要采用全剖视图、半剖视图、局部视图等表达方法。

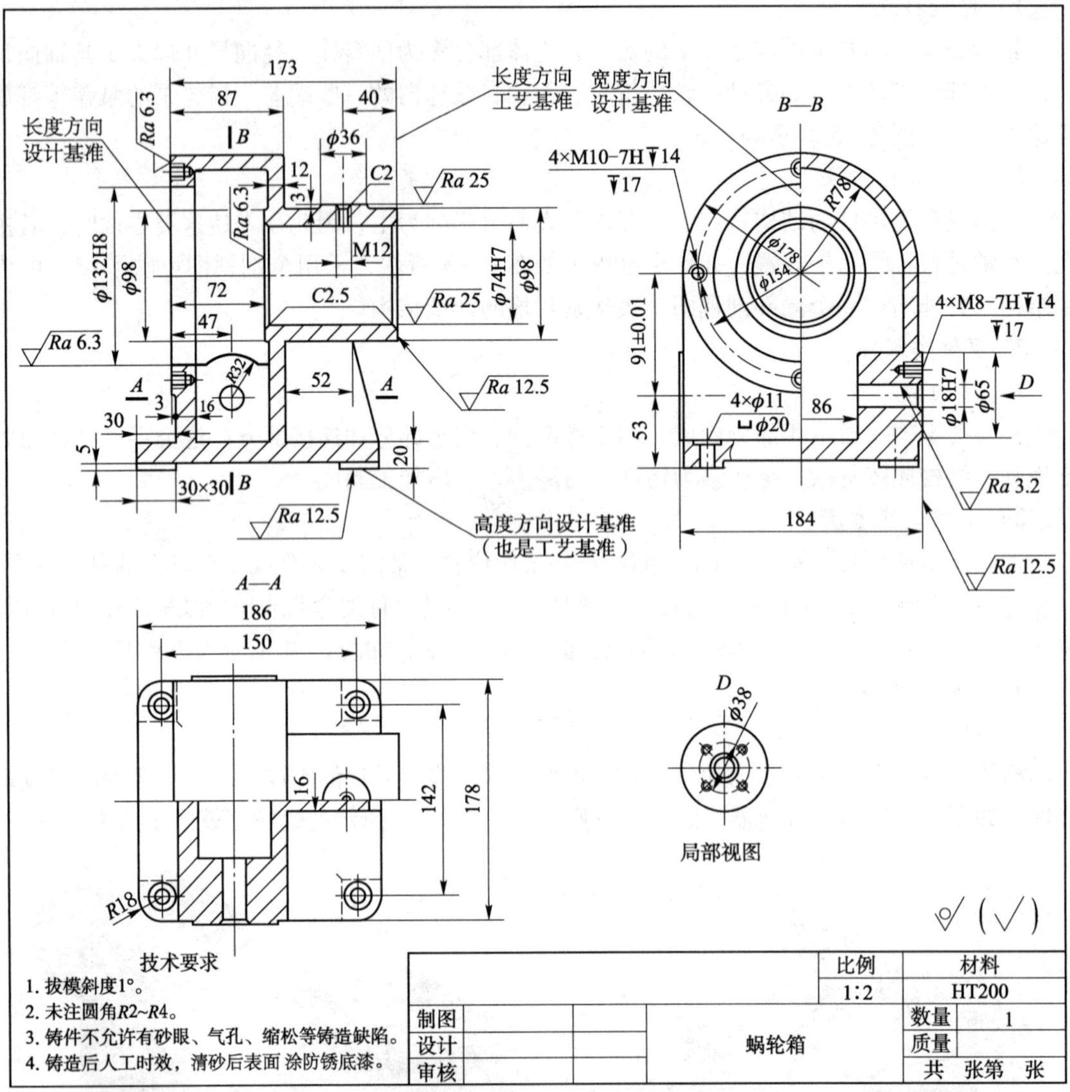

技术要求

1. 拔模斜度1°。
2. 未注圆角$R2$~$R4$。
3. 铸件不允许有砂眼、气孔、缩松等铸造缺陷。
4. 铸造后人工时效，清砂后表面 涂防锈底漆。

				比例	材料
				1∶2	HT200
制图			蜗轮箱	数量	1
设计				质量	
审核				共　张第　张	

图 8－7　蜗轮箱的零件图

8.3　零件图的尺寸标注

零件图的尺寸是加工和检验零件的重要依据。标注零件图的尺寸，除满足正确、完整、清晰的要求外，还必须使标注的尺寸合理，符合设计、加工、检验和装配的要求。还应合理地选择尺寸基准，使尺寸标注便于加工和测量。

8.3.1　零件图中的尺寸类型

（1）功能尺寸：对于零件的工作性能、装配精度及互换性起重要作用的尺寸。

（2）非功能尺寸：不影响零件的装配关系和配合性能的一般结构尺寸。
（3）公称尺寸：某一要素或零件尺寸的名义值。
（4）基本尺寸：设计时给定的、用以确定结构大小或位置的尺寸。
（5）参考尺寸：在图样中不起指导生产和检验作用的尺寸。
（6）重复尺寸：某一要素的同一尺寸在图样中重复注出。

8.3.2　正确地选择尺寸基准

基准是指零件在机器中或在加工、测量时，用以确定其位置的一些面、线或点。尺寸基准是确定零件上尺寸位置的几何元素，是测量或标注尺寸的起点。通常将零件上的一些面（主要加工面，两零件的结合面，对称面）和线（轴、孔的轴线，对称中心线等）作为尺寸基准。根据其作用不同，尺寸基准分为设计基准和工艺基准 2 种。

1. 设计基准和工艺基准

设计基准是在机器或部件中确定零件位置的一些面、线或点，通常选择其中之一作为尺寸标注的主要基准。如图 8 - 7 所示，图中 ϕ18H7 孔的高度尺寸（53）是以地面为基准，以保证轴孔到地面的高度。

工艺基准是在加工或测量时确定零件位置的一些面、线或点，通常作为尺寸标注的辅助基准。选择基准时，尽量使设计基准和工艺基准重合，当两者不能统一时，应选设计基准为主要基准，工艺基准为辅助基准。

因为基准是每个方向上尺寸的起点，所以零件的长、宽、高 3 个方向上都各有一个基准，这个基准称为主要基准。除主要基准外的基准都称为辅助基准，主要基准与辅助基准之间应有直接或间接的尺寸联系。基准选定后，主要功能尺寸应从主要基准出发直接标注。

8.3.3　标注尺寸的注意事项

1. 功能尺寸应直接标注

功能尺寸是指那些影响产品工作性能、精度及互换性的重要尺寸。为了减少其他尺寸对零件功能尺寸的影响，应在零件图中把功能尺寸从基准出发直接标出，如图 8 - 8 所示。

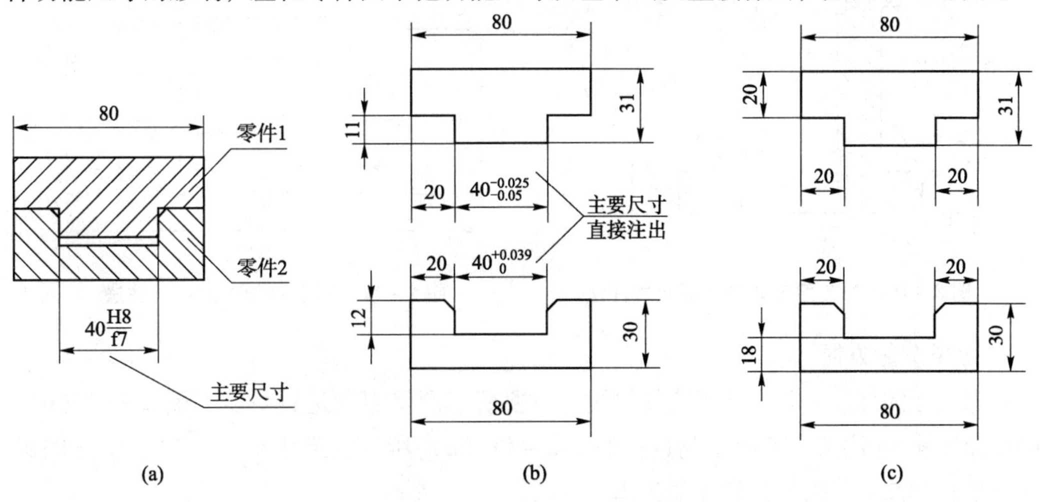

图 8 - 8　直接标出功能尺寸

（a）两零件配合；（b）正确注法；（c）错误注法

2. 避免注成封闭的尺寸链

如图 8 –9（a）所示，尺寸是同一方向串联并头尾相接组成封闭的图形，这样的一组尺寸称为封闭尺寸链。封闭尺寸链在加工时往往难以保证设计要求，因此，在实际标注尺寸时，一般在尺寸链中选一个不重要的尺寸不注尺寸，称它为开口环，如图 8 –9（b）所示。开口环的尺寸误差是其他各环尺寸误差之和，对设计要求没有影响。

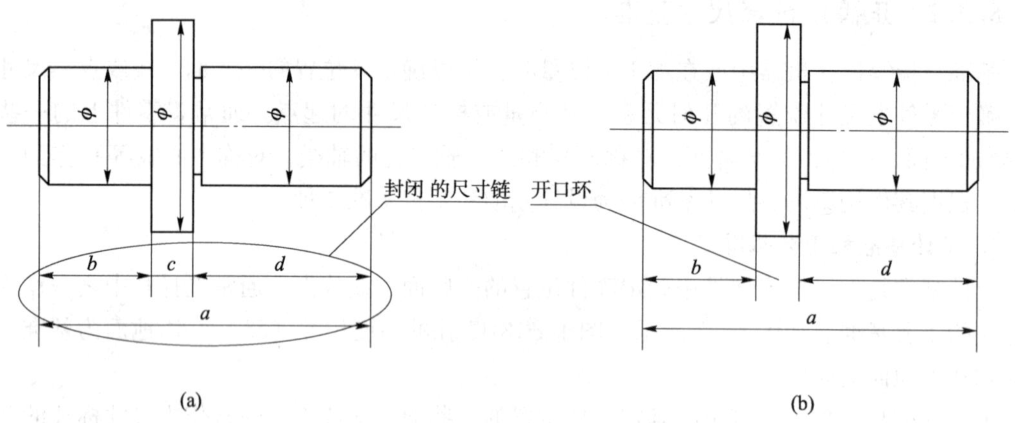

图 8 –9　避免注成封闭的尺寸链

（a）错误注法；（b）正确注法

3. 考虑加工方法、符合加工顺序

为便于不同工种的工人读图，应将零件上的加工面和非加工面尺寸尽量分别标注在图形的两侧，如图 8 –10 所示。对同一工种加工的尺寸，要适当集中标注，以便于加工时查找，如图 8 –11 所示。

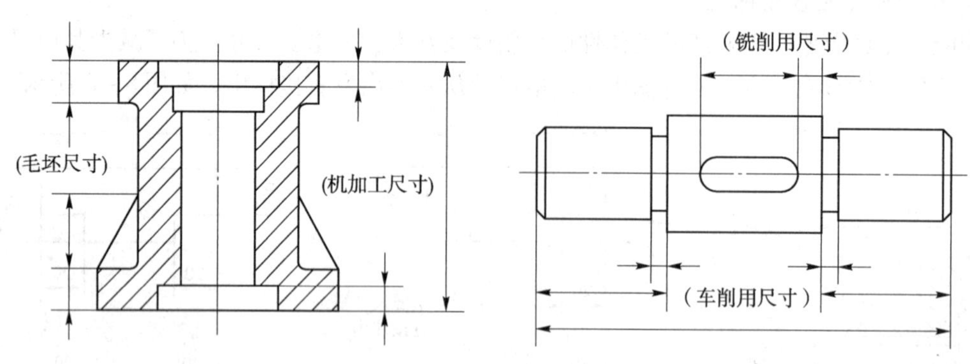

图 8 –10　加工面与非加工面尺寸注法　　**图 8 –11　同工种加工的尺寸注法**

4. 考虑测量方便

孔深尺寸的标注，除了便于直接测量，也要便于调整刀具进给量。如图 8 –12（b）所示的孔深尺寸 14 注法，不便于测量；如图 8 –12（d）所示的尺寸 5、5、29 在加工时无法直接测量，套筒外径需要计算才能得出。

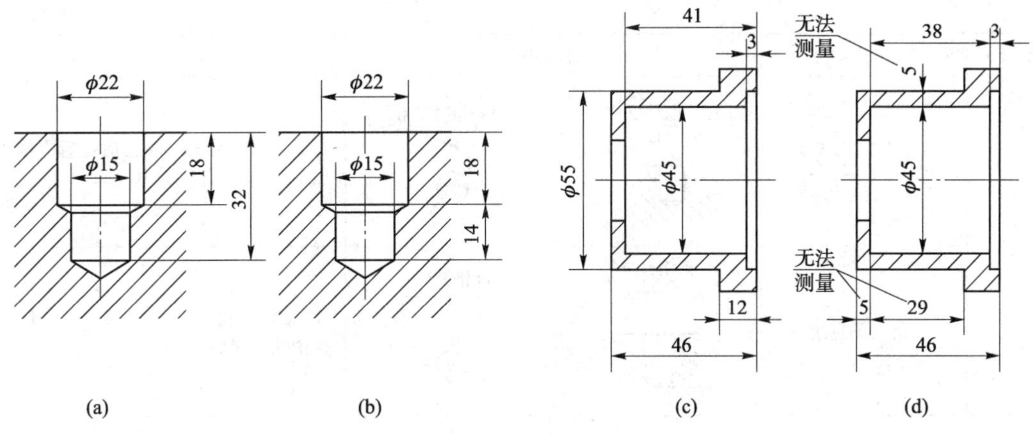

图 8－12　标注尺寸应便于测量

（a）正确注法；（b）错误注法；（c）正确注法；（d）错误注法

5. 长圆孔的尺寸注法

对于零件上的长圆孔或凸台，由于其作用和加工方法不同，因此有不同的尺寸注法。

一般情况下，键槽、散热孔等采用第一种注法，如图 8－13（a）所示。

当长圆孔用于装入螺栓时，中心距就是允许螺栓变动的距离，采用第二种注法，如图 8－13（b）所示。

在特殊情况下，可采用特殊注法，如图 8－13（c）所示。

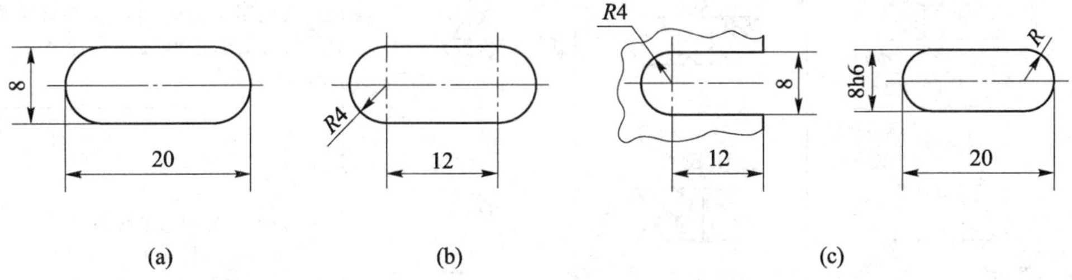

图 8－13　长圆孔的尺寸注法

（a）第一种注法；（b）第二种注法；（c）特殊注法

8.3.4　零件上各种常见的孔尺寸标注

国家标准《技术制图　简化表示法》要求标注尺寸时，应尽可能使用符号和缩写词。常见孔（光孔、螺孔、沉孔）结构的简化标注如表 8－1 所示。

表 8－1　零件上常见孔的简化标注

类型	普通注法	旁注法		说明
光孔	4×φ4 10	4×φ4↧10	4×φ4↧10	“↧”为深度符号 4 × φ4 表示 4 个直径为 4 mm 的光孔，孔深可与孔径连注，也可分注

续表

类型	普通注法	旁注法		说明
光孔	4×φ4H7 10 12	4×φ4H7↧10 ↧12	4×φ4H7↧10 ↧12	钻孔深度为 12 mm，钻孔后需精加工至 φ4H7，深度为 10 mm
	该孔无普通注法	锥销孔φ4 配作	锥销孔φ4 配作	“配作”指该孔与相邻零件的同位锥销孔一起加工
锪孔	φ13 4×φ6.6	4×φ6.6 ⌴φ13	4×φ6.6 ⌴φ13	“⌴”锪平孔符号 锪平孔在加工时通常锪平到不出现毛面为止，锪平面 φ13 的深度不需标注
沉孔	90° φ13 6×φ6.6	6×φ6.6 ⌵φ13×90°	6×φ6.6 ⌵φ13×90°	“⌵”为埋头孔符号 该孔用于安装开槽沉头螺钉，6 × φ6.6 表示 6 个直径为 6.6 mm 的孔，锥形沉孔可以旁注，也可直接注出
	φ11 3 4×φ6.6	4×φ6.6 ⌴φ11↧3	4×φ6.6 ⌴φ11↧3	“⌴”为沉孔符号（与锪平孔符号相同） 该孔用于安装内六角圆柱头螺钉，承装头部的柱形沉孔直径 φ11、深度 3，均需标注
螺纹孔	3×M6-6H EQS	3×M6-6H EQS	3×M6-6H EQS	“EQS”为均布的缩写词 3 × M6 - 6H 表示 3 个公称直径为 6 mm 的螺纹孔均布，可直接注出，也可旁注（中径和顶径公差带代号 6H 省略）
	3×M6-6H 10 12	3×M6-6H↧10 ↧12 EQS	3×M6-6H↧10 ↧12 EQS	

8.4 零件常见的工艺结构

零件的结构形状除了满足使用要求外，还必须在零件的加工、测量、装配过程中提出一系列的工艺要求，使零件具有合理的工艺结构。下面简单介绍铸造和机械加工中常见的工艺结构。

8.4.1 铸造工艺结构

1. 起模斜度

在铸造毛坯零件时，为了便于从砂箱中取出木模，一般沿着起模方向设计出起模斜度

（一般为 1∶20），如图 8 - 14（b）所示。

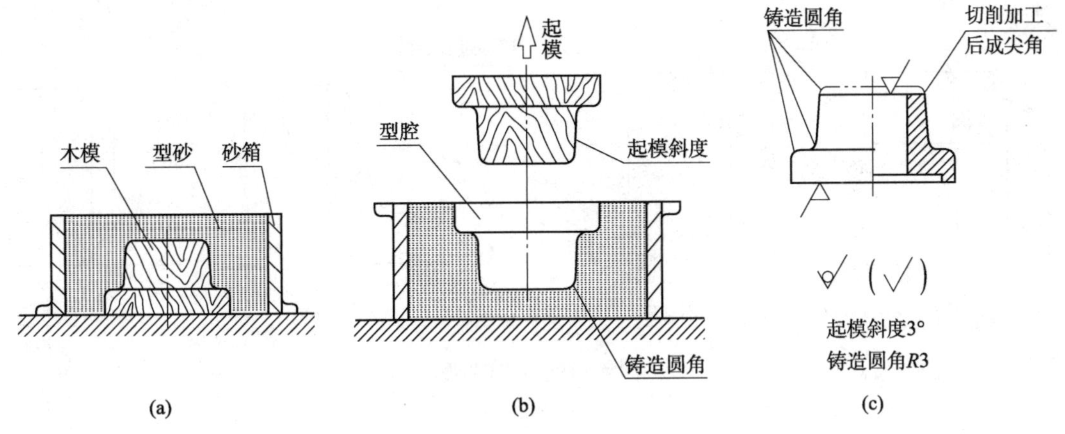

图 8 - 14　起模斜度和铸造圆角

2. 铸造圆角及过渡线

为了便于铸件造型时拔模，防止砂型尖角处落砂和浇注时熔液冲坏砂型，避免铸件冷却收缩时在尖角处开裂或产生缩孔，将铸件的表面相交处做成圆角，这种圆角称为铸造圆角，如图 8 - 14（b）、（c）所示。铸造圆角在图中一般应该画出，铸造圆角可以不标注尺寸，而在技术要求中加以说明，如图 8 - 14（c）所示。

由于铸件上铸造圆角、起模斜度的存在，使得铸件上的形体表面交线不十分明显，这种线称为过渡线。过渡线的画法与形体表面交线的画法一样，按没有圆角的情况求出交线的投影，画到理论上的交点为止。注意过渡线应用细实线绘制，且不宜与轮廓线相连，如图 8 - 15所示。

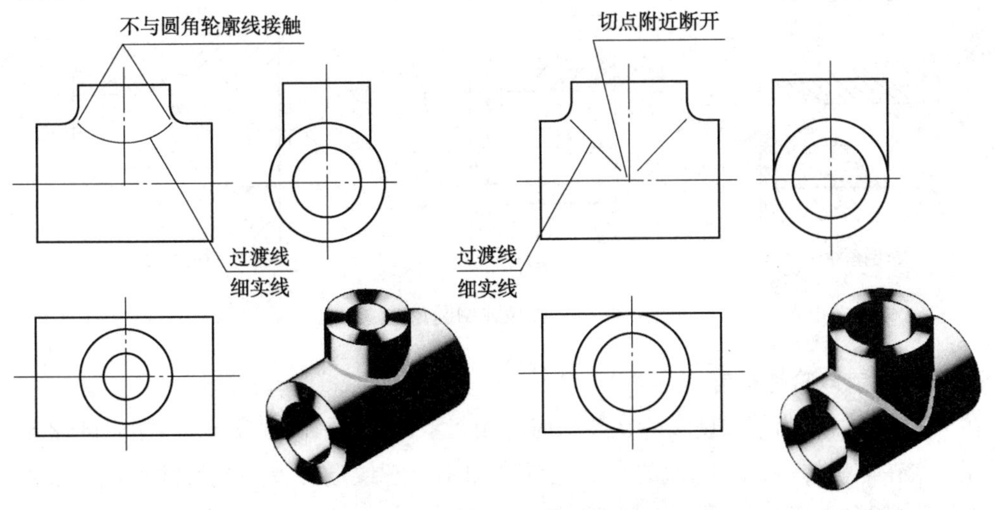

图 8 - 15　圆柱面相交的过渡线

3. 铸件壁厚

铸件的壁厚要做到基本均匀，避免突然改变壁厚和局部肥大现象。如果壁厚不均匀，就会使熔液冷却速度不同，导致铸件内部产生缩孔和裂纹，在壁厚不同的地方可逐渐过渡，如

图 8－16 所示。

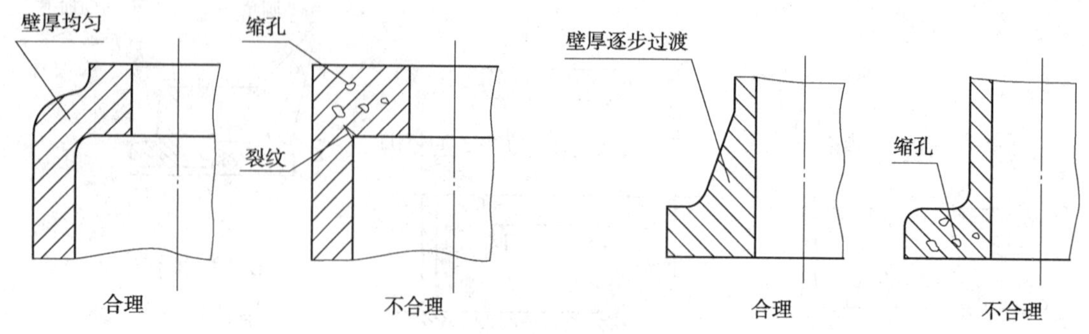

图 8－16　铸件壁厚

8.4.2　机械加工工艺结构

1. 倒角和倒圆角

为了便于装配及去除零件的毛刺和锐边，常在轴、孔的端部加工出圆台状的倒角。常用倒角为 45°（用 *C* 表示），也有 30°或 60°的倒角。为避免阶梯轴轴肩的根部因应力集中而产生裂纹，故在轴肩根部加工成圆角过渡，称为倒圆角。倒角和倒圆角的尺寸标注方法如图 8－17 所示，其倒角轴向距离和倒圆角半径，可根据轴或孔的直径查阅国家标准确定。

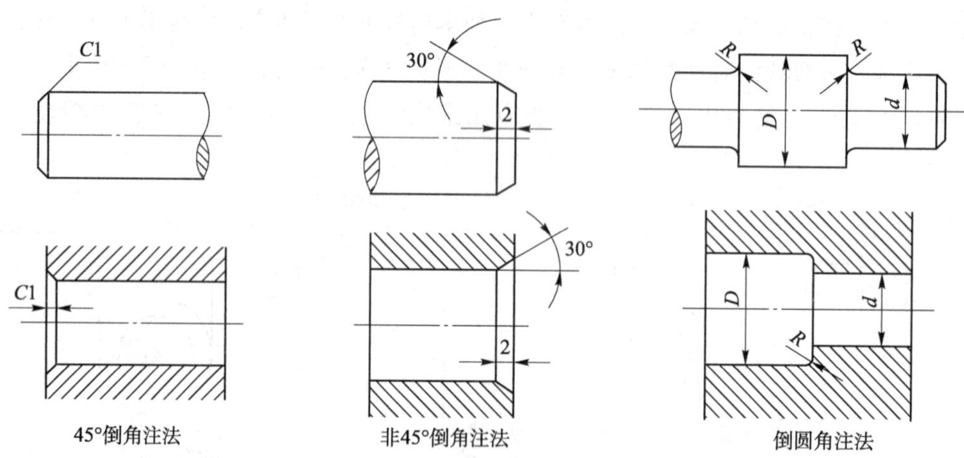

图 8－17　倒角或倒圆角的注法

2. 退刀槽或砂轮越程槽

在车削螺纹时，为了保证零件在装配时与相邻零件轴向靠紧，又便于退出刀具不致使刀具损坏，常在零件的待加工表面的台肩处预先加工出螺纹退刀槽，其尺寸标注一般按“槽宽×直径”的形式标注，如图 8－18 所示。

在磨削圆柱面时，为了使砂轮能稍微超过磨削部位而使整个磨削表面质量一致，常在被加工部位的终端加工出砂轮越程槽，又称砂轮退刀槽，其尺寸可按“槽宽×槽深”或“槽宽×直径”的形式标注，如图 8－18 所示。

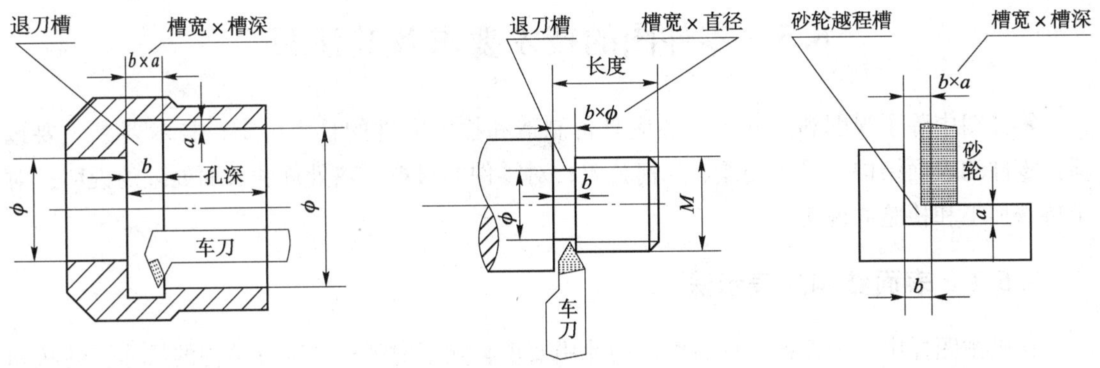

图 8－18　退刀槽或砂轮越程槽注法

3. 凸台和凹坑

零件上与其他零件接触的表面，一般都要经过机械加工，为保证零件表面接触良好和减少加工面积，可在接触处做出凸台或锪平成凹坑，如图 8－19 所示。

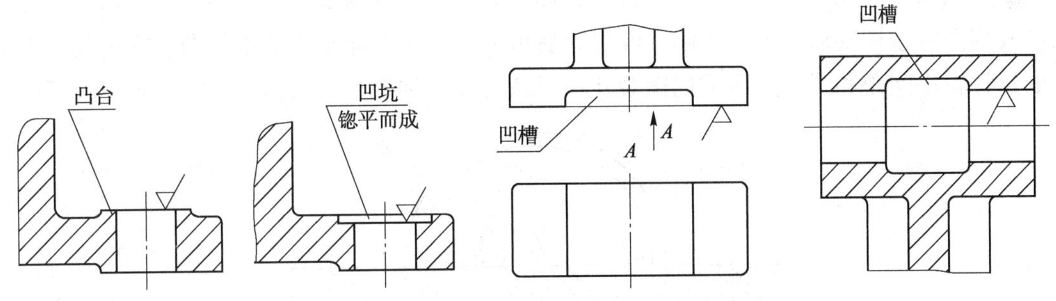

图 8－19　凸台和凹坑

4. 钻孔结构

为避免钻孔时因单边受力产生偏斜或折断钻头，孔的外端面应设计成与钻头进给方向垂直的结构，如图 8－20 所示。

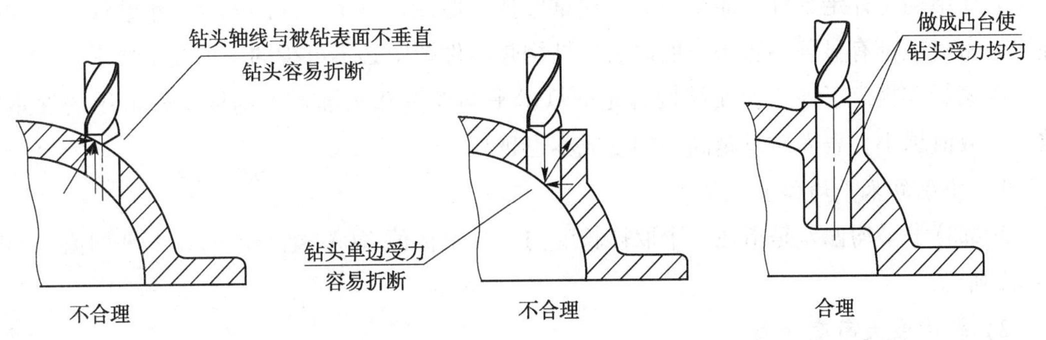

图 8－20　钻孔结构

8.5 零件图的技术要求及其注写

零件图中除了视图和尺寸外，还应具备制造和检验零件的技术要求，技术要求主要包括：零件的表面结构、尺寸公差、几何公差；对零件的材料、热处理和表面处理的说明；对于特殊加工和检验的说明。

8.5.1 表面结构的表示法

在机械图样中，为保证零件装配后的使用要求，除了对零件各部分结构的尺寸、现状和位置给出公差要求，还要根据零件的功能要求，对零件的表面质量（表面结构）提出要求。表面结构是表面粗糙度、表面波纹度、表面缺陷、表面纹理和表面几何形状的总称。表面结构的各项要求在图样上的表示法在 GB/T 131—2006《产品几何技术规范（GPS）技术产品文件中表面结构的表示法》中均有具体规定。

1. 表面粗糙度基本概念

零件在加工过程中，一般受所用刀具、加工方法、刀具与零件间的运动、摩擦、机床的振动及零件的塑性变形等因素影响，经放大后可见其加工表面是高低不平的。零件表面上具有的这种较小间距和峰谷所组成的微观几何形状特征，称为表面粗糙度，如图 8－21 所示。

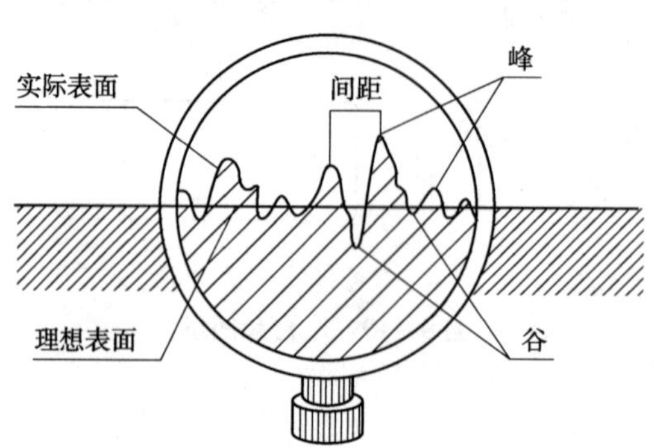

图 8－21　零件放大后的真实表面

表面结构是评定零件表面质量的一项重要技术指标，对于零件的配合、耐磨性、抗腐蚀性以及密封性都有显著的影响，所以表面结构是零件图中必不可少的一项技术要求。

国家标准规定了评定表面结构有轮廓算术平均偏差和轮廓最大高度 2 种常用的评定参数。参数值越小，表面质量越高，加工成本也越高。

1）轮廓算术平均偏差（Ra）

轮廓算术平均偏差是指在一个取样长度内，纵坐标值 $Z(X)$ 绝对值的算术平均值，如图 8－22 所示。

2）轮廓最大高度（Rz）

轮廓最大高度是指在同一取样长度内，最大轮廓峰高和最大轮廓谷深之和，如图 8－22 所示。

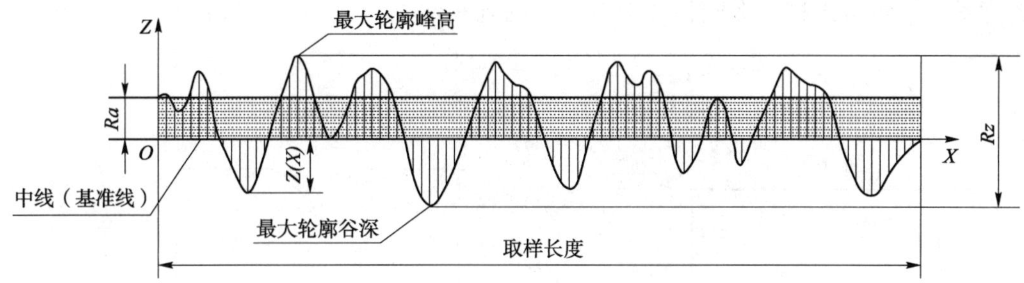

图 8－22　轮廓算术平均偏差 *Ra* 与轮廓最大高度 *Rz*

2. 表面结构的图形符号

标注表面结构要求时，其图形符号及含义如表 8－2 所示。

表 8－2　表面结构的图形符号及含义

符号名称	符号	含义
基本图形符号（简称基本符号）	1.4h　60°　60°　3h　符号线宽=B型字笔画宽 h=字体高度	未指定工艺方法的表面，当通过一个注释解释时可单独使用
扩展图形符号（简称扩展符号）		用去除材料的方法获得的表面；仅当其含义是“被加工表面”时可单独使用
		不去除材料的表面，也可用于表示保持上道工序形成的表面，不管这种状况是通过去除还是不去除材料形成的
完整图形符号（简称完整符号）		当要求标注表面结构特征的补充信息时，在基本图形符号或扩展图形符号的长边上加一横线

3. 表面结构要求在图样中的注法

在图样中，零件表面结构要求是用代号标注的。

（1）表面结构要求对每一表面一般只注一次，并尽可能注在相应尺寸的同一视图上。所标注的表面结构要求是对完工零件表面的表面结构要求。

（2）表面结构的注写和读取方向与尺寸的注写和读取方向一致，如图 8－23 所示。表面结构要求可标注在轮廓上，其符号应从材料外指向并接触表面，如图 8－24 所示。

（3）在不致引起误解时，表面结构要求可以标注在给定的尺寸线上，如图 8－25 所示。必要时，表面结构也可用带箭头或黑点的指引线引出标注，如图 8－26 所示。

（4）圆柱表面的表面结构要求只标注一次。表面结构要求可以直接标注在圆柱表面的轮廓线上，也可以标注在圆柱表面轮廓线的延长线上，或用带箭头的指引线引出标注。如图 8－27 所示。

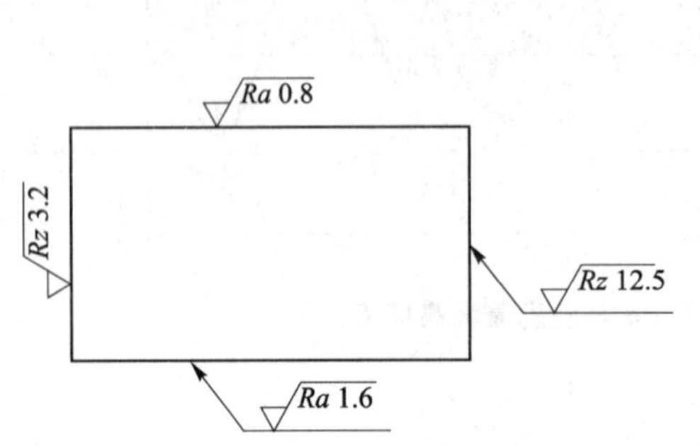

图 8－23　表面结构要求的注写方向

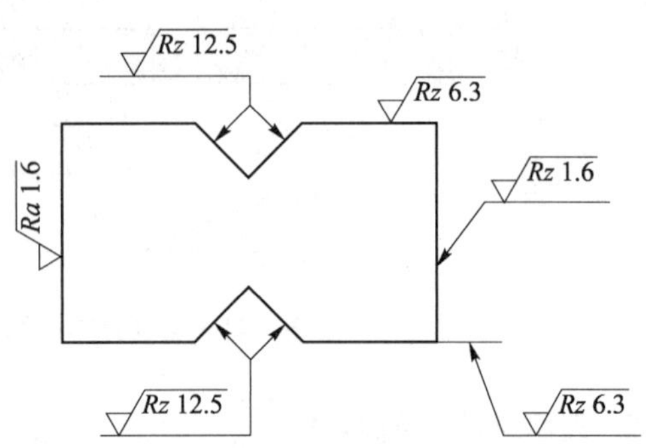

图 8－24　表面结构要求在轮廓线上的标注

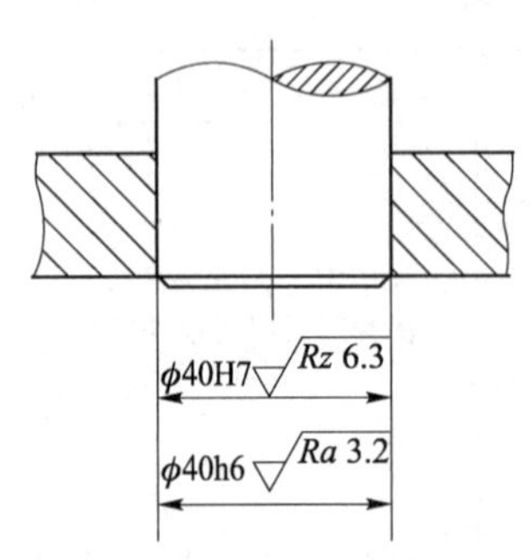

图 8－25　表面结构要求标注在尺寸线上

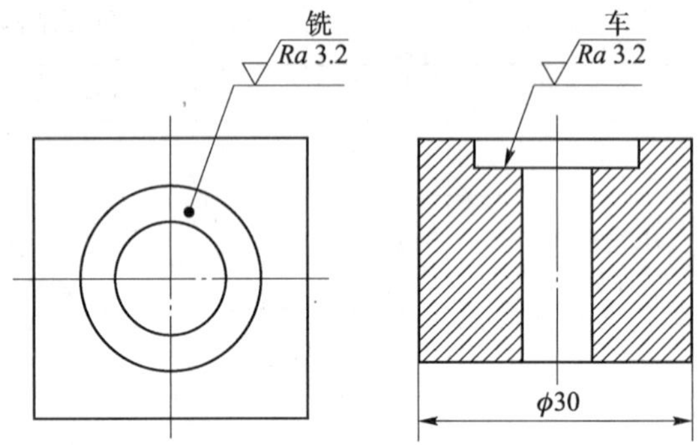

图 8－26　用指引线引出表面结构要求标注

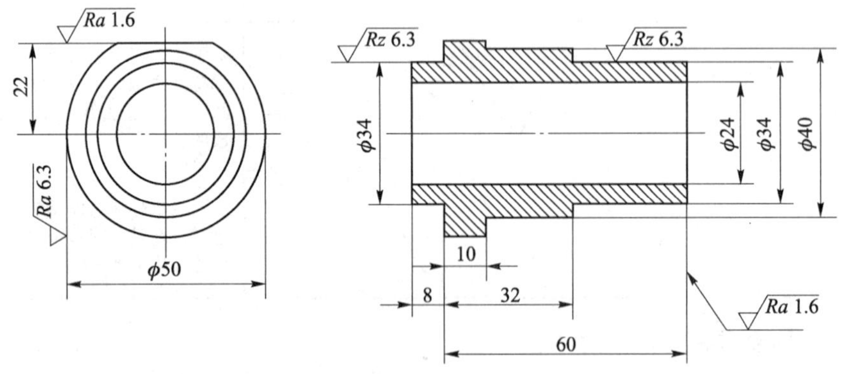

图 8－27　表面结构要求标注在圆柱特征的延长线上

4. 表面结构要求的简化标注

（1）零件的多数（包括全部）表面有相同的表面结构要求时，其表面结构要求可统一标注在标题栏附近（右上方），如图 8－28（a）所示。此时，将不同的表面结构要求直接标注在图形中，并在表面结构要求符号后面的圆括号内，给出无任何其他标注的基本符号，如图 8－28（b）所示；或者给出不同的表面结构要求，如图 8－28（c）所示。

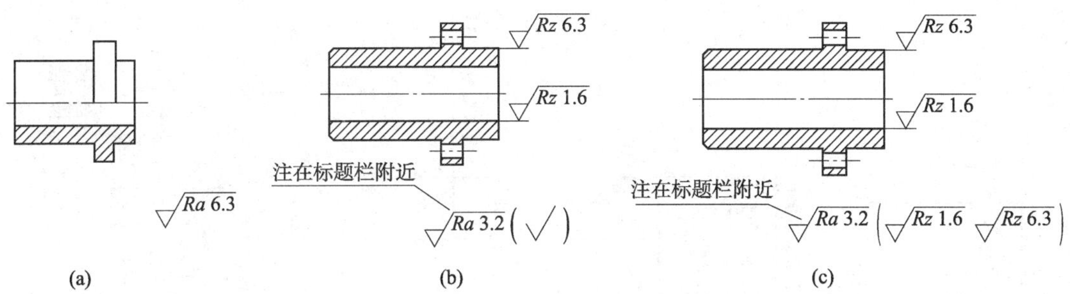

图 8－28　大多数表面有相同表面要求的简化画法

（2）只用表面结构符号的简化注法如图 8－29 所示，用表面结构符号，以等式的形式给出对多个表面共同的表面结构要求。

= Ra 3.2　　= Ra 3.2　　= Ra 3.2

(a)　　(b)　　(c)

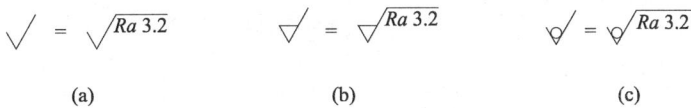

图 8－29　只用表面结构符号的简化注法

（a）未指定工艺方法；（b）要求去除材料；（c）不允许去除材料

8.5.2　极限与配合

零件的尺寸是保证零件互换性的重要几何参数，为了使零件具有互换性，并不要求零件的尺寸加工得绝对一样，而是要求在保证零件的力学性能和互换性的前提下，允许零件尺寸有一个合理的变动范围，零件加工后测得的实际尺寸在这个变动范围内即合格。

同时，为了提高产品质量，满足零件的使用性能、装配要求和使用寿命，除了给定零件恰当的尺寸公差和表面结构要求外，还应规定适当的几何精度（几何公差），以限制零件要素的形状和位置误差。几何公差同零件的尺寸公差、表面结构一样，是评定零件质量的一项重要技术指标，均应按规定注写在图样上。

1. 零件的互换性

在一批相同规格和型号的零件中，不需选择，也不经过任何修配，任取一件就能装到机器上，并能保证使用性能的要求，零件的这种性质称为互换性。

2. 尺寸公差与公差带

极限与配合的标准就是根据互换性的原则制定的。为了加工的可能性和经济性，零件的每个尺寸都必须给定公差，该公差应当符合极限与配合标准。因此，为了保证互换性，必须将零件尺寸的加工误差限制在一定的范围内，规定出尺寸允许的变动量，这个变动量就是尺寸公差，简称公差。根据国家标准 GB/T 1800.1—2009《产品几何技术规范（GPS）　极限与配合　第 1 部分：公差、偏差和配合的基础》的规定，以图 8－30 为例说明公差的有关术语。

1）公称尺寸

公称尺寸是指由图样规范确定的理想形状要素的尺寸，如 $\phi40$。

2）实际尺寸

实际尺寸是指通过测量所得到的尺寸。

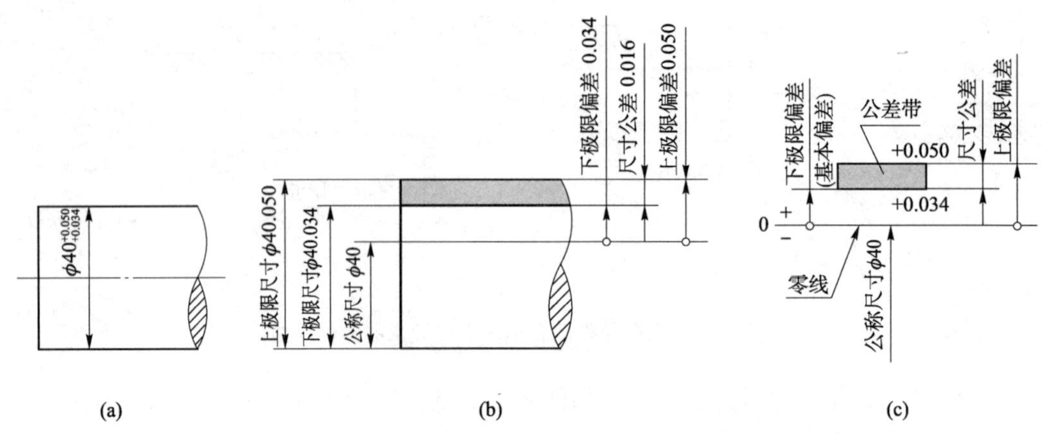

图 8－30　基本术语和公差带示意图

（a）轴的尺寸；（b）基本术语示意图；（c）公差带图

3）极限尺寸

极限尺寸是指尺寸要素允许尺寸的两个极端，它以公称尺寸为基数来确定，其中尺寸要素允许的最大尺寸称为上极限尺寸，尺寸要素允许的最小尺寸称为下极限尺寸。

在图 8－30 中，上极限尺寸：40 mm＋0.05 mm＝40.05 mm；下极限尺寸：40 mm＋0.034 mm＝40.034 mm。即轴的直径最粗为 40.05 mm，最细为 40.034 mm，轴直径的实际尺寸只要在 40.034～40.05 mm 范围内，就是合格的。

4）极限偏差

极限偏差是指极限尺寸减公称尺寸所得的代数差，分别称为上极限偏差和下极限偏差。孔的上极限偏差用 ES、下极限偏差用 EI 表示；轴的上极限偏差用 es、下极限偏差用 ei 表示；上、下极限偏差统称为极限偏差，极限偏差可以是正值、负值或 0。

在图 8－30 中，es＝＋0.050 mm 称为上极限偏差；ei＝＋0.034 mm 称为下极限偏差。

5）尺寸公差

尺寸公差是指允许尺寸的变动量。公差等于上极限尺寸减下极限尺寸，也等于上极限偏差减下极限偏差所得的代数差，其值恒大于零，不能是零或负值。

公差＝上极限尺寸－下极限尺寸＝40.05 mm－40.034 mm＝0.016 mm；公差＝上极限偏差－下极限偏差＝0.05 mm－（＋0.034）mm＝0.016 mm。

6）零线

零线是指偏差值为零的一条基准直线，常用公称尺寸的尺寸界线表示，如图 8－30（c）所示。

7）公差带图

在零线区域内，由孔或轴的上、下极限偏差围成的方框简图称为公差带图，如图 8－30（c）所示。在公差带图中，上、下极限偏差的距离应成比例，公差带方框的左右长度根据需要任意确定。

3. 标准公差与基本偏差

国家标准规定，公差带由标准公差和基本偏差组成。标准公差确定公差带的大小，基本偏差确定公差带的位置。

1）标准公差

公差带大小由标准公差来确定。国家标准将公差分为20级，即：IT01，IT0，IT1，…，IT18。其中IT表示标准公差，阿拉伯数字表示公差等级，从IT01到IT18等级依次降低，IT01公差值最小，精度最高，IT18公差值最大，精度最低。标准公差值可以在附录表C－1中查得。

2）基本偏差

公差带相对零线的位置由基本偏差确定。国家标准规定，用于确定公差带相对于零线位置的上偏差或下偏差，叫基本偏差，一般为靠近零线的那个偏差。当公差带位于零线上方时，其基本偏差为下偏差，当公差带位于零线下方时，其基本偏差为上偏差。

国家标准对孔和轴各规定了28个不同的基本偏差。用一个字母表示的有21个，用两个字母表示的有7个。去掉了易与其他含义相混淆的I、L、O、Q、W（i、l、o、q、w）5个字母。基本偏差代号用拉丁字母表示，大写字母表示孔，小写字母表示轴，如图8－31所示。孔和轴的基本偏差代号和数值可在附录表C－2、C－3中查得。

孔的基本偏差中A～H为下偏差，J～ZC为上偏差；轴的基本偏差中a～h为上偏差，j～zc为下偏差；JS和js的公差带均匀地分布在零线两边，孔和轴的上、下偏差分别为＋IT/2和－IT/2。

如图8－31所示为基本偏差系列示意图，基本偏差只表示公差带在公差带图中的位置，而不表示公差带大小，因此，公差带一端是开口的，开口的一端由标准公差限定。

如果基本偏差和标准公差确定了，那么孔和轴的公差带大小和位置就确定了。

［例8－1］　查表确定公称尺寸为ϕ35、公差等级为IT8级的标准公差值。

解　查附录表C－1，找到竖列IT8，然后找到横排“大于30至50”的交点，得到其标准公差值为39 μm（0.039 mm）。

［例8－2］　查表确定公称尺寸为ϕ80、公差等级为IT5级的标准公差值。

解　查附录表C－1，找到竖列IT5，然后找到横排“大于50至80”的交点，得到其标准公差值为13 μm（0.013 mm）。

［例8－3］　查表确定公称尺寸为ϕ30、基本偏差代号为f和p的基本偏差值。

解　查附录表C－2（轴的基本偏差数值），找到竖列f，然后找到横排“大于24至30”的交点，得到f的基本偏差值为－20 μm（0.02 mm），说明公差带在零线下方，基本偏差为上极限偏差；继续横排向右找到与竖列p的交点，得到p的基本偏差值为＋22 μm（0.022 mm），说明公差带在零线上方，基本偏差为下极限偏差。

［例8－4］　查表确定公称尺寸为ϕ40、基本偏差代号为h和H的基本偏差数值。

解　查附录表C－2（轴的基本偏差数值），找到竖列h，然后找到横排“大于30至40”的交点，得到h的基本偏差值为整数0，说明轴的上极限偏差与零线重合；查附录表C－3（孔的基本偏差数值），找到竖列H，然后找到横排“大于30至40”的交点，得到H的基本偏差值为整数0，说明轴的下极限偏差与零线重合。

4. 配合

公称尺寸相同并且相互结合的孔和轴公差带之间的关系称为配合，根据使用要求的不同，配合有紧有松。规定：孔的尺寸减去相配合的轴的尺寸之差为正，称为间隙；孔的尺寸减去相配合的轴的尺寸之差为负，称为过盈。根据使用要求不同，配合分为间隙配合、过盈配合、过渡配合3种。

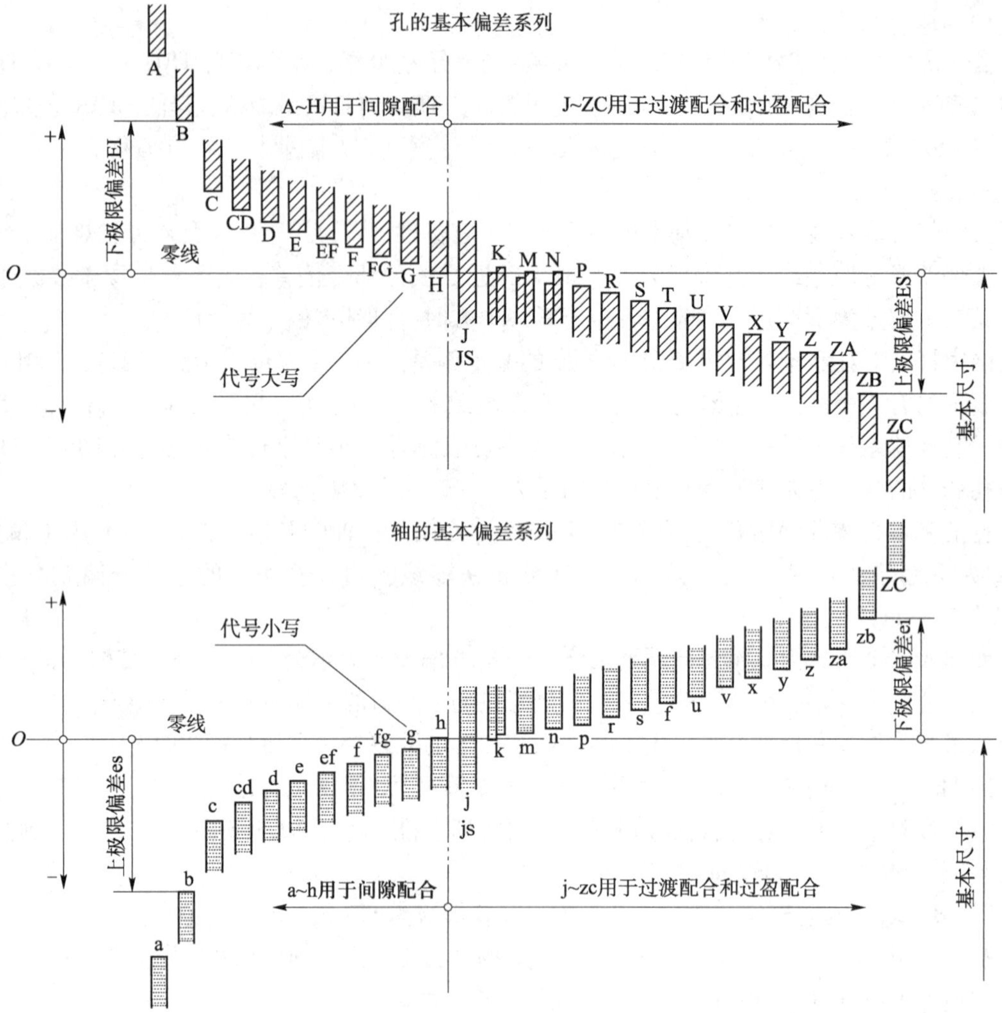

图 8-31　基本偏差系列示意图

1）间隙配合

间隙配合是指具有间隙（包括最小间隙等于0）的配合。在间隙配合中，孔的实际尺寸总比轴的实际尺寸大，其特点是孔的公差带在轴的公差带之上，如图 8-32 所示。

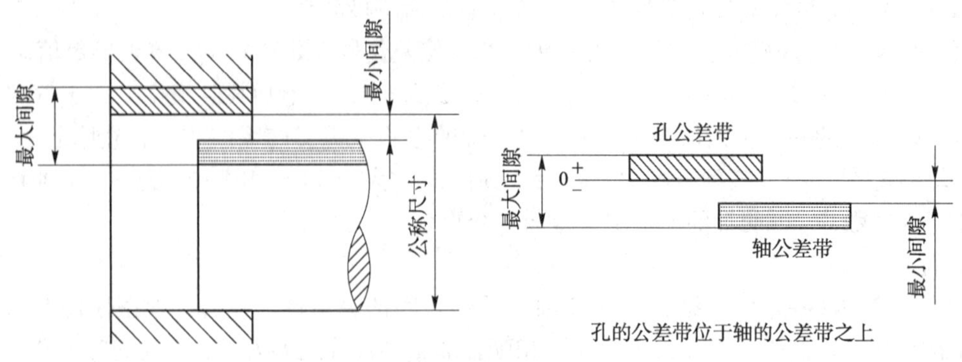

图 8-32　间隙配合

2）过盈配合

过盈配合是指具有过盈（包括最小过盈等于0）的配合。在过盈配合中，孔的实际尺寸总比轴的实际尺寸小（装配时需要一定的外力或将带孔零件加热膨胀后，才能把轴压入孔中），其特点是孔的公差带在轴的公差带之下，如图8-33所示。

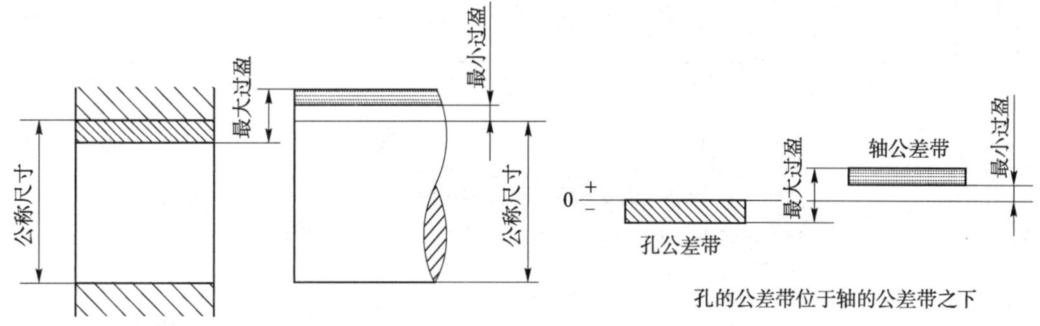

图8-33 过盈配合

3）过渡配合

过渡配合是指孔和轴的公差带相互交叠，任取其中一对孔和轴相配合，可能具有间隙，也可能具有过盈的配合。在过渡配合中，轴的实际尺寸有时比孔的实际尺寸小，有时比孔的实际尺寸大，装配在一起时，可能出现间隙，也可能出现过盈，但间隙或过盈都相对较小，如图8-34所示。

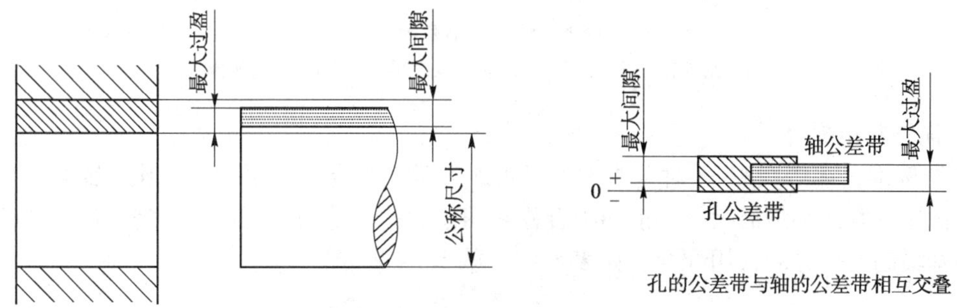

图8-34 过渡配合

5. 配合制

为了满足零件结构和工作要求，在加工制造相互配合的零件时，采取其中一个零件作为基准件，使其基本偏差不变，通过改变另一零件的基本偏差以达到不同的配合要求，国标规定了2种配合制。

1）基孔制配合

基孔制配合是指基本偏差为一定的孔的公差带，与不同基本偏差的轴的公差带形成各种配合的一种制度。如图8-35所示，基孔制配合中选作基准的孔，称为基准孔（基本偏差为H，其下极限偏差为0）。由于轴比孔容易加工，所以优先选用基孔制配合。

2）基轴制配合

基轴制配合是指基本偏差为一定的轴的公差带，与不同基本偏差的孔的公差带形成各种配合的一种制度。如图8-36所示，基轴制配合中选作基准的轴，称为基准轴（基本偏差为h，其上极限偏差为0）。

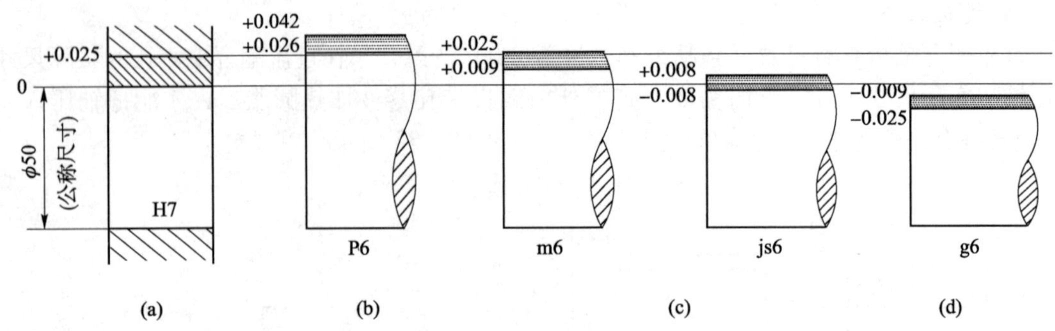

图 8－35　基孔制配合

（a）基准孔；（b）过盈配合；（c）过渡配合；（d）间隙配合

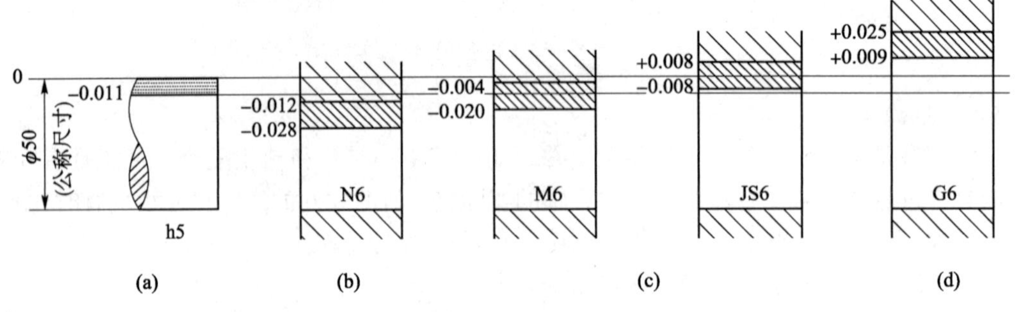

图 8－36　基轴制配合

（a）基准轴；（b）过盈配合；（c）过渡配合；（d）间隙配合

6. 优先常用配合

20 个标准公差等级和 28 种基本偏差可组成大量的配合。国家标准对孔、轴的公差带选用分为优先、其次和最后三类，前两类合称常用。由孔、轴的优先和常用公差带分别组成基孔制和基轴制的优先和常用配合，如表 8－3、表 8－4 所示。

表 8－3　基孔制优先、常用配合

基准孔	轴																				
	a	b	c	d	e	f	g	h	js	k	m	n	p	r	s	t	u	v	x	y	z
	间隙配合								过渡配合			过盈配合									
H6						H6/f5	H6/g5	H6/h5	H6/js5	H6/k5	H6/m5	H6/n5	H6/p5	H6/r5	H6/a5	H6/t5					
H7						H7/f6	H7/g6	H7/h6	H7/js6	H7/k6	H7/m6	H7/n6	H7/p6	H7/r6	H7/s6	H7/t6	H7/u6	H7/v6	H7/x6	H7/y6	H7/z6
H8					H8/e7	H8/f7	H8/g7	H8/h7	H8/js7	H8/k7	H8/m7	H8/n7	H8/p7	H8/r7	H8/s7	H8/t7	H8/u7				
				H8/d8	H8/e8	H8/f8		H8/h8													

续表

基准孔	轴																				
	a	b	c	d	e	f	g	h	js	k	m	n	p	r	s	t	u	v	x	y	z
	间隙 配合								过渡配合			过盈配合									
H9			H9/c9	◤H9/d9	H9/e9	H9/f9		◤H9/h9													
H10			H10/c10	H10/d10				H10/h10													
H11	H11/a11	H11/b11	◤H11/c11	H11/d11				◤H11/h11													
H12		H12/b12						H12/h12													

注：1. H6/n5、H7/p6 在基本尺寸小于或等于 3 mm 和 H8/r7 在小于或等于 100 mm 时，为过渡配合。

2. 标注◤的配合为优先配合。

表 8－4　基孔轴优先、常用配合

基准轴	孔																				
	A	B	C	D	E	F	G	H	Js	K	M	N	P	R	S	T	U	V	X	Y	X
	间隙配合								过渡配合			过盈配合									
h5						F6/h5	G6/h5	H6/h5	JS6/H5	K6/h5	M6/h5	N6/h5	P6/h5	R6/h5	S6/h5	T6/h5					
h6						F7/h6	◤G7/h6	◤H7/h6	JS7/h6	◤K7/h6	M7/h6	◤N7/h6	◤P7/h6	R7/h6	◤S7/h6	T7/h6	◤U7/h6				
h7					E8/h7	◤F8/h7		◤H8/h7	JS8/h7	K8/h7	M8/h7	N8/h7									
h8				D8/h8	E8/h8	F8/h8		H8/h8													
h9				◤D9/h9	E9/h9	F9/h9		◤H9/h9													
h10				D10/h10				H10/h10													
h11	A11/h11	B11/h11	◤C11/h11	D11/h11				◤H11/h11													
h12		B12/h12						H12/h12													

注：标注◤的配合为优先配合。

7. 极限与配合的标注

1）装配图中的标注

在装配图中，极限与配合一般采用代号的形式标注。分子表示孔的公差带代号（大写），分母表示轴的公差带代号（小写），如图 8－37（a）所示。

2）零件图中的注法

在零件图中，与其他零件有配合关系的尺寸可采用3种形式进行标注。一般采用在公称尺寸后面标注极限偏差的形式；也可以采用在公称尺寸后面标注公差带代号的形式；或采用两者同时注出的形式，如图8-37（b）所示。

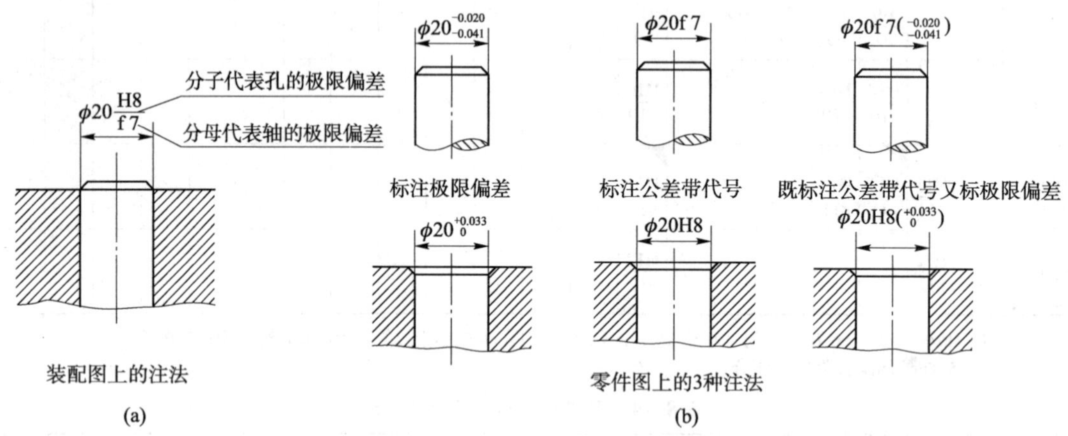

图8-37　极限与配合的标注

3）极限偏差数值的写法

标注极限偏差数值时，极限偏差数值的数字比公称尺寸数字小一号，下极限偏差与公称尺寸注在同一底线，且上、下极限偏差的小数点必须对齐。同时，还要注意下面4点：

（1）上、下极限偏差符号相反，绝对值相同时，在公称尺寸右边注“±”，且只写出一个极限偏差数值，其字体大小与公称尺寸相同，如图8-38（a）所示。

（2）当某一极限偏差（上极限偏差或下极限偏差）为“0”时，必须标注“0”。数字“0”应与另一极限偏差的个位数对齐注出，如图8-38（b）所示。

（3）上、下极限偏差中的某一项末端数字为“0”时，为了使上、下极限偏差的位数相同，用“0”补齐，如图8-38（c）所示。

（4）当上、下极限偏差中小数点后末端数字均为“0”时，上、下极限偏差中小数点后末位的“0”一般不需注出，如图8-38（d）所示。

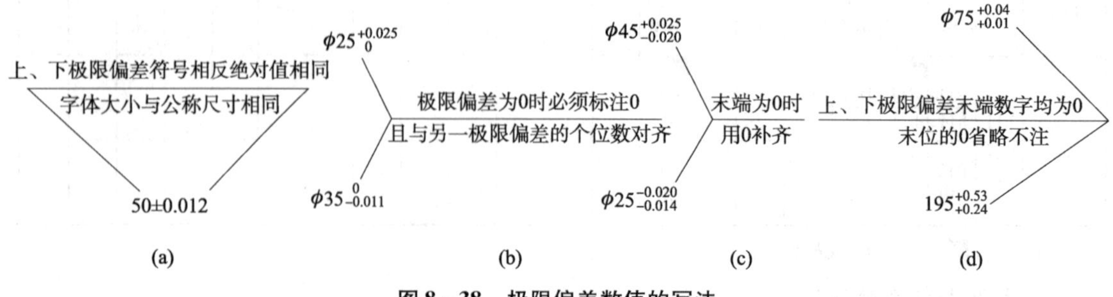

图8-38　极限偏差数值的写法

8. 极限与配合应用举例

［**例8-5**］　解释ϕ35H7的含义，查表确定其极限偏差数值。

解　①偏差代号含义：基本尺寸为ϕ35、等级为IT7级的基准孔；

②查附录表 C－1，由竖列 IT7、横排“大于 30 至 50”的交点，得到上极限偏差为 +0.025 mm（基准孔的下极限偏差为 0）。

［例 8－6］ 解释 ϕ50f8 的含义，查表确定其极限偏差值。

解 ①偏差代号的含义为：基本尺寸为 ϕ50、基本偏差为 f、标准公差等级为 IT8 的轴；

②查附录表 C－1，由竖列 IT8、横排“大于 30 至 50”的交点，得到标准公差为 +0.039 mm；

③查附录表 C－2，由竖列 f、横排“大于 40 至 50”的交点，得到上极限偏差为 －0.025 mm；

④计算其下极限偏差，因为上极限偏差 － 下极限偏差 = 标准公差，所以下极限偏差 = (－0.025) mm －(0.039) mm = －0.064 mm。

［例 8－7］ 解释 ϕ30g7 的含义，查表确定其极限偏差值。

解 ①偏差代号的含义：基本尺寸为 ϕ30、基本偏差为 g、标准公差等级为 IT7 的轴；

②查附录表 C－1，由竖列 IT7、横排大于“18 至 30”的交点，得到标准公差为 +0.021 mm；

③查附录表 C－2，由竖列 g、横排大于“24 至 30”的交点，得到上极限偏差为 －0.007 mm（因为 g 位于零线下方，所以其上、下极限偏差均为负值）；

④计算下极限偏差，因为上极限偏差 － 下极限偏差 = 标准公差，即下极限偏差 = (－0.007) mm － (0.021) mm = －0.028 mm。

［例 8－8］ 解释 ϕ55E9 的含义，查表确定其极限偏差值。

解 ①偏差代号的含义：基本尺寸为 ϕ55、基本偏差为 E、标准公差等级为 IT9 的孔；

②查附录表 C－1，由竖列 IT9、横排“大于 50 至 80”的交点，得到上极限偏差为 +0.074 mm；

③查附录表 C－3，由竖列 E、横排“大于 50 至 65”的交点，得到上极限偏差为 +0.060 mm（因为 E 位于零线上方，所以其上、下极限偏差均为正值）；

④计算下极限偏差，因为上极限偏差 － 下极限偏差 = 标准公差，即上极限偏差 = +0.060 mm +0.074 mm = +0.134 mm。

［例 8－9］ 写出孔 ϕ25H7 与轴 ϕ25n6 的配合代号，并说明其含义。

解 ①配合代号写作 ϕ25H7/n6；

②配合代号的含义为：基本尺寸为 ϕ25、标准公差等级为 IT7 的基准孔，与相同基本尺寸、基本偏差为 n、公差等级为 IT6 的轴，所组成的基孔制、过渡配合。

［例 8－10］ 写出孔 ϕ40G6 与轴 ϕ40h5 的配合代号，并说明其含义。

①配合代号写作 ϕ40G6/h5；

②配合代号的含义为：基本尺寸为 ϕ40、标准公差等级为 IT5 的基准孔，与相同基本尺寸、基本偏差为 G、公差等级为 IT6 的孔，所组成的基轴制、间隙配合。

8.5.3 几何公差

零件的几何公差是指零件各部分形状、方向、位置和跳动误差所允许的最大变动量，它反映了零件各部分的实际要素对理想要素的误差程度。合理确定零件的几何公差，才能满足零件的使用性能与装配要求，它同零件的尺寸公差、表面结构一样，是评定零件质量的一项重要指标。

1. 几何公差的几何特征和符号

GB/T 1182—2018《产品几何技术规范（GPS）几何公差 形状、方向、位置和跳动公差标注》中规定，几何公差的几何特征、符号共分为 19 项，即形状公差 6 项、方向公差 5 项、位置公差 6 项、跳动公差 2 项，如表 8 – 5 所示。

表 8 – 5 几何公差的分类、几何特征及符号

公差类型	几何特征	符号	有无基准	公差类型	几何特征	符号	有无基准
形状公差	直线度	—	无	位置公差	位置度	⌖	有或无
	平面度	⏥	无		同心度（用于中心点）	◎	有
	圆度	○	无		同轴度（用于轴线）	◎	有
	圆柱度	⌭	无		对称度	⌯	有
	线轮廓度	⌒	无		线轮廓度	⌒	有
	面轮廓度	⌓	无		面轮廓度	⌓	有
方向公差	平行度	//	有	跳动公差	圆跳动	↗	有
	垂直度	⊥	有		全跳动	⌰	有
	倾斜度	∠	有	–	–		
	线轮廓度	⌒	有	–	–		
	面轮廓度	⌓	有	–	–		

2. 几何公差的标注

几何公差要求在矩形框格中给出。该框格由两格或多格组成，框格中的内容从左到右按几何特征符号、公差数值、基准字母的次序填写，其标注的基本形式及其框格、几何特征符号、数字规格、基准三角形的画法等，如图 8 – 39 所示。

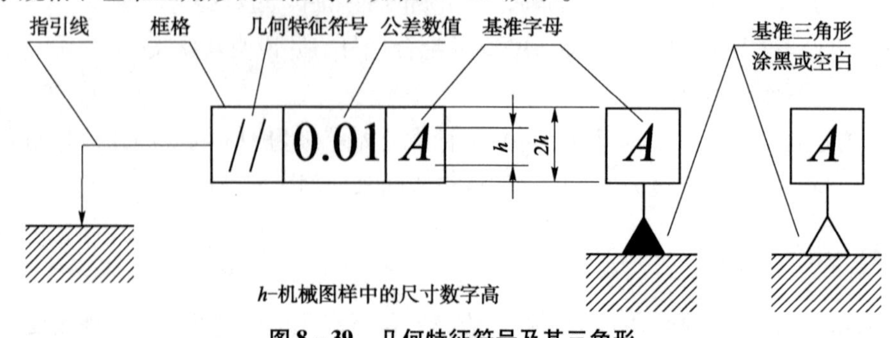

图 8 – 39 几何特征符号及其三角形

几何公差的标注示例如图 8 – 40 所示。当被测要素是表面或素线时，从框格引出的指引线箭头，应指在该要素的轮廓线或其延长线上；当被测要素是轴线时，应将箭头与该要素

的尺寸线对齐（如 M8 ×1 轴线的同轴度注法）；当基准要素是轴线时，应将基准三角形与该要素的尺寸线对齐（如基准 *A*）。

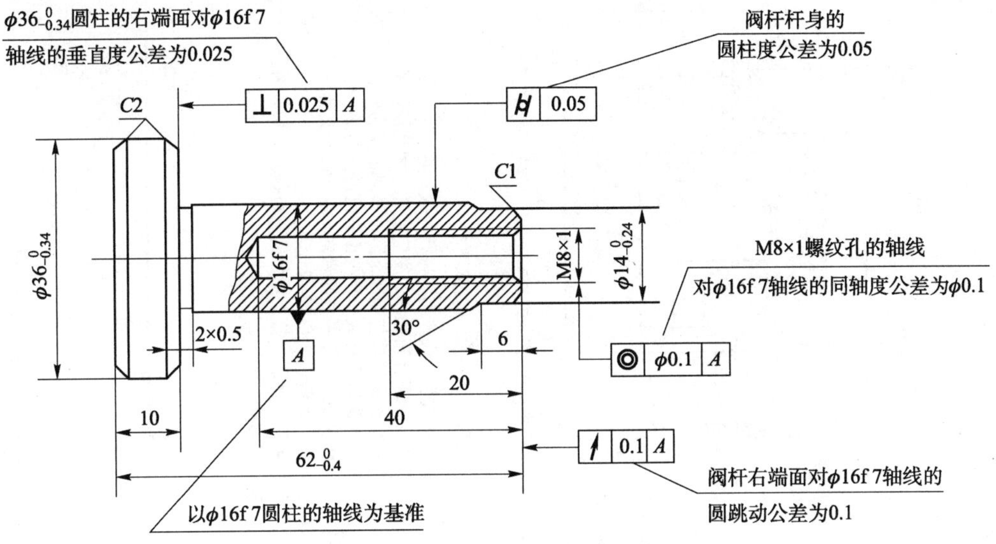

图 8－40　几何公差的标注示例

8.6　读零件图

在设计、制造、检验机器的实际工作中，读零件图是一项非常重要的工作，是工程技术人员必须掌握的基本技能之一。

8.6.1　读零件图的目的

读零件图的目的就是根据零件图了解零件的名称、加工时所用的材料以及弄清楚零件在机器和部件中的作用。通过读零件图，分析、想象出零件的结构形状、掌握零件的尺寸和技术要求等内容，以便在制造时采用恰当的加工方法，达到图样的要求，保证零件的质量。读零件图的目的主要有以下 4 个方面：

（1）了解零件的名称、材料和用途；

（2）分析零件各组成部分的几何形状、结构特点及作用；

（3）分析零件各部分的定形尺寸和各部分之间的定位尺寸；

（4）了解零件的各项技术要求和制造方法。

8.6.2　读零件图的方法和步骤

图 8－41 为减速箱盖零件图，现以此图为例，说明读零件图的一般方法和步骤。

1. 概括了解

首先通过看标题栏，了解零件的名称、材料、比例、设计和生产单位等内容，并浏览全图，对所看的零件建立一个初步认识，例如属于哪一类零件、零件的外观轮廓大小、用什么材料制造、零件的大概用途等。并通过对一些相关技术资料（如装配图、产品说明书等）的查阅和有关知识的积累，可以大致掌握零件的作用及构形特点，并进一步了解零件用途以及与其他零件的关系。

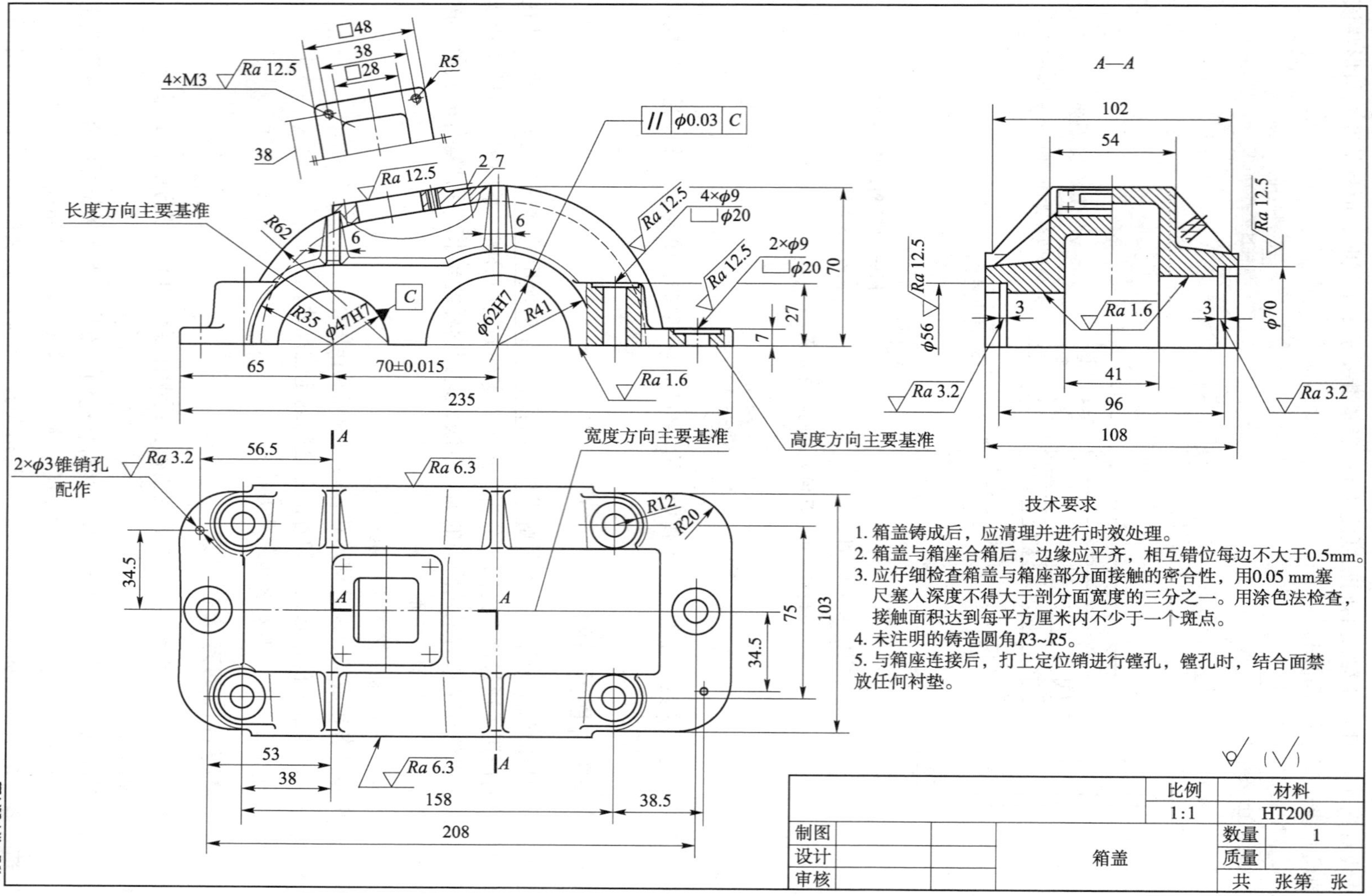

技术要求

1. 箱盖铸成后，应清理并进行时效处理。
2. 箱盖与箱座合箱后，边缘应平齐，相互错位每边不大于0.5mm。
3. 应仔细检查箱盖与箱座部分面接触的密合性，用0.05 mm塞尺塞入深度不得大于剖分面宽度的三分之一。用涂色法检查，接触面积达到每平方厘米内不少于一个斑点。
4. 未注明的铸造圆角$R3$~$R5$。
5. 与箱座连接后，打上定位销进行镗孔，镗孔时，结合面禁放任何衬垫。

			比例	材料
			1:1	HT200
制图		箱盖	数量	1
设计			质量	
审核			共　张第　张	

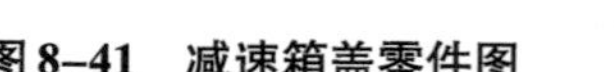

图 8–41　减速箱盖零件图

箱盖是减速器上的主要零件，它与箱体合在一起，起到支承齿轮轴及密封减速器的作用。零件的材料为灰铸铁，牌号为 HT200，绘图比例为 1∶1，由图形大小，可估计出零件的真实尺寸。

2. 分析视图

分析视图，首先找出主视图，再分析零件各视图的配置以及视图之间的关系，进而识别其他视图的名称及投射方向。若采用剖视或断面的表达方法，还需确定出剖切位置。运用形体分析法读懂零件各部分的结构，想象出零件的结构形状。

箱盖主视图的选择符合箱盖的工作位置。采用 3 个基本视图和 1 个局部视图。主视图中采用 3 个局部剖视图，分别表达螺栓连接孔和视孔的结构。左视图是采用 2 个平行的剖切平面获得的全剖视图，主要表达 2 个轴孔的内部结构和 2 块肋板的形状。俯视图只画箱盖的外形，主要表达螺栓孔、锥销孔、视孔和肋板的分布情况，同时表达了箱盖的外形。最后综合 3 个视图，想象出箱体主体结构的下方是一个长方形板，中间凸起左低右高的两个圆柱，其内部是空腔。

3. 分析尺寸

确定各方向的尺寸基准，分清设计基准和工艺基准，明确尺寸种类和标注形式；了解各配合表面的尺寸公差、几何公差、各表面的表面结构要求，理解文字说明中对制造、检验等方面的技术要求。

长度方向主要基准为左侧的竖向中心线，左端面是长度方向的辅助基准；宽度方向的尺寸基准为箱盖前后方向的对称面；高度方向的尺寸基准为箱盖的底面。

4. 技术要求

零件的技术要求是零件制造质量指标。读图时要根据零件在机器中的作用，分析视图中的配合面或主要加工面和非加工面的要求；了解零件的热处理、表面处理及检验等其他技术要求。

箱盖有配合要求的加工面为两轴孔，箱盖底面和箱座上面为接触面。箱盖两轴孔有几何公差的要求。

标题栏上方的技术要求，用文字说明了零件的热处理要求、铸造圆角的尺寸，以及镗孔加工时的要求。

通过上述方法和步骤读图，可对零件有较为全面的了解，但对某些比较复杂的零件，还需参考有关技术资料和相关装配图，才能彻底读懂。读图的各步骤也可视零件的具体情况，灵活运用，交叉进行。

8.7　零件测绘

零件测绘是针对现有零件进行分析，目测尺寸，绘制草图，测量并标注尺寸及技术要求，经整理后画出零件图的过程。下面以图 8 – 42 所示的轴承座为例，说明测绘的方法和步骤。

8.7.1 零件测绘的一般方法和步骤

1. 了解和分析零件

对测绘的零件，首先了解它的名称、用途、材料及其在机器或部件中的位置和作用，然后对零件的结构形状和制造方法进行分析。

图 8－42 所示为滑动轴承的轴承座。滑动轴承起支承轴的作用，为便于安装轴，轴承做成上（轴承盖）、下（轴承座）结构。

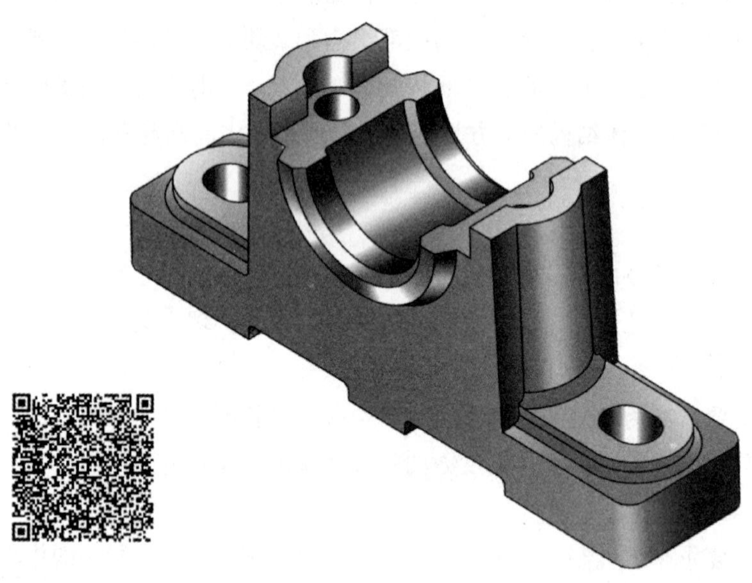

图 8－42 滑动轴承的轴承座

2. 确定表达方案

先根据零件的形状特征、加工位置、工作位置等情况选择主视图，再按零件内部结构特点选择视图、断面图等表达方法。

选择其工作位置为主视图的投射方向，同时采用半剖视图，既表达轴承座的外形，又表达固定轴承盖的螺栓孔和滑动轴承长圆形安装孔的内部结构；左视图采用两个平行的剖切面获得半剖视图，既表达轴承座左侧的外形，又表达安装轴瓦的半圆形结构和轴承座底面的结构；俯视图只画外形，清楚表达轴承座的左右、前后对称结构。

3. 绘制零件草图

目测比例，徒手画成的图，称为草图，绘制草图的步骤如下。

（1）选定绘图比例，确定图幅，画出图框和标题栏，确定视图位置，作出主、左视图的定位线、轴线、作图基准线，确定各图的位置，如图 8－43 所示。

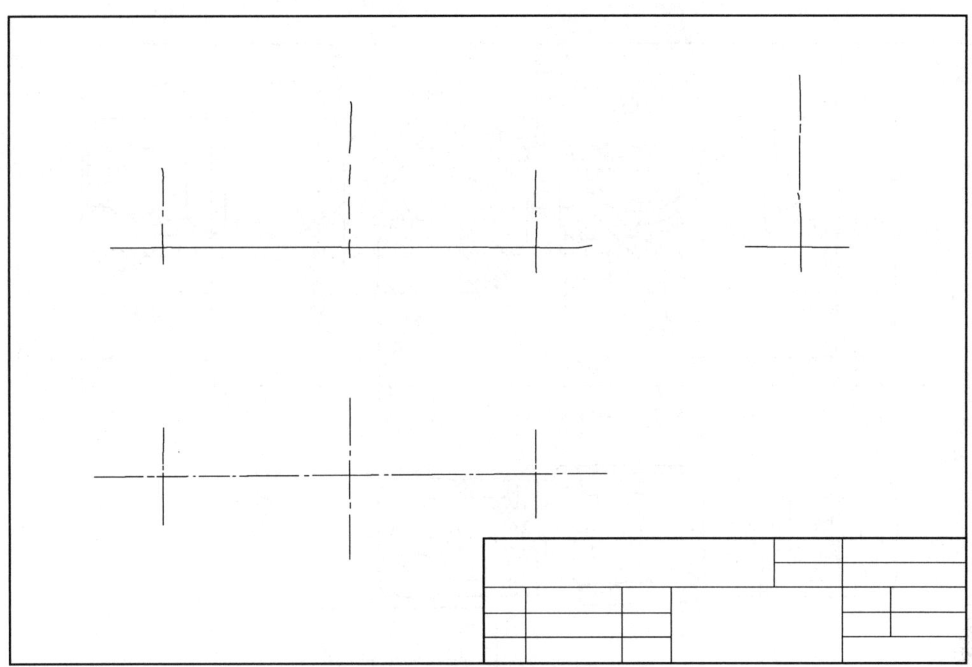

图 8－43　绘制轴承座草图（一）

（2）目测比例，徒手画出主视图、左视图和剖面线，如图 8－44 所示。

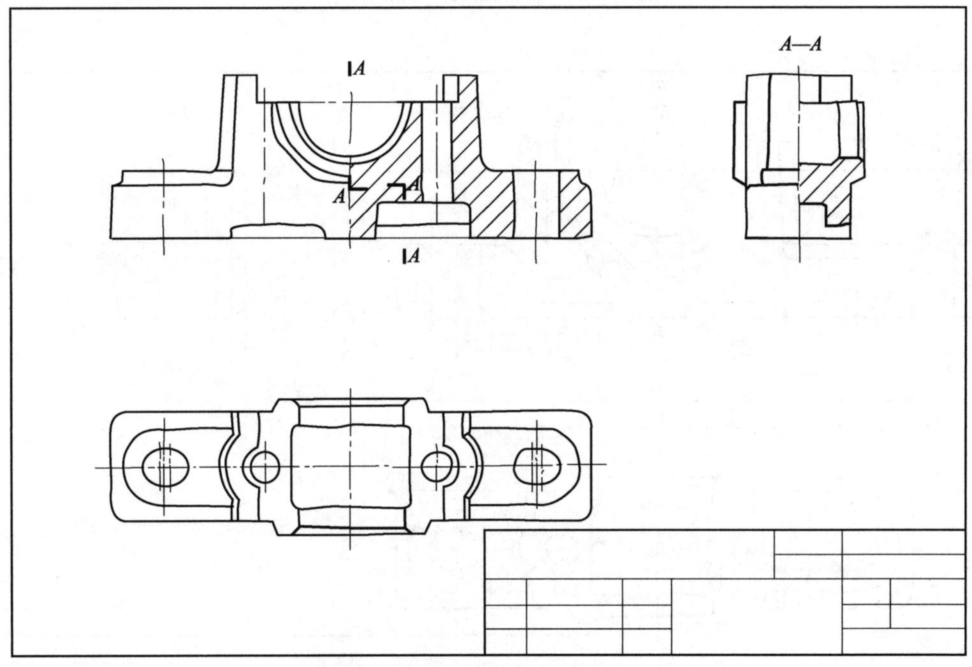

图 8－44　绘制轴承座草图（二）

（3）选定尺寸基准，画出全部尺寸界线、尺寸线和箭头，如图 8－45 所示。

（4）测量并填写全部尺寸，标注各表面的表面粗糙度代号、确定尺寸公差；填写技术要求和标题栏，如图 8－46 所示。

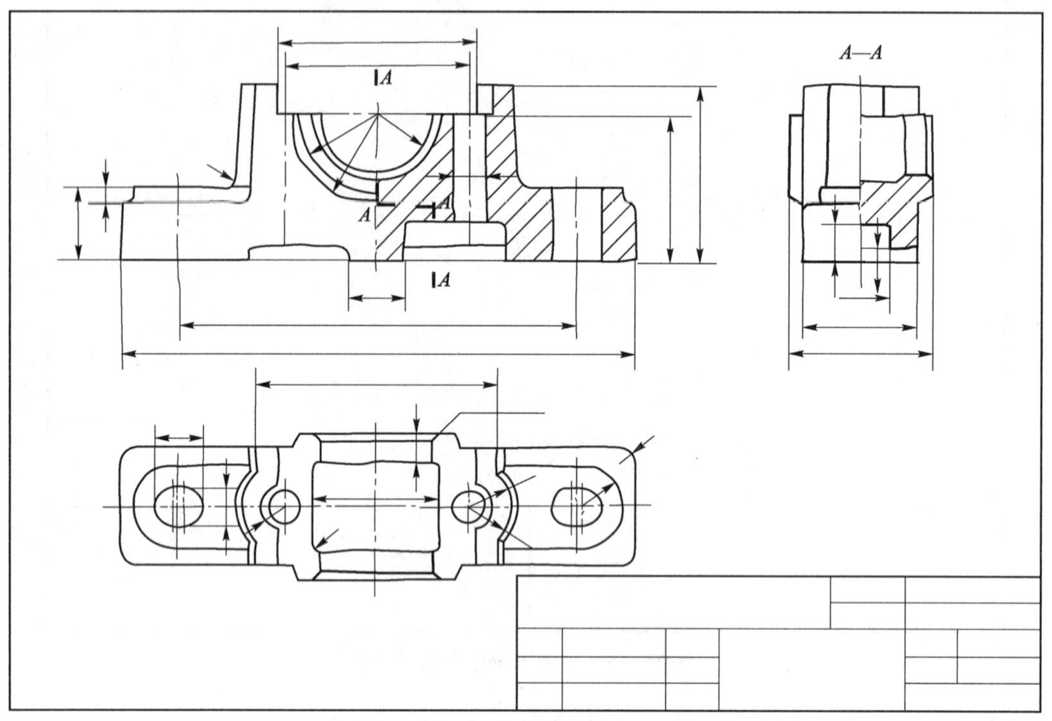

图 8-45 绘制轴承座草图（三）

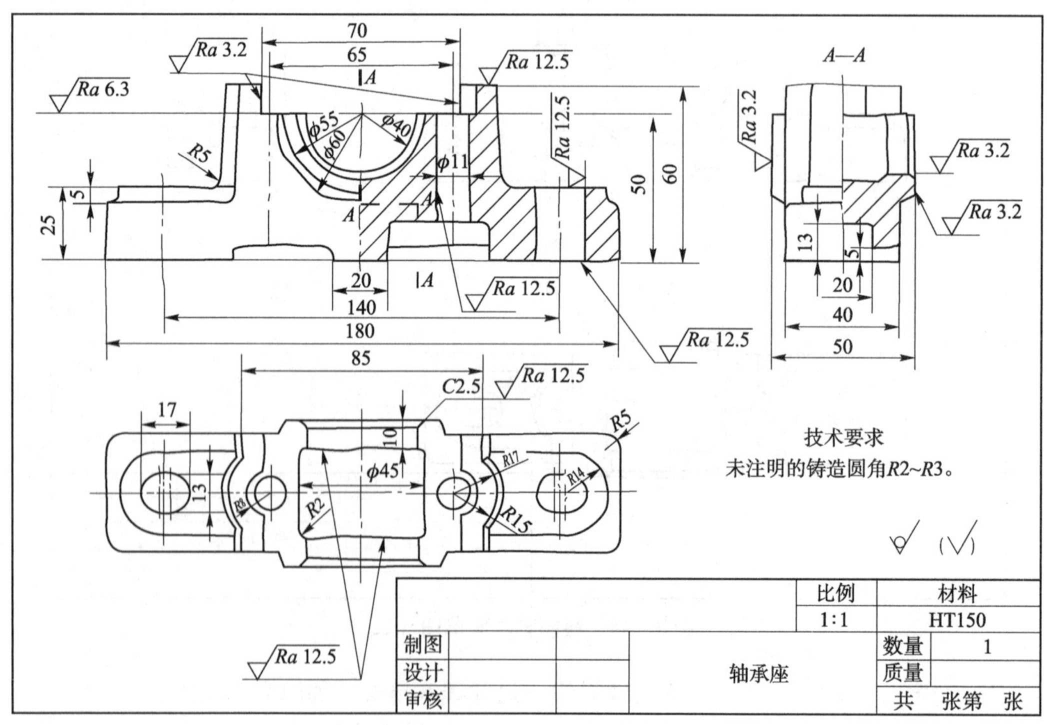

	比例	材料
	1:1	HT150

制图			轴承座	数量	1
设计				质量	
审核				共 张第 张	

图 8-46 绘制轴承座草图（四）

4. 零件测绘应注意的几个问题

（1）对于零件制造过程中产生的缺陷（如铸造时产生的缩孔、裂纹，以及该对称的不对称等）和使用过程中造成的磨损、变形等，画草图时应予以纠正。

（2）零件上的工艺结构，如倒角、圆角、退刀槽等，虽小也应完整表达，不可忽略。

（3）严格检查尺寸是否遗漏或重复，相关零件尺寸是否协调，以保证零件图、装配图顺利绘制。

（4）对于零件上的标准结构要素，如螺纹、键槽、轮齿等尺寸，以及与标准件配合或相关联结构（如轴承孔、螺栓孔、销孔等）的尺寸，应把测量结果与标准核对，圆整成标准数值。

8.7.2　零件尺寸的测量

测量尺寸是测绘零件的一个重要步骤，零件上全部尺寸的测量应集中进行，可以提高效率。

1. 测量线性尺寸

线性尺寸一般可直接用金属直尺测量，必要时也可以用三角板配合测量，如图8－47所示。

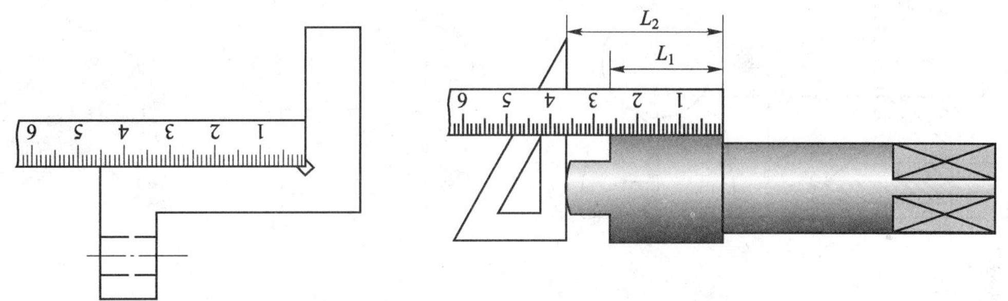

图8－47　测量线性尺寸

2. 测量壁厚

壁厚一般可用直尺测量，若孔径较小时，可用带测量深度的游标卡尺测量，有时也会遇到用直尺或游标卡尺都无法测量的壁厚，则需用卡钳来测量，如图8－48所示。

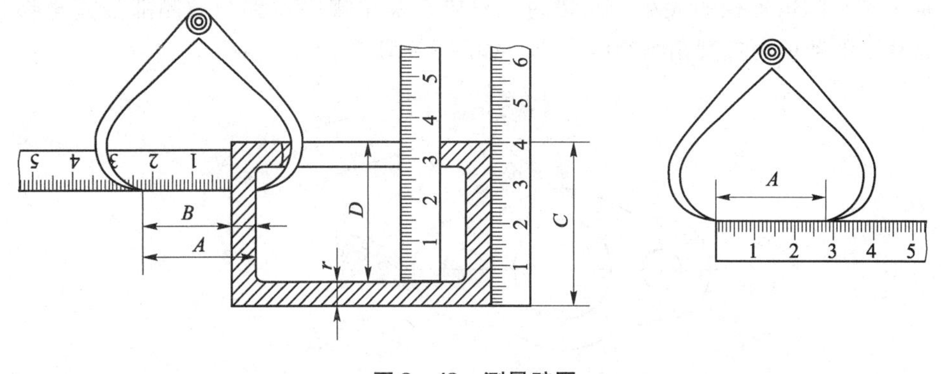

图8－48　测量壁厚

3. 测量内、外直径

回转面的直径一般可用卡钳、游标卡尺或千分尺测量，如图 8－49 所示。

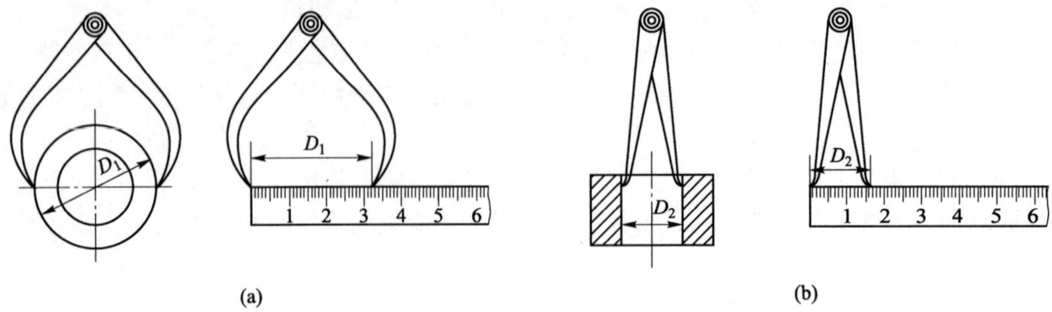

图 8－49　测量直径尺寸

（a）用外卡钳配合金属直尺测量外径；（b）用内卡钳配合金属直尺测量内径

4. 测量中心距

中心距一般可用直尺和卡钳或游标卡尺测量，如图 8－50 所示。

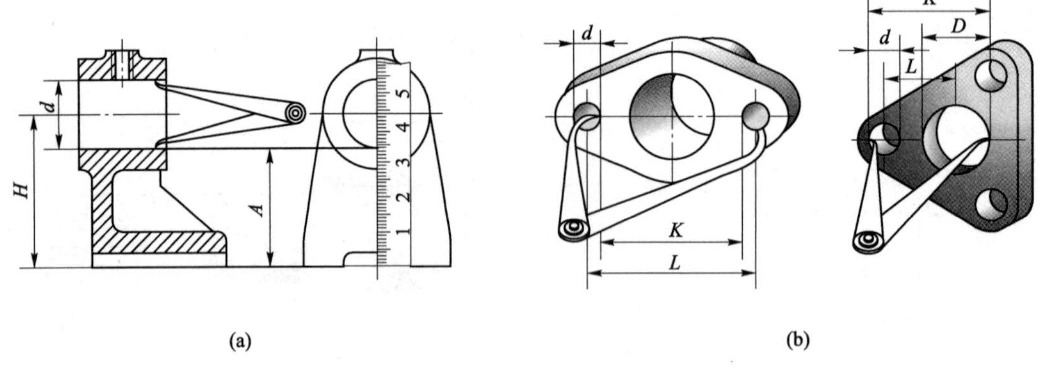

图 8－50　测量中心距

（a）测量中心高；（b）测量孔间距

5. 测量圆角半径和螺纹

圆角半径一般用圆角规测量。每套圆角规有很多片，一半测量外凸圆角，一半测量内凹圆角，每片刻有圆角半径的大小。测量时，只要在圆角规中找到与被测部分完全吻合的一片，从该片上的数值可知圆角半径的大小，如图 8－51 所示。

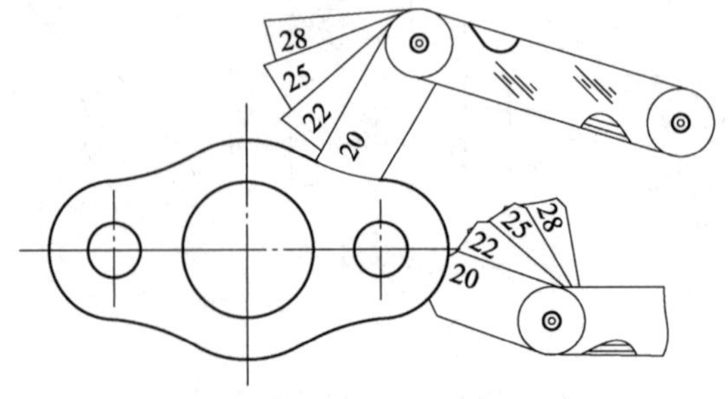

图 8－51　测量圆角半径

测量螺纹时，可先用游标卡尺测大径再用螺纹样板测得螺距，或用金属直尺量取几个螺距后，取其平均值，如图 8 − 52 所示。

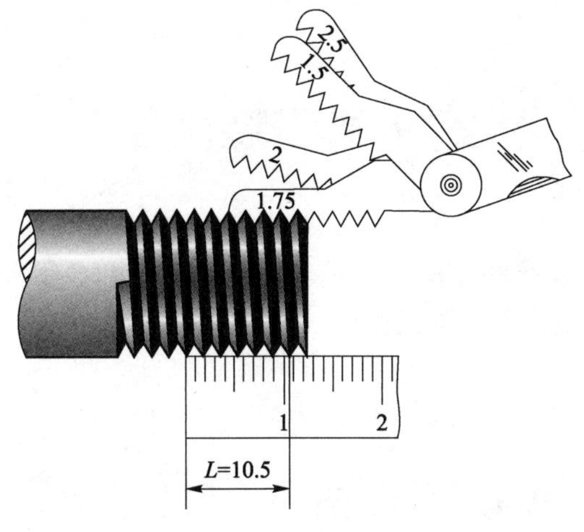

图 8 − 52　测量螺纹

6. 测量精度较高的尺寸

测量精度较高的尺寸时用游标卡尺，其既可以测量线性尺寸，又可以测量内（外）直径，还可以测量深度，如图 8 − 53 所示。

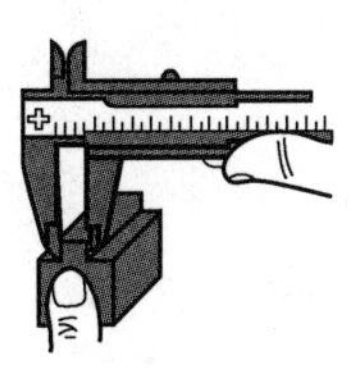
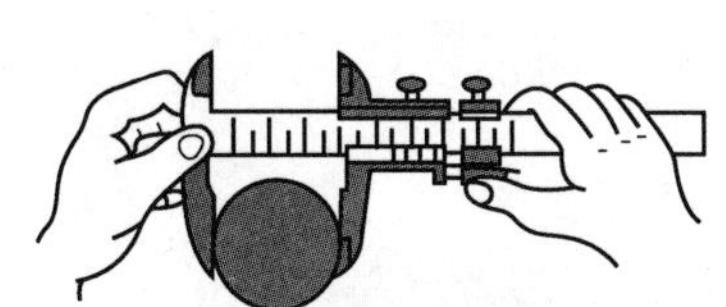

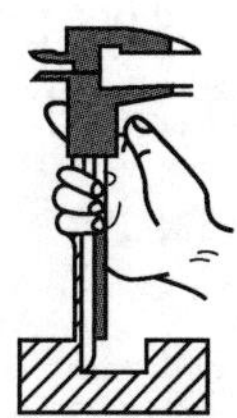

图 8 − 53　用游标卡尺测量精度较高的尺寸

第9章　装配图

装配图是表达机器（或部件）的工作原理、结构性能和各零部件之间的连接、装配关系等内容的图样，表示一台完整机器的图样，称为总装配图；表示一个部件的图样，称为部件装配图。

9.1　装配图的作用和内容

装配图能够反映设计意图，表达部件或机器的工作原理、性能要求、零件间的装配关系和零件的主要结构形状，以及在装配、检验、安装和维修时所需要的尺寸数据和技术要求，是设计部门提交给生产部门的重要技术文件。

图9－1为传动器的轴测剖视图，图9－2为传动器的装配图，从图中可以看出，一张完整的装配图，包括以下几个方面的内容：

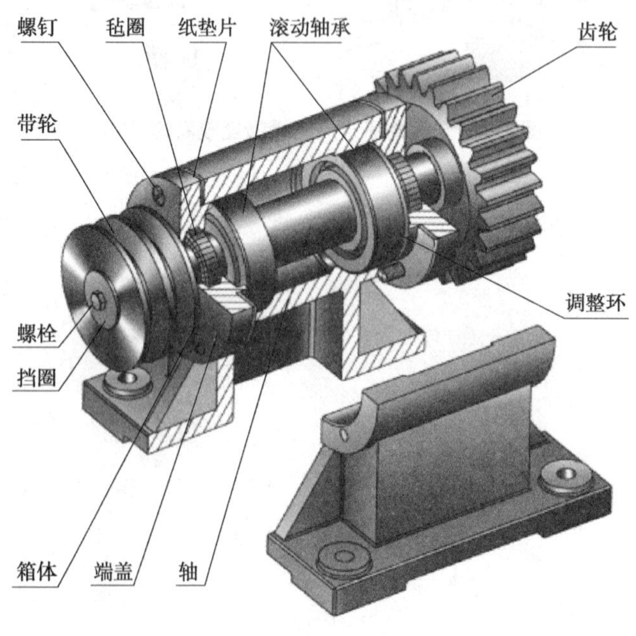

图9－1　传动器的轴测剖视图

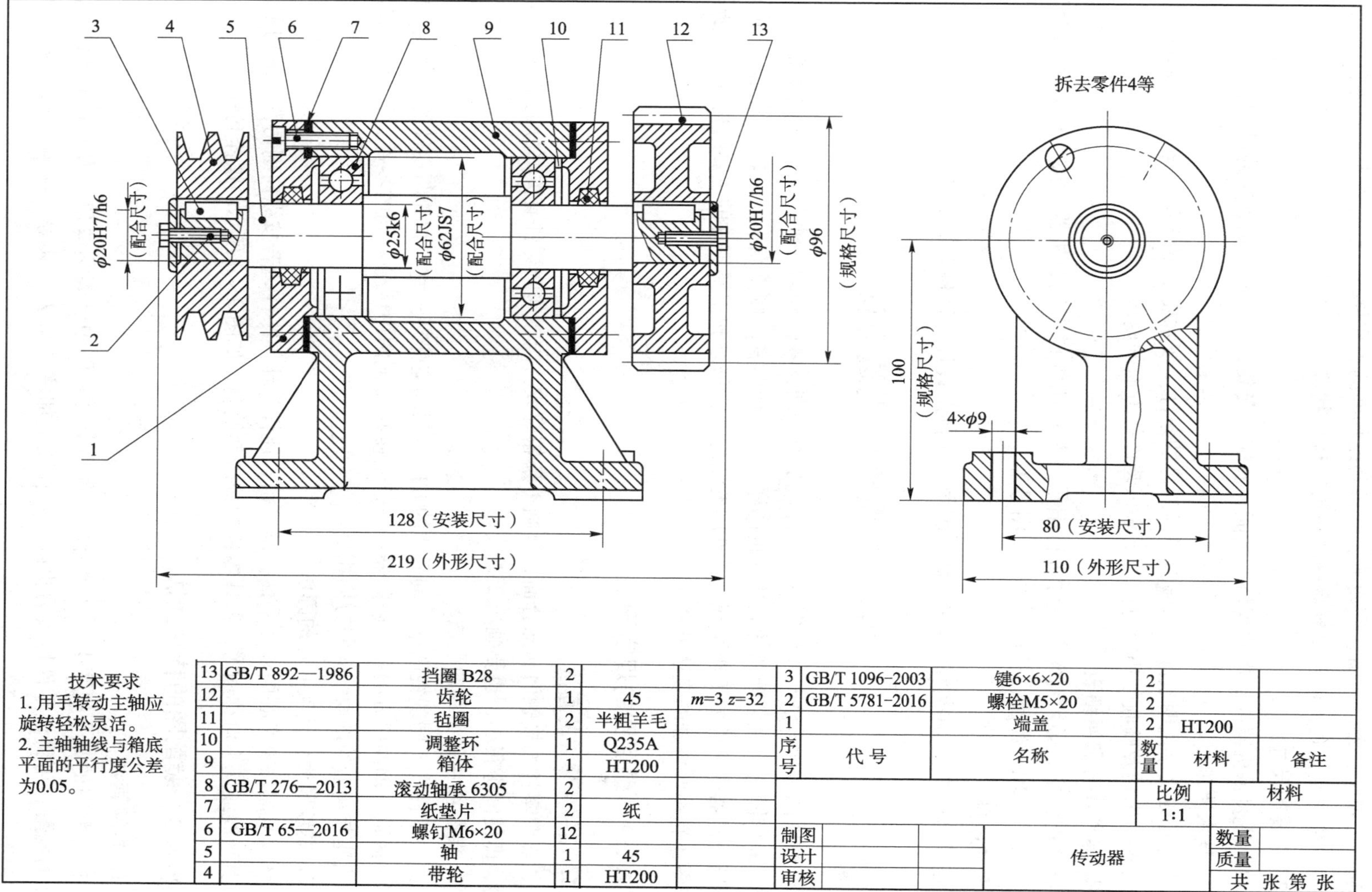
3
4
5
6
7
8
9
10
11
12
13
拆去零件4等
φ20H7/h6（配合尺寸）
φ25k6（配合尺寸）
φ62JS7（配合尺寸）
φ20H7/h6（配合尺寸）
φ96（规格尺寸）
100（规格尺寸）
4×φ9
2
1
128（安装尺寸）
219（外形尺寸）
80（安装尺寸）
110（外形尺寸）
技术要求
1. 用手转动主轴应旋转轻松灵活。
2. 主轴轴线与箱底平面的平行度公差为0.05。
13 GB/T 892—1986 挡圈 B28 2
12 齿轮 1 45 m=3 z=32
11 毡圈 2 半粗羊毛
10 调整环 1 Q235A
9 箱体 1 HT200
8 GB/T 276—2013 滚动轴承 6305 2
7 纸垫片 2 纸
6 GB/T 65—2016 螺钉M6×20 12
5 轴 1 45
4 带轮 1 HT200
3 GB/T 1096—2003 键6×6×20 2
2 GB/T 5781—2016 螺栓M5×20 2
1 端盖 2 HT200
序号 代号 名称 数量 材料 备注
比例 1:1
材料
制图
设计
审核
传动器
数量
质量
共 张 第 张

图 9-2　传动器的装配图

1. 一组视图

用一组视图完整、清晰、简便地表达机器或部件的工作原理、运动情况、各零件之间的装配关系和连接方式，以及主要零件的主要结构形状等。

2. 必要的尺寸

只标注表示机器或部件的规格、性能、装配、安装、外形和其他重要的尺寸。

3. 技术要求

用符号或文字说明装配、检验时必须满足的条件。技术要求主要有性能及安装调试等方面的要求，运转及验收使用等方面的要求，装饰等方面的要求。

4. 零件序号和明细表

在装配图中，必须对每个零件进行编号，并在明细栏中说明机器（或部件）所包含的零件序号、名称、数量、材料、代号、图号等。

5. 标题栏

在标题栏中，写明装配体的名称、图号、比例及设计、审核者的签名等。

9.2 装配图的表达方法

装配图的表达方法与零件图的表达方法基本相同，零件用的各种表达方法，如视图、剖视图、断面图等，在装配图的表达中也同样适用，但两者的侧重点不同，装配图表达的重点在于反映机器或部件的工作原理、零件间的装配连接关系和主要零件的主要结构特征，所以装配图还有一些特殊的表达方法。

9.2.1 装配图的规定画法

1. 相邻两零件的画法

相邻两零件的接触面和配合面，只画 1 条轮廓线。当相邻两零件有关部分的基本尺寸不同时，即使间隙很小，也要画出 2 条线。

2. 装配图中剖面线的画法

同一零件在不同的视图中，剖面线的方向和间隔应保持一致，相邻两零件的剖面线，应有明显区别，即倾斜方向相反或间隔不等，以便在装配图中区分不同的零件，如图 9－3 所示，机座与端盖的剖面线倾斜方向相反。

3. 螺纹紧固件及实心件的画法

螺纹紧固件及实心的轴、手柄、键、销、连杆、球等零件，若按纵向剖切，即剖切平面通过其轴线或基本对称面时，这些零件均按未剖绘制，如图 9－3 所示的螺栓和轴。

9.2.2 装配图的特殊画法

1. 拆卸画法

在装配图的某个视图上，如果有的零件在其他视图中已表达清楚，为了避免遮盖其他零件的投影，可将该零件拆去后再画，并在图上加注“拆去××等”字样，如图 9－2 中的左视图。

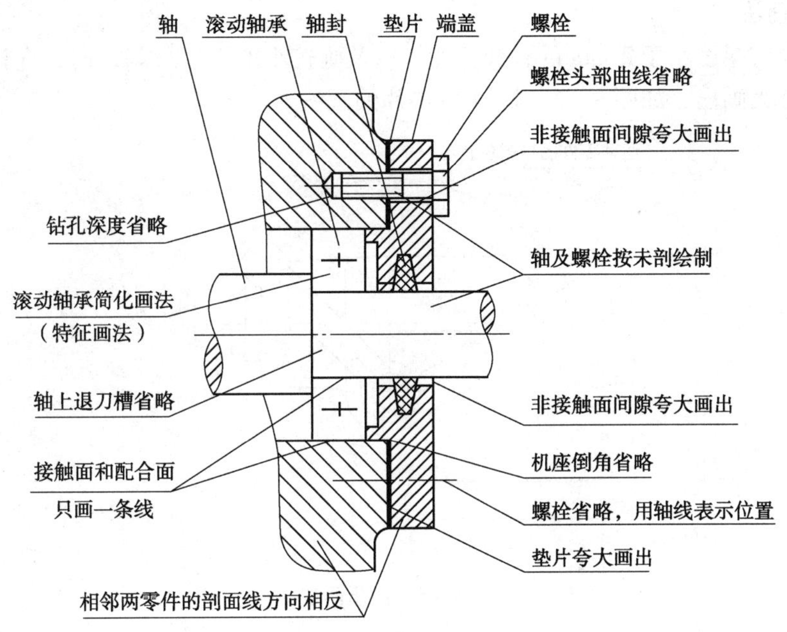

图 9-3 装配图的简化画法和规定画法

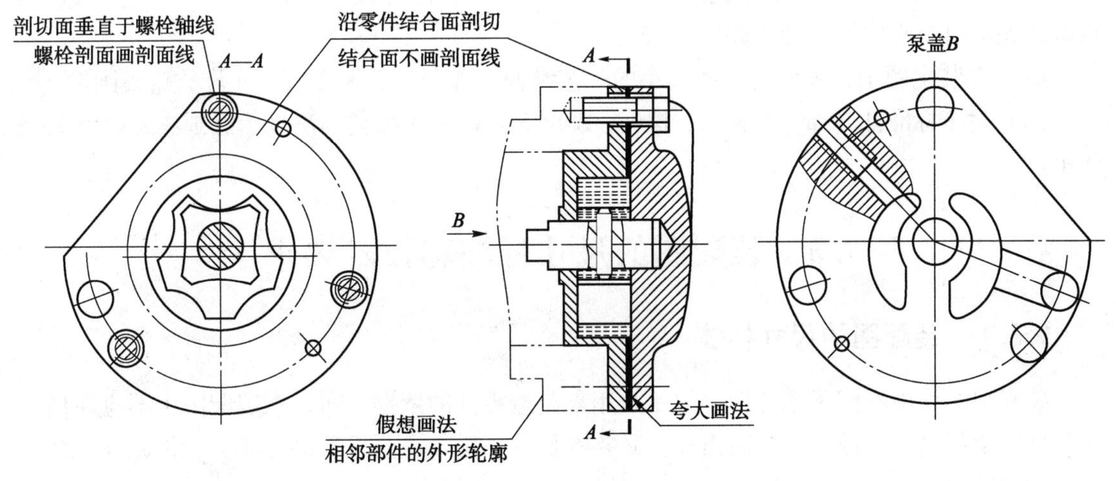

图 9-4 沿零件结合面剖切的画法

2. 沿零件结合面剖切

绘制装配图时，为了表达机器或部件的内部结构，可采用沿某些零件的结合面剖切的画法。其特点是在结合面上不画剖面线，但穿过该结合面被剖切到的零件应按剖视画，如图 9-4 所示。

3. 假想画法

在装配图中，为了表示运动零件的极限位置或本零部件与相邻零部件的相互关系时，可用细双点画线画出该零部件的外形轮廓。如图 9-4 所示的主视图中，用细双点画线表示其相邻部件的局部外形轮廓。图 9-5 中，用细双点画线表示假想手柄的极限位置。

4. 夸大画法

对于直径或厚度小于 2 mm 的孔和薄片，以及画较小的锥度或斜度时，允许将该部分不按原比例而夸大画出，如图 9－3、9－4 中垫片的画法。

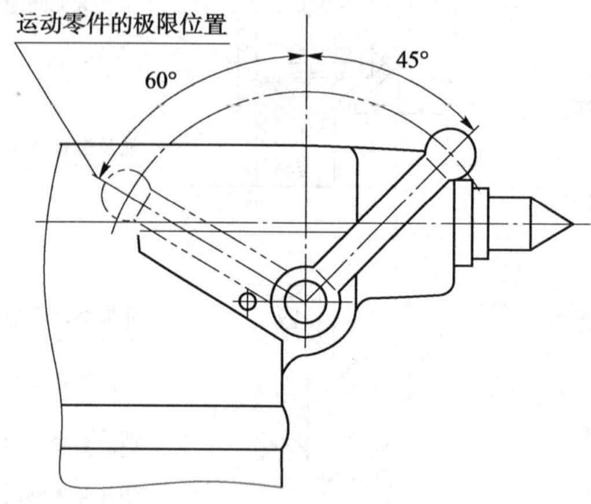

图 9－5　假想画法

5. 简化画法

(1) 对于装配图中的螺栓连接等若干相同零件组，允许仅详细地画出一组，其余用细点画线表示出中心位置即可，如图 9－3 所示。

(2) 在装配图中，零件上某些较小的工艺结构，如倒角、退刀槽等允许省略不画。

(3) 对于标准件（如滚动轴承、螺栓、螺母等）可采用简化画法或示意画法，如图 9－3 所示。

9.3　装配图的尺寸标注和技术要求

9.3.1　装配图的尺寸标注

装配图的作用不同于零件图，它不是用来制造零件的依据，所以在装配图中不应注出每个零件的全部尺寸，而只需标注出一些必要的尺寸，用于说明机器的性能、工作原理、装配关系和安装要求。装配图上应标注以下 5 种尺寸。

1. 性能（或规格）尺寸

性能（或规格）尺寸是表示产品或部件的性能和规格的尺寸，这些尺寸在设计时就已确定，它也是设计、了解和选用机器的依据，如图 9－2 中传动器的外连齿轮分度圆的直径 ϕ96，主轴中心高 100。

2. 装配尺寸

装配尺寸是表示两个零件间装配关系的尺寸，装配尺寸包括配合尺寸和主要零件相对位置尺寸，如图 9－2 中的 ϕ62JS7、ϕ25k6、ϕ20H7/h6。

3. 安装尺寸

将机器或部件安装在地基上或与其他机器或部件相连接时所需要的尺寸，就是安装尺寸，如图 9－2 中的箱体安装孔直径 4 × ϕ9、中心距 128 和 80。

4. 外形尺寸

外形尺寸是表示机器或部件外形轮廓的尺寸，即总长、总宽和总高，当机器在包装、运输、安装和厂房设计时需要考虑外形尺寸，如图9－2中的尺寸219（总长）、110（总宽）。

5. 其他重要尺寸

其他重要尺寸是设计时需要保证而未包括在上述4种尺寸之中的重要尺寸，这种尺寸是在设计时经过计算确定或选定的尺寸，在拆画零件图时不能改变。

以上几类尺寸，并不是在每张装配图上都能全部注出，有时一个尺寸可能有几种含义，故对装配图的尺寸要根据实际情况做具体分析后再进行确定。

9.3.2 装配图的技术要求

在装配图中，需要用文字将部件或机器的装配、检验和使用等技术要求予以说明，技术要求一般写在明细栏上方或左下方的空白处，一般包括以下3方面的内容：

（1）装配要求是指装配时的调整要求，装配过程中的注意事项以及装配后要达到的技术要求，如润滑、密封等要求；

（2）检验要求是指对机器或部件基本性能的检验、试验、验收方法的说明；

（3）使用要求是对机器或部件的性能、维护、保养、使用注意事项的说明；

9.3.3 装配图中零件的序号和明细栏

装配图上对每个零件或部件都必须编注序号或代号，并填写明细栏。

（1）装配图中所有零部件，应按顺序编写序号，相同的零部件只编1个序号，一般只注1次。

（2）零件序号应标注在视图周围，按水平或竖直方向排列整齐、按顺时针或逆时针方向排列。

（3）零件序号应填写在指引线一端的横线上（或圆圈内），指引线的另一端应自所指零件的可见轮廓内引出，并在末端画一圆点；若所指部分内不宜画圆点（零件很薄或涂黑的剖面）时，可在指引线一端画箭头指向该部分的轮廓，如图9－6所示。

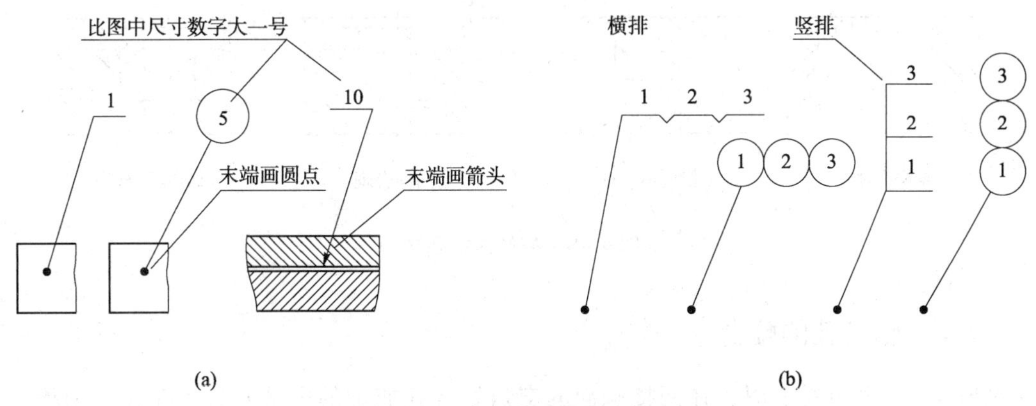

图9－6 零件序号的编写形式

（a）单个指引线的画法；（b）公共指引线的画法

(4) 装配图中零部件的序号，应与明细栏的序号一致。填写明细栏中的序号时，应自下而上填写。

(5) 一组紧固件或装配关系明显的零件组，可采用公共指引线。

(6) 序号的字号应比图中尺寸数字大一号或大两号。

(7) 机械图样常见明细栏的格式如图 9-7 所示，其尺寸均按照国标绘制。

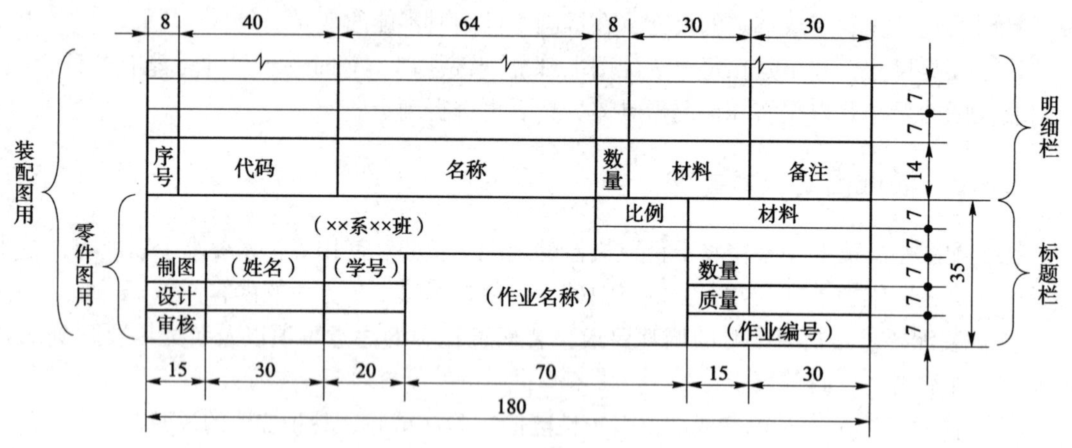

图 9-7　明细栏的格式

9.4　装配结构简介

为了实现机器或部件的顺利装配，保证装配质量、达到装配性能要求，并方便加工制造和拆卸维修，在设计时必须考虑装配结构的合理性。

9.4.1　接触面结构的合理性

为了避免装配时不同的表面互相发生干涉，两零件之间在同一个方向上，一般只宜有 1 对接触面，否则会给加工和装配带来困难，如图 9-8 所示。

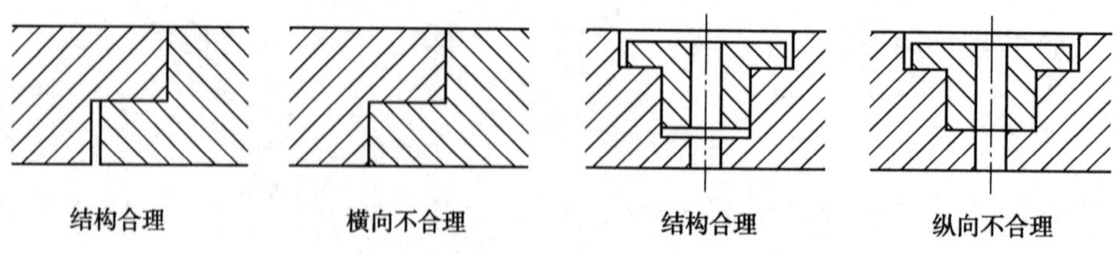

图 9-8　接触面的画法

9.4.2　轴与孔的配合

轴肩与端面相互接触时，在两接触面的交角处（孔或轴的根部）应加工出退刀槽、倒角或不同大小的倒圆角，以保证两个方向的接触面均接触良好，如图 9-9 所示。

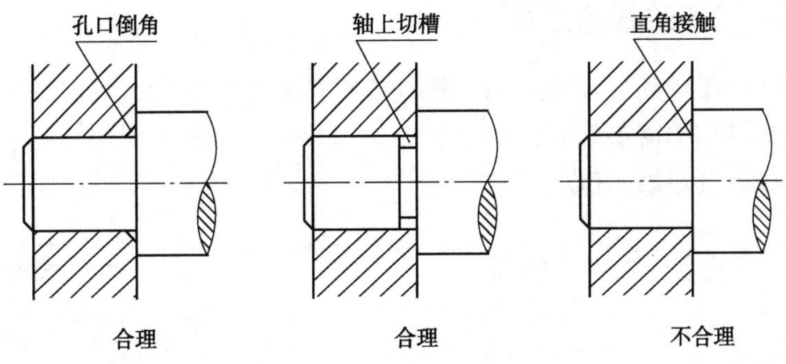

图 9 - 9　轴与孔的配合

9.4.3　锥面的配合

当锥孔不通时，锥体顶部与锥孔底部之间必须留有间隙，否则得不到稳定的配合，如图 9 - 10 所示。

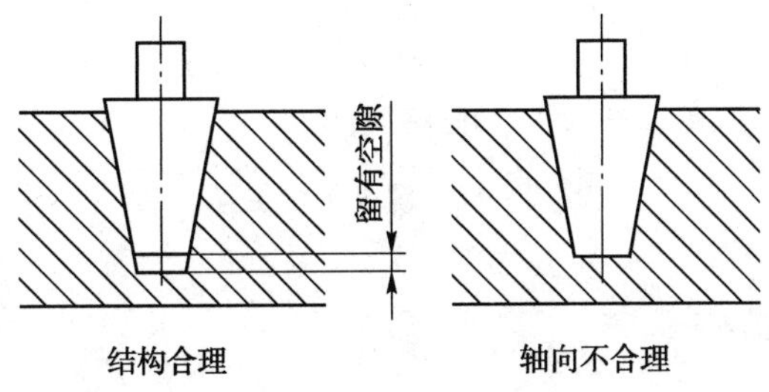

图 9 - 10　锥面的配合

9.4.4　滚动轴承零件定位结构

为了防止滚动轴承等轴上的零件产生轴向窜动，必须采用一定的结构来固定。如滚动轴承常用轴肩或阶梯孔的台肩来固定，这时要考虑到维修时拆装方便，应使轴肩高度小于滚动轴承内圈高度，孔的凸台高度小于滚动轴承的外圈高度，如图 9 - 11 所示。

轴肩过大或轴孔直径较小，会给拆卸轴承带来困难。

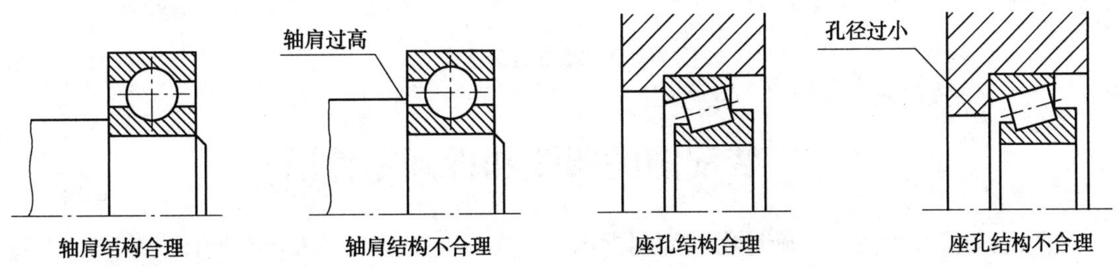

图 9 - 11　滚动轴承零件定位结构

9.4.5 螺纹防松装置的结构

机器运转时，由于受到振动或冲击，螺纹连接可能发生松动，有时甚至会造成严重事故。因此，在某些结构中需要螺纹防松装置。如图 9 – 12 所示的螺纹防松装置有双螺母防松、弹性垫圈防松、开口销防松。

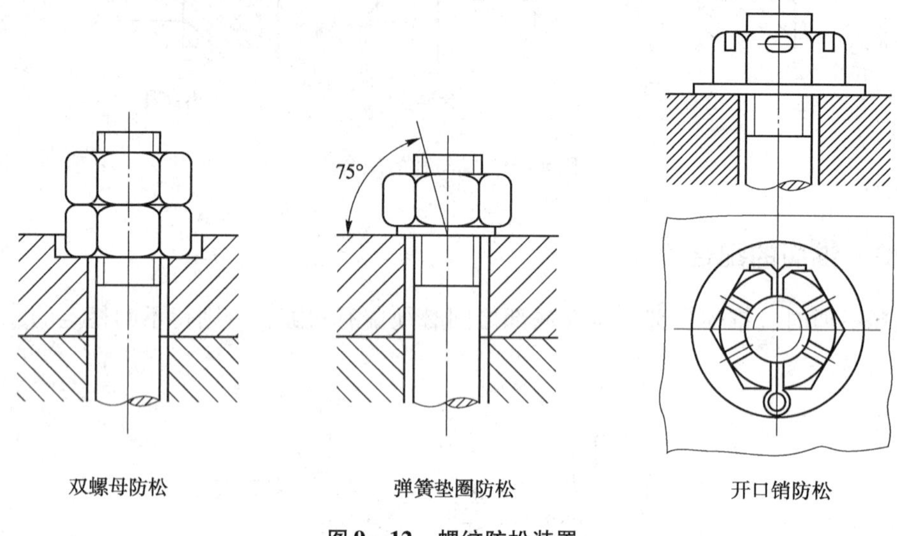

图 9 – 12 螺纹防松装置

9.4.6 螺栓连接结构

零件用螺纹紧固件连接时，应考虑到螺纹紧固件拆装的方便。不仅要留出拧入螺栓所需要的空间，同时还应考虑拆装时所用扳手的活动范围，图 9 – 13 为螺纹连接结构。

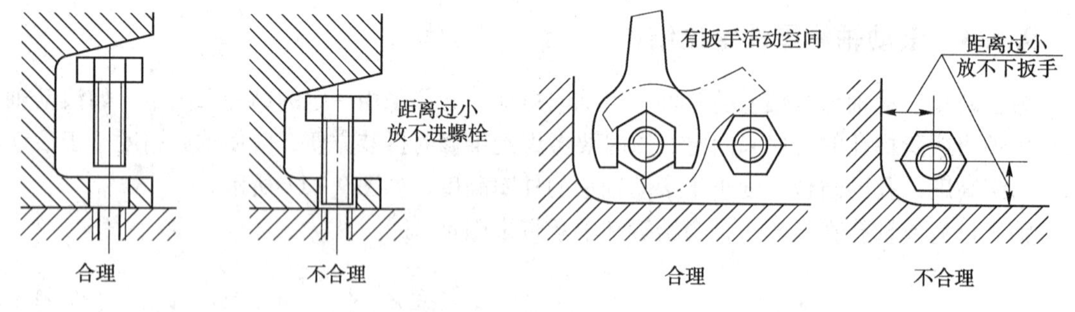

图 9 – 13 螺纹连接结构

9.5 装配图的阅读和拆画零件图

熟练地阅读装配图，正确地由装配图拆画零件图，是工程技术人员在设计、装配、检验和维修工作中，或进行技术交流过程中必备的基本技能之一。读装配图的目的主要是了解机器或部件的性能、用途和工作原理，熟悉各零件间的装配关系和零件的主要结构形状与相对位置关系。

9.5.1　读装配图的方法和步骤

1. 概括了解

读装配图时，首先要看标题栏、明细表，从中了解机器或部件的名称，零件组成的名称、数量、材料等。根据视图的大小、装配图的外形尺寸初步了解装配体。

如图 9 - 14 所示的机用虎钳装配图，从装配图的标题栏中可以看出，该装配体的名称为机用虎钳，从明细栏中可以看出，它由 11 个零件组成，其中垫圈、销和螺钉等零件是标准件，其余为非标准件。

2. 分析视图，明确表达目的

先看主视图，再根据投影看其他视图分别用了什么表达方法，明确各视图表达的意图和重点。

从机用虎钳装配图中可看出：主视图沿前、后对称中心面剖开，采用全剖视视图表达机用虎钳的工作原理；左视图采用 *B—B* 半剖视图，表达固定钳身、活动钳身和螺母 3 个零件之间的装配关系；俯视图主要表达机用虎钳的外形，并通过局部剖视图表达钳口板与固定钳身连接的局部结构。

3. 分析工作原理和零件的装配关系

读装配体时，先从反映工作原理、装配关系较明显的视图开始，抓住装配体的装配干线或传动路线，分析各零件之间的连接关系和装配关系。

工作原理：旋转螺杆 9，使螺母 8 带动活动钳身 4 在水平方向右、左移动，进而夹紧或旋松工件。机用虎钳的最大夹持厚度为 70 mm。

装配关系：螺母 8 从固定钳身 1 下方的空腔装入工字形槽内，再装入螺杆 9，用垫圈 11、垫圈 5、挡圈 6 和圆锥销 7 将螺杆轴向固定；螺钉 3 将活动钳身 4 与螺母 8 连接，最后用螺钉 10 将两块钳口板 2，分别与固定钳身 1、活动钳身 4 连接。

4. 分析视图，看懂零件的结构形状

读图时，借助序号指引的零件上的剖面线，利用同一零件在不同视图上的剖面线方向与间隔一致的规定，对照投影关系以及与相邻零件的装配情况，逐步想象出各零件的主要结构形状。

分析时，一般先从主要零件开始，然后是次要零件。固定钳身、活动钳身、螺杆、螺母是机用虎钳的主要零件，它们在结构和尺寸上都有非常紧密的联系，要读懂装配图，就必须读懂它们的形状和结构特点。

固定钳身 1 的左、右两端有两圆柱孔，它支承螺杆 9 并使其在两圆柱孔中转动，其中间是空腔，使螺母 8 带动活动钳身 4 沿固定钳身 1 做直线运动。为了使机用虎钳固定在机床工作台上，固定钳身 1 的前、后各有一个凸台。最后把各个零件联系起来，便可想象出机用虎钳的完整形状，如图 9 - 15 所示。

5. 分析尺寸及技术要求

螺杆 9 与固定钳身 1 的左、右端为基孔制间隙配合，配合尺寸为 ϕ12H8/f9 和 ϕ18H8/f9。活动钳身 4 与螺母 8 也是基孔制间隙配合，配合尺寸为 ϕ20H8/f8。

该机用虎钳的规格尺寸为钳口板的宽度 80 mm，外形尺寸为 210 mm、60 mm，安装尺寸为 116 mm 和 2 × ϕ11 mm；16 mm 为其他重要尺寸。

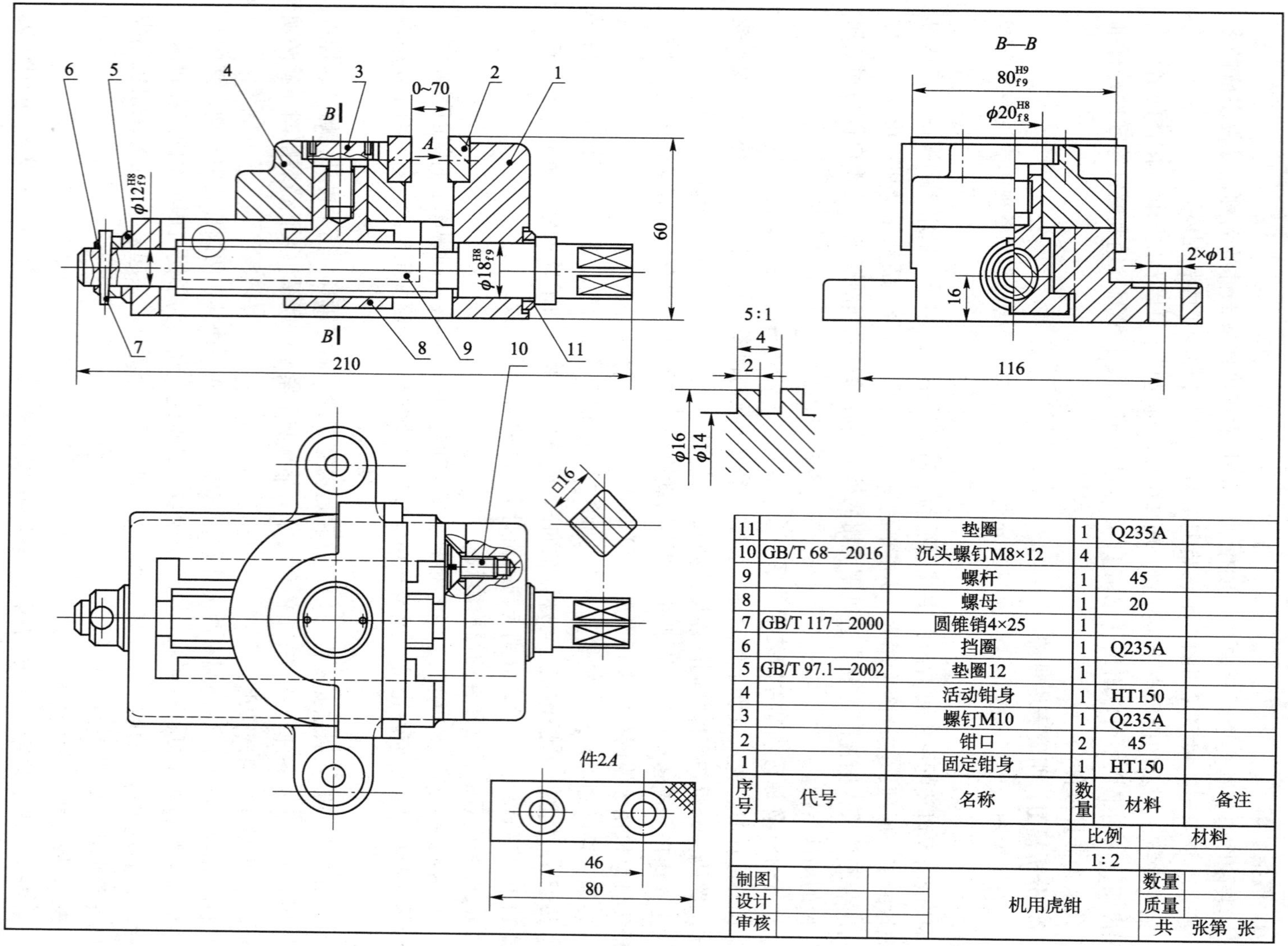

序号	代号	名称	数量	材料	备注
11		垫圈	1	Q235A	
10	GB/T 68—2016	沉头螺钉M8×12	4		
9		螺杆	1	45	
8		螺母	1	20	
7	GB/T 117—2000	圆锥销4×25	1		
6		挡圈	1	Q235A	
5	GB/T 97.1—2002	垫圈12	1		
4		活动钳身	1	HT150	
3		螺钉M10	1	Q235A	
2		钳口	2	45	
1		固定钳身	1	HT150	

				比例	材料
				1:2	
制图			机用虎钳	数量	
设计				质量	
审核				共 张第 张	

图 9-14 机用虎钳装配图

6. 归纳综合

综合分析机用虎钳装配图上的各项内容，分析出总体结构，全面了解装配体。

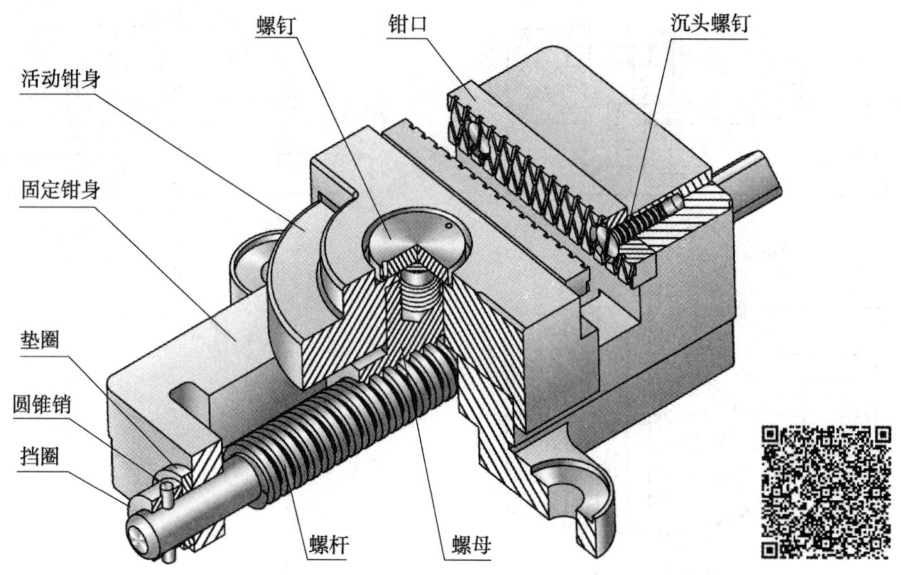

图 9－15　机用虎钳轴测剖视图

9.5.2　拆画装配图

由装配图拆画零件图简称拆图。拆图时，一般先拆主要零件，后拆与之相关的零件，保证各零件结构形状合理、配合性质以及技术要求协调一致。

以固定钳身为例，说明拆画零件图的方法。

1. 分离零件

分离零件主要有下列 2 种方法。

（1）根据装配图零件序号和明细栏，找出要分离零件的序号、名称，对应找到零件在装配图中的位置。

（2）根据同一零件在剖视图中剖面线方向一致、间隔相等的规定，把要分离的零件从装配图中找出来。

分离零件的步骤如下：

①去除螺杆装配线上的垫圈 5、挡圈 6、圆锥销 7、螺杆 9、垫圈 11 等，如图 9－16 所示；

②去除螺钉 10、钳口板 2、螺母 8，如图 9－17 所示；

③去除活动钳身 4，余下的即为固定钳身，如图 9－18 所示。

2. 确定零件的表达方案

零件从装配图上分离出来以后，要表达清楚零件的全部结构形状，还需要重新考虑零件的表达方案。因为，装配体的表达方案不一定适合其中某个零件的表达，所以在拆画零件图时，零件的主视图的确定，视图数量等并不一定和装配图的表达方案一致。

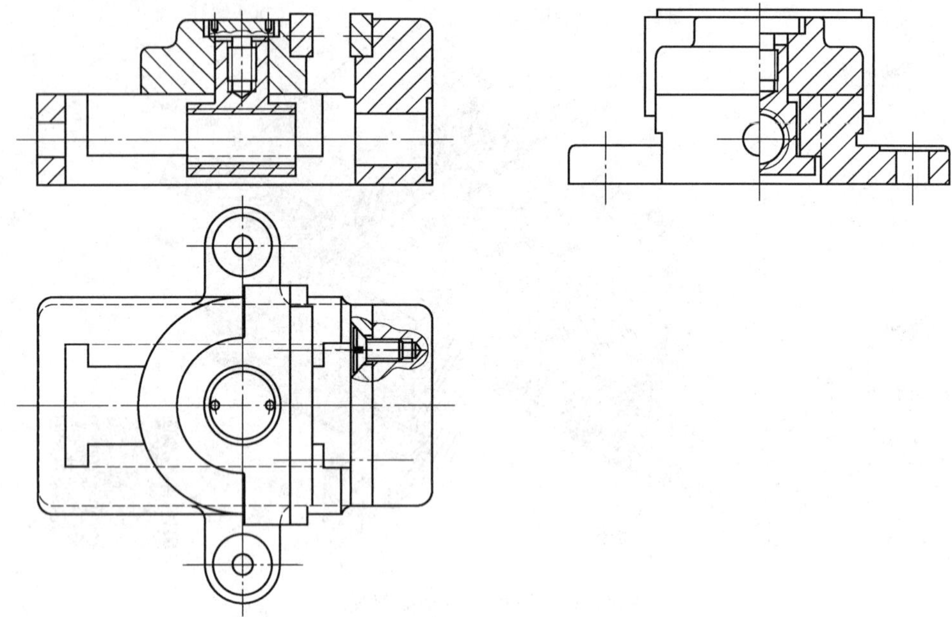

图 9-16 去除螺杆装配线上的零件

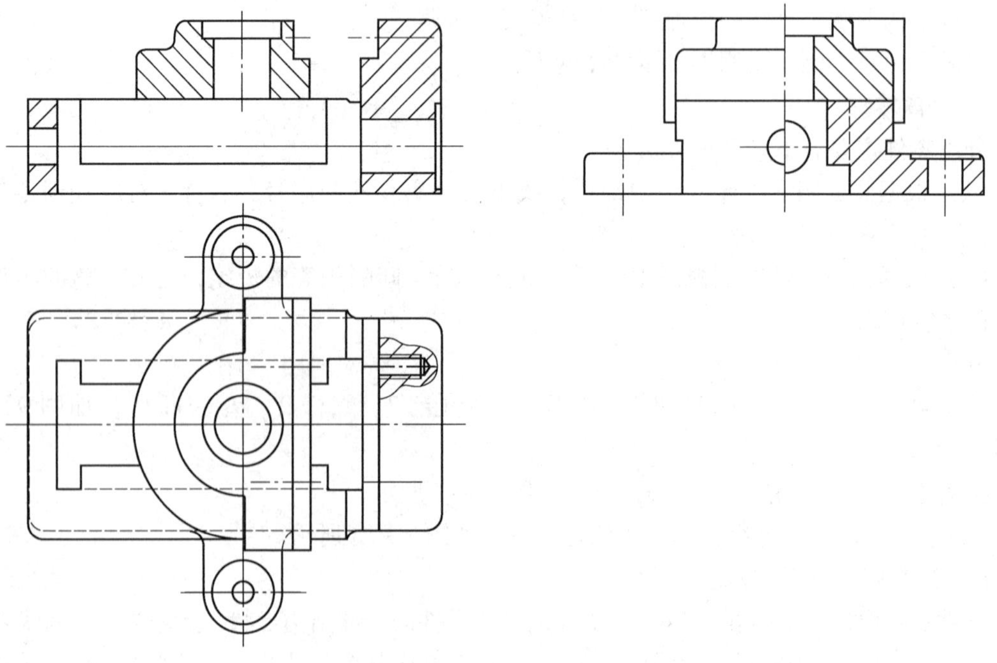

图 9-17 去除螺钉、钳口板和螺母

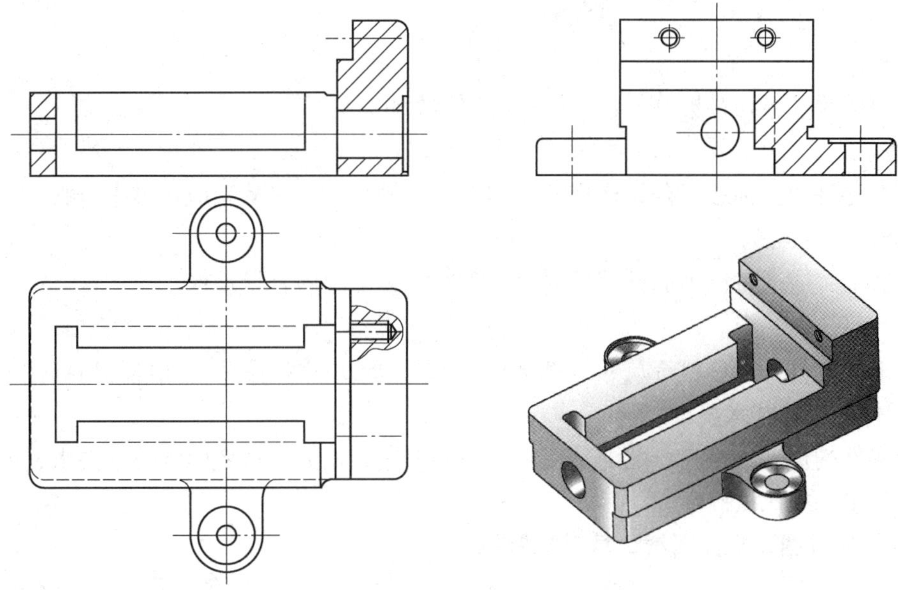

图 9－18　去除活动钳身后的固定钳身

固定钳身的主视图应按照工作位置放置，与装配图一致。增加俯视图和左视图，为表达内部结构，主视图采用全剖，左视图采用半剖，俯视图采用局部剖，如图 9－19 所示。

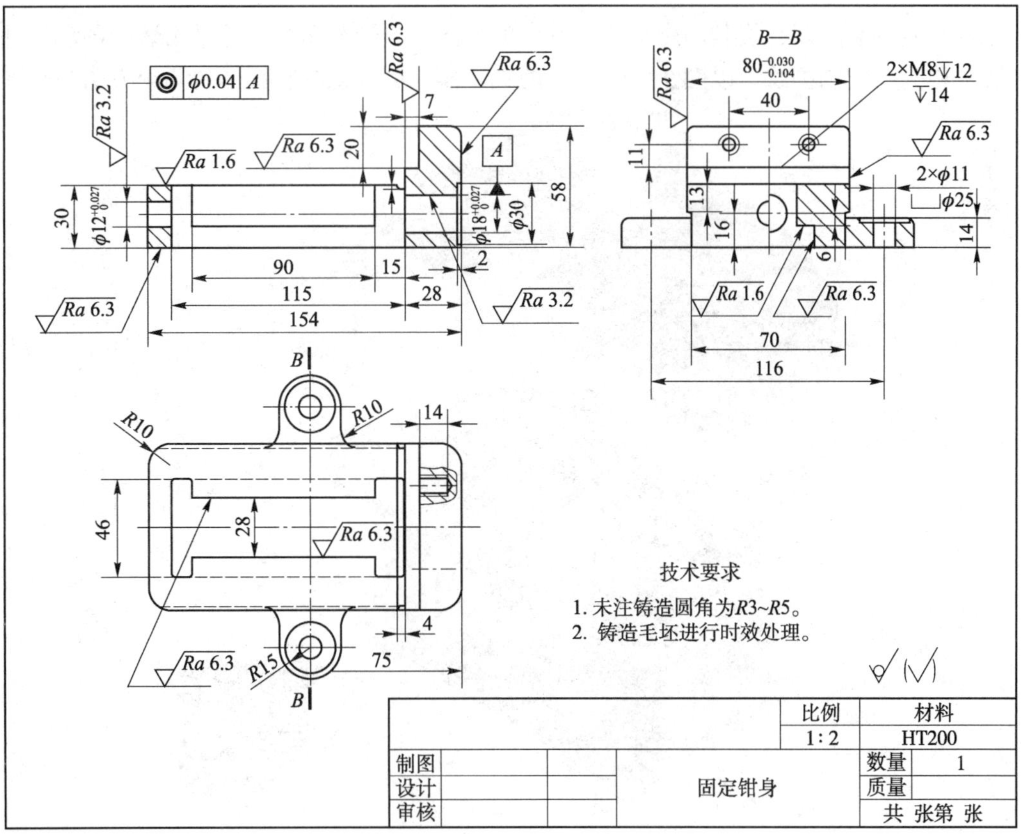

技术要求

1. 未注铸造圆角为$R3 \sim R5$。
2. 铸造毛坯进行时效处理。

				比例	材料
				1∶2	HT200
制图			固定钳身	数量	1
设计				质量	
审核				共 张第 张	

图 9－19　固定钳身的零件图

3. 标注完整的尺寸

1）抄注

已标注的尺寸，与被拆画零件有关的应照样标注。

2）查找

对于在零件图上标注工艺结构尺寸、标准要素等尺寸，应从相应标准中查找。

3）计算

某些数值，应通过准确的计算后标注，不宜在装配图中直接量取。

4）量取

不标准的零件几何形状等尺寸可直接从装配图中量取再按图示比例换算后标注。

4. 零件图上的技术要求

根据零件的加工、检验、装配及使用中的要求查阅相关资料来确定技术要求，或在参照同类产品后采用类比法确定。

5. 校核零件图、加深图线，填写标题栏

在完成零件图后，还需要对零件图的视图、尺寸、技术要求等各项内容进行全面校核，按零件图要求完成全图。

9.6 装配体测绘

根据现有的装配图，绘制出全部非标零件的草图，整理草图后，绘制出装配图和零件图的过程，称为装配图测绘。以图 9－20 所示的减速器为例，说明装配体的测绘方法和步骤。

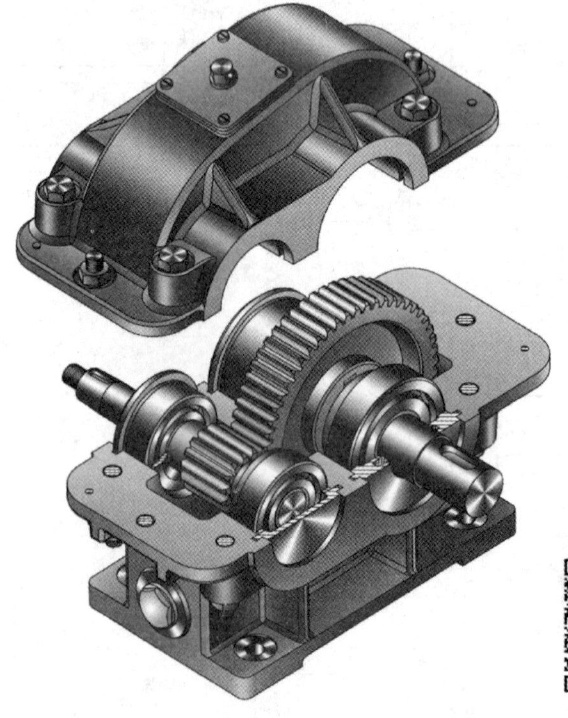

图 9－20　单级圆柱齿轮减速器

9.6.1　了解和分析装配体

测绘之前，应对被测绘的装配体进行必要的研究，一般可以通过观察、分析该装配体的结构和工作情况，查阅有关该装配体的说明及资料，搞清该装配体的规格、性能、用途、工作原理、结构及零件间的装配关系等。

减速器是通过一对或数对齿数不同的齿轮的啮合传动，将高速旋转运动变为低速旋转运动的减速机构。如图 9－20 的单级圆柱齿轮减速器，它是将主动轴的高度旋转运动经过齿轮传动降为从动轴的低速旋转运动，从而达到减速的目的。

9.6.2　画装配示意图

装配示意图是指用简单的线条和符号、大致轮廓，将各零件之间的相对位置、装配、连接关系及传动情况表达清楚。图 9－21 为单级圆柱齿轮减速器装配示意图，在拆卸零件时应注意以下 4 点。

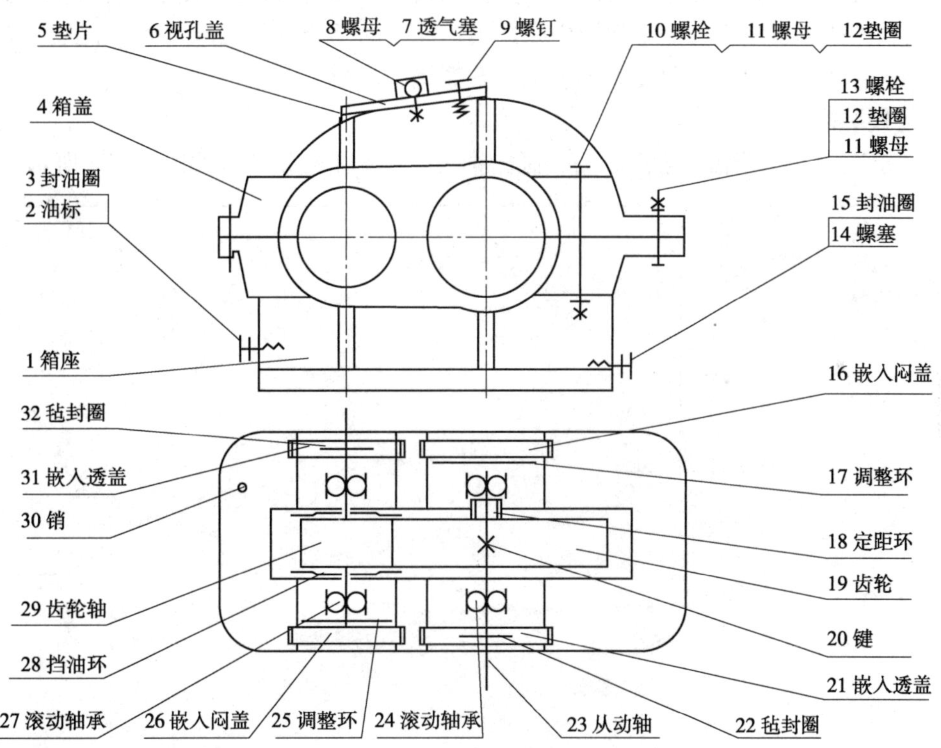

图 9－21　单级圆柱齿轮减速器装配示意图

（1）要按照主要装配关系和装配干线依次拆卸各零件，通过对各零件的作用和结构进行仔细分析，进一步了解各零件间的装配关系。

（2）注意零件间的配合关系，弄清其配合性质。

（3）拆卸时为了避免零件的丢失与混乱，一方面要妥善保管零件，另一方面可对零件进行编号，并分清标准件与非标准件，作出相应的记录。

（4）对不可拆连接和过盈配合的零件尽量不拆，以免影响装配体的性能及精度。

9.6.3 画零件草图

零件草图是根据实物，通过目测估计各部分的尺寸比例，徒手画出的零件图，然后在此基础上把测量的尺寸数字填入图中。

对于标准件，只要测出主要尺寸，辨别形式，查阅有关标准后列表备查，不必画草图。

对于非标准件，应画出非标准件的零件草图。

9.6.4 画装配图

1. 选择视图

装配图的主视图应能较好地表达部件的工作原理和主要装配关系，并尽可能按工作位置放置，使主要装配轴线处于水平或垂直位置。主视图通常采用剖视，以表达零件主要装配关系（如工作系统、传动线路）。

2. 选择其他视图

一个主视图往往还不能把所有的装配关系和结构表示出来，所以，还要选择适当数量的视图和恰当的表达方法来补充主视图中未能表达清楚的部分。所选择的每一个视图或每种表达方法都应有明确的目的，要使整个表达方案简练、清晰、正确。

3. 绘制装配图

（1）定比例、选图幅、合理布局，画出轴线、对称中心线等，如图 9－22 所示。

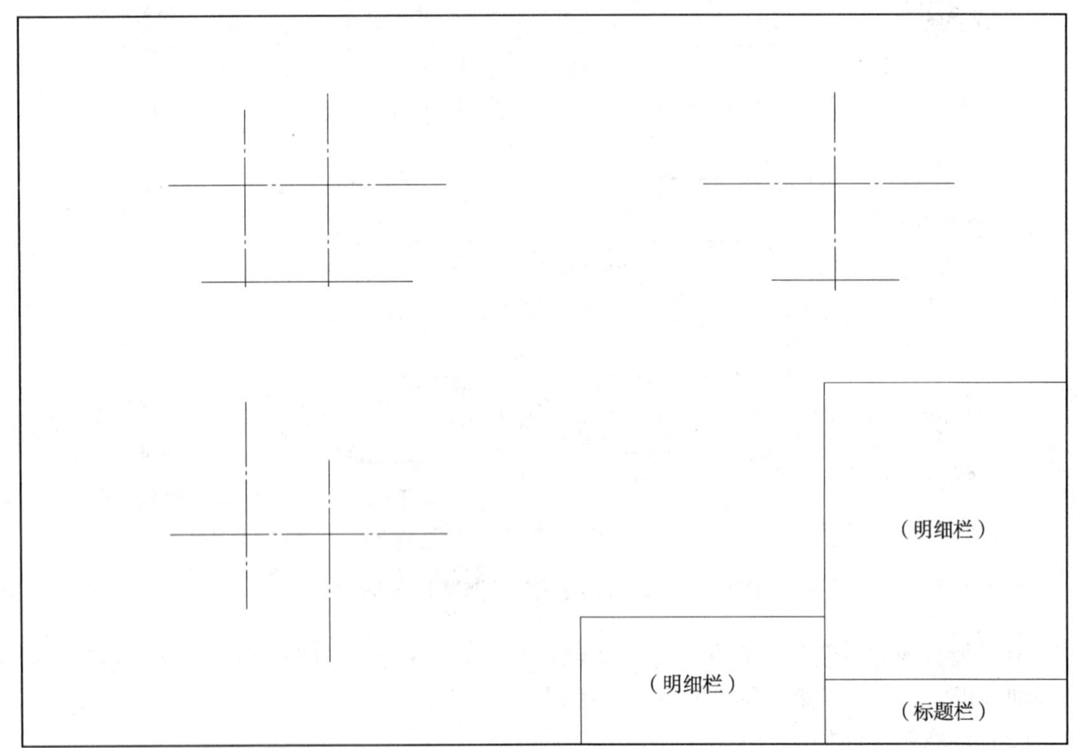

图 9－22 减速器装配图画法一

（2）画装配体的主要结构，一般先从主视图画起，从主要结构入手，由主到次，由内向外，逐层画出，如图 9－23 所示。

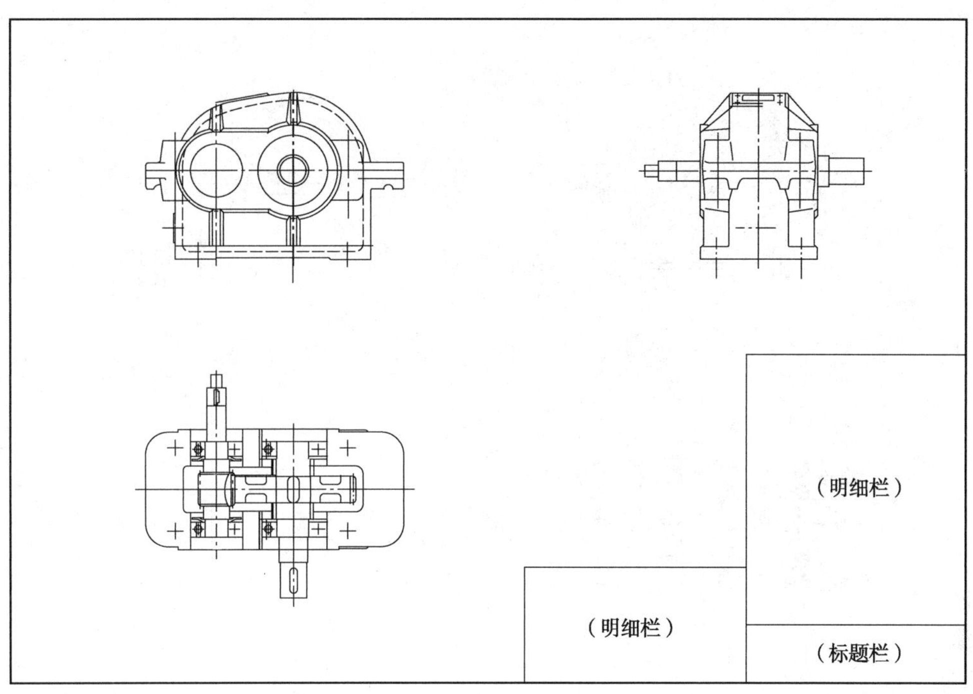

图 9－23　减速器装配图画法二

（3）画出次要结构和细节，分别在主视图、左视图、俯视图中画出主要结构及局部细节，如图 9－24 所示。

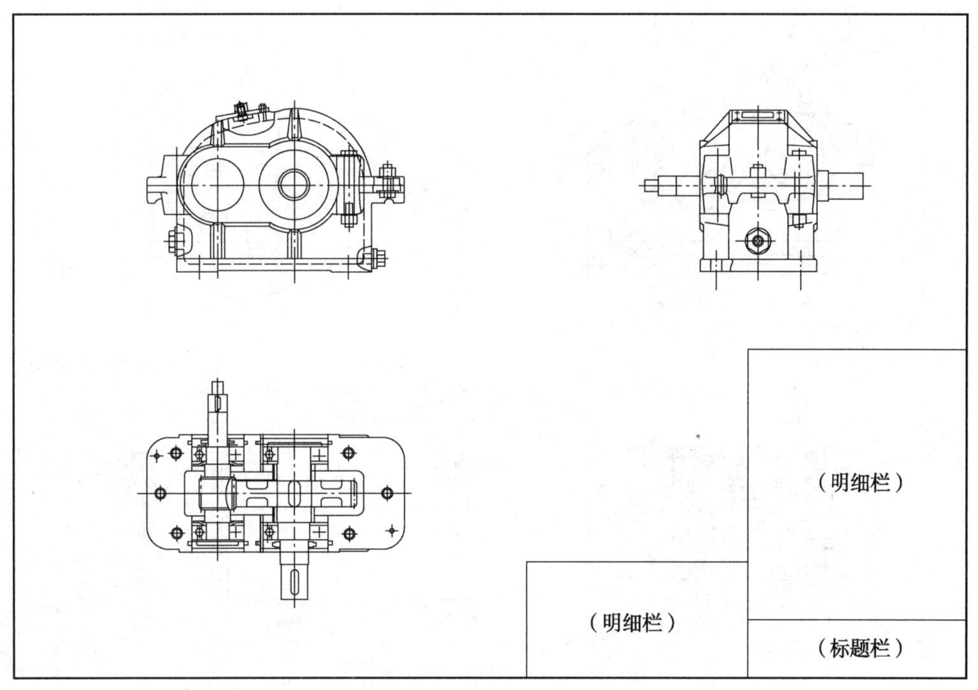

图 9－24　减速器装配图画法三

（4）描深、标注、编号、填写标题栏，如图 9－25、图 9－26 所示。

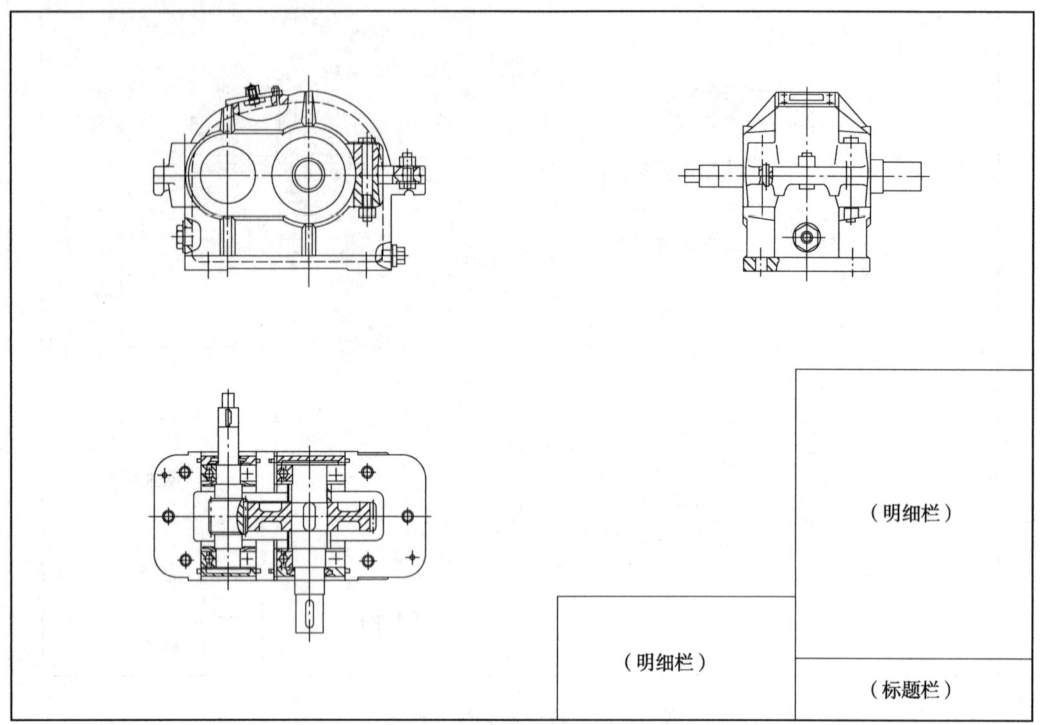

（明细栏）
（明细栏）
（标题栏）

图 9－25　减速器装配图画法四

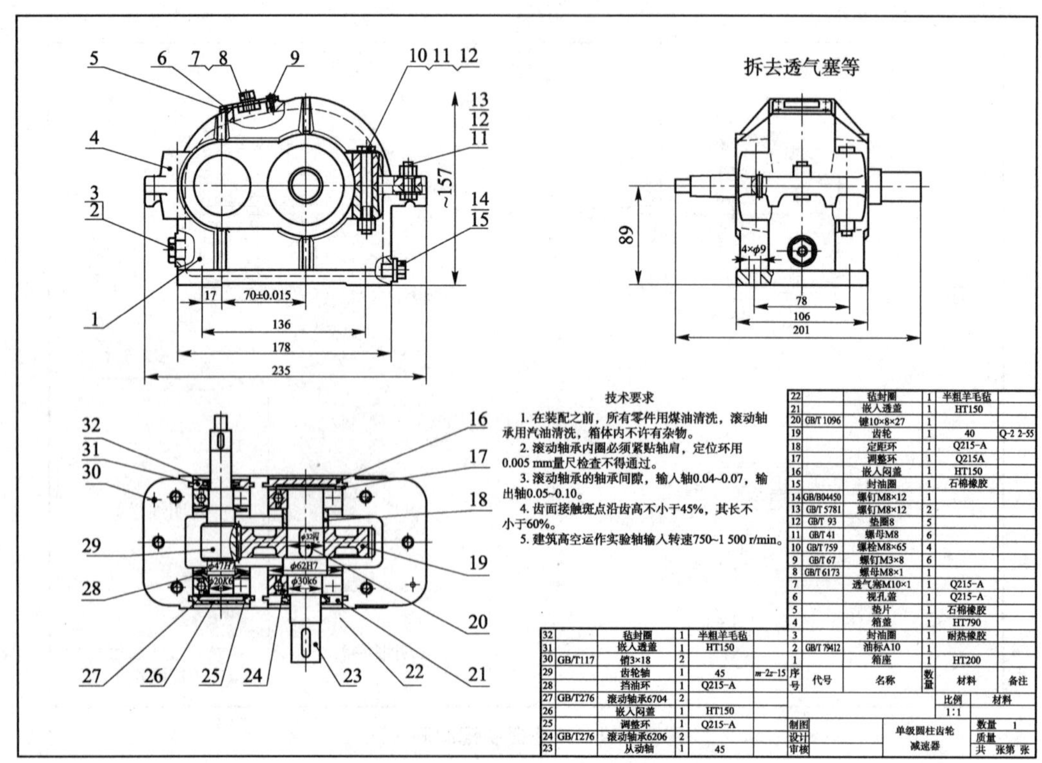

拆去透气塞等
~157
89
4×φ9
17
70±0.015
136
178
235
78
106
201
φ47H7
φ20k6
φ62H7
φ30k6
技术要求
1. 在装配之前，所有零件用煤油清洗，滚动轴承用汽油清洗，箱体内不许有杂物。
2. 滚动轴承内圈必须紧贴轴肩，定位环用0.005 mm量尺检查不得通过。
3. 滚动轴承的轴承间隙，输入轴0.04~0.07，输出轴0.05~0.10。
4. 齿面接触斑点沿齿高不小于45%，其长不小于60%。
5. 建筑高空运作实验轴输入转速750~1 500 r/min。

序号	代号	名称	数量	材料	备注
32		毡封圈	1	半粗羊毛毡	
31		嵌入透盖	1	HT150	
30	GB/T117	销3×18	2		
29		齿轮轴	1	45	m-2z-15
28		挡油环	1	Q215-A	
27	GB/T276	滚动轴承6704	2		
26		嵌入闷盖	1	HT150	
25		调整环	1	Q215-A	
24	GB/T276	滚动轴承6206	2		
23		从动轴	1	45	
22		毡封圈	1	半粗羊毛毡	
21		嵌入透盖	1	HT150	
20	GB/T 1096	键10×8×27	1		
19		齿轮	1	40	Q-2 2-55
18		定距环	1	Q215-A	
17		调整环	1	Q215A	
16		嵌入闷盖	1	HT150	
15		封油圈	1	石棉橡胶	
14	GB/B04450	螺钉M8×12	1		
13	GB/T 5781	螺钉M8×12	2		
12	GB/T 93	垫圈8	5		
11	GB/T 41	螺母M8	6		
10	GB/T 759	螺栓M8×65	4		
9	GB/T 67	螺钉M3×8	6		
8	GB/T 6173	螺母M8×1	1		
7		透气塞M10×1	1	Q215-A	
6		视孔盖	1	Q215-A	
5		垫片	1	石棉橡胶	
4		箱盖	1	HT790	
3		封油圈	1	耐热橡胶	
2	GB/T 79412	油标A10	1		
1		箱座	1	HT200	

制图		单级圆柱齿轮减速器	比例 1:1	材料
设计			数量 1	
审核			质量	共　张第　张

图 9－26　单级圆柱齿轮减速器装配图

9.6.5　画零件图

装配图绘制完成之后，根据装配图补全零件图，画图时，应注意零件上的制造缺陷等不应画出，零件的技术要求可根据零件的作用、工作要求等查标准确定。各零件图如图 9－27～图 9－32 所示。

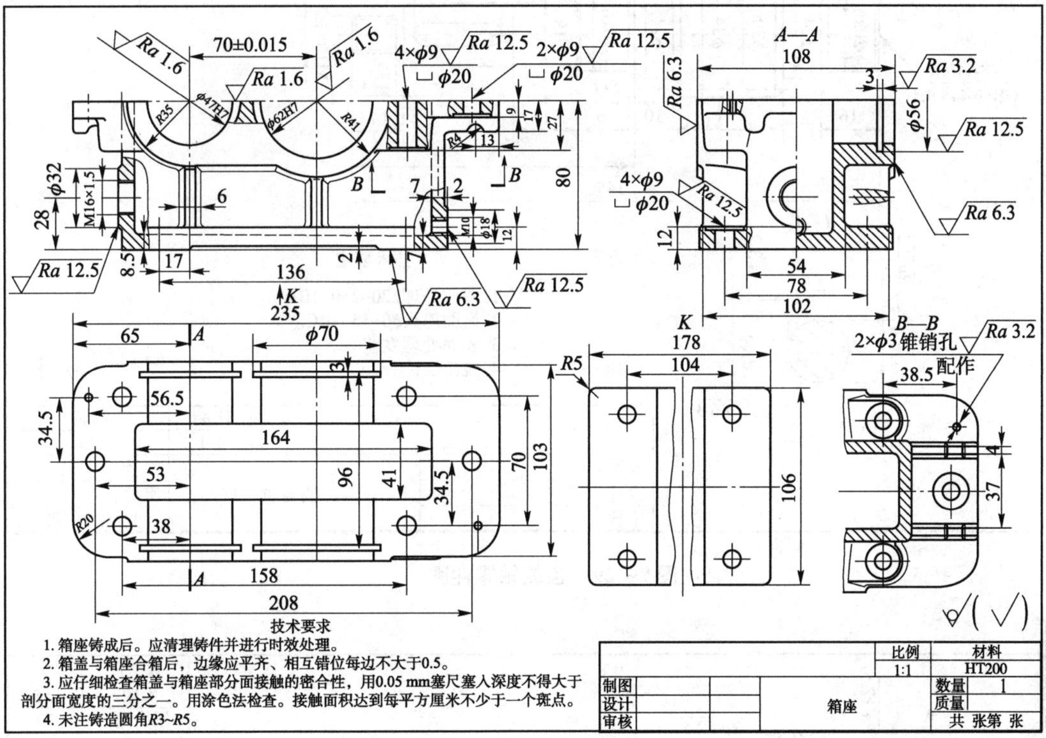

技术要求

1. 箱座铸成后。应清理铸件并进行时效处理。
2. 箱盖与箱座合箱后，边缘应平齐、相互错位每边不大于0.5。
3. 应仔细检查箱盖与箱座部分面接触的密合性，用0.05 mm塞尺塞入深度不得大于剖分面宽度的三分之一。用涂色法检查。接触面积达到每平方厘米不少于一个斑点。
4. 未注铸造圆角$R3$~$R5$。

				比例	材料
				1:1	HT200
制图			箱座	数量	1
设计				质量	
审核				共 张第 张	

图 9－27　箱座零件图

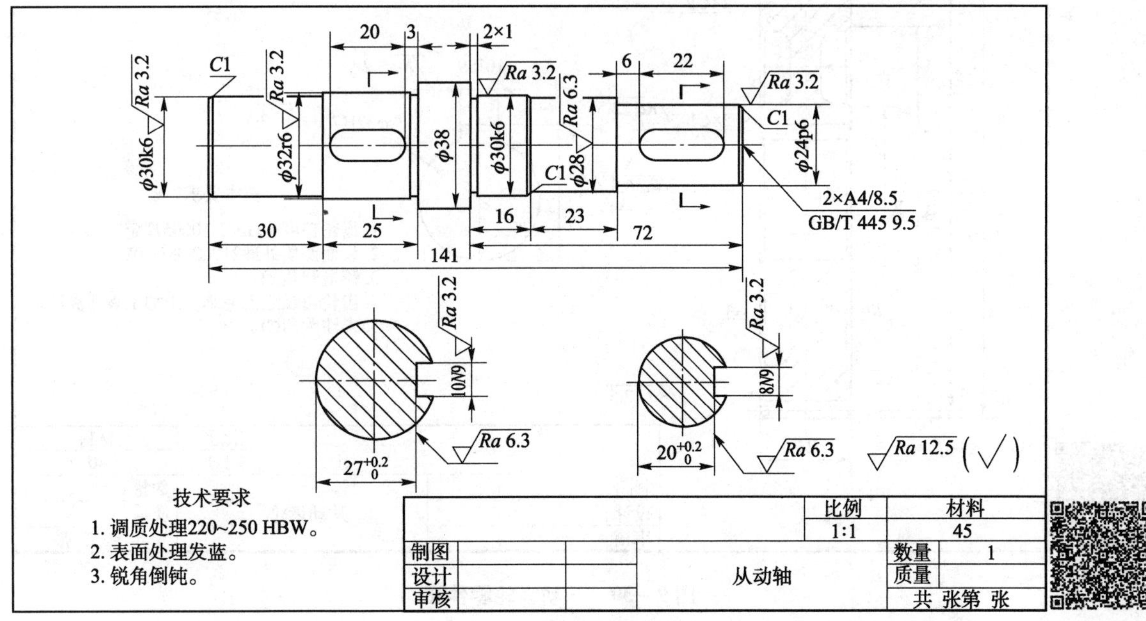

图 9－28　从动轴零件图

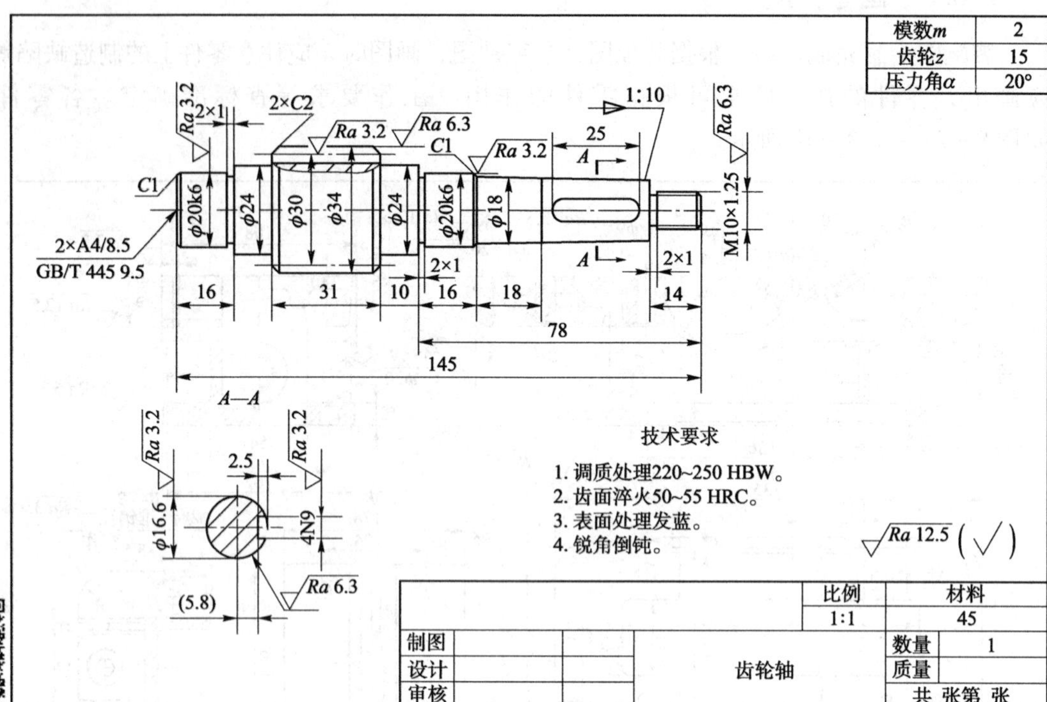

图 9-29 齿轮轴零件图

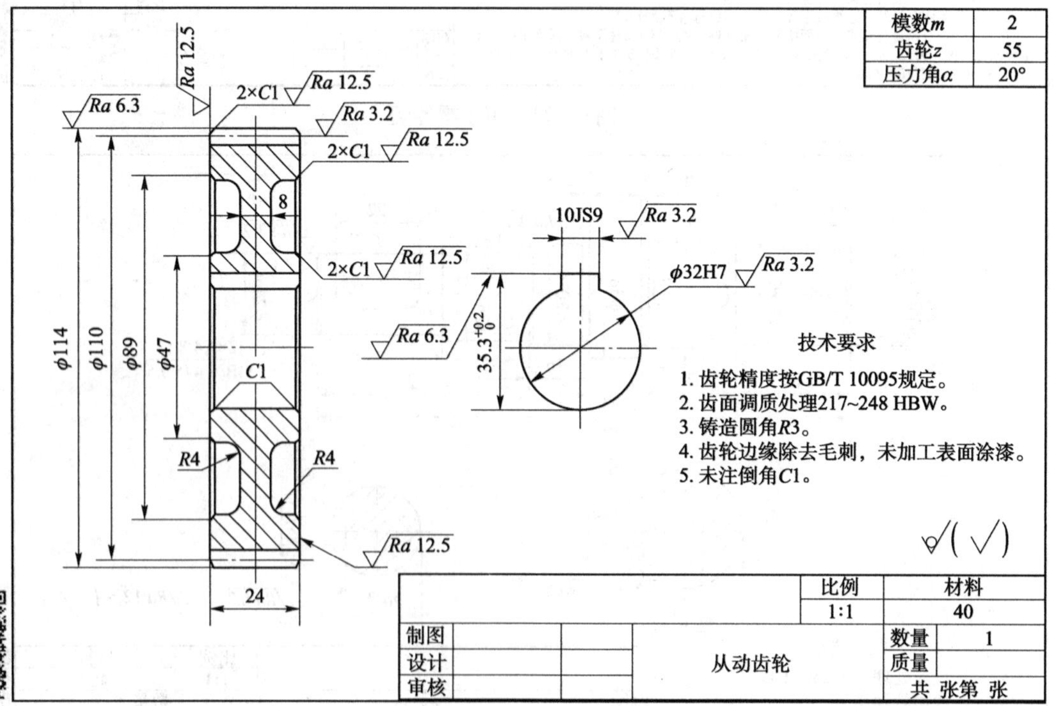

图 9-30 从动齿轮零件图

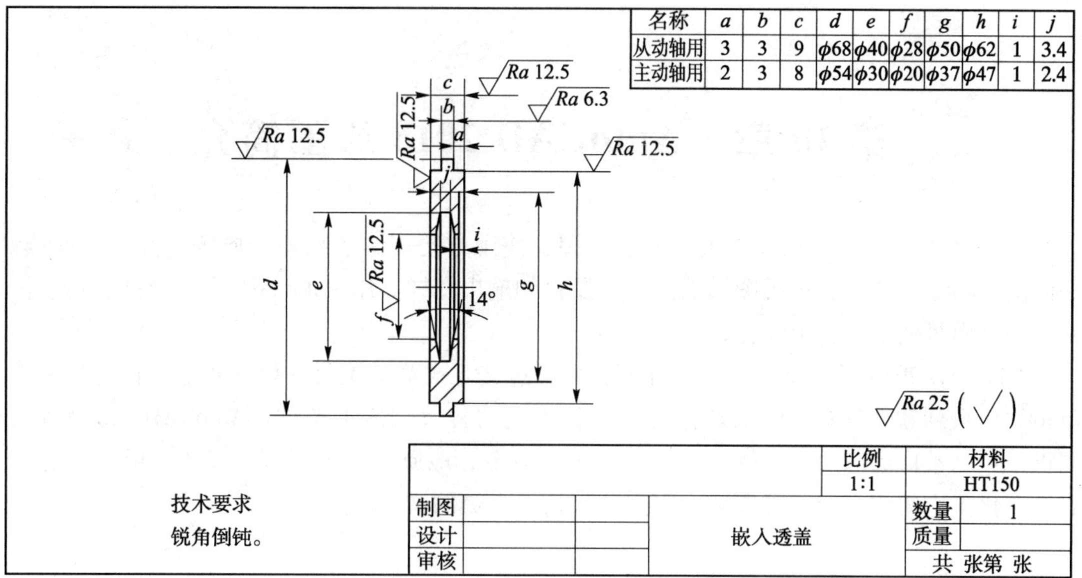

名称	a	b	c	d	e	f	g	h	i	j
从动轴用	3	3	9	φ68	φ40	φ28	φ50	φ62	1	3.4
主动轴用	2	3	8	φ54	φ30	φ20	φ37	φ47	1	2.4

图 9－31 嵌入透盖零件图

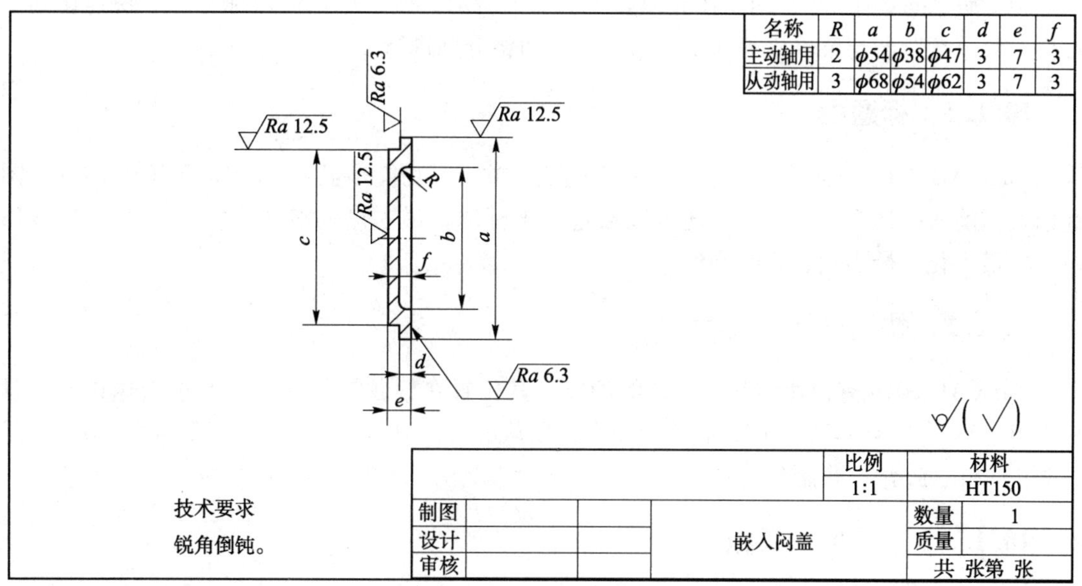

名称	R	a	b	c	d	e	f
主动轴用	2	φ54	φ38	φ47	3	7	3
从动轴用	3	φ68	φ54	φ62	3	7	3

图 9－32 嵌入闷盖零件图

第 10 章　AutoCAD 2018 绘图简介

AutoCAD 2018 具有功能强大、易于掌握、使用方便、体系结构开放等特点，能够绘制平面图形与三维图形、进行图形的渲染以及打印输出图样。用 AutoCAD 2018 绘图，速度快、精度高，而且便于进行个性化设计。

AutoCAD 2018 具有良好的用户界面，可通过交互式菜单或命令行方便地进行各种操作。AutoCAD 系列软件具有广泛的适应性，这就为它的普及创造了条件。AutoCAD 系列软件自问世至今已被广泛应用于机械、建筑、电子、冶金、地质、土木工程、气象、航天、造船、石油、化工、纺织和轻工等领域，深受广大技术人员的欢迎。

10.1　界面环境设置

中文版 AutoCAD 2018 的工作界面如图 10 - 1 所示，该工作界面由标题栏、快速访问工具栏、菜单浏览器与菜单栏等几个部组成，下面将分别进行介绍。

10.1.1　标题栏

AutoCAD 2018 的标题栏位于工作界面的最上方，其功能是显示 AutoCAD 2018 的程序图标以及当前所操作文件的名称。还可以通过单击标题栏最右侧的按钮来实现 AutoCAD 2018 窗口的最大化、最小化和关闭操作。

10.1.2　快速访问工具栏

AutoCAD 2018 有快速访问工具栏的功能，其位置在标题栏的左侧。通过快速访问工具栏能够进行一些 AutoCAD 2018 的基础操作，默认的有“新建”“打开”“保存”“另存为”“打印”和“放弃”等命令。

10.1.3　功能区选项板

功能区选项板是一种特殊的选项卡，其位于绘图区的上方，用于显示与基于任务的工作空间关联的按钮和控件，在 AutoCAD 2018 的初始状态下有 10 个功能选项卡。每个功能选项卡都包含若干个面板，每个面板又包含许多命令按钮，如图 10 - 2 所示。

有的面板中没有足够的空间显示所有的按钮，用户在使用时可以单击下方的“三角”按钮▼，展开折叠区域，显示其他相关的命令按钮。如果某个按钮后面有“三角”按钮，则表明该按钮下面还有其他的命令按钮，单击该“三角”按钮，系统弹出折叠区的命令按钮。

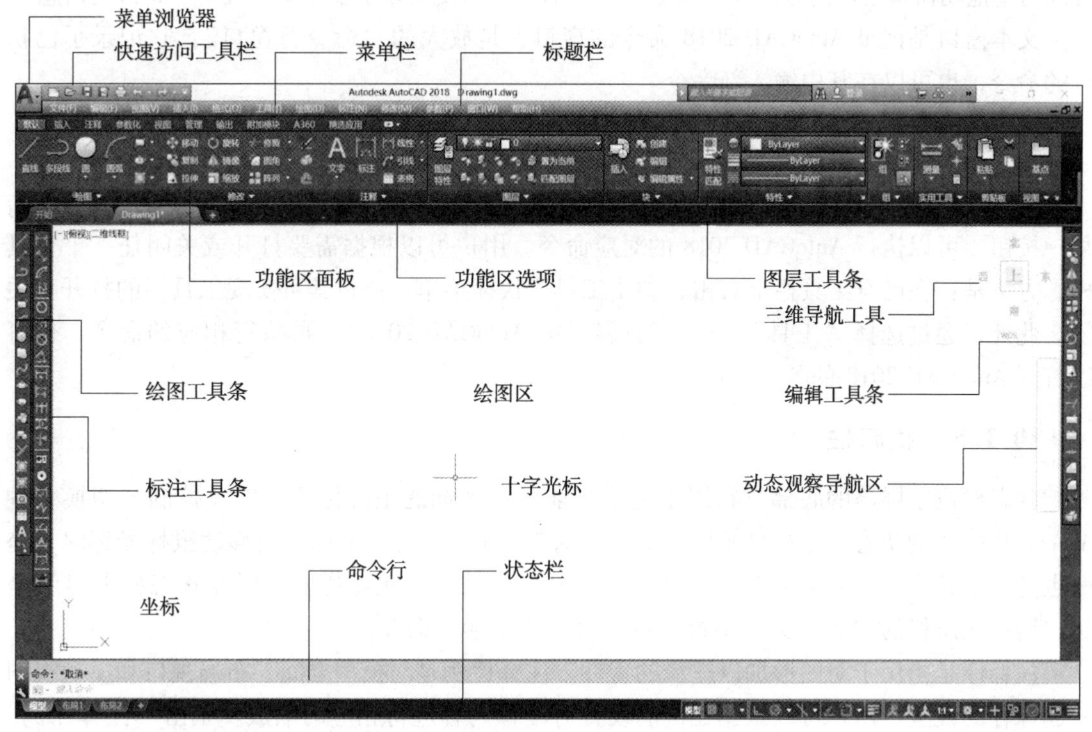

图 10－1　中文版 AutoCAD 2018 的工作界面

图 10－2　功能区选项板及其面板

10.1.4　绘图区

绘图区是用户绘图的工作区域（见图 10－1），它占据了屏幕的绝大部分空间，用户绘制的任何内容都将显示在这个区域中。可以根据需要关闭一些工具栏或缩小界面中的其他窗口，以增大绘图区。

10.1.5　ViewCube 动态观察

ViewCube 工具直观反映了图形在二维空间内的方向，是模型在二维模型空间或三维视觉样式中处理图形时的一种导航工具。使用 ViewCube 工具，可以方便地调整模型，使模型在标准视图和等轴测视图间切换。

10.1.6　命令行窗口和文本窗口

命令行窗口是 AutoCAD 2018 显示用户从键盘键入的命令和显示 AutoCAD 2018 提示信息的地方。默认时，AutoCAD 2018 在命令行窗口保留最后 3 行所执行的命令或提示信息。用户可以通过拖动窗口边框的方式改变命令行窗口的大小，使其显示多于3行或少于3行的信息。

文本窗口是记录 AutoCAD 2018 命令的窗口，是放大的“命令行窗口”，它记录了已执行的命令，也可以在其中输入新命令。

10.1.7　工具栏

AutoCAD 2018 提供了四十多个工具栏，每一个工具栏上均有一些形象化的按钮。单击某一按钮，可以执行 AutoCAD 2018 的对应命令。用户可以根据需要打开或关闭任一个工具栏。方法是：在已有工具栏上右击，弹出工具栏快捷菜单，通过其可实现工具栏的打开与关闭。此外，通过选择“工具”→“工具栏”→“AutoCAD 2018”，再执行相应的命令，也可以打开 AutoCAD 2018 的各工具栏。

10.1.8　状态栏

状态栏位于屏幕的底部。它用于显示当前鼠标光标的坐标位置，以及控制与切换各种 AutoCAD 模式的状态。坐标显示区可显示当前光标的 x、y、z 坐标，当移动鼠标光标时，坐标也随之不断更新。默认情况下，“坐标显示”不显示在状态栏上。要在状态栏上显示坐标，请在状态栏的“自定义”下拉菜单中执行“坐标”命令。

注释性是指用于对图形加以注释的特性，注释比例是与模型空间、布局视口和模型视图一起保存的设置，用户可以根据比例的设置对注释内容进行相应的缩放。单击“注释比例”按钮，可以从系统弹出的菜单中选择需要的注释比例，也可以自定义注释比例。

单击“注释可见性”按钮，当显示时，将显示所有比例的注释性对象；当显示时，仅显示当前比例的注释性对象。

单击“自定义”按钮，系统会弹出如图 10－3 所示的下拉菜单，在下拉菜单中可设置在状态栏中显示的快捷按钮命令，单击下拉菜单中的某个命令，会以图标的形式显示在状态栏中，再次单击即可取消显示。

图 10－3　“自定义”下拉菜单

10.2　图形文件管理

10.2.1　创建新图形

单击“标准”工具栏上的“新建”按钮，或选择“文件”→“新建”，即执行 NEW 命令，AutoCAD 2018 弹出“选择样板”对话框，如图 10－4 所示。

图 10－4　“选择样板”对话框

10.2.2　打开图形

单击“标准”工具栏上的“打开”按钮，或选择“文件”→“打开”，即执行 OPEN 命令，AutoCAD 2018 弹出与图 10－4 类似的“选择文件”对话框，可通过此对话框确定要打开的文件并打开它。

10.2.3　保存图形

1. 用 QSAVE 命令保存图形

单击“标准”工具栏上的“保存”按钮，或选择“文件”→“保存”，即执行 QSAVE 命令，如果当前图形没有被命名保存过，AutoCAD 2018 会弹出“图形另存为”对话框。通过该对话框指定文件的保存位置及名称后，单击“保存”按钮，即可实现保存。

如果执行 QSAVE 命令前已对当前绘制的图形命名保存过，那么执行 QSAVE 命令后，AutoCAD 2018 直接以原文件名保存图形，不再要求用户指定文件的保存位置和文件名。

2. 换名存盘

换名存盘指将当前绘制的图形以新文件名存盘。执行 SAVEAS 命令，AutoCAD 2018 弹出“图形另存为”对话框，要求用户确定文件的保存位置及文件名，用户响应即可。

10.3 绘图环境的设置

10.3.1 设置图形界限

图形界限类似于手工绘图时选择绘图图纸的大小，但具有更大的灵活性。选择“格式”→“图形界限”，即执行 LIMITS 命令，AutoCAD 2018 提示：

指定左下角点或[开(ON)/关(OFF)]＜0.0000,0.0000＞:(指定图形界限的左下角位置，直接按＜Enter＞键或＜Space＞键采用默认值)

指定右上角点：(指定图形界限的右上角位置)

10.3.2 格式

设置绘图的长度单位、角度单位的格式以及它们的精度。

选择“格式”→“单位”，即执行 UNITS 命令，AutoCAD 2018 弹出“图形单位”对话框，如图 10－5 所示。

在对话框中，“长度”选项组确定长度单位与精度；“角度”选项组确定角度单位与精度；还可以确定角度正方向、零度方向以及插入单位等。

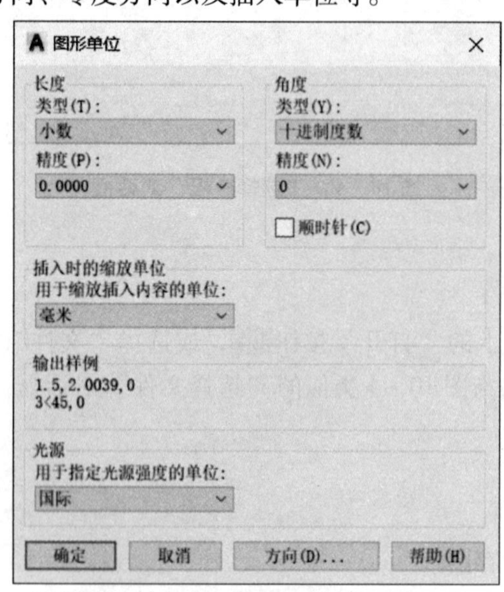

图 10－5 “图形单位”对话框

10.4 绘图命令

AutoCAD 2018 提供了丰富的绘图功能，常用的绘图命令如图 10－6 所示，分别有绘制直线、圆、椭圆、创建块、图案填充等，下面介绍几个常用的绘图命令。

图 10-6　绘图命令

10.4.1　绘制直线

绘制直线：根据指定的端点绘制一系列直线段。命令：LINE。

单击“绘图”工具栏上的“直线”按钮，或选择“绘图”→“直线”，即执行 LINE 命令，AutoCAD 2018 提示：

第一点：(确定直线段的起始点)

指定下一点或［放弃（U）］：(确定直线段的另一端点位置，或选择“放弃（U）”选项重新确定起始点)

指定下一点或［放弃（U）］：(可直接按＜Enter＞键或＜Space＞键结束命令，或确定直线段的另一端点位置，或选择“放弃（U）”选项取消前一次操作)

指定下一点或［闭合（C）/放弃（U）］：(可直接按＜Enter＞键或＜Space＞键结束命令，或确定直线段的另一端点位置，或选择“放弃（U）”选项取消前一次操作，或选择“闭合（C）”选项创建封闭多边形)

指定下一点或［闭合（C）/放弃（U）］：↙（也可以继续确定端点位置，或选择“放弃（U）”选项，或选择“闭合（C）”选项）

10.4.2　绘制射线

绘制射线：绘制沿单方向无限长的直线（射线一般用作辅助线）。命令：RAY。

选择“绘图”→“射线”，即执行 RAY 命令，AutoCAD 2018 提示：

指定起点：(确定射线的起始点位置)

指定通过点：(确定射线通过的任一点。确定后 AutoCAD 2018 绘制出过起点与该点的射线)

10.4.3　绘制矩形

绘制矩形：根据指定的尺寸或条件绘制矩形。命令：RECTANG。

单击“绘图”工具栏上的“矩形”按钮，或选择“绘图”→“矩形”，即执行 RECTANG 命令，AutoCAD 2018 提示：

指定第一个角点或［倒角（C）/标高（E）/圆角（F）/厚度（T）/宽度（W）］：

其中，“指定第一个角点”选项要求指定矩形的一角点。选择该选项，AutoCAD 2018 提示：

指定另一个角点或［面积（A）/尺寸（D）/旋转（R）］：

此时可通过指定另一角点绘制矩形，通过“面积”选项根据面积绘制矩形，通过“尺寸”选项根据矩形的长和宽绘制矩形，通过“旋转”选项绘制按指定角度放置的矩形。

10.4.4　绘制正多边形

单击“绘图”工具栏上的“正多边形”按钮，或选择“绘图”→“正多边形”，即执行 POLYGON 命令，AutoCAD 2018 提示：

指定正多边形的中心点或［边（E）］：

1. 指定正多边形的中心点

“指定正多边形的中心点”选项：确定正多边形的中心点，确定后将利用正多边形的假想外接圆或内切圆绘制等边多边形，为默认项。选择该选项，即确定正多边形的中心点后，AutoCAD 2018 提示：

输入选项［内接于圆（I）/外切于圆（C）］：

其中，“内接于圆”选项表示所绘制正多边形将内接于假想的圆；“外切于圆”选项表示所绘制正多边形将外切于假想的圆。

2. 边

“边”选项：根据正多边形某一条边的两个端点绘制正多边形。

10.4.5 绘制圆

单击“绘图”工具栏上的“圆”按钮，即执行 CIRCLE 命令，AutoCAD 2018 提示：

指定圆的圆心或［三点（3P）/两点（2P）/相切、相切、半径（T）］

其中，“指定圆的圆心”选项用于根据指定的圆心以及半径或直径绘制圆弧；“三点”选项用于根据指定的三点绘制圆；“两点”选项用于根据指定的两点绘制圆；“相切、相切、半径”选项用于绘制与已有两对象相切，且半径为给定值的圆。

10.4.6 绘制圆环

选择“绘图”→“圆环”，即执行 DONUT 命令，AutoCAD 2018 提示：

指定圆环的内径：(输入圆环的内径)

指定圆环的外径：(输入圆环的外径)

指定圆环的中心点或(退出)：(确定圆环的中心点位置，或者按＜Enter＞键或＜Space＞键结束命令的执行)

10.4.7 绘制圆弧

AutoCAD 2018 提供了多种绘制圆弧的方法，可通过图 10－7 所示的“圆弧”子菜单执行绘制圆弧操作。

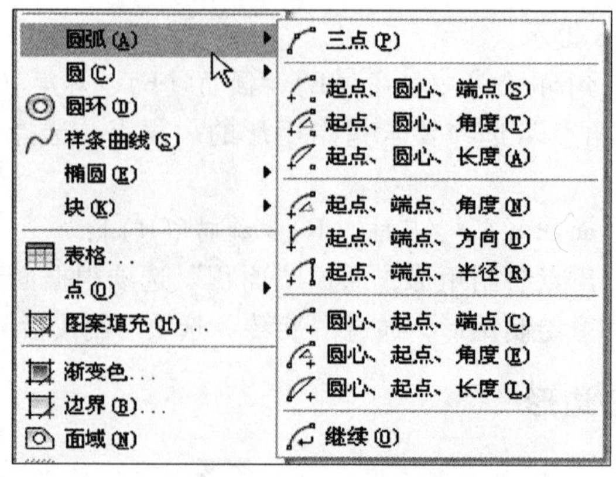

图 10－7 “圆弧”子菜单

10.4.8　绘制椭圆

单击“绘图”工具栏上的“椭圆”按钮，即执行 ELLIPSE 命令，AutoCAD 2018 提示：

指定椭圆的轴端点或［圆弧（A）/中心点（C）］：

其中，“指定椭圆的轴端点”选项用于根据一轴上的两个端点位置绘制椭圆；“圆弧”选项用于绘制椭圆弧；“中心点”选项用于根据指定的椭圆中心点绘制椭圆。

10.5　修改命令

AutoCAD 2018 提供的常用编辑功能，包括删除、移动、复制、旋转、缩放、偏移、镜像、阵列、拉伸、修剪、延伸、打断、创建倒角和圆角等命令，如图 10－8 所示。

图 10－8　修改命令栏

10.5.1　删除对象

删除对象：删除指定的对象，就像是用橡皮擦除图纸上不需要的内容。命令：ERASE。

单击“修改”工具栏上的“删除”按钮，或选择“修改”→“删除”，即执行 ERASE 命令，AutoCAD 2018 提示：

选择对象：(选择要删除的对象)

10.5.2　复制对象

复制对象：将选定的对象复制到指定位置。命令：COPY。

单击“修改”工具栏上的“复制”按钮，或选择“修改”→“复制”，即执行 COPY 命令，AutoCAD 2018 提示：

选择对象：(选择要复制的对象)

指定基点或［位移（D）/模式（O）］<位移>：

1. 指定基点

“指定基点”选项：确定复制基点，为默认项。选择该默认项，即确定复制基点后，AutoCAD 2018 提示：

指定第二个点或<使用第一个点作为位移>：

在此提示下再确定一点，AutoCAD 2018 将所选择对象按由两点确定的位移矢量复制到指定位置。

2. 位移

“位移”选项：根据位移量复制对象。选择该选项，AutoCAD 2018 提示：

指定位移：

如果在此提示下输入坐标值（直角坐标或极坐标），AutoCAD 2018 将所选择对象按与各坐标值对应的坐标分量作为位移量复制对象。

3. 模式

“模式”选项：确定复制模式。选择该选项，AutoCAD 2018 提示：

输入复制模式选项［单个（S）/多个（M）］<多个>：

其中，“单个（S）”选项表示执行 COPY 命令后只能对选择的对象进行一次复制，而“多个（M）”选项表示可以多次复制，AutoCAD 2018 默认为“多个（M）”。

10.5.3 镜像对象

镜像对象：将选中的对象相对于指定的镜像线进行镜像。命令：MIRROR。

单击“修改”工具栏上的“镜像”按钮，或选择“修改”→“镜像”，即执行 MIRROR 命令，AutoCAD 2018 提示：

选择对象：（选择要镜像的对象）

指定镜像线的第一点：（确定镜像线上的一点）

指定镜像线的第二点：（确定镜像线上的另一点）

是否删除源对象？［是（Y）/否（N）］<N>：（根据需要响应即可）

10.5.4 偏移对象

偏移对象：偏移复制对象。命令：OFFSET。

单击“修改”工具栏上的“偏移”按钮，或选择“修改”→“偏移”，即执行 OFFSET 命令，AutoCAD 2018 提示：

指定偏移距离或［通过（T）/删除（E）/图层（L）］<通过>：

1. 指定偏移距离

“指定偏移距离”选项：根据偏移距离偏移复制对象。在“指定偏移距离或［通过（T）/删除（E）/图层（L）］：”提示下直接输入距离值，AutoCAD 2018 提示：

选择要偏移的对象，或［退出（E）/放弃（U）］<退出>：（选择偏移对象）

指定要偏移的那一侧上的点，或［退出（E）/多个（M）/放弃（U）］<退出>：（在要复制到的一侧任意确定一点。“多个（M）”选项用于实现多次偏移复制）

选择要偏移的对象，或［退出（E）/放弃（U）］<退出>：↙（也可以继续选择对象进行偏移复制）

2. 通过

“通过”选项：使偏移复制后得到的对象通过指定的点。

3. 删除

“删除”选项：实现偏移源对象后删除源对象。

4. 图层

“图层”选项：确定将偏移对象创建在当前图层上还是源对象所在的图层上。

10.5.5 阵列对象

阵列对象：将选中的对象进行矩形、环形、路径多重复制。命令：ARRAY。

单击“修改”工具栏上的“阵列”按钮，或选择“修改”→“阵列”，即执行 AR-

RAY 命令，选择对象后，AutoCAD 2018 弹出“矩形阵列”对话框，如图 10 – 9 所示。

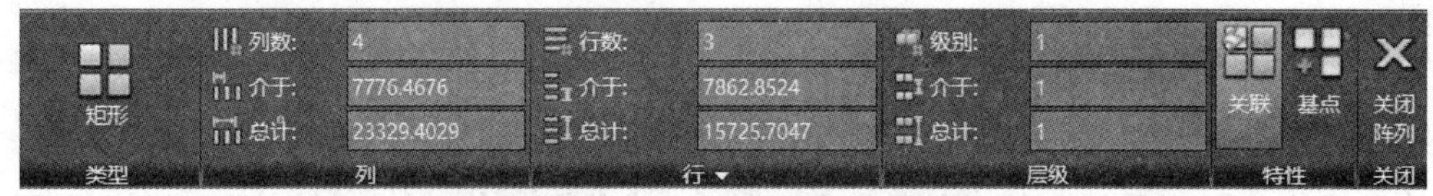

图 10 – 9　“矩形阵列”对话框

单击“类型”选项下方的三角按钮，选择环形阵列，利用其选择阵列对象，并设置阵列中心点、填充角度等参数后，即可实现阵列，如图 10 – 10 所示。

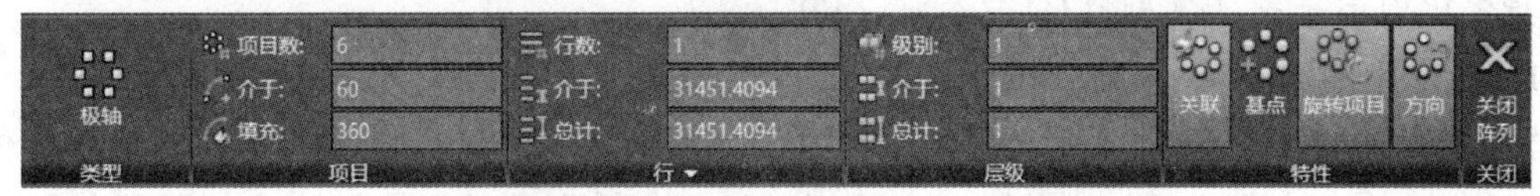

图 10 – 10　“环形阵列”对话框

单击“类型”选项下方的三角按钮，选择路径阵列，利用其选择阵列对象，并设置阵列曲线、基点、切线方向等参数后，即可实现阵列，如图 10 – 11 所示。

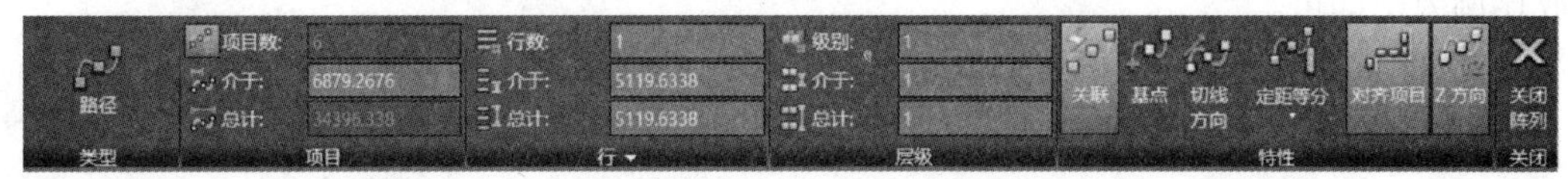

图 10 – 11　“路径阵列”对话框

10.5.6　移动对象

移动对象：将选中的对象从当前位置移到另一位置，即更改图形在图纸上的位置。命令：MOVE。

单击“修改”工具栏上的“移动”按钮，或选择“修改”→“移动”，即执行 MOVE 命令，AutoCAD 2018 提示：

选择对象：(选择要移动位置的对象)

指定基点或［位移（D）］＜位移＞：

1. 指定基点

“指定基点”选项：确定移动基点，为默认项。选择该默认项，即指定移动基点后，AutoCAD 2018 提示：

指定第二个点或＜使用第一个点作为位移＞：

在此提示下指定一点作为位移第二点，或者直接按＜Enter＞键或＜Space＞键，将第一点的各坐标分量（也可以看成位移量）作为移动位移量移动对象。

2. 位移

“位移”选项：根据位移量移动对象。选择该选项，AutoCAD 2018 提示：

指定位移：

如果在此提示下输入坐标值（直角坐标或极坐标），AutoCAD 2018 将所选择对象按与各坐标值对应的坐标分量作为移动位移量移动对象。

10.5.7 缩放对象

缩放对象：放大或缩小指定的对象。命令：SCALE。

单击“修改”工具栏上的“缩放”按钮，或选择“修改”→“缩放”，即执行 SCALE 命令，AutoCAD 2018 提示：

选择对象：(选择要缩放的对象)

指定基点：(确定基点位置)

指定比例因子或［复制（C）/参照（R）］：

1. 指定比例因子

“指定比例因子”选项：确定缩放比例因子，为默认项。选择该默认项，即输入比例因子后按<Enter>键或<Space>键，AutoCAD 2018 将所选择对象根据该比例因子相对于基点缩放，比例因子大于 0 且小于 1 时缩小对象，比例因子大于 1 时放大对象。

2. 复制

“复制”选项：创建出缩小或放大的对象后仍保留原对象。选择该选项，根据提示确定缩放比例因子即可。

3. 参照

“参照”选项：将对象按参照方式缩放。选择该选项，AutoCAD 2018 提示：

指定参照长度：(输入参照长度的值)

指定新的长度或［点（P）］：(输入新的长度值或通过“点（P）”选项通过指定两点来确定长度值)

10.5.8 旋转对象

单击“修改”工具栏上的“旋转”按钮，或选择“修改”→“旋转”，即执行 ROTATE 命令，AutoCAD 2018 提示：

选择对象：(选择要旋转的对象)

指定基点：(确定旋转基点)

指定旋转角度，或［复制（C）/参照（R）］：

1. 指定旋转角度

“指定旋转角度”选项：输入角度值，AutoCAD 2018 会将对象绕基点转动该角度。在默认设置下，角度为正时沿逆时针方向旋转，反之沿顺时针方向旋转。

2. 复制

“复制”选项：创建出旋转对象后仍保留原对象。

3. 参照

“参照”选项：以参照方式旋转对象。选择该选项，AutoCAD 2018 提示：

指定参照角：(输入参照角度值)

指定新角度或［点（P）］<0>：(输入新角度值，或通过“点（P）”选项指定两点来确定新角度)

10.5.9　拉伸对象

单击“修改”工具栏上的“拉伸”按钮，或选择“修改”→“拉伸”，即执行 STRETCH 命令，AutoCAD 2018 提示：

选择对象：(可以继续选择拉伸对象)

指定基点或［位移（D)］＜位移＞：

1. 指定基点

“指定基点”选项：确定拉伸或移动的基点。

2. 位移

“位移”选项：根据位移量移动对象。

10.5.10　修剪对象

单击“修改”工具栏上的“修剪”按钮，或选择“修改”→“修剪”命令，即执行 TRIM 命令，AutoCAD 2018 提示：

选择对象↙（还可以继续选择对象）

选择要修剪的对象，或按住＜Shift＞键选择要延伸的对象，或［栏选（F）/窗交（C）/投影（P）/边（E）/删除（R）/放弃（U)］：

1. 选择要修剪的对象，或按住＜Shift＞键选择要延伸的对象

“选择要修剪的对象，或按住＜Shift＞键选择要延伸的对象”选项：在上面的提示下选择被修剪对象，AutoCAD 2018 会以剪切边为边界，将被修剪对象上位于拾取点一侧的多余部分或将位于两条剪切边之间的部分剪切掉。

2. 栏选

“栏选”选项：以栏选方式确定被修剪对象。

3. 窗交

“窗交”选项：使与选择窗口边界相交的对象作为被修剪对象。

4. 投影

“投影”选项：确定执行修剪操作的空间。

10.5.11　延伸对象

单击“修改”工具栏上的“延伸”按钮，或选择“修改”→“延伸”，即执行 EXTEND 命令，AutoCAD 2018 提示：

选择对象：(继续选择对象)

选择要延伸的对象，或按住＜Shift＞键选择要修剪的对象，或［栏选（F）/窗交（C）/投影（P）/边（E）/放弃（U)］：

1. 选择要延伸的对象，或按住＜Shift＞键选择要修剪的对象

“选择要延伸的对象，或按住＜Shift＞键选择要修剪的对象”选项：选择对象进行延伸或修剪，为默认项。用户在该提示下选择要延伸的对象，AutoCAD 2018 把该对象延长到指定的边界对象。

2. 栏选

“栏选”选项：以栏选方式确定被延伸对象。

3. 窗交

“窗交”选项：使与选择窗口边界相交的对象作为被延伸对象。

4. 投影

“投影”选项：确定执行延伸操作的空间。

5. 边

“边”选项：确定延伸的模式。

6. 放弃

“放弃”选项：取消上一次的操作。

10.5.12 倒圆角

单击“修改”工具栏上的“圆角”按钮，或选择“修改”→“圆角”，即执行 FILLET 命令，AutoCAD 2018 提示：

当前设置：模式 = 修剪，半径 = 0.0000

选择第一个对象或［放弃（U）/多段线（P）/半径（R）/修剪（T）/多个（M）］：

1. 选择第一个对象

“选择第一个对象”选择：选择创建圆角的第一个对象，为默认项。选择该默认项，AutoCAD 2018 提示：

选择第二个对象，或按住 Shift 键选择要应用角点的对象：

2. 多段线

“多段线”选项：对二维多段线创建圆角。

3. 半径

“半径”选项：设置圆角半径。

4. 修剪

“修剪”选项：确定创建圆角操作的修剪模式。

5. 多个

“多个”选项：选择该选项且用户选择两个对象创建出圆角后，可以继续对其他对象创建圆角，不必重新执行 FILLET 命令。

10.5.13 倒直角

单击“修改”工具栏上的“倒角”按钮，或选择“修改”→“倒角”，即执行 CHAMFER 命令，AutoCAD 2018 提示：

选择第一条直线或［放弃（U）/多段线（P）/距离（D）/角度（A）/修剪（T）/方式（E）/多个（M）］：

1. 选择第一条直线

“选择第一条直线”选项：选择进行倒角的第一条线段，为默认项。选择某一线段，即选择默认项后，AutoCAD 2018 提示：

选择第二条直线，或按住〈Shift〉键选择要应用角点的直线：

在该提示下选择相邻的另一条线段即可。

2. 多段线

“多段线”选项：对整条多段线倒角。

3. 距离

“距离”选项：设置倒角距离。

4. 角度

“角度”选项：根据倒角距离和角度设置倒角尺寸。

5. 修剪

“修剪”选项：确定倒角后是否对相应的倒角边进行修剪。

6. 方式

“方式”选项：确定将以什么方式倒角，即根据已设置的两倒角距离倒角，还是根据距离和角度设置倒角。

10.6　标注命令

AutoCAD 2018 提供了丰富的标注功能，常用的标注命令如图 10 - 12 所示，分别有直线、圆、半圆、线性、对齐标注等，下面介绍几个常用的绘图命令。

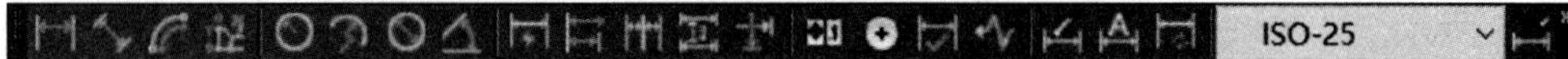

图 10 - 12　标注工具栏

10.6.1　尺寸标注样式

尺寸标注样式（简称标注样式）用于设置尺寸标注的具体格式，如尺寸文字采用的样式；尺寸线、尺寸界线以及尺寸箭头的标注设置等。标注样式的命令是 DIMSTYLE，执行 DIMSTYLE 命令，AutoCAD 2018 弹出如图 10 - 13 所示的“标注样式管理器”对话框。

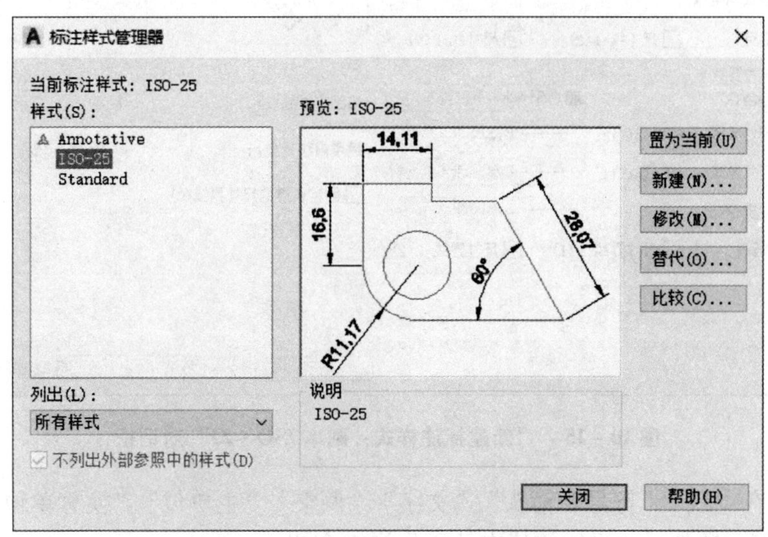

图 10 - 13　“标注样式管理器”对话框

“置为当前”按钮用于把指定的标注样式置为当前样式；“新建”按钮用于创建新标注样式。“修改”按钮则用于修改已有标注样式；“替代”按钮用于设置当前样式的替代样式；“比较”按钮用于对两个标注样式进行比较，或了解某一样式的全部特性。

在“标注样式管理器”对话框中单击“新建”按钮，AutoCAD 2018 弹出如图 10－14 所示的“创建新标注样式”对话框。可通过该对话框中的“新样式名”文本框指定新样式的名称；通过“基础样式”下拉列表框确定用来创建新样式的基础样式；通过“用于”下拉列表框，可确定新建标注样式的适用范围。

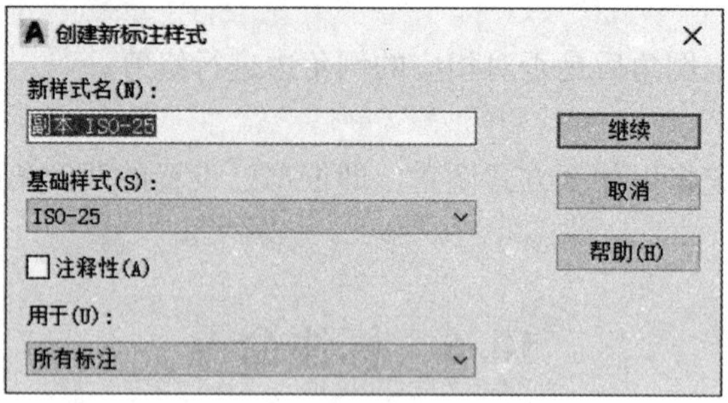

图 10－14　新建标注样式对话框

单击“继续”按钮，AutoCAD 2018 弹出“新建标注样式：副本 ISO－25”对话框，如图 10－15 所示。

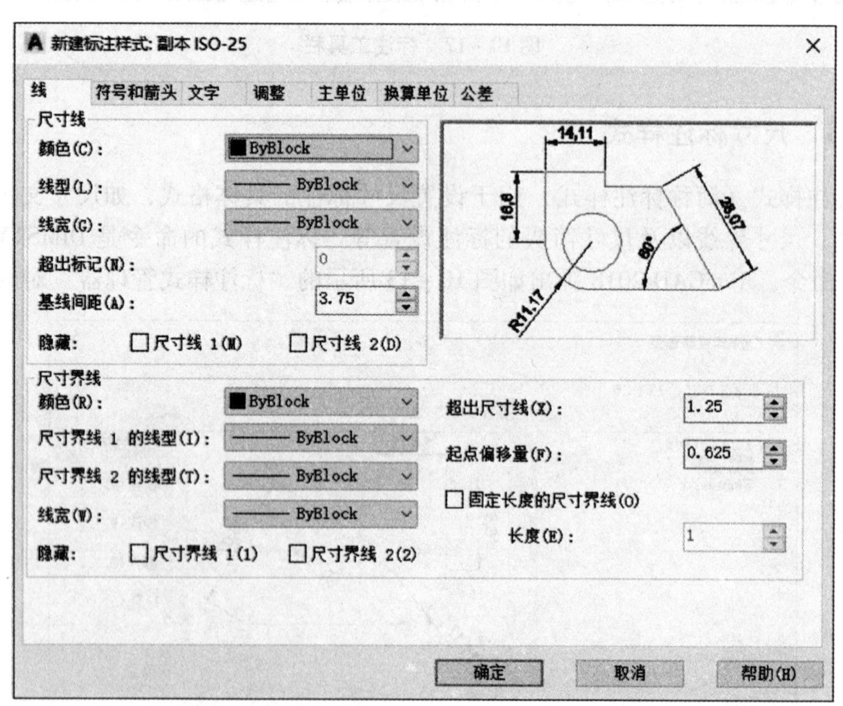

图 10－15　“新建标注样式：副本 ISO－25”对话框

对话框中有“线”“符号和箭头”“文字”“调整”“主单位”“换算单位”和“公差”7 个选项卡，每一项的具体设置方法在此不作详细介绍。

10.6.2　尺寸标注

1. 线性标注

线性标注指标注图形对象在水平方向、垂直方向或指定方向的尺寸，又分为水平标注、垂直标注和旋转标注 3 种类型。水平标注用于标注对象在水平方向的尺寸，即尺寸线沿水平方向放置；垂直标注用于标注对象在垂直方向的尺寸，即尺寸线沿垂直方向放置；旋转标注则用于标注对象沿指定方向的尺寸。

线性标注的命令为“DIMLINEAR”，其图标命令在“标注”工具栏中，菜单命令在“标注”菜单中。

2. 对齐标注

对齐标注指所标注尺寸的尺寸线与两条尺寸界线起始点间的连线平行。

对齐标注的命令为“DIMALIGNED”，其图标命令在“标注”工具栏中，菜单命令在“标注”菜单中。

3. 角度标注

角度标注指标注角度尺寸。命令：DIMANGULAR。

角度标注的命令为“DIMANGULAR”，其图标命令在“标注”工具栏中，菜单命令在“标注”菜单中。

4. 直径标注

直径标注指为圆或圆弧标注直径尺寸。命令：DIMDIAMETER。

直径标注的命令为“DIMDIAMETER”，其图标命令在“标注”工具栏中，菜单命令在“标注”菜单中。

5. 半径标注

半径标注指为圆或圆弧标注半径尺寸。命令：DIMRADIUS。

半径标注的命令为“DIMRADIUS”，其图标命令在“标注”工具栏中，菜单命令在“标注”菜单中。

6. 弧长标注

弧长标注指为圆弧标注长度尺寸。命令：DIMARC。

弧长标注的命令为“DIMARC”，其图标命令在“标注”工具栏中，菜单命令在“标注”菜单中。

7. 基线标注

基线标注指各尺寸线从同一条尺寸界线处引出。命令：DIMBASELINE。

基线标注的命令为“DIMBASELINE”，其图标命令在“标注”工具栏中，菜单命令在“标注”菜单中。

8. 连续标注

连续标注指在标注出的尺寸中，相邻两尺寸线共用同一条尺寸界线。命令：DIMCONTINUE。

连续标注的命令为“DIMCONTINUE”，其图标命令在“标注”工具栏中，菜单命令在“标注”菜单中。

9. 折弯标注

折弯标注指为圆或圆弧创建折弯标注。命令：DIMJOGGED。

折弯标注的命令为“DIMJOGGED”，其图标命令在“标注”工具栏中，菜单命令在“标注”菜单中。

10.7 块与外部参照设置

块是图形对象的集合，通常用于绘制复杂、重复的图形。一旦将一组对象组合成块，就可以根据绘图需要将其插入到图中的任意指定位置，而且还可以按不同的比例和旋转角度插入。

10.7.1 定义块

定义块指将选定的对象定义成块。命令：BLOCK。

单击“绘图”工具栏上的“创建块”按钮，或选择“绘图”→“块”→“创建”，即执行 BLOCK 命令，AutoCAD 2018 弹出如图 10－16 所示的“块定义”对话框。

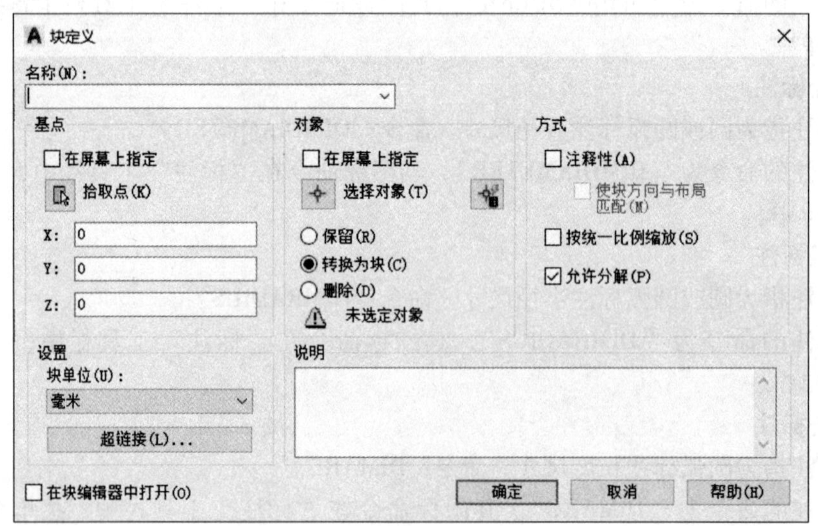

图 10－16 “块定义”对话框

对话框中，“名称”文本框用于确定块的名称；“基点”选项组用于确定块的插入基点位置；“对象”选项组用于确定组成块的对象；“设置”选项组用于进行相应设置。通过“块定义”对话框完成对应的设置后，单击“确定”按钮，即可完成块的创建。

10.7.2 定义外部块

定义外部块指将块以单独的文件保存。命令：WBLOCK。

执行 WBLOCK 命令，AutoCAD 2018 弹出如图 10－17 所示的“写块”对话框。对话框中，“源”选项组用于确定组成块的对象来源；“基点”选项组用于确定块的插入基点位置，“对象”选项组用于确定组成块的对象，只有在“源”选项组中选中“对象”单选按钮后，这两个选项组才有效；“目标”选项组用于确定块的保存名称、保存位置。用 WBLOCK 命令创建块后，该块以“. DWG”格式保存，即以 AutoCAD 2018 图形文件格式保存。

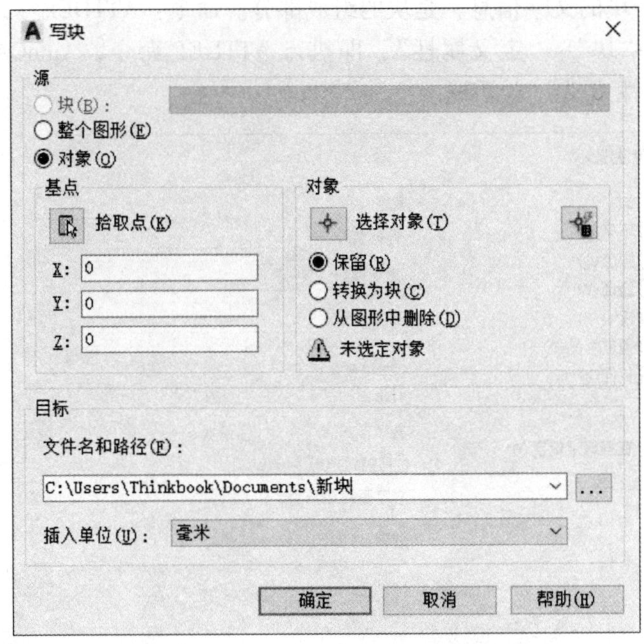

图 10 – 17　“写块”对话框

10. 7. 3　插入块

插入块指为当前图形插入块或图形。命令：INSERT。

单击“绘图”工具栏上的“插入块”按钮，或选择“插入”→“块”，即执行 INSERT 命令，AutoCAD 2018 弹出如图 10 – 18 所示的“插入”对话框。

对话框中，“名称”本文框用于确定要插入块或图形的名称；“插入点”选项组用于确定块在图形中的插入位置；“比例”选项组用于确定块的插入比例；“旋转”选项组用于确定块插入时的旋转角度；“块单位”选项组用于显示有关块单位的信息。

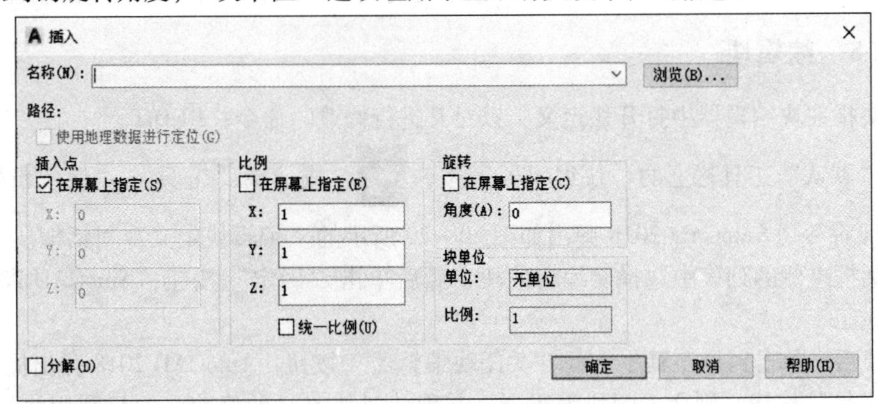

图 10 – 18　“插入”对话框

10.7.4 块属性

块属性是从属于块的文字信息，是块的组成部分。命令：ATTDEF。

选择“绘图”→“块”→“定义属性”，即执行 ATTDEF 命令，AutoCAD 2018 弹出如图 10－19 所示的“属性定义”对话框。

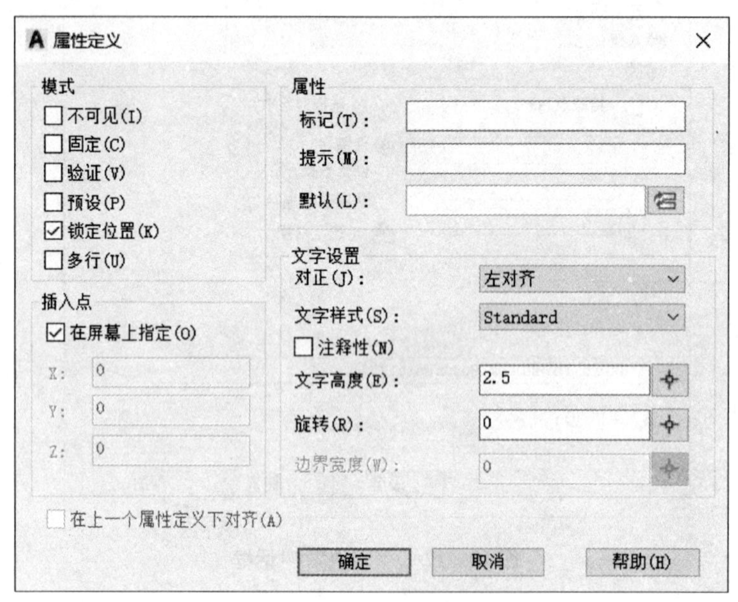

图 10－19 “属性定义”对话框

对话框中，“模式”选项组用于设置属性的模式；“属性”选项组中，“标记”文本框用于确定属性的标记（用户必须指定标记），“提示”文本框用于确定插入块时 AutoCAD 2018 提示用户输入属性值的提示信息，“默认”文本框用于设置属性的默认值，用户在各对应文本框中输入具体内容即可；“插入点”选项组用于确定属性值的插入点，即属性文字排列的参考点；“文字设置”选项组用于确定属性文字的格式。

确定了“属性定义”对话框中的各项内容后，单击对话框中的“确定”按钮，AutoCAD 2018 完成一次属性定义，并在图形中按指定的文字样式、对齐方式显示出属性标记。

10.7.5 编辑块

编辑块指在块编辑器中打开块定义，以对其进行修改。命令：BEDIT。

单击“默认”工具栏上的“块编辑器”按钮，或选择“工具”→“块编辑器”，即执行 BEDIT 命令，AutoCAD 2018 弹出如图 10－20 所示的“编辑块定义”对话框。

从对话框左侧的列表中选择要编辑的块，然后单击“确定”按钮，AutoCAD 2018 进入块编辑模式。

编辑块后，单击对应工具栏上的“关闭块编辑器”按钮，AutoCAD 2018 弹出提示窗口，如果单击“是”按钮，则会关闭块编辑器，并确认对块定义的修改。一旦利用块编辑器修改了块，当前图形中插入的对应块均自动进行对应的修改。

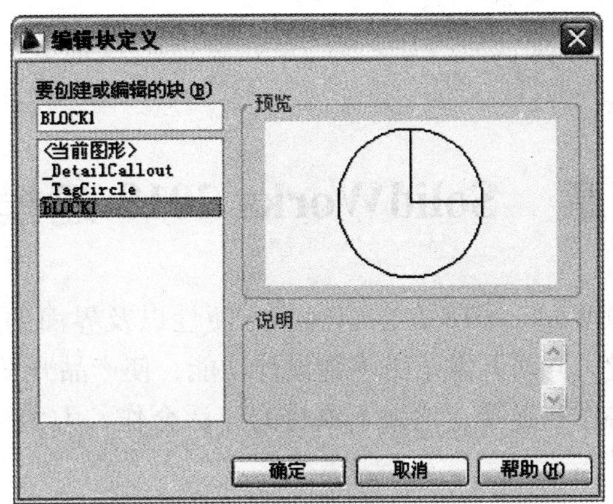

图 10－20　“编辑块定义”对话框

第 11 章　SolidWorks 2018 建模简介

达索公司推出的 SolidWorks 2018 在创新性、方便性以及界面的人性化等方面都得到了增强，提高了性能和质量，同时开发了更多新设计功能，使产品开发流程发生了根本性的变革；它还支持全球性的协作和连接，增强了项目的广泛合作，大大缩短了产品设计的时间，提高了产品设计的效率。

SolidWorks 2018 在用户界面、草图绘制、特征、成本、零件、装配体、运动算例、工程图、出样图、钣金设计、输出和输入以及网络协同等方面的功能都得到了增强。SolidWorks 系列软件不仅是一个简单的三维建模工具，而且是一套高度集成的集 CAD/CAM/CAE 为一体的软件，是一个产品级的设计和制造系统，为工程师提供了一个功能强大的模拟工作平台。

11.1　界面环境设置

新建一个零件文件后，进入 SolidWorks 2018 用户界面，如图 11 - 1 所示，其中包括菜单栏、工具栏、状态栏、图形区和 Feature Manager 设计树等。

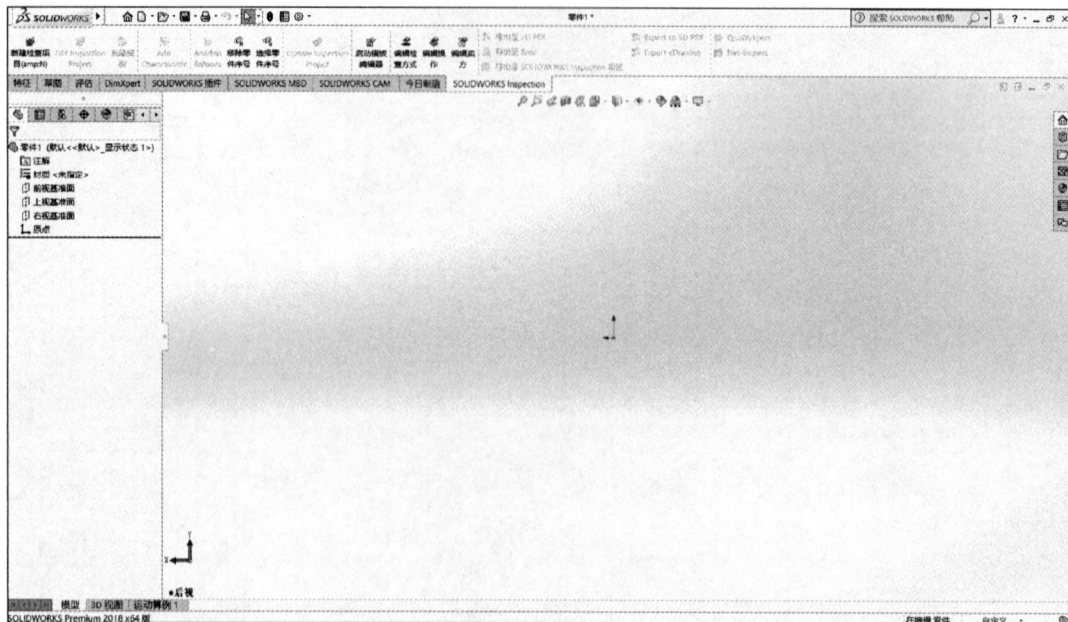

图 11 - 1　SolidWorks 2018 用户界面

1. 菜单栏

菜单栏显示在标题栏的下方，默认情况下菜单栏是隐藏的，只显示标准工具栏，如图

11－2 所示。要显示菜单栏需要将光标移动到 SOLIDWORKS ▸ 上并单击它，显示的菜单栏如图 11－3 所示。若要始终保持菜单栏可见，需要将图标（图钉）更改为钉住状态。其中最关键的功能集中在“插入”菜单和“工具”菜单中。

图 11－2　标准工具栏

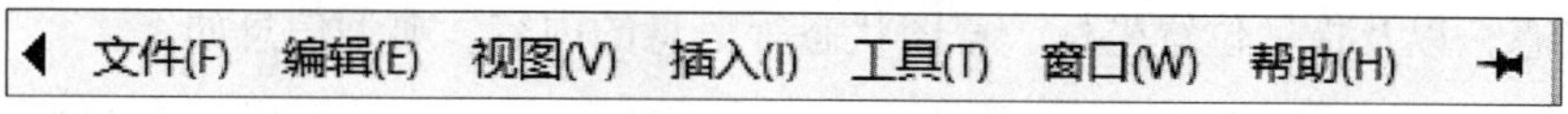

文件(F)　编辑(E)　视图(V)　插入(I)　工具(T)　窗口(W)　帮助(H)

图 11－3　菜单栏

2. 工具栏

SolidWorks 2018 中有很多可以按需要显示或隐藏的内置工具栏。选择菜单栏中的“视图”→“工具栏”，或者在工具栏区域右击，弹出“工具栏”菜单。执行“自定义”命令，在打开的“自定义”对话框中勾选“视图”复选框，会出现浮动的“视图”工具栏，如图 11－4 所示。

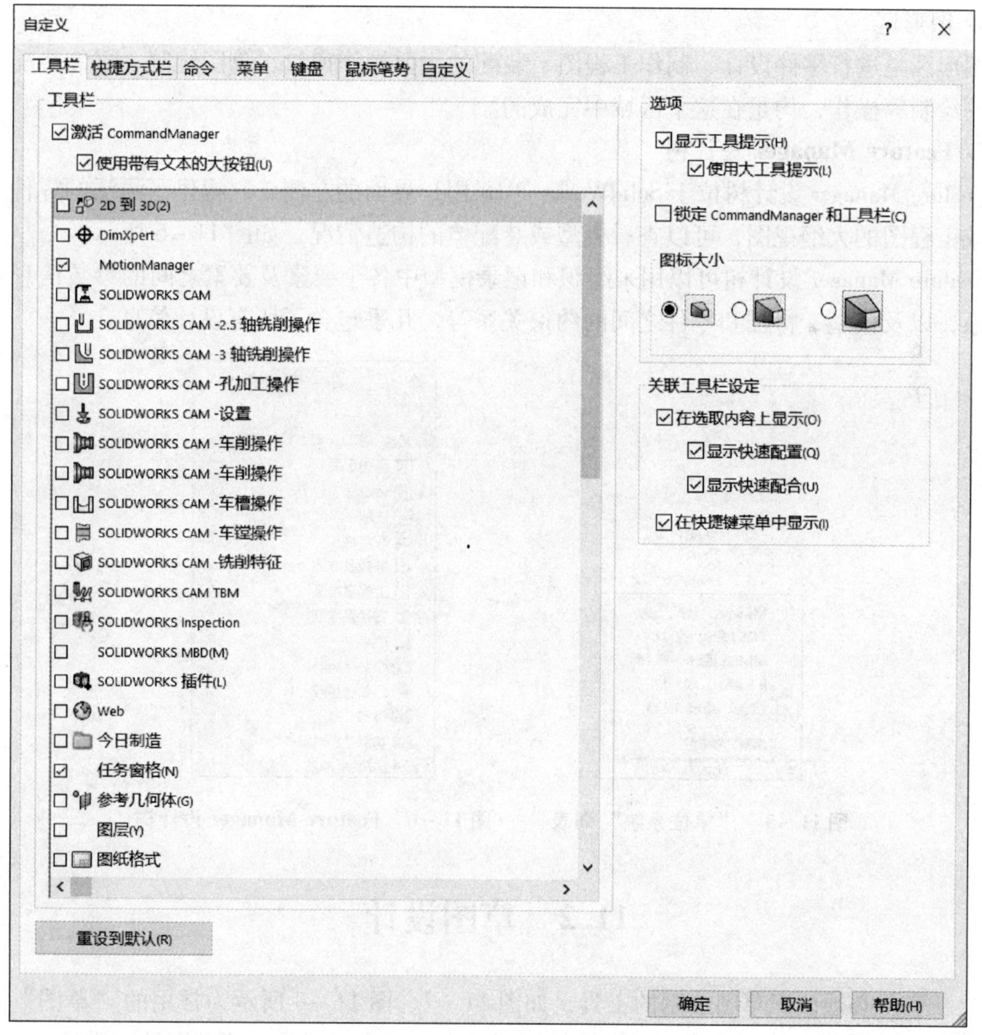

图 11－4　“视图”工具栏

在 SolidWorks 2018 用户界面中，可对工具栏按钮进行如下操作：

（1）从工具栏上一个位置拖动到另一位置；

（2）从一工具栏拖动到另一工具栏；

（3）从工具栏拖动到图形区中，即从工具栏上将之移除。

3. 状态栏

状态栏位于 SolidWorks 2018 用户界面底部的水平区域，它显示了当前窗口中正在编辑的内容的状态，以及指针位置坐标、草图状态等信息的内容，典型信息如下。

（1）重建模型图标 ：在更改了草图或零件而需要重建模型时，重建模型图标会显示在状态栏中。

（2）草图状态：在编辑草图过程中，状态栏中会出现 5 种草图状态，即完全定义、过定义、欠定义、没有找到解、发现无效的解。在考虑零件完成之前，最好应该完全定义草图。

（3）单位系统：在编辑草图过程中，单击"单位系统"按钮 自定义，可在弹出的列表中选择绘制草图的文档单位，如图 11－5 所示。

4. 图形区

图形区是进行零件设计、制作工程图、装配的主要操作窗口。草图绘制、零件装配、工程图的绘制等操作，均是在这个区域中完成的。

5. Feature Manager 设计树

Feature Manager 设计树位于 SolidWorks 2018 用户界面的左侧，它提供了激活的零件、装配体或工程图的大纲视图，可以查看模型或装配体的构造情况，如图 11－6 所示。

Feature Manager 设计树可以用来组织和记录模型中各个要素及要素之间的参数信息和相互关系，以及模型、特征和零件之间的约束关系等，几乎包含了所有设计信息。

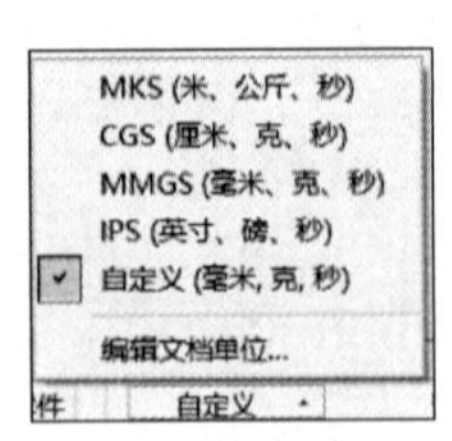

图 11－5 "单位系统"列表

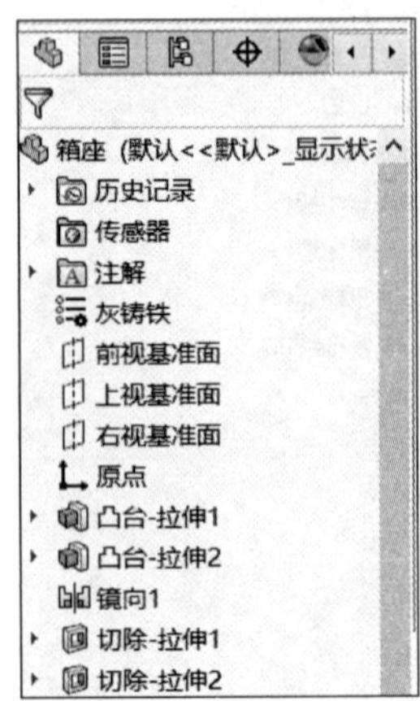

图 11－6 Feature Manager 设计树

11.2 草图设计

绘制草图必须认识草图绘制的工具，如图 11－7、图 11－8 所示为常用的"草图"面板和"草图"工具栏。绘制草图可以先选择绘制的平面，也可以先选择草图绘制实体。

图 11－7　“草图”面板

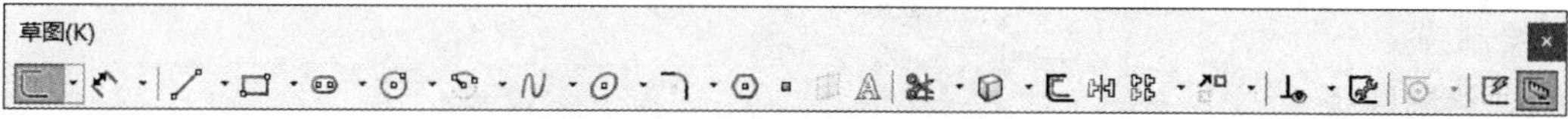

图 11－8　“草图”工具栏

11.2.1　进入、退出草图绘制操作方法

1. 进入草图绘制

1）自底向上

选择草图绘制平面，单击快捷菜单中的“草图绘制”按钮，或“草图”工具栏中的“草图绘制”按钮，或选择“工具”→“草图绘制实体”，进入草绘设计环境。

2）自顶向下

选择草图绘制平面，执行“特征”工具栏中相应的特征命令，或先执行“特征”工具栏中相应的特征命令，再选择草绘平面，进入草绘设计环境。

2. 退出草图绘制

（1）单击“草图”工具栏中的“退出草图”按钮。

（2）单击图形区右上角的。

（3）没有任何绘图工具选择时，在绘图区中右击，在弹出的快捷菜单中执行“退出草图”命令。

（4）确定建立特征后，自动退出草图绘制。

（5）单击“重建模型”按钮，可以退出草图绘制。

11.2.2　常用草图绘制命令

1. 绘制直线与中心线

在草图绘制状态下，选择菜单栏中的“工具”→“草图绘制实体”→“中心线”，或者单击“草图”工具栏中的“中心线”按钮，又或者单击“草图”面板中的“中心线”按钮开始绘制中心线。

按〈Esc〉键，或者在图形区右击，在弹出的快捷菜单中执行“选择”命令，退出中心线的绘制。

在草图绘制状态下，选择菜单栏中的“工具”→“草图绘制实体”→“直线”，或者单击“草图”工具栏中的“直线”按钮，又或者单击“草图”面板中的“直线”按钮开始绘制直线。

按〈Esc〉键，或者在图形区右击，在弹出的快捷菜单中执行“选择”命令，退出中心线的绘制。

2. 绘制圆

1）绘制中心圆

在草图绘制状态下，选择菜单栏中的“工具”→“草图绘制实体”→“圆”，或者单击

“草图”工具栏中的“圆”按钮，又或者单击“草图”面板中的“圆”按钮，开始绘制圆。

2）绘制基于周边圆

在草图绘制状态下，选择菜单栏中的“工具”→“草图绘制实体”→“周边圆”，或者单击“草图”工具栏中的“周边圆”按钮，又或者单击“草图”面板中的“周边圆”按钮，开始绘制圆。

3. 绘制圆弧

绘制圆弧的方法主要有 3 种，即圆心/起点/终点画弧、切线弧、三点圆弧。

1）圆心/起点/终点画弧

在草图绘制状态下，选择菜单栏中的“工具”→“草图绘制实体”→“圆心/起点/终点画弧”，或者单击“草图”工具栏中的“圆心/起点/终点画弧”按钮，又或者单击“草图”面板中的“圆心/起点/终点画弧”按钮，开始绘制圆弧。

2）切线弧

在草图绘制状态下，选择菜单栏中的“工具”→“草图绘制实体”→“切线弧”，或者单击“草图”工具栏中的“切线弧”按钮，又或者单击“草图”面板中的“切线弧”按钮，开始绘制切线弧。

3）三点圆弧

在草图绘制状态下，选择菜单栏中的“工具”→“草图绘制实体”→“三点圆弧”，或者单击“草图”工具栏中的“三点圆弧”按钮，又或者单击“草图”面板中的“三点圆弧”按钮，开始绘制圆弧。

4. 绘制多边形

在草图绘制状态下，选择菜单栏中的“工具”→“草图绘制实体”→“多边形”，或者单击“草图”工具栏中的“多边形”按钮，又或者单击“草图”面板中的“多边形”按钮，开始绘制多边形。

5. 绘制椭圆

在草图绘制状态下，选择菜单栏中的“工具”→“草图绘制实体”→“椭圆”，或者单击“草图”工具栏中的“椭圆”按钮，又或者单击“草图”面板中的“椭圆”按钮，开始绘制椭圆。

6. 绘制草图文字

在草图绘制状态下，选择菜单栏中的“工具”→“草图绘制实体”→“文字”，或者单击“草图”工具栏中的“文字”按钮，又或者单击“草图”面板中的“文字”按钮，开始绘制草图文字。

7. 转换实体引用

选择菜单栏中的“工具”→“草图工具”→“转换实体引用”命令，或者单击“草图”工具栏中的“转换实体引用”按钮，又或者单击“草图”面板中的“转换实体引用”按钮，执行“转换实体引用”命令。

8. 草图剪切

在草图编辑状态下，选择菜单栏中的“工具”→“草图工具”→“剪裁”，或者单击“草图”工具栏中的“剪裁实体”按钮，又或者单击“草图”面板中的“剪裁实体”按钮，弹出“剪裁”属性管理器。

9. 草图延伸

在草图编辑状态下，选择菜单栏中的“工具”→“草图工具”→“延伸”，或者单击“草图”工具栏中的“延伸实体”按钮，又或者单击“草图”面板中的“延伸实体”按钮，进入草图延伸状态。

10. 草图镜像

在草图编辑状态下，选择菜单栏中的“工具”→“草图工具”→“镜像”，或者单击“草图”工具栏中的“镜像实体”按钮，又或者单击“草图”面板中的“镜像实体”按钮，此时系统弹出“镜像”属性管理器。

11. 草图阵列

1）线性阵列

在草图编辑状态下，选择菜单栏中的“工具”→“草图工具”→“线性阵列”，或者单击“草图”工具栏中的“线性草图阵列”按钮，又或者单击“草图”面板中的“线性草图阵列”按钮，系统弹出“线性阵列”属性管理器。

2）圆周阵列

在草图编辑状态下，选择菜单栏中的“工具”→“草图工具”→“圆周阵列”，或者单击“草图”工具栏中的“圆周草图阵列”按钮，又或者单击“草图”面板中的“圆周草图阵列”按钮，系统弹出“圆周阵列”属性管理器。

11.2.3　草图几何关系

几何关系是指各几何元素之间或几何元素与基准面、轴线、边线或端点之间的相对位置关系。在绘图过程中，系统会根据几何元素的相对位置，自动对其赋予几何意义，不需要另行添加几何关系，即自动添加几何关系；在绘图过程中，手动为草图实体之间添加几何关系。系统自动添加的几何关系可能不是所需要的，需要利用“显示/删除”命令删除。

几何关系为草图实体之间或草图实体与基准面、基准轴、边线或顶点之间的几何约束。可为几何关系选择的实体以及所产生的几何关系的特点如表 11－1 所示。

表 11－1　几何关系说明

几何关系	要执行的实体	所产生的几何关系
水平或竖直	一条或多条直线，两个或多个点	直线会变成水平或竖直（由当前草图的空间定义），而点会水平或竖直对齐
共线	两条或多条直线	实体位于同一条无限长的直线上
全等	两个或多个圆弧	实体会共用相同的圆心和半径
垂直	两条直线	两条直线相互垂直
平行	两条或多条直线	实体相互平行
相切	圆弧、椭圆和样条曲线，直线和圆弧，直线和曲面或三维草图形区的曲面	两个实体保持相切
同心	两个或多个圆弧，一个点和一个圆弧	圆弧共用同一圆心
中点	一个点和一条线段	点位于线段的中点

续表

几何关系	要执行的实体	所产生的几何关系
交叉	两条直线和一个点	点位于直线的交叉点处
重合	一个点和一直线、圆弧或椭圆	点位于直线、圆弧或椭圆上
相等	两条或多条直线，两个或多个圆弧	直线长度或圆弧半径保持相等
对称	一条中心线和两个点、直线、圆弧或椭圆	实体保持与中心线相等距离，并位于一条与中心线垂直的直线上
固定	任何实体	实体的大小和位置被固定
穿透	一个草图点和一个基准轴、边线、直线或样条曲线	草图点与基准轴、边线或曲线在草图基准面上穿透的位置重合
合并点	两个草图点或端点	两个点合并成一个点

选择菜单栏中的“工具”→“几何关系”→“添加”，或者单击“草图”工具栏中的“添加几何关系”按钮，又或者单击“草图”控制面板“显示/删除几何关系”下拉列表框中的“添加几何关系”按钮，系统弹出“添加几何关系”属性管理器。

在弹出的“添加几何关系”属性管理器中对草图实体添加几何约束、设置几何关系。利用添加几何关系工具可以在草图实体之间或草图实体与基准面、基准轴、边线或顶点之间生成几何关系。

11.3 参考几何体

特征是构造三维建模的基本单元，零件模型的构造是由各种特征来生成的，零件的设计过程就是特征不断积累的过程。在特征建模时，为了准确地建立轮廓和轨迹，需要借助空间中的一些辅助几何对象，在 SolidWorks 2018 中称为参考几何体，包括基准面、基准轴、参考点和坐标系。

11.3.1 基准面

基准面主要应用于零件图和装配图中，可以利用基准面来绘制草图，生成模型的剖视图，用于拔模特征中的中性面等。SolidWorks 2018 提供了前视基准面、上视基准面和右视基准面 3 个默认的相互垂直的基准面。通常情况下，用户在这 3 个基准面上绘制草图，然后使用特征命令创建实体模型即可绘制需要的图形。但是，对于一些特殊的特征，如扫描特征和放样特征，需要在不同的基准面上绘制草图才能完成模型的构建，这就需要创建新的基准面。创建基准面有 6 种方式：通过直线/点方式、点和平行面方式、两面夹角方式、等距距离方式、垂直于曲线方式与曲面切平面方式。下面介绍常用的几种。

1. 通过直线/点方式

执行“基准面”命令：选择菜单栏中的“插入”→“参考几何体”→“基准面”，或者单击“特征”控制面板“参考几何体”下拉列表框中的“基准面”按钮，又或者单击“特征”工具栏“参考几何体”下拉列表框中的“基准面”按钮，系统弹出“基准面”属性管理器。设置属性管理器里面的参数，确认创建的基准面。

2. 点和平行面方式

该方式用于创建通过点且平行于基准面或者面的基准面。执行“基准面”命令：选择菜单栏中的“插入”→“参考几何体”→“基准面”，或者单击“特征”工具栏“参考几何体”下拉列表框中的“基准面”按钮，又或者单击“特征”控制面板“参考几何体”下拉列表框中的“基准面”按钮，系统弹出“基准面”属性管理器。设置属性管理器里面的参数，确认创建的基准面。

3. 两面夹角方式

该方式用于创建通过一条边线、轴线或者草图线，并与一个面或者基准面成一定角度的基准面。执行“基准面”命令：选择菜单栏中的“插入”→“参考几何体”→“基准面”，或者单击“特征”工具栏“参考几何体”下拉列表框中的“基准面”按钮，又或者单击“特征”控制面板“参考几何体”下拉列表框中的“基准面”按钮，系统弹出“基准面”属性管理器。设置属性管理器里面的参数，确认创建的基准面。

4. 等距距离方式

该方式用于创建平行于一个基准面或者面，并等距指定距离的基准面。执行“基准面”命令：选择菜单栏中的“插入”→“参考几何体”→“基准面”命令，或者单击“特征”工具栏“参考几何体”下拉列表框中的“基准面”按钮，又或者单击“特征”控制面板“参考几何体”下拉列表框中的“基准面”按钮，系统弹出“基准面”属性管理器。设置属性管理器里面的参数，确认创建的基准面。

11.3.2　基准轴

基准轴通常在草图几何体或者圆周阵列中使用。每一个圆柱和圆锥面都有一条轴线。临时轴是由模型中的圆锥和圆柱隐含生成的，可以选择菜单栏中的“视图”→“隐藏/显示”→“临时轴”来隐藏或显示所有的临时轴。

创建基准轴有 5 种方式：一直线/边线/轴方式、两平面方式、两点/顶点方式、圆柱/圆锥面方式与点和面/基准面方式。下面详细介绍几种常用创建基准轴的方式。

1. 一直线/边线/轴方式

选择一草图的直线、实体的边线或者轴，创建所选直线所在的轴线。执行“基准轴”命令：选择菜单栏中的“插入”→“参考几何体”→“基准轴”，或者单击“特征”工具栏“参考几何体”下拉列表框中的“基准轴”按钮，或者单击“特征”控制面板“参考几何体”下拉列表框中的“基准轴”按钮，系统弹出“基准轴”属性管理器。设置属性管理器里面的参数，确认创建的基准轴。

2. 两平面方式

将所选两平面的交线作为基准轴。执行“基准轴”命令：选择菜单栏中的“插入”→“参考几何体”→“基准轴”，或者单击“特征”控制面板“参考几何体”下拉列表框中的“基准轴”按钮，系统弹出“基准轴”属性管理器。设置属性管理器里面的参数，确认创建的基准轴。

3. 两点/顶点方式

该方式是指将两个点或者两个顶点的连线作为基准轴。执行“基准轴”命令：选择菜单栏中的“插入”→“参考几何体”→“基准轴”，或者单击“特征”控制面板“参考几何体”下拉列表框中的“基准轴”按钮，系统弹出“基准轴”属性管理器。设置属性管理器里面的参数，确认创建的基准轴。

11.3.3 坐标系

“坐标系”命令主要用来定义零件或装配体的坐标系。此坐标系与测量和质量属性工具一同使用，可用于将 SolidWorks 2018 文件输出为 IGES、STL、ACIS、STEP、Parasolid. VRML 和 VDA 文件。执行“坐标系”命令：选择菜单栏中的“插入”→“参考几何体”→“坐标系”，或者单击“特征”工具栏“参考几何体”下拉列表框中的“坐标系”按钮，又或者单击“特征”控制面板“参考几何体”下拉列表框中的“坐标系”按钮，系统弹出“坐标系”属性管理器。设置属性管理器里面的参数，确认创建的坐标系。

11.4 草图特征

SolidWorks 2018 提供了基于特征的实体建模功能。可以通过拉伸、旋转、薄壁特征以及打孔等操作来实现产品的设计。如图 11－9 和图 11－10 所示为“特征”面板和“特征”工具栏。下面介绍几种常用的草绘特征。

图 11－9 “特征”面板

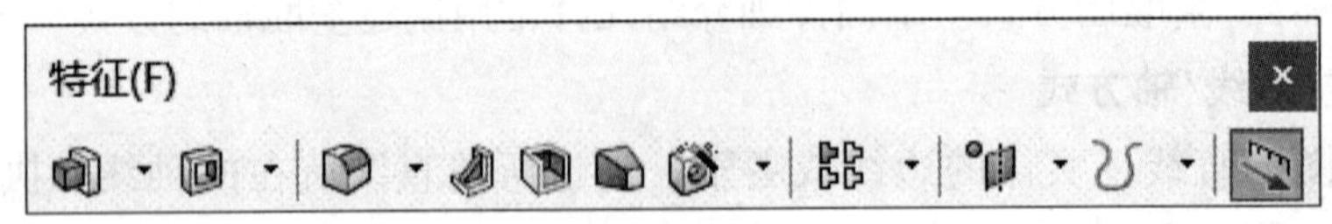

图 11－10 “特征”工具栏

11.4.1 凸台拉伸

拉伸特征是将一个二维平面草图按照给定的数值沿与平面垂直的方向拉伸一段距离形成的特征。保持草图处于激活状态，单击“特征”工具栏中的“拉伸凸台/基体”按钮，或者选择菜单栏中的“插入”→“凸台/基体”→“拉伸”，又或者单击“特征”面板中的“拉伸凸台/基体”按钮。

11.4.2　旋转凸台/基体

旋转特征是由特征截面绕中心线旋转而生成的一类特征，它适合于构造回转体零件。单击“特征”工具栏中的“旋转凸台/基体”按钮，或者选择菜单栏中的“插入”→“凸台/基体”→“旋转”，又或者单击“特征”面板中的“旋转凸台/基体”按钮。

11.4.3　凸台/基体扫描

凸台/基体扫描特征属于叠加特征。单击“特征”工具栏中的“扫描”按钮，或者选择菜单栏中的“插入”→“凸台/基体”→“扫描”，又或者单击“特征”面板中的“扫描”按钮。

11.4.4　放样凸台/基体

通过使用空间上两个或两个以上的不同平面轮廓，可以生成最基本的放样特征。单击“特征”工具栏中的“放样凸台/基体”按钮，或者选择菜单栏中的“插入”→“凸台”→“放样”，又或者单击“特征”面板中的“放样凸台/基体”按钮。如果要生成切除放样特征，则选择菜单栏中的“插入”→“切除”→“放样”。

11.4.5　拉伸切除特征

保持草图处于激活状态，单击“特征”工具栏中的“拉伸切除”按钮，或者选择菜单栏中的“插入”→“切除”→“拉伸”，又或者单击“特征”面板中的“拉伸切除”按钮。

11.4.6　旋转切除特征

单击“特征”工具栏中的“旋转切除”按钮，或者选择菜单栏中的“插入”→“切除”→“旋转”，又或者单击“特征”面板中的“旋转切除”按钮。

11.4.7　异型孔向导

选择菜单栏中的“插入”→“特征”→“孔”→“向导”，或者单击“特征”工具栏中的“异型孔向导”按钮，又或者单击“特征”控制面板中的“异型孔向导”按钮，系统弹出“孔规格”属性管理器。

11.4.8　线性阵列

线性阵列是指沿一条或两条直线路径生成多个子样本特征。单击“特征”工具栏中的“线性阵列”按钮，或者选择菜单栏中的“插入”→“阵列/镜像”→“线性阵列”，又或者单击“特征”控制面板中的“线性阵列”按钮，系统弹出“线性阵列”属性管理器。

11.4.9　圆周阵列

圆周阵列是指绕一个轴心以圆周路径生成多个子样本特征。在创建圆周阵列特征之前，首先要选择一个中心轴，这个轴可以是基准轴或者临时轴。单击“特征”工具栏中的“圆周阵列”按钮，或者选择菜单栏中的“插入”→“阵列/镜像”→“圆周阵列”，又或者单击“特征”控制面板中的“圆周阵列”按钮，系统弹出“圆周阵列”属性管理器。

11.4.10 曲线驱动阵列

曲线驱动阵列是指沿平面曲线或者空间曲线生成的阵列实体。选择菜单栏中的“插入”→“阵列/镜像”→“曲线驱动的阵列”，或者单击“特征”工具栏中的“曲线驱动的阵列”按钮，又或者单击“特征”控制面板中的“曲线驱动的阵列”按钮，系统弹出“曲线驱动的阵列”属性管理器。

11.5 装配体

11.5.1 装配体基本操作

要实现对零部件进行装配，首先必须创建一个装配体文件。创建装配体文件的操作步骤如下。

（1）选择菜单栏中的“文件”→“新建”，弹出“新建 SOLIDWORKS 文件”对话框，如图 11－11 所示。

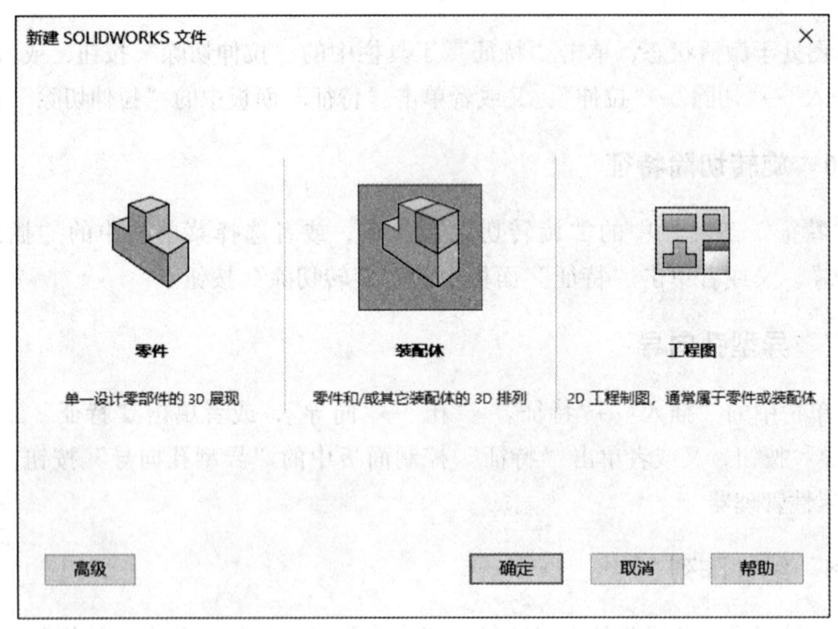

图 11－11 “新建 SOLIDWORKS 文件”对话框

（2）选择“装配体”→“确定”，进入装配体制作界面，如图 11－12 所示。

（3）在“开始装配体”属性管理器中，单击“要插入的零件/装配体”选项组中的“浏览”按钮，弹出“打开”对话框。

（4）选择一个零件作为装配体的基准零件，单击“打开”按钮，在图形区合适位置单击以放置零件。

（5）将一个零部件（单个零件或子装配体）放入装配体中时，这个零部件文件会与装配体文件链接。此时零部件出现在装配体中，零部件的数据还保存在原零部件文件中。

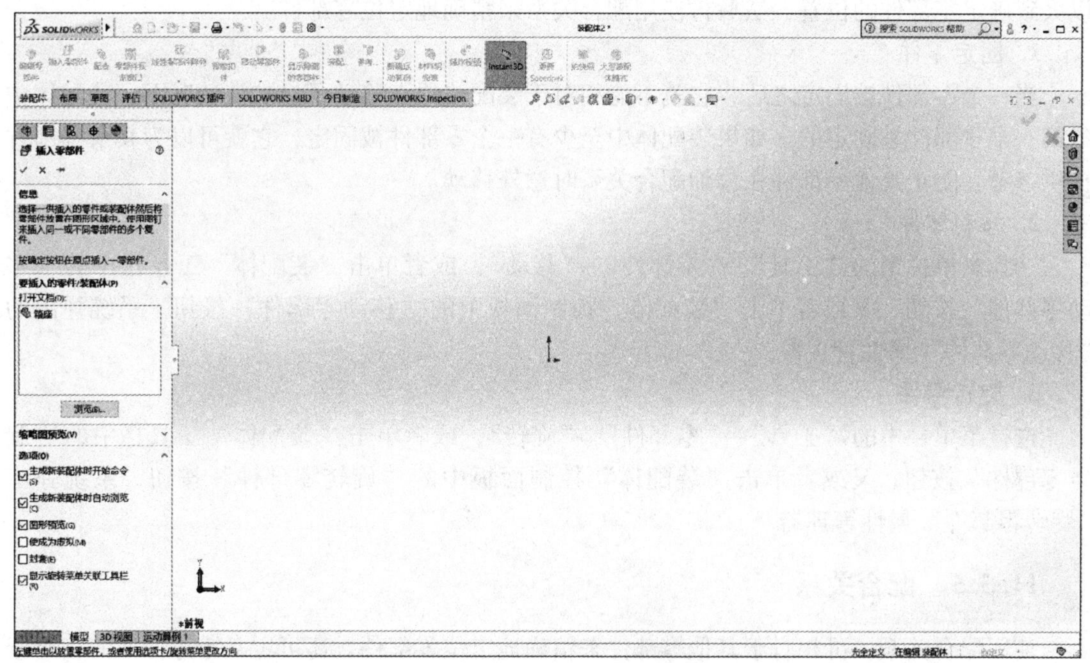

图 11－12　装配体制作界面

11.5.2　插入装配零件

制作装配体需要按照装配的过程，依次插入相关零件，有多种方法可以将零部件添加到一个新的或现有的装配体中：

（1）使用“插入零部件”属性管理器；

（2）从任何窗格中的文件探索器拖动；

（3）从一个打开的文件窗口中拖动；

（4）从资源管理器中拖动；

（5）从 Internet Explorer 中拖动超文本链接。

11.5.3　删除装配零件

删除装配零件的操作步骤如下。

（1）在图形区或 Feature Manager 设计树中单击零部件。

（2）按〈Delete〉键，或者选择菜单栏中的“编辑”→“删除”，又或者在右击弹出的快捷菜单中执行“删除”命令。

（3）单击“是”按钮确认删除，此零部件及其所有相关项目（配合、零部件阵列、爆炸步骤等）都会被删除。

11.5.4 定位零件

在零部件放入装配体中后，用户可以移动、旋转零部件或固定它的位置，用这些方法可以大致确定零部件的位置，然后再使用配合关系来精确地定位零部件。

1. 固定零件

当一个零部件被固定之后，它就不能相对于装配体原点移动了。默认情况下，装配体中的第一个零部件是固定的。如果装配体中至少有一个零部件被固定，它就可以为其余零部件提供参考，防止其他零部件在添加配合关系时意外移动。

2. 移动零件

选择菜单栏中的“工具”→“零部件”→“移动”，或者单击“装配体”工具栏中的“移动零部件”按钮，又或者单击“装配体”控制面板中的“移动零部件”按钮，系统弹出的“移动零部件”属性管理器。

3. 旋转零件

选择菜单栏中的“工具”→“零部件”→“旋转”，或者单击“装配体”工具栏中的“旋转零部件”按钮，又或者单击“装配体”控制面板中的“旋转零部件”按钮，系统弹出“旋转零部件”属性管理器。

11.5.5 配合关系

使用配合关系，可相对于其他零部件来精确地定位零部件，还可定义零部件如何相对于其他的零部件移动和旋转。只有添加了完整的配合关系，才算完成了装配体模型。为零部件添加配合关系的操作步骤如下。

1. 添加配合关系

（1）单击“装配体”工具栏中的“配合”按钮，或者选择菜单栏中的“插入”→“配合”，又或者单击“装配体”控制面板中的“配合”按钮，系统弹出“配合”属性管理器。

（2）在图形区中的零部件上选择要配合的实体，所选实体会显示在要配合的实体列表框中。

（3）选择所需的对齐条件。

同向对齐：以所选面的法向或轴向的相同方向来放置零部件。

反向对齐：以所选面的法向或轴向的相反方向来放置零部件。

（4）系统会根据所选的实体列出有效的配合类型。单击对应的配合类型按钮，选择配合类型。

（5）图形区中的零部件将根据指定的配合关系移动，如果配合不正确，单击“撤销”按钮，然后根据需要修改选项。

（6）单击“确定”按钮，应用配合。

2. 删去配合关系

如果装配体中的某个配合关系有错误，用户可以随时将它从装配体中删除。删除配合关系的操作步骤如下。

（1）在 Feature Manager 设计树中，右击想要删除的配合关系。

（2）在弹出的快捷菜单中执行“删除”命令，或按＜Delete＞键。

（3）弹出“确认删除”对话框，单击“是”按钮，确认删除。

3. 修改配合关系

用户可以像重新定义特征一样，对已经存在的配合关系进行修改。修改配合关系的操作步骤如下。

（1）在 Feature Manager 设计树中，右击要修改的配合关系。

（2）在弹出的快捷菜单中执行“编辑定义”命令。

（3）在弹出的属性管理器中改变所需选项。

（4）如果要替换配合实体，在要配合实体的列表框中删除原来实体后，重新选择实体。

（5）单击“确定”按钮，完成配合关系的重新定义。

11.6　工程图设计

SolidWorks 2018 提供了生成完整、详细工程图的工具。同时工程图是全相关的，当修改图样时，各个视图、装配体都会自动更新，也可从三维模型中自动产生工程图。

11.6.1　工程图的绘制方法

SolidWorks 2018 系统提供多种类型的图形文件输出格式，包括最常用的 DWG 和 DXF 格式以及其他几种常用的标准格式。

工程图包含一个或多个由零件或装配体生成的视图。在生成工程图之前，必须先保存与它有关的零件或装配体的三维模型。创建工程图的操作步骤如下。

（1）单击“标准”工具栏中的“新建”按钮，或选择菜单栏中的“文件”→“新建”。

（2）在弹出的“新建 SOLIDWORKS 文件”对话框中单击“工程图”按钮，如图11－13所示。

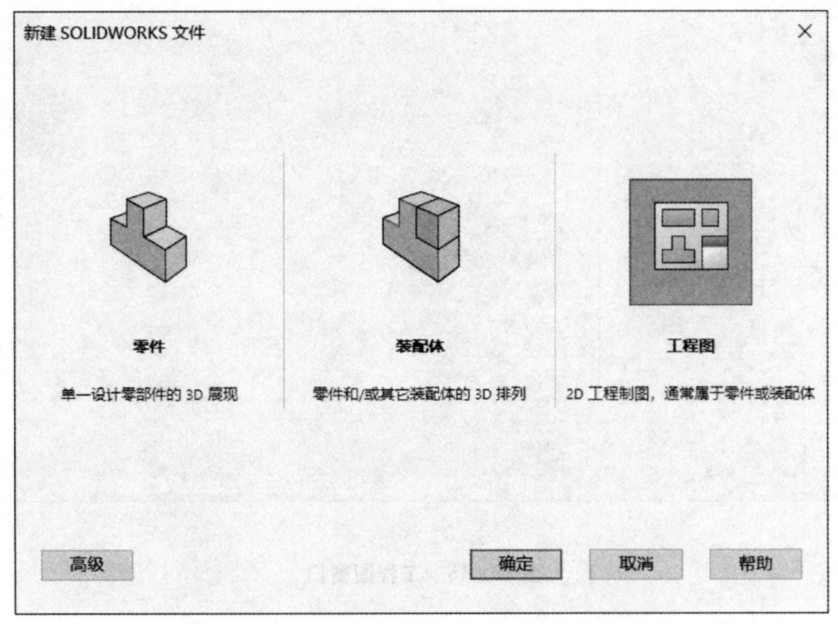

图 11－13　“新建 SOLIDWORKS 文件”对话框

（3）单击“确定”按钮，关闭该对话框。

（4）在弹出的“图纸格式/大小”对话框中，选择图纸格式，如图 11－14 所示。

（5）在“图纸格式/大小”对话框中单击“确定”按钮，进入工程图编辑状态。

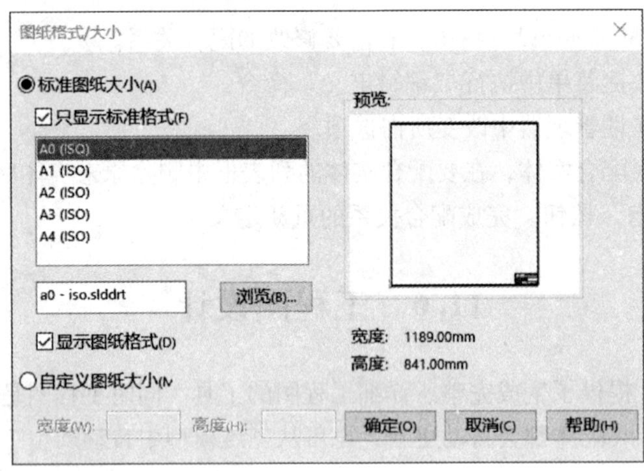

图 11－14　“图纸格式/大小”对话框

工程图窗口的顶部和左侧有标尺，标尺会报告图样中光标指针的位置，如图 11－15 所示。选择菜单栏中的“视图”→“用户界面”→“标尺”，可以打开或关闭标尺。

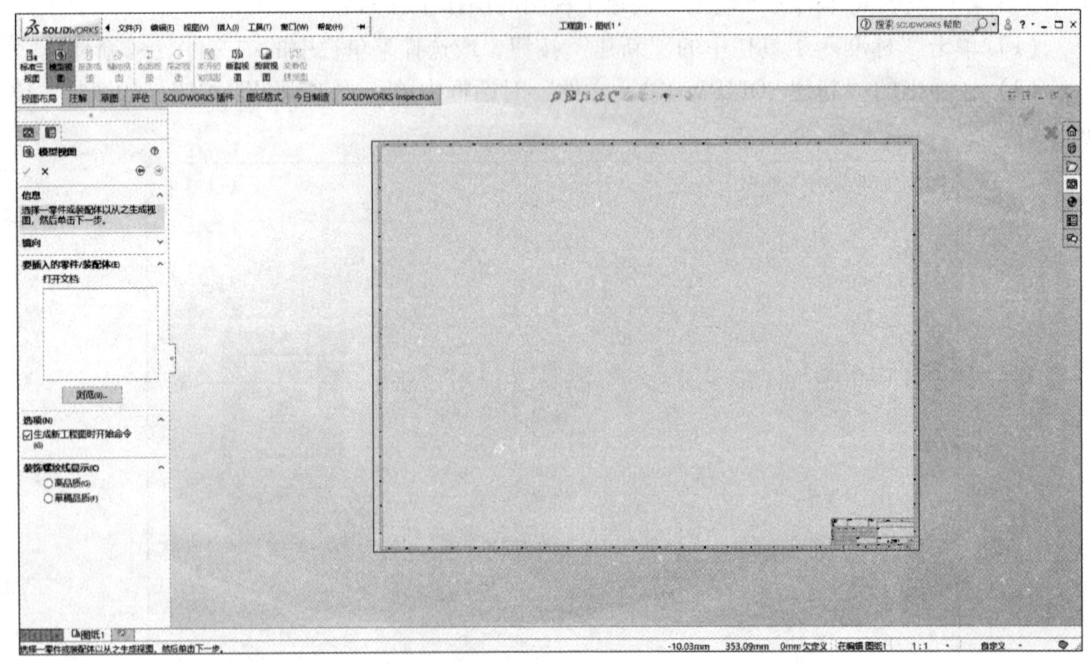

图 11－15　工程图窗口

11.6.2　定义图纸格式

SolidWorks 2018 提供的图纸格式不符合任何标准，用户可以自定义工程图纸格式以符合本单位的标准格式。

1. 定义图纸格式

定义工程图纸格式的操作步骤如下。

（1）右击工程图纸上的空白区域，或者右击 Feature Manager 设计树中的“图纸格式”按钮。

（2）在弹出的快捷菜单中执行“编辑图纸格式”命令。

（3）双击标题栏中的文字，即可修改文字。同时在“注释”属性管理器的“文字格式”选项组中可以修改对齐方式、文字旋转角度和字体等属性。

（4）如果要移动线条或文字，单击该项目后将其拖动到新的位置。

（5）如果要添加线条，则单击“草图”控制面板中的“直线”按钮，然后绘制线条。

2. 保存图纸格式

保存图纸格式的操作步骤如下。

（1）选择菜单栏中的“文件”→“保存图纸格式”，系统弹出“保存图纸格式”对话框。

（2）如果要替换 SolidWorks 2018 提供的标准图纸格式，需要选择“标准图纸格式”单选按钮，然后在下拉列表框中选择一种图纸格式，单击“确定”按钮。图纸格式将被保存在安装目下。

（3）如果要使用新的图纸格式，可以选择“自定义图纸大小”单选按钮，自行输入图纸的高度和宽度；或者单击“浏览”按钮，选择图纸格式保存的目录并打开，然后输入图纸格式名称，最后单击“确定”按钮。

（4）单击“保存”按钮，关闭对话框。

11.7　标准三视图

在创建工程图前，应根据零件的三维模型，考虑和规划零件视图，如工程图由几个视图组成，是否需要剖视图等。标准三视图是指从三维模型的主视、左视、俯视 3 个正交角度投影生成的 3 个正交视图。

用标准方法生成标准三视图的操作步骤如下。

（1）新建一张工程图。

（2）单击“视图布局”面板中的“标准三视图”按钮，或选择菜单栏中的“插入”→“工程视图”→“标准三视图”。

（3）在“标准视图”属性管理器中提供了 4 种选择模型的方法，根据实际需要确定选用。

（4）选择菜单栏中的“窗口”→“文件”，进入到零件或装配体文件中。

11.8 绘制视图

1. 剖视图

剖视图是指用一条剖切线分割工程图中的一个视图，然后从垂直于剖面方向投影得到的视图，绘制剖视图的操作步骤如下。

（1）单击“工程图”工具栏中的“剖面视图”按钮，或者选择菜单栏中的“插入”→“工程图视图”→“剖面视图”，又或者单击“视图布局”面板中的“剖面视图”按钮。

（2）系统弹出“剖面视图”属性管理器，同时“草图”控制面板中的“直线”按钮也被激活。

（3）在工程图上绘制剖切线。绘制完剖切线之后，系统会在垂直于剖切线的方向出现一个方框，表示剖视图的大小。拖动这个方框到适当的位置，则剖视图被放置在工程图中。

（4）在“剖面视图”属性管理器中设置相关选项。

2. 投影视图

投影视图是通过从正交方向对现有视图投影生成的视图，生成投影视图的操作步骤如下。

（1）在工程图中选择一个要投影的工程视图。

（2）单击“工程图”工具栏中的“投影视图”按钮，或者选择菜单栏中的“插入”→“工程图视图”→“投影视图”，又或者单击“视图布局”面板中的“投影视图”按钮。

（3）系统将根据光标指针在所选视图的位置决定投射方向。可以从所选视图的上、下、左、右4个方向生成投影视图。

（4）系统会在投射方向出现一个方框，表示投影视图的大小，拖动这个方框到适当的位置，则投影视图被放置在工程图中。

（5）单击“确定”按钮，生成投影视图。

3. 辅助视图

辅助视图类似于投影视图，它的投射方向垂直于所选视图的参考边线。插入辅助视图的操作步骤如下。

（1）打开的工程图如图11－16所示。

（2）单击“工程图”工具栏中的“辅助视图”按钮，或者选择菜单栏中的“插入”→“工程视图”→“辅助视图”，又或者单击“视图布局”面板中的“辅助视图”按钮。

（3）选择要生成辅助视图的工程视图中的一条直线作为参考边线，参考边线可以是零件的边线、侧影轮廓线、轴线或所绘制的直线。

（4）系统会在与参考边线垂直的方向出现一个方框，表示辅助视图的大小，拖动这个方框到适当的位置，则辅助视图被放置在工程图中。

（5）在“辅助视图”属性管理器中设置相关选项。

（6）单击“确定”按钮，生成辅助视图。

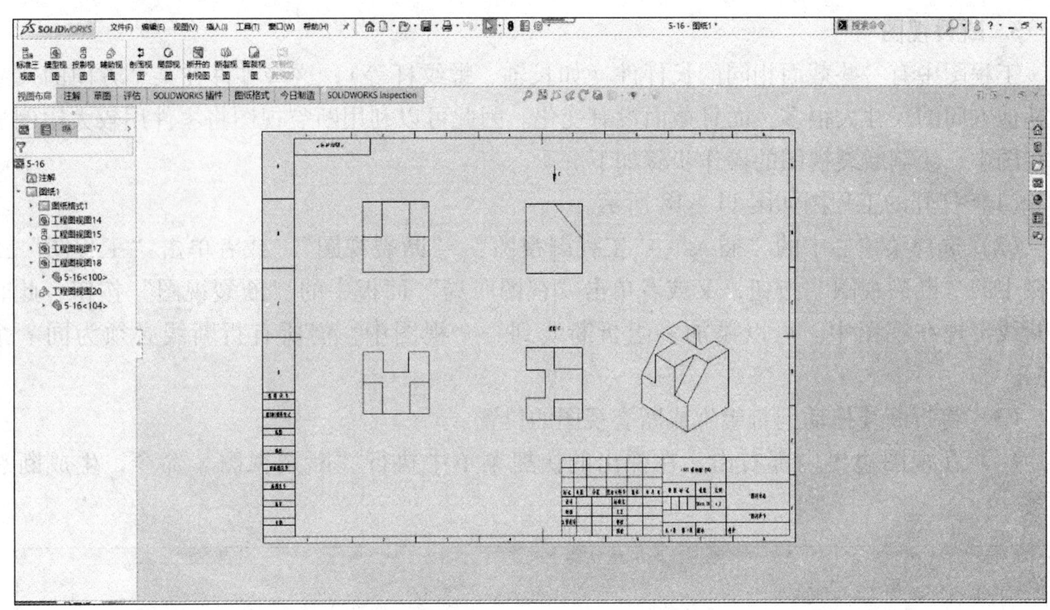

图 11－16 工程图辅助视图窗口

4. 局部视图

可以在工程图中生成一个局部视图，来放大显示视图中的某个部分，局部视图可以是正交视图、三维视图或剖视图。绘制局部视图的操作步骤如下。

（1）打开的工程图如图 11－17 所示。

（2）单击“工程图”工具栏中的“局部视图”按钮，或者选择菜单栏中的“插入”→“工程图视图”→“局部视图”，又或者单击“视图布局”面板中的“局部视图”按钮。

（3）此时，“草图”控制面板中的“圆”按钮被激活，利用它在要放大的区域绘制一个圆。

（4）系统会弹出一个方框，表示局部视图的大小，拖动这个方框到适当的位置，则局部视图被放置在工程图中。

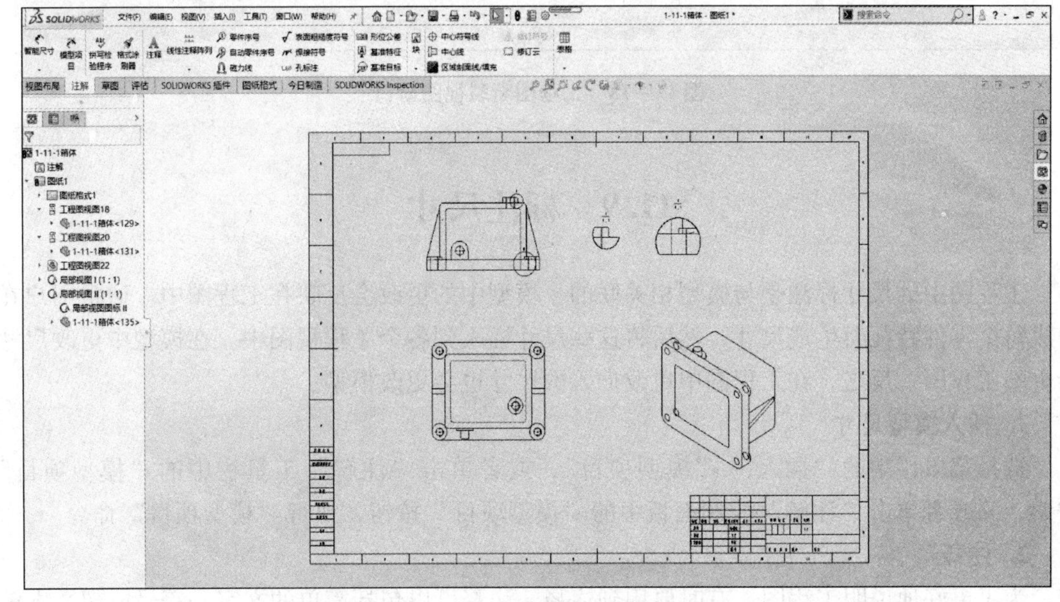

图 11－17 工程图局部视图窗口

5. 断裂视图

工程图中有一些截面相同的长杆件（如长轴、螺纹杆等），这些零件在某个方向的尺寸比其他方向的尺寸大很多，而且截面没有变化。因此可以利用断裂视图将零件用较大比例显示在图中。绘制断裂视图的操作步骤如下。

（1）打开的工程图如图 11－18 所示。

（2）选择菜单栏中的“插入”→“工程图视图”→“断裂视图”，或者单击“工程图”工具栏中的“断裂视图”按钮，又或者单击“视图布局”面板中的“断裂视图”按钮，此时折断线出现在视图中。可以添加多组折断线到一个视图中，但所有折断线必须为同一个方向。

（3）将折断线拖动到希望生成断裂视图的位置。

（4）在视图边界内部右击，在弹出的快捷菜单中执行“断裂视图”命令，生成断裂视图。

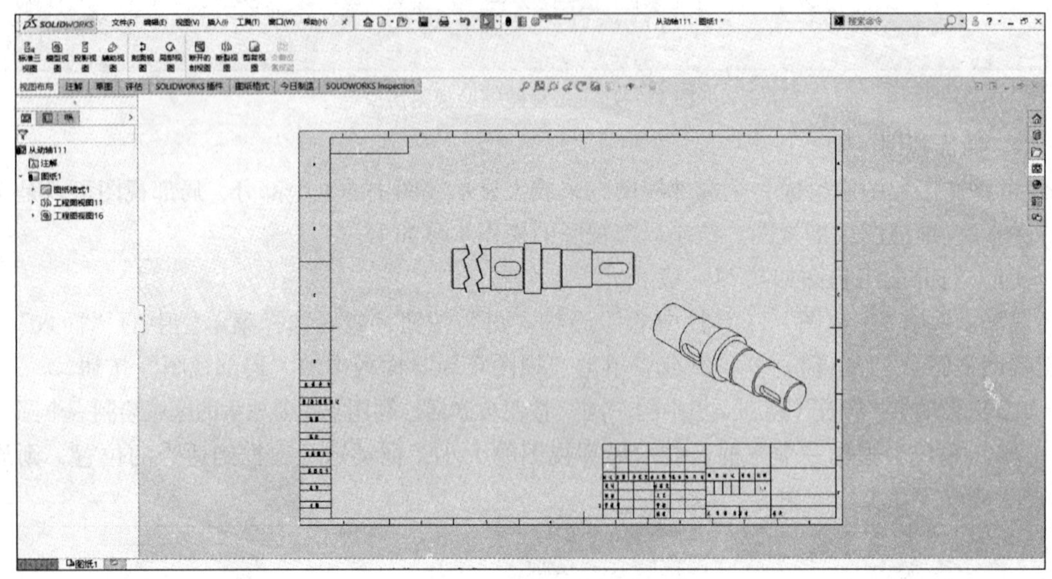

图 11－18　工程图断裂视图窗口

11.9　标注尺寸

工程图中的尺寸标注是与模型相关联的，模型中的更改会反映在工程图中。通常用户在生成每个零件特征时生成尺寸，然后将这些尺寸插入到各个工程视图中。在模型中更改尺寸会更新工程图，反之，在工程图中更改插入的尺寸也会更改模型。

1. 插入模型尺寸

选择菜单栏中的“插入”→“模型项目”，或者单击“注解”工具栏中的“模型项目”按钮，又或者单击“注解”控制面板中的“模型项目”按钮，执行“模型项目”命令。

2. 注释

为了更好地说明工程图，有时要用到注释。注释可以包括简单的文字、符号或超文本链接。单击“注解”工具栏中的“注释”按钮，或者选择菜单栏中的“插入”→“注解”→“注释”，又或者单击“注解”控制面板中的“注释”按钮，系统弹出“注释”属性管理器。

3. 形位公差

单击“注解”工具栏中的“形位公差”按钮，或者选择菜单栏中的“插入”→“注解”→“形位公差”，又或者单击“注解”控制面板中的“形位公差”按钮，系统弹出“属性”对话框。

附　　录

附录 A　常用螺纹

1. 普通螺纹（摘自 GB/T 193—2003，GB/T 196—2003）

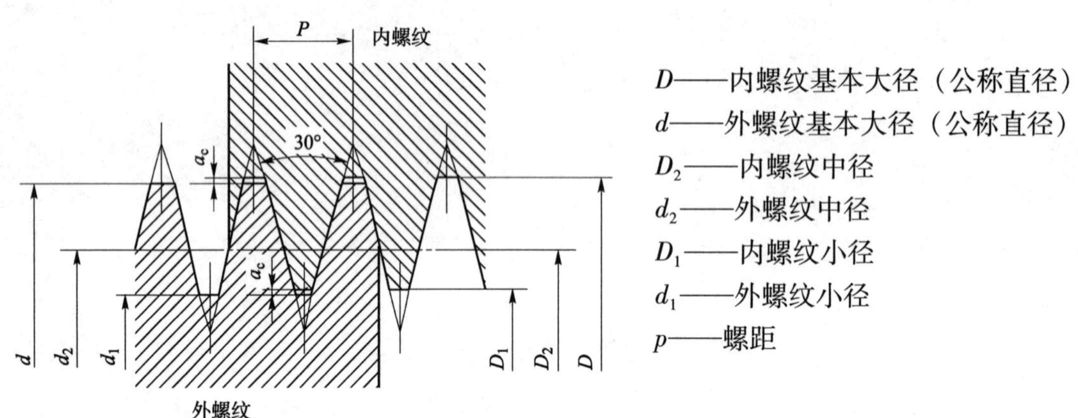

标记示例：M12（粗牙普通外螺纹、公称直径 d = 10 mm、右旋、中径及顶径公差带均为 6 g、中等旋合长度）；M10 ×1 - LH（细牙普通内螺纹、公称直径 D = 10 mm、螺距 P = 1 mm、左旋、中径及顶径公差带均为 6H、中等旋合长度）

表 A - 1　普通螺纹的直径与螺距（摘自 GB/T 193—2003，GB/T 196—2003）　　mm

公称直径（大径 d、D）		螺距 P		小径
第一系列	第二系列	粗牙	细牙	粗牙
3		0.5	0.35	2.459
	3.5	(0.6)		2.850
4		0.7	0.5	3.242
	4.5	(0.75)		3.688
5		0.8		4.134
6		1	0.75（0.5）	4.917
	7			5.917
8		1.25	1，0.75，(0.5)	6.647
10		1.5	1.25，1，0.75，(0.5)	8.376
12		1.75	1.5，1.25，1，(0.75)，(0.5)	10.106
	14	2	1.5，(1.25)，1，(0.75)，(0.5)	11.835
16		2	1.5，1，(0.75)，(0.5)	13.835

续表

公称直径（大径 d、D）		螺距 P		小径
第一系列	第二系列	粗牙	细牙	粗牙
	18	2.5	2，1.5，1，(0.75)，(0.5)	15.294
20				17.294
	22			19.294
24		3	2，1.5，1，(075)	20.752
	27			23.752
30		3.5	(3)，2，1.5，1，(0.75)	26.211
	33		(3)，2，1.5，(1)，(0.75)	29.211
36		4	3，2，1.5，(1)	31.670

注：1. 螺纹公称直径应优先选用第一系列，第三系列未列入。
2. 括号内的尺寸尽量不用。
3. M14 ×1.5 仅用于发动机的火花塞。

2. 55°非螺纹密封管螺纹（摘自 GB/T 7307—2001）

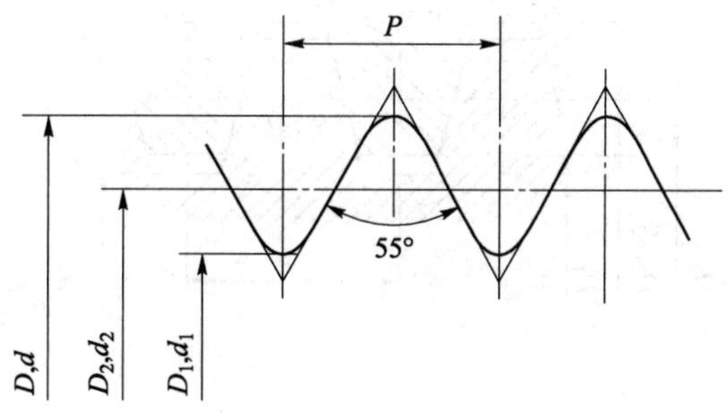

标记示例：

G 1/2（外螺纹、尺寸代号为 1/2、右旋）

G 1/2 A（外螺纹、尺寸代号为 1/2、A 级、右旋）

G 1/2 B－LH（外螺纹、尺寸代号为 1/2、B 级、左旋）

表 A－2　55°非螺纹密封管螺纹（摘自 GB/T 7307—2001）

尺寸代号	25.4 mm 内的牙数	螺距 P/mm	基本直径/mm			基准距离/mm
			大径 $d=D$	中径 $d_2=D_2$	小径 $d_1=D_1$	
1/8	28	0.907	9.728	9.147	8.566	4.0
1/4	19	1.337	13.157	12.301	11.445	6.0
3/8			16.662	15.806	14.950	6.4
1/2	14	1.814	20.955	19.793	18.631	8.2
3/4			26.441	25.279	24.117	9,5
1	11	2. 309	33.249	31.770	30.291	10.4
1¼			41.910	40.431	38.952	12.7
1½			47.803	46.324	44.845	12.7

续表

尺寸代号	25.4 mm 内的牙数	螺距 P/mm	基本直径/mm			基准距离/mm
			大径 $d=D$	中径 $d_2=D_2$	小径 $d_1=D_1$	
2	11	2.309	59.614	58.135	56.656	15.9
4			75.184	73.705	72.226	17.5
3			87.884	86.405	84.926	20.6
4			113.030	111.551	110.072	25.4
5			138, 430	136.951	135.472	28.6
6			163.830	162.351	160.872	28.6

注：1. 55°密封圆锥管螺纹大径、小径是指基准平面上的尺寸；圆锥内螺纹的端面向里 0.5P 处即为基面，而圆锥外螺纹的基准平面与小端相距一个基准距离。

2. 55°密封管螺纹的锥度为 1∶16。

3. 梯形螺纹（摘自 GB/T 5796.3—2005）

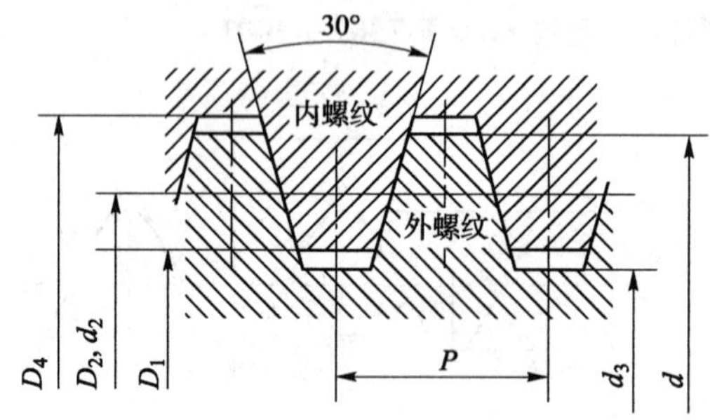

标记示例：

Tr40×7（梯形螺纹、公称直径为 40、螺距为 7、单线、右旋）

Tr40×14（P7）LH（梯形螺纹、公称直径为 40、导程为 14、螺距为 7、双线、左旋）

表 A-3 基本尺寸（摘自 GB/T 5796.3—2005） mm

公称直径 d		螺距 P	大径 D_4	小径		公称直径 d		螺距 P	大径 D_4	小径	
第一系列	第二系列			d_3	D_1	第一系列	第二系列			d_3	D_1
8		1.5	8.30	6.20	6.50		26	3	26.50	22.50	23.00
	9	1.5	9.30	7.20	7.50			5	26.50	20.50	21.00
		2	9.50	6.50	7.00			8	27.00	17.00	18.00
10		1.5	10.30	8.20	8.50	28		3	28.50	24.50	25.00
		2	10.50	7.50	8.00			5	28.50	22.50	23.00
	11	2	11.50	8.50	9.00			8	29.00	19.00	20.00
		3	11.50	7.50	8.00		30	3	30.50	26.50	27.00
12		2	12.50	9.50	10.00			6	31.00	23.00	24.00
		3	12.50	8.50	9.00			10	31.00	19.00	20.00

续表

公称直径 d		螺距 P	大径 D_4	小径		公称直径 d		螺距 P	大径 D_4	小径	
第一系列	第二系列			d_3	D_1	第一系列	第二系列			d_3	D_1
	14	2	14. 50	11. 50	12. 00	32		3	32. 50	2& 50	29. 00
		3	14. 50	10. 50	11. 00			6	33. 00	25. 00	26. 00
16		2	16. 50	13. 50	14. 00			10	33. 00	21. 00	22. 00
		4	16. 50	11. 50	12. 00		34	3	34. 50	30. 50	3L 00
	18	2	18. 50	15. 60	16. 00			6	35. 00	27. 00	28. 00
		4	18. 50	13. 50	14. 00			10	35. 00	23. 00	24. 00
20		2	20. 50	17. 50	18. 00	36		3	36. 50	32. 50	33. 00
		4	20. 50	15. 50	16. 00			6	37. 00	29. 00	30. 00
	22	3	22. 50	18. 50	19. 00			10	37. 00	25. 00	26. 00
		5	22. 50	16. 50	17. 00		38	3	38. 50	34. 50	35. 00
		8	23. 00	13. 00	14. 00			7	39. 00	30. 00	31. 00
24		3	24. 50	20. 50	21. 00			10	39. 00	27. 00	28. 00
		5	24. 50	18. 50	19. 00	40		3	40. 50	36. 50	37. 00
		8	25. 00	15. 00	16. 00			7	41. 00	32. 00	33. 00
								10	41. 00	29. 00	30. 00

附录 B　常用标准件

1. 六角头螺栓—C 级

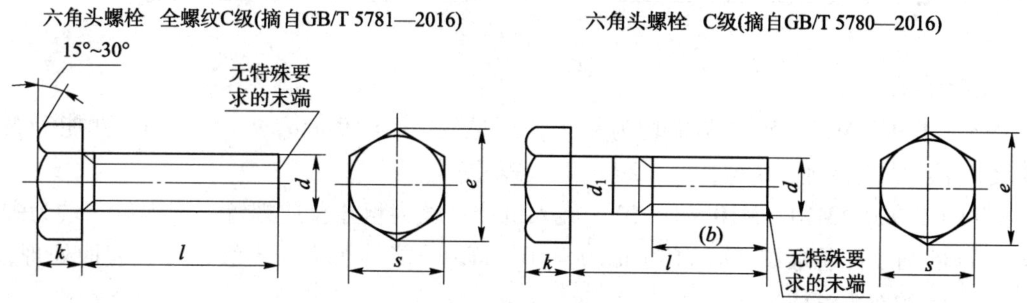

标记示例：

螺栓 GB/T 5781　M12 × 80（螺纹规格为 M12、公称长度为 80 mm、性能等级为 4. 8 级、不经表面处理、全螺纹、C 级的六角头螺栓）

螺栓 GB/T 5780　M20 × 100（螺纹规格为 M20、公称长度为 100 mm、性能等级为 4. 8 级、不经表面处理、杆身半螺纹、C 级的六角头螺栓）

表 B-1　六角头螺栓一 C 级（摘自 GB/T 5780—2016、GB/T 5781—2016）　mm

螺纹规格 d		M5	M6	M8	M10	M12	M16	M20	M24	M30	M36	M42	M48
b 参考	$l \leqslant 125$	16	18	22	26	30	38	40	54	66	78	—	—
	$125 < l \leqslant 200$	—	—	28	32	36	44	52	60	72	84	96	108
	$l > 200$	—	—	—	—	—	57	65	73	85	97	109	121
X 公称		3.5	4.0	5.3	6.4	7.5	10	12.5	15	18.7	22.5	26	30
s max		8	10	13	16	18	24	30	36	46	55	65	75
e max		8.63	10.9	14.2	17.6	19.9	26.2	33.0	39.6	50.9	60.8	72.0	82.6
$d_s$max		5.48	6.48	8.58	10.6	12.7	16.7	20.8	24.8	30.8	37.0	45.0	49.0
l 范围	GB/T 5780—2016	25 ~ 50	30 ~ 60	35 ~ 80	40 ~ 100	45 ~ 120	55 ~ 160	65 ~ 200	80 ~ 240	90 ~ 300	110 ~ 300	160 ~ 240	180 ~ 480
	GB/T 5781—2016	10 ~ 40	12 ~ 50	16 ~ 65	20 ~ 80	25 ~ 100	35 ~ 100	40 ~ 100	50 ~ 100	60 ~ 100	70 ~ 100	300 ~ 420	90 ~ 480
l（系列）		10、12、16、20 ~ 50（5 进位）、（55）、60、（65）、70 ~ 160（10 进位）、180、220 ~ 500（20 进位）											

2. 双头螺柱

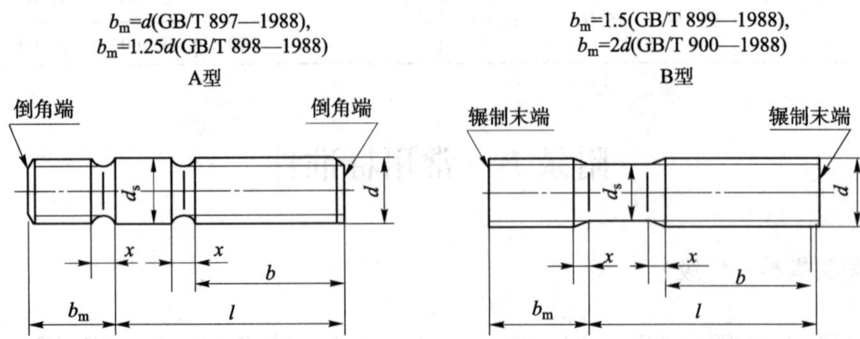

标记示例：

螺柱 GB 900 M10×50（两端均为粗牙普通螺纹，$d = 10$ mm，$l = 50$ mm，性能等级为 4.8 级，不经表面处理，B 型，$b_m = 2d$ 的双头螺柱）

螺柱 GB 900 AM10 - M10×1×50（旋入机体一端为粗牙普通螺纹，旋螺母一端为螺距 $P = 1$ mm 的细牙普通螺纹、$d = 10$ mm，$l = 50$ mm，性能等级为 4.8 级，不经表面处理，A 型，$b_m = 2d$ 的双头螺柱）

表 B-2　六角头螺栓一 C 级　mm

螺纹规格 d	b_m（旋入机体端长度）				l/b（螺柱长度/旋螺母端长度）
	GB/T 897	GB/T 898	GB/T 899	GB/T 900	
M4	—	—	6	8	$\frac{16 \sim 22}{8}$　$\frac{25 \sim 50}{14}$

续表

螺纹规格 d	b_m（旋入机体端长度）				l/b（螺柱长度/旋螺母端长度）
	GB/T 897	GB/T 898	GB/T 899	GB/T 900	
M5	5	6	8	10	$\frac{16\sim22}{10}$　$\frac{25\sim50}{16}$
M6	6	8	10	12	$\frac{20\sim22}{10}$　$\frac{25\sim30}{14}$　$\frac{32\sim75}{18}$
M8	8	10	12	16	$\frac{20\sim22}{12}$　$\frac{25\sim30}{16}$　$\frac{32\sim90}{22}$
M10	10	12	15	20	$\frac{25\sim28}{14}$　$\frac{30\sim38}{16}$　$\frac{40\sim120}{26}$　$\frac{130}{32}$
M12	12	15	18	24	$\frac{25\sim30}{16}$　$\frac{32\sim40}{20}$　$\frac{45\sim120}{30}$　$\frac{130\sim180}{36}$
M16	16	20	24	32	$\frac{30\sim38}{20}$　$\frac{40\sim55}{30}$　$\frac{60\sim120}{38}$　$\frac{130\sim200}{44}$
M20	20	25	30	40	$\frac{35\sim40}{25}$　$\frac{45\sim65}{35}$　$\frac{70\sim120}{46}$　$\frac{130\sim200}{52}$
（M24）	24	30	36	48	$\frac{45\sim50}{30}$　$\frac{55\sim75}{45}$　$\frac{80\sim120}{54}$　$\frac{130\sim200}{60}$
（M30）	30	38	45	60	$\frac{60\sim65}{40}$　$\frac{70\sim90}{50}$　$\frac{95\sim120}{66}$　$\frac{130\sim200}{72}$　$\frac{210\sim250}{85}$
M36	36	45	54	72	$\frac{65\sim75}{45}$　$\frac{80\sim110}{60}$　$\frac{120}{78}$　$\frac{130\sim20}{84}$　$\frac{210\sim300}{97}$
M42	42	52	63	84	$\frac{70\sim80}{50}$　$\frac{85\sim110}{70}$　$\frac{120}{90}$　$\frac{130\sim200}{96}$　$\frac{210\sim300}{109}$
M48	48	60	72	96	$\frac{80\sim90}{60}$　$\frac{95\sim110}{80}$　$\frac{120}{102}$　$\frac{130\sim200}{108}$　$\frac{210\sim300}{121}$
l公称	12、（14）、16、（18）、20、（22）、25、（28）、30、（32）、35、（38）、40、45、50、55、60、（65）、70、75、80、（85）、90、（95）、100~260（10进位）、280、300				

注：1. 括号内的规格尽量不采用。

2. $b_m=d$，一般用于钢对钢；$b_m=(1.25\sim1.5)d$，一般用于钢对铸铁；$b_m=2d$，一般用于钢对铝合金。

3. 螺钉

开槽圆柱头螺钉（GB/T 65—2016）　　开槽盘头螺钉（GB/T 67—2016）　　开槽沉头螺钉（GB/T 68—2016）

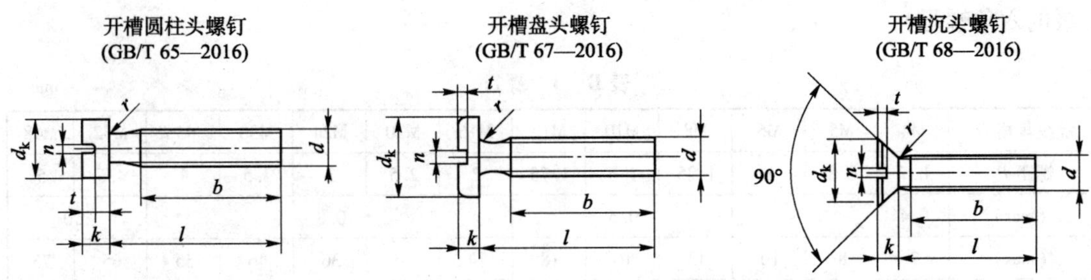

标记示例：

螺钉 GB/T 67　M5 ×20（螺纹规格为 M5，公称长度为 20 mm，性能等级为 4.8 级，不经表面处理的 A 级开槽盘头螺钉）

表 B－3　螺钉

mm

螺纹规格 d	P	b min	公称直径	f	r_1	k max		d_k max		t min			范围		全螺纹时最大长度	
				GB/T 68	GB/T 69	GB/T 67	GB/T 68 GB/T 69	GB/T 67	GB/T 68 GB/T 69	GB/T 67	GB/T 68	GB/T 69	GB/T 67	GB/T 68 GB/T 69	GB/T 67	GB/T 68 GB/T 69
M2	0.4	25	0.5	4	0.5	1.3	1.2	4	3.8	0.5	0.4	0.8	2.5 ~ 2	4 ~ 20	30	
M3	0.5		0.8	6	0.7	1.8	1.65	5.6	5.5	0.7	0.6	1.2	4 ~ 30	5 ~ 30		
M4	0.7	38	1.2	9.5	1	2.4	2.7	8	8.4	1	1	1.6	5 ~ 40	6 ~ 40	40	50
M5	0.8				1.2	3		9.5	9.3	1.2	1.1	2	6 ~ 50	8 ~ 50		
M6	1		1.6	12	1.4	3.6	3.3	12	12	1.4	1.2	2.1	8 ~ 60	8 ~ 40		
M8	1.25		2	16.5	2	4.8	4.65	16	16	1.9	1.8	3.2	10 ~ 80			
M10	1.5		2.5	19.5	2.3	6	5	20	20	2.4	2	3.8				
l 系列	2、2.5、3、4、5、6、8、10、12、(14)、16、20 ? 50（5 进位）、(55)、60、(65)、70、(75)、80															

注：螺纹公差为 6g；机械性能等级为 4.8、5.8；产品等级为 A。

4. 六角螺母（摘自 GB/T 6170—2015，GB/T 41—2016）

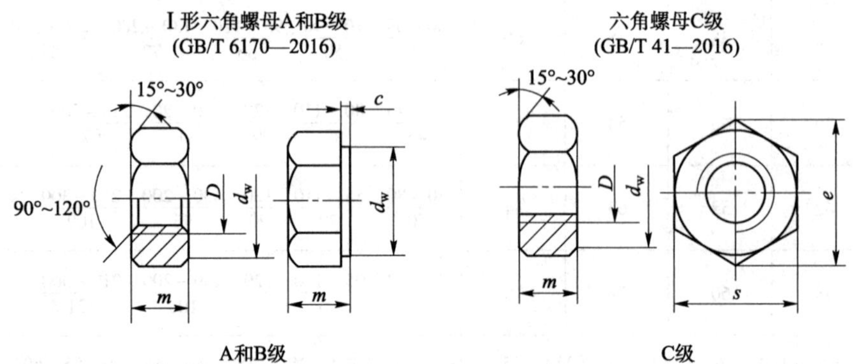

标记示例：

螺母 GB/T 6170 M12（螺纹规格为 M12、性能等级为 8 级、不经表面处理、产品等级为 A 级的 I 型六角螺母）

螺母 GB/T 41 M12（螺纹纹规格为 M12、性能等级为 5 级、不经表面处理、产品等级为 C 级的六角螺母）

表 B－4　螺钉

mm

螺纹规格 D	M4	M5	M6	M8	M10	M12	M16	M20	M24	M30	M36	M42	M48
螺距 P	0.7	0.8	1	1.25	1.5	1.75	2	2.5	3	3.5	4	4.5	5
c (max)	0.4	0.5		0.6			0.8					1.0	
s (max)	7	8	10	13	16	18	24	30	36	46	55	65	75

续表

螺纹规格 D		M4	M5	M6	M8	M10	M12	M16	M20	M24	M30	M36	M42	M48
e（min）	GB/T 6170	7.66	8.79	11.05	14.38	17.77	20.03	26.75	32.95	39.55	50.85	60.79	71.3	82.6
	GB/T 41	—	8.63	10.89	14.2	17.59	19.85	26.17	32.95	39.55	50.85	60.79	71.3	82.6
m（max）	GB/T 6170	3.2	4.7	5.2	6.8	8.4	10.8	14.8	18	21.5	25.6	31	34	38
	GB/T 41	—	5.6	6.4	7.9	9.5	12.2	15.9	19	22.3	26.4	31.9	34.9	38.9
d_w（min）	GB/T 6170	5.9	6.9	8.9	11.6	14.6	16.6	22.5	27.7	33.3	42.8	51.1	60	69.5
	GB/T 41	—	6.7	8.7	11.5	14.5	16.5	22	27.7	33.3	42.8	51.1	60	69.5

注：1. A 级用于 $D \leqslant 16$ mm 的螺母；B 级用于 $D > 16$ mm 的螺母；C 级用于 M5 ~ M64 的螺母；
2. 螺纹规格为 M8 ~ M64、细牙、A 级和 B 级的 I 型六角螺母，请查阅 GB/T 6171—2016。

5. 垫圈（摘自 GB/T 97.1—2002，GB/T 97.2—2002、GB/T 93—1987、GB/T 859—1987）

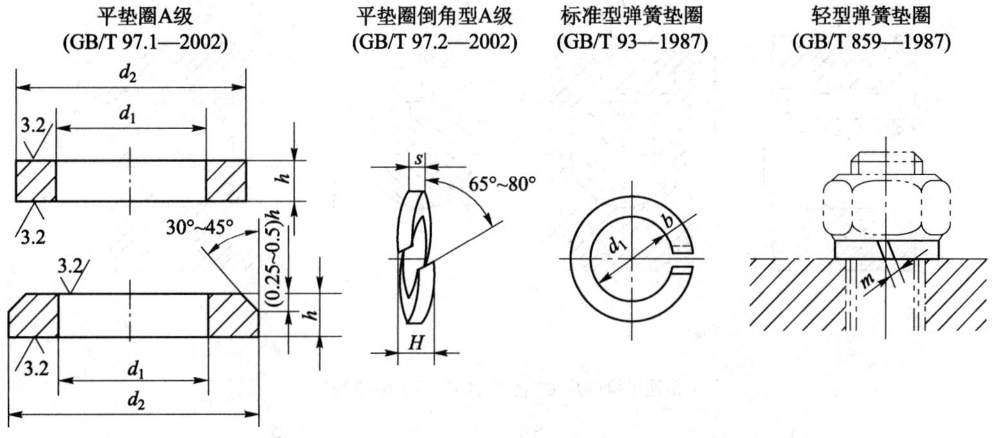

标记示例：

垫圈 GB/T 97.1　8（标准系列、公称规格 8 mm、性能等级为 140 HV 级、不经表面处理的平垫圈）

垫圈 GB/T 93　16（规格 16 mm、材料为 65Mn、表面氧化的标准型弹簧垫圈）

表 B-5　垫圈（摘自 GB/ 97.1—2002，GB/T 97.2—2002、GB/T 93、859—1987）　mm

规格尺寸 d（螺纹大径）		3	4	5	6	8	10	12	16	20	24	30	36
GB/T 848—2002	d_1	3.2	4.3	5.3	6.4	8.4	10.5	13	17	21	25	31	37
	d_2	6	8	9	11	15	18	20	28	34	39	50	60
	h	0.5	0.5	1	1.6	1.6	1.6	2	2.5	3	4	4	5
GB/T 97.1—2002	d_1	3.2	4.3	5.3	6.4	8.4	10.5	13	17	21	25	31	37
	d_2	7	9	10	12	16	20	24	30	37	44	56	66
	h	0.5	0.8	1	1.6	1.6	2	2.5	3	3	4	4	5
GB/T 97.2—2002	d_1	3.2	4.3	5.3	6.4	8.4	10.5	13	17	21	25	31	37
	d_2	—	—	10	12	16	20	24	30	37	44	56	66
	h	—	—	1	1.6	1.6	2	2.5	3	3	4	4	5

续表

GB/T 93—1987	d_1	3.1	4.1	5.1	6.1	8.1	10.2	12.2	16.2	20.2	24.5	30.5	36.5
	S	0.8	1.1	1.3	1.6	2.1	2.6	3.1	4.1	5	6	7.5	9
	H	1.6	2.2	2.6	3.2	4.2	5.2	6.2	8.2	10	12	15	18
GB/T 859—1987	d_1	3.1	4.1	5.1	6.1	8.1	10.2	12.2	16.2	20.2	24.5	30.5	—
	S	0.6	0.8	1.1	1.3	1.6	2	2.5	3.2	4	5	6	—
	H	1.2	1.6	2.2	2.6	3.2	4	5	6.4	8	10	12	—

6. 普通平键及键槽的尺寸与公差（摘自 GB/T 1095—2003、GB/T 1096—2003）

普通平键键槽的尺寸与公差(GB/T 1095—2003)

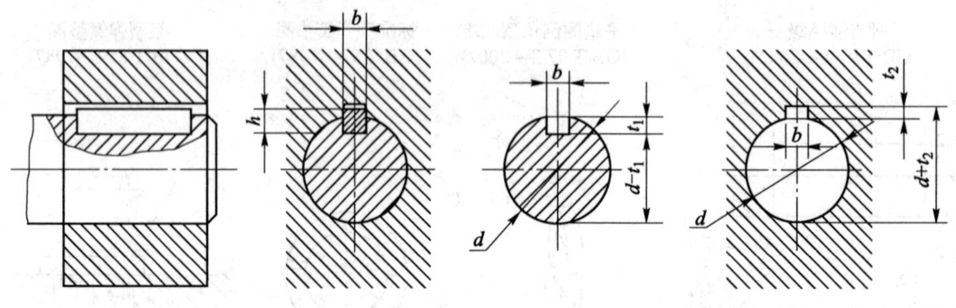

普通平键的尺寸与公差(GB/T 1096—2003)

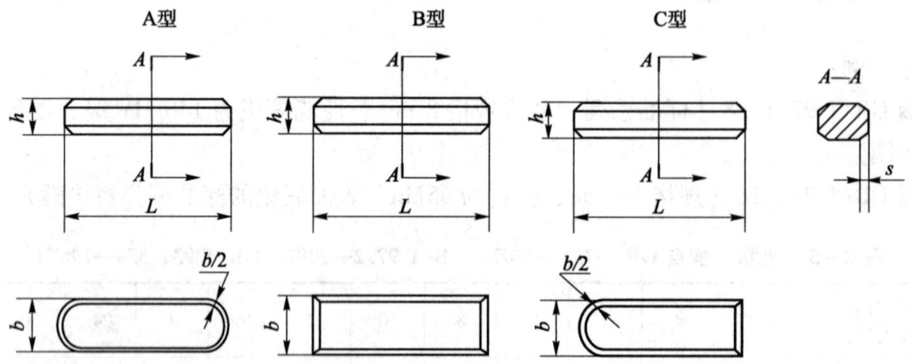

标记示例：

GB/T 1096　键 16 × 10 × 100（普通 A 型平键、宽度 $b = 16$ mm、高度 $h = 10$ mm、长度 $L = 100$ mm）

GB/T 1096　键 B 16 × 10 × 100（普通 B 型平键、宽度 $b = 16$ mm、高度 $h = 10$ mm、长度 $L = 100$ mm）

GB/T 1096　键 C 16 × 10 × 100（普通 C 型平键、宽度 $b = 16$ mm、高度 $h = 10$ mm、长度 $L = 100$ mm）

表 B－6　普通平键及键槽的尺寸与公差　mm

轴	键	键槽											
公称直径 d	公称尺寸 $b \times h$	宽度 b						深度				半径 r	
		公称尺寸	极限偏差					轴 t_1		轴 t_2			
			正常连接		紧密连接	松连接		基本尺寸	极限偏差	基本尺寸	极限偏差		
			轴 N9	毂 JS9	轴和毂 P9	轴 H9	毂 D10					min	max
自 6～8	2×2	2	-0.004 -0.029	±0.0125	-0.006 -0.031	+0.025 0	+0.060 +0.020	1.2	+0.10	1	+0.10	0.08	0.16
>8～10	3×3	3						1.8		1.4			
>10～12	4×4	4	0 -0.030	±0.015	-0.012 -0.042	+0.030 0	+0.078 +0.030	2.5		1.8			
>12～17	5×5	5						3.0		2.3		0.16	0.25
>17～22	6×6	6						3.5		2.8			
>22～30	8×7	8	0 -0.036	±0.018	-0.015 -0.051	+0.036 0	+0.098 +0.040	4.0	+0.20	3.3	+0.20		
>30～38	10×8	10						5.0		3.3		0.25	0.40
>38～44	12×8	12	0 -0.043	±0.0215	-0.018 -0.061	+0.043 0	+0.120 +0.050	5.0		3.3			
>44～50	14×9	14						5.5		3.8			
>50～58	16×10	16						6.0		4.3			
>58～65	18×11	18						7.0		4.4			
>65～75	20×12	20	0 -0.052	±0.026	-0.022 -0.074	+0.052 0	+0.149 +0.065	7.5		4.9		0.40	0.60
>75～85	22×14	22						9.0		5.4			
>85～95	25×14	25						9.0		5.4			
>95～110	28×16	28						10.0		6.4			
>110～130	32×18	32	0 -0.062	±0.031	-0.026 -0.088	+0.062 0	+0.180 +0.080	11.0		7.4			
>130～150	36×20	36						12.0	+0.30	8.4	+0.30	+0.70	1.0
>150～170	40×22	40						13.0		9.4			
>170～200	45×25	45						15.0		10.4			

注：1.（$d-t_1$）和（$d+t_2$）两组组合尺寸的极限偏差按相应的 t_1 和 t_2 的极限偏差选取，但（$d-t_1$）极限偏差应取负号（－）。
2. 轴的直径不在本标准所列，仅供参考。

7. 圆柱销（不淬硬钢和奥氏体不锈钢）（摘自 GB/T 119.1 — 2000）

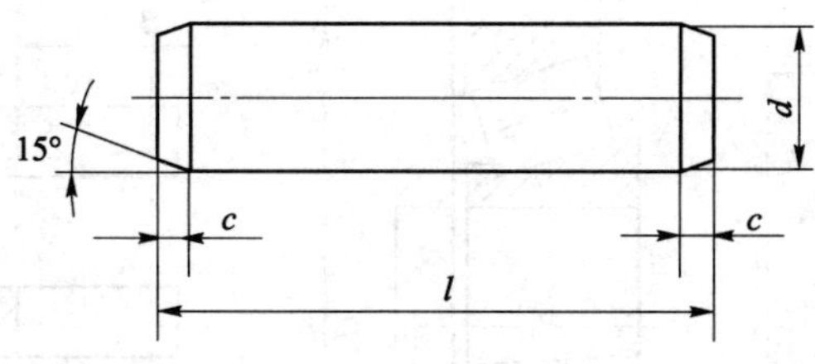

标记示例：

销　GB/T 119.1　10 m6×50（公称直径 $d=10$ mm、公差为 m6、公称长度 $l=30$ mm、材料为钢、不经淬火、不经表面处理的圆柱销）

销　GB/T 119.1　6 m6×30－A1（公称直径 $d=6$ mm、公差为 m6、公称长度 $l=30$ mm、材料为 A1 组奥氏体不锈钢、表面简单处理的圆柱销）

表 B－7　圆柱销（摘自 GB/T 117—2000）　mm

d 公称	2	2.5	3	4	5	6	8	10	12	16	20	25
c≈	0.35	0.40	0.5	0.63	0.8	1.2	1.6	2.0	2.5	3.0	3.5	4.0
l 范围	6～20	6～24	8～30	8～40	10～50	12～60	14～80	18～95	22～140	26～180	35～200	50～200
l 系列	2、3、4、5、6～32（2 进位）、35～100（5 进位）、120～200（20 进位）											

8. 圆锥销（摘自 GB/T 117—2000）

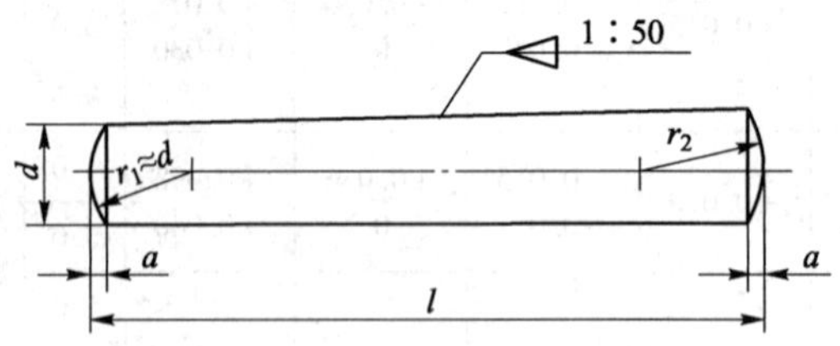

标记示例：

销　GB/T 117　6×30（公称直径 $d=6$ mm、公称长度 $l=30$ mm、材料为 35 钢、热处理硬度 28～30 HRC、表面氧化处理的 A 型圆锥销）

表 B－8　圆锥销（摘自 GB/T 117—2000）　mm

d 公称	2	2.5	3	4	5	6	8	10	12	16	20	25
a≈	0.25	0.3	0.4	0.5	0.63	0.8	1.0	1.2	1.6	2.0	2.5	3.0
l 范围	10～35	10～35	12～45	14～55	18～60	22～90	22～120	26～160	32～180	40～200	45～200	50～200
l 系列	2、3、4、5、6～32（2 进位）、35～100（5 进位）、120～200（20 进位）											

9. 滚动轴承（摘自 GB/T 276—2013、GB/T 297—2015、GB/T 301—2015）

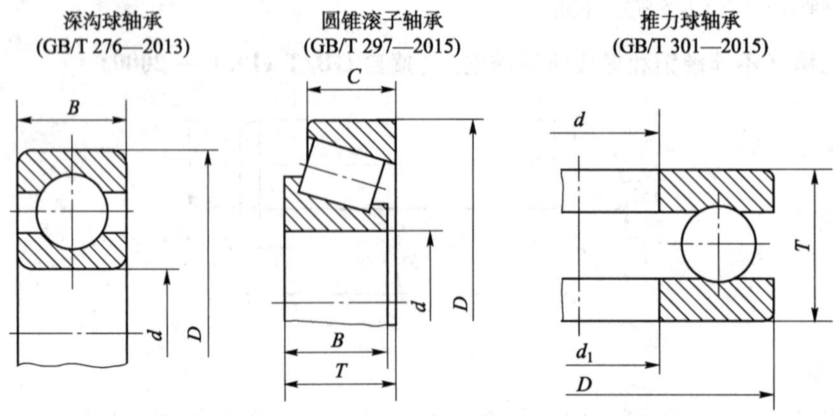

标记示例：

滚动轴承 6206 GB/T 276—2013（尺寸系列代号为 02、内径代号为 06 的深沟球轴承）

滚动轴承 30312 GB/T 297—2015（尺寸系列代号为 03、内径代号为 12 的圆锥滚子轴承）

滚动轴承 51310 GB/T 301—2015（尺寸系列代号为 13、内径代号为 10 的推力球轴承）

表 B－9　滚动轴承

mm

轴承型号	d	D	B	轴承型号	d	D	B	C	T	轴承型号	d	D	H	D_{1min}
尺寸系列（02）				尺寸系列（02）						尺寸系列（12）				
60202	15	35	11	30203	17	40	12	11	13. 25	51202	15	32	12	17
60203	17	40	12	30204	20	47	14	12	15. 25	51203	17	35	12	19
60204	20	47	14	30205	25	52	15	13	16. 25	51204	20	40	14	22
60205	25	52	15	30206	30	62	16	14	17. 25	51205	25	47	15	27
60206	30	62	16	30207	35	72	17	15	18. 25	51206	30	52	16	32
60207	35	72	17	30208	40	80	18	16	19. 75	51207	35	62	18	37
60208	40	80	18	30209	45	85	19	16	20. 75	51208	40	68	19	42
60209	45	85	19	30210	50	90	20	17	21. 75	51209	45	73	20	47
60210	50	90	20	30211	55	100	21	18	22. 75	51210	50	78	22	52
60211	55	100	21	30212	60	110	22	19	23. 75	51211	55	90	25	57
60212	60	110	22	30213	65	120	23	20	24. 75	51212	60	95	26	62
尺寸系列（03）				尺寸系列（03）						尺寸系列（13）				
60302	15	42	13	30302	15	42	13	11	11. 25	51304	20	47	18	22
60303	17	47	14	30303	17	47	14	12	15. 25	501305	25	52	18	27
60304	20	52	15	30304	20	52	15	13	16. 25	51306	30	60	21	32
60305	25	62	17	30305	25	62	17	15	18. 25	51307	35	68	24	37
60306	30	72	19	30306	30	72	19	16	20. 75	51308	40	78	25	42
60307	35	80	21	30307	35	80	21	18	22. 75	51309	45	85	28	47
60308	40	90	23	30308	40	90	23	20	25. 25	51310	50	95	31	52
60309	45	100	25	30309	45	100	25	22	27. 25	51311	55	105	35	57

附录 C　极限与配合

表 C－1　公称尺寸小于 500 mm 的标准公差等级

（摘自 GB/T 1800.1—2020）

μm

公称尺寸/mm	标准公差等级																	
	IT1	IT2	IT3	IT4	IT5	IT6	1T7	IT8	IT9	IT10	IT11	IT12	IT13	IT14	IT15	IT16	IT17	IT18
<3	0.8	1.2	2	3	4	6	10	14	25	40	60	100	140	250	400	600	1 000	1 400
>3－6	1	1.5	2.5	4	5	8	12	18	30	48	75	120	180	300	480	750	1 200	1 800
>6～10	1	1.5	2.5	4	6	9	15	22	36	58	90	150	220	360	580	900	1 500	2 200
>10－18	1.2	2	3	5	8	11	18	27	43	70	110	180	270	430	700	1 100	1 800	2 700
>18～30	1.5	2.5	4	6	9	13	21	33	52	84	130	210	330	520	840	1 300	2 100	3 300
>30～50	1.5	2.5	4	7	11	16	25	39	62	100	160	250	390	620	1 000	1 600	2 500	3 900
>50～80	2	3	5	8	13	19	30	46	74	120	190	300	460	710	1 200	1 900	3 000	4 600
>80～120	2.5	4	6	10	15	22	35	54	87	140	220	350	540	870	1 400	2 200	3 500	5 400
>120～180	3.5	5	8	12	18	25	40	63	100	160	250	400	630	1 000	1 600	2 500	4 000	6 300
>180～250	4.5	7	10	11	20	29	46	72	115	185	290	460	720	1 150	1 850	2 900	4 600	7 200
>250～315	6	8	12	16	23	32	52	81	130	210	320	520	810	1 300	2 100	3 200	5 200	8 100
>315～400	7	9	13	18	25	36	57	89	140	230	360	570	890	1 400	2 300	3 600	5 700	8 900
>400～500	8	10	15	20	27	40	68	97	155	250	400	630	970	1 550	2 500	4 000	6 300	9 700

表 C－2　轴的基本偏差数值（摘自 GB/T 1800.1—2020）

μm

公称尺寸/mm		基本偏差数值																														
		上极限偏差 es												下极限偏差 ei																		
		所有标准公差等级												IT5和IT6	IT7	IT8	IT4～IT7	≤IT3 >IT7	所有标准公差等级													
大于	至	a	b	c	cd	d	e	ef	f	fg	g	h	js	j			k		m	n	p	r	s	t	u	v	x	y	z	za	zb	zc
—	3	-270	-140	-60	-34	-20	-14	-10	-6	-4	-2	0		-2	-4	-6	0	0	+2	+4	+6	+10	+14		+18		+20		+26	+32	40	+60
3	6	-270	-140	-70	-46	-30	-20	-14	-10	-6	-4	0		-2	-4		+1	0	+4	+8	+12	+15	+19		+23		+28		+35	+42	+50	+80
6	10	-280	-150	-80	-56	-40	-25	-18	-13	-8	-5	0		-2	-5		+1	0	+6	+10	+15	+19	+23		+28		+34		+42	+52	+67	+97
10	14	-290	-150	-95		-50	-32		-16		-6	0		-3	-6		+1	0	+7	+12	+18	+23	+28		+33		+40		+50	+64	+90	+130
14	18																									+39	+45		+60	+77	+180	+150
18	24	-300	-160	-110		-65	-40		-20		-7	0		-4	-8		+2	0	+8	+15	+22	+28	+35		+41	+47	+54	+63	+73	+98	+136	+188
24	30																							+41	+48	+55	+64	+75	+88	+118	+160	+218
30	40	-310	-170	-120		-80	-50		-25		-9	0		-5	-10		+2	0	+9	+17	+26	+34	+43	+48	+60	+68	+80	+94	+112	+148	+200	+274
40	50	-320	-180	-130																				+54	+70	+81	+97	+114	+136	+180	+242	+325
50	65	-340	-190	-140		-100	-60		-30		-10	0		-7	-12		+2	0	+11	+20	+32	+41	+53	+66	+87	+102	+122	+144	+172	+226	+300	+405
65	80	-360	-200	-150																		+43	+59	+75	+102	+120	+146	+174	+210	+274	+360	+480
80	100	-380	-220	-170		-120	-72		-36		-12	0	偏差 = $\pm\frac{IT_n}{2}$，式中 IT_n 是 IT 数值	-9	-15		+3	0	+13	+23	+37	+51	+71	+91	+124	+146	+178	+214	+258	+335	+445	+585
100	120	-410	-240	-180																		+54	+79	+104	+144	+172	+210	+254	+310	+400	+525	+690
120	140	-460	-260	-200		-145	-85		-43		-14	0		-11	-18		+3	0	+15	+27	+43	+63	+92	+122	+170	+202	+248	+300	+365	+470	+620	+800
140	160	-520	-280	-210																		+65	+100	+134	+190	+228	+280	+340	+415	+535	+700	+900
160	180	-580	-310	-230																		+68	+108	+146	+210	+252	+310	+380	+465	+600	+780	+1 000
180	200	-660	-340	-240		-170	-100		-50		-15	0		-13	-21		+4	0	+17	+31	+50	+77	+122	+166	+236	+284	+350	+425	+520	+670	+880	+1 150
200	225	-740	-380	-260																		+80	+130	+180	+258	+310	+385	+470	+575	+740	+960	+1 250
225	250	-820	-420	-280																		+84	+140	+196	+284	+340	+425	+520	+640	+820	+1 050	+1 350
250	280	-920	-480	-300		-190	-110		-56		-17	0		-16	-26		+4	0	+20	+34	+56	+94	+158	+218	+315	+385	+475	+580	+710	+920	+1 200	+1 550
280	315	-1 050	-540	-330																		+98	+170	+240	+350	+425	+525	+650	+790	+1 000	+1 300	+1 700
315	355	-1 200	-600	-360		-210	-125		-62		-18	0		-18	-28		+4	0	+21	+37	+62	+108	+190	+268	+390	+475	+590	+730	+900	+1 150	+1 500	+1 900
355	400	-1 350	-680	-400																		+114	+208	+294	+435	+530	+660	+820	+1 000	+1 300	+1 650	+2 100
400	450	-1 500	-760	-440		-230	-135		-68		-20	0		-20	-32		+5	0	+23	+40	+68	+126	+232	+330	+490	+595	+740	+920	+1 100	+1 450	+1 850	+2 400
450	500	-1 650	-840	-480																		+132	+252	+360	+540	+660	+820	+1 000	+1 250	+1 600	+2 100	+2 600

注：1. 基本尺寸小于或等于 1 mm 时，基本偏差 a 和 b 均不采用。

2. 公差带 js7～js11，若 IT_n 数值是奇数，则取偏差 = $\pm\frac{IT_n-1}{2}$。

表 C－3　孔的基本偏差数值（摘自 GB/T 1800.1—2020）

μm

公称尺寸/mm		基本偏差数值																				
		下极限偏差 EI												上极限偏差 ES								
		所有标准公差等级												IT6	IT7	IT8	≤IT8	>IT8	≤IT8	>IT8	≤IT8	>IT8
大于	至	A	B	C	CD	D	E	EF	F	FG	G	H	JS	J			K		M		N	
-	3	+270	+140	+60	+34	+20	+14	+10	+6	+4	+2	0	偏差 = $\pm\frac{IT_n}{2}$，式中 IT_n 是 IT 数值	+2	+4	+6	0	0	-2	-2	-4	-4
3	6	+270	+140	+70	+46	+30	+20	+14	+10	+6	+4	0		+5	+6	+10	-1+Δ		-4+Δ	-4	-10+Δ	0
6	10	+280	+150	+80	+56	+40	+25	+18	+13	+8	+5	0		+5	+8	+12	-1+Δ		-6+Δ	-6	-10+Δ	0
10	14	+290	+150	+95		+50	+32		+16		+6	0		+6	+10	+15	-1+Δ		-7+Δ	-7	-12+Δ	0
14	18																					
18	24	+300	+160	+110		+65	+40		+20		+7	0		+8	+12	+20	-2+Δ		-8+Δ	-8	-15+Δ	0
24	30																					
30	40	+310	+170	+120		+80	+50		+25		+9	0		+10	+14	+24	-2+Δ		-9+Δ	-9	-17+Δ	0
40	50	+320	+180	+130																		
50	65	+340	+190	+140		+100	+60		+30		+10	0		+13	+18	+28	-2+Δ		-11+Δ	-11	-20+Δ	0
65	80	+360	+200	+150																		
80	100	+380	+220	+170		+120	+72		+36		+12	0		+16	+22	+34	-3+Δ		-13+Δ	-13	-23+Δ	0
100	120	+410	+240	+180																		
120	140	+460	+260	+200		+145	+85		+43		+14	0		+18	+26	+41	-3+Δ		-15+Δ	-15	-27+Δ	0
140	160	+520	+280	+210																		
160	180	+580	+310	+230																		
180	200	+660	+340	+240		+170	+100		+50		+15	0		+22	+30	+47	-4+Δ		-17+Δ	-17	-31+Δ	0
200	225	+740	+380	+260																		
225	250	+820	+420	+280																		
250	280	+920	+480	+300		+190	+110		+56		+17	0		+25	+36	+55	-4+Δ		-20+Δ	-20	-34+Δ	0
280	315	+1 050	+540	+330																		
315	355	+1 200	+600	+360		+210	+125		+62		+18	0		+29	+39	+60	-4+Δ		-21+Δ	-21	-37+Δ	0
355	400	+1 350	+680	+400																		
400	450	+1 500	+760	+440		+230	+135		+68		+20	0		+33	+43	66	-5+Δ		-23+Δ	-23	-40+Δ	0
450	500	+1 650	+840	+480																		

公称尺寸/mm		基本偏差数值 上极限偏差 ES													Δ 值					
		≤IT7	标准公差等级大于 IT7												标准公差等级					
大于	至	P 至 ZC	P	R	S	T	U	V	X	Y	Z	ZA	ZB	ZC	IT3	IT4	IT5	IT6	IT7	IT8
-	3	在大于IT7的相应数值上增加一个Δ值	-6	-10	-14		-18		-20		-26	-32	-40	-60	0	0	0	0	0	0
3	6		-12	-15	-19		-23		-28		-35	-42	-50	-80	1	1.5	1	3	4	6
6	10		-15	-19	-23		-28		-34		-42	-52	-67	-97	1	1.5	2	3	6	7
10	14		-18	-23	-28		-33		-40		-50	-64	-90	-130	1	2	3	3	7	9
14	18							-39	-45		-60	-77	-108	-150						
18	24		-22	-28	-35		-41	-47	-54	-63	-73	-98	-136	-188	1.5	2	3	4	8	12
24	30					-41	-48	-55	-64	-75	-88	-118	-160	-218						
30	40		-26	-34	-43	-48	-60	-68	-80	-94	-112	-148	-200	-274	1.5	3	4	5	9	14
40	50					-54	-70	-81	-97	-114	-136	-180	-242	-325						
50	65		-32	-41	-53	-66	-87	-102	-122	-144	-172	-226	-300	-405	2	3	5	6	11	16
65	80			-43	-59	-75	-102	-120	-146	-174	-210	-274	-360	-480						
80	100		-37	-51	-71	-91	-124	-146	-178	-214	-258	-335	-445	-585	2	4	5	7	13	19
100	120			-54	-79	-104	-144	-172	-210	-254	-310	-400	-525	-690						
120	140		-43	-63	-92	-122	-170	-202	-248	-300	-365	-470	-620	-800	3	4	6	7	15	23
140	160			-65	-100	-134	-190	-228	-280	-340	-415	-535	-700	-900						
160	180			-68	-108	-146	-210	-252	-310	-380	-465	-600	-780	-1 000						
180	200		-50	-77	-122	-166	-236	-284	-350	-425	-520	-670	-880	-1 150	3	4	6	9	17	26
200	225			-80	-130	-180	-258	-310	-385	-470	-575	-740	-960	-1 250						
225	250			-84	-140	-196	-284	-340	-425	-520	-640	-820	-1 050	-1 350						
250	280		-56	-94	-158	-218	-315	-385	-475	-580	-710	-920	-1 200	-1 550	4	4	7	9	20	29
280	315			-98	-170	-240	-350	-425	-525	-650	-790	-1 000	-1 300	-1 700						
315	355		-62	-108	-190	-268	-39	-475	-590	-730	-900	-1 150	-1 500	-1 900	4	5	7	11	21	32
355	400			-114	-208	-294	-435	-530	-660	-820	-1 000	-1 300	-1 650	-2 100						
400	450		-68	-126	-232	-330	-490	-595	-740	-920	-1 100	-1 450	-1 850	-2 400	5	5	7	13	23	34
450	500			-132	-252	-360	-540	-660	-820	-1 000	-1 250	-1 600	-2 100	-2 600						

注：1. 基本尺寸小于或等于 1mm 时，基本偏差 A 和 B 及大于 IT8 的 N 均不采用。

2. 公差带 JS7 ~ JS11，若 IT_n 数值是奇数，则取偏差 = $\pm\frac{IT_n - 1}{2}$。

附录 D　常用机械加工零件的标准结构要素

1. 砂轮越程槽（摘自 GB/T 6403.5—2008）

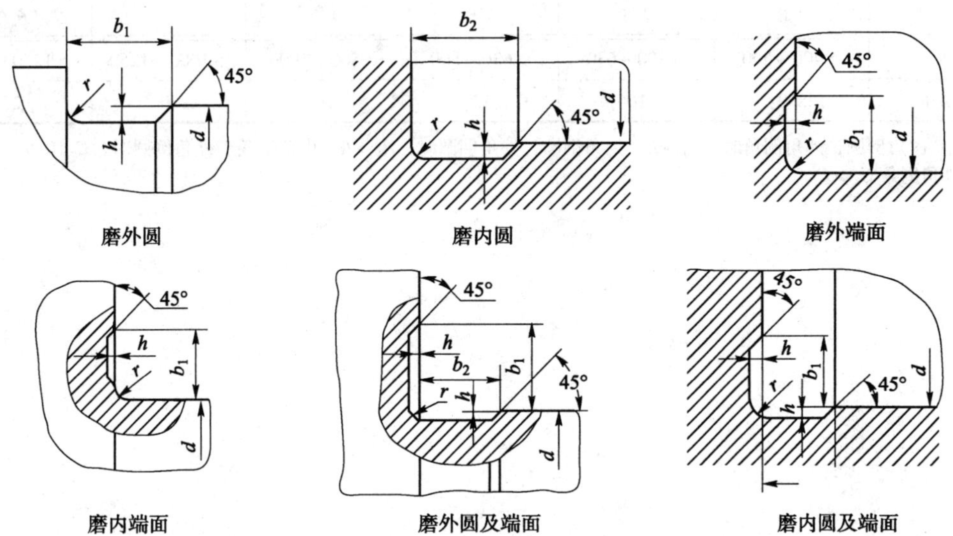

表 D－1　砂轮越程槽（摘自 GB/T 6403.5—2008）　mm

b_1	0.6	1.0	1.6	2.0	3.0	4.0	5.0	8.0	10
b_2	2.0	3.0		4.0		5.0		8.0	10
h	0.1	0.2		0.3	0.4		0.6	8.0	1.2
r	0.2	0.5		0.8	1.0		1.6	2.0	3.0
d	~10			10 ~ 15		50 ~ 100		100	

注：1. 越程槽内两直线相交处，不允许产生尖角。
　　2. 越程槽深度 h 与圆弧半径 r 要满足 $r \leqslant 3h$。

2. 倒角与倒圆（摘自 GB/T 6403.4—2008）

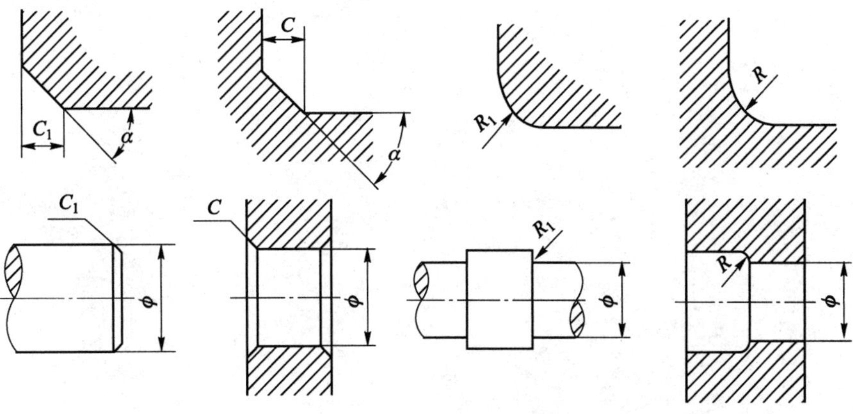

表 D-2 零件倒角与倒圆（摘自 GB/T 6403.4—2008）

mm

ϕ	<3	>3~6	>6~10	>10~18	>18~30	>30~50
C 或 R	0.2	0.4	0.6	0.8	1.0	1.6
ϕ	>50~80	>80~120	>120~180	>180~250	>250~320	>320~400
C 或 R	2.0	2.5	3.0	4.0	5.0	6.0
ϕ	>400~500	>500~630	>630~800	>800~1000	>1000~1250	>1250~1600
C 或 R	8.0	10	12	16	20	25

注：内角倒圆，外角倒角时，$C_1 > R$；内角倒圆，外角倒圆时，$R_1 > R$；内角倒角，外角倒圆时，$C < 0.58R_1$；内角倒角，外角倒角 $C_1 > C$。

参 考 文 献

[1] 成大先. 机械设计手册 [M]. 5 版. 北京：化学工业出版社，2008.
[2] 胡建生. 机械制图（多学时）[M]. 3 版. 北京：机械工业出版社，2017.
[3] 马霞，陈洁. 工程制图 [M]. 北京：石油工业出版社，2013.
[4] 钟日铭. AutoCAD 2019 完全自学手册 [M]. 3 版. 北京：机械工业出版社，2018.
[5] 北京兆迪科技有限公司. AutoCAD 快速自学宝典(2018 中文版)[M]. 北京：机械工业出版社，2018.
[6] 潘力，孙纳新，高文胜. 计算机辅助设计——AutoCAD 2017 [M]. 北京：北京理工大学出版社，2018.
[7] 王艳，韩校粉，刘冬芳，等. SOLIDWORKS 2018 中文版完全自学手册 [M]. 2 版. 北京：机械工业出版社，2018.
[8] 刘鸿莉，吕海霆. SOLIDWORKS 机械设计简明实用教程 [M]. 北京：北京理工大学出版社，2018.
[9] 金大鹰. 机械制图（多学时）[M]. 北京：机械工业出版社，2012.
[10] 王宗玲，安丰金，张世江. 机械制图 [M]. 北京：北京理工大学出版社，2018.